普通高等院校"新工科"系列精品教材

PLC 在地铁设备中的应用

主　编：李广军　崔继仁
副主编：王越男　王超阳　朱　凯　王　宇

西南交通大学出版社
·成　都·

内容提要

本书注重教学需要和工程应用，内容主要包括可编程序控制器组成、工作原理、指令系统和编程方法；西门子 S7-200 系列 PLC 基本指令、顺序控制指令、功能指令和联网通信的编程方法及程序设计实例；可编程序控制器系统设计与应用；可编程序控制器编程软件的使用；可编程序控制器系统在地铁车站中的应用。每章配有适量习题和思考题。

本书具有理论与实际相结合及实用性强的特点，侧重应用技术，主要培养学生掌握 PLC 编程指令和 PLC 程序设计方法，具备在实际工程中应用 PLC 控制系统的能力，特别是利用 PLC 在地铁车站进行设备控制与应用的能力。

本书可作为高等院校电气工程及其自动化、工业自动化、机电一体化、电子信息工程、应用电子、交通信息工程与控制、计算机应用等相关专业的教材，也可供从事 PLC 控制系统设计和开发的科研人员参考，还可为西门子 S7-200 系列 PLC 的用户提供指导并作为培训教材使用。

图书在版编目（CIP）数据

PLC 在地铁设备中的应用 / 李广军，崔继仁主编. — 成都：西南交通大学出版社，2019.8
ISBN 978-7-5643-7018-3

Ⅰ. ①P… Ⅱ. ①李… ②崔… Ⅲ. ①PLC 技术 – 应用 – 地下铁道 – 设备 – 研究 Ⅳ. ①U231

中国版本图书馆 CIP 数据核字（2019）第 172918 号

PLC Zai Ditie Shebei Zhong De Yingyong
PLC 在地铁设备中的应用

主编　李广军　崔继仁

责任编辑	梁志敏
封面设计	何东琳设计工作室
出版发行	西南交通大学出版社 （四川省成都市二环路北一段 111 号 西南交通大学创新大厦 21 楼）
邮政编码	610031
发行部电话	028-87600564　028-87600533
网址	http：//www.xnjdcbs.com
印刷	成都蜀雅印务有限公司
成品尺寸	185 mm×260 mm
印张	26.25
字数	589 千
版次	2019 年 8 月第 1 版
印次	2019 年 8 月第 1 次
定价	69.00 元
书号	ISBN 978-7-5643-7018-3

课件咨询电话：028-87600533
图书如有印装质量问题　本社负责退换
版权所有　盗版必究　举报电话：028-87600562

前　言

随着计算机技术及通信技术的发展，电器元件的功能逐渐增强，不断向电子化、智能化和可通信化方向发展，继电器控制系统也不断变化、丰富和完善。

由于计算机技术和微电子技术的迅猛发展，可编程序控制器（PLC）作为以计算机技术为核心的通用自动控制器，已经广泛地应用于工业控制中。它通过用户存储的应用程序来控制生产过程，具有可靠性和稳定性高以及实时处理能力强的优点。PLC 是计算机技术与继电器控制技术的有机结合，目前已经成为当代工业自动化技术的三大支柱之一。

为了进一步推广先进的电气控制新技术，本书以现在最流行的、有较高性能价格比的西门子（SIEMENS）S7-200 系列 PLC 的工作原理及应用技术为主要内容，编写了这本教材。本书主要适用于电气信息类专业，是一本实用性很强的专业课教材。

可编程序控制器原理部分以西门子 S7-200 系列 PLC 为例，深入浅出地介绍了各种编程方法，比较详细地介绍了利用可编程序控制器对典型控制电路的编程设计及应用实例，重点介绍了 PLC 在地铁车站中的应用。

为了方便教学，各章配有习题与思考题，有助于教学的深化。附录中提供了 PLC 的相关技术资料，以便于在教学和学习中参考。

通过本书的学习，应使学生具备掌握电气控制与 PLC 应用技术的能力，具体要求是：

（1）熟悉可编程序控制器的基本组成和工作原理；熟练掌握可编程序控制器编程指令及编程方法，能够编制简单的控制程序。

（2）掌握可编程序控制器控制系统的设计步骤和方法。

（3）掌握可编程序控制器控制系统在地铁车站设备中的工程应用。

本书由李广军、崔继仁负责全书的组织、统稿和修订，李广军编写第 1 章和第 9 章，崔继仁编写第 2 章至第 5 章，王越男编写第 6 章，王超阳编写第 7 章和

第 8 章，李广军、朱凯和王宇联合编写第 10 章。

江苏理工学院贝绍轶教授对本书的编写提出了诸多宝贵意见，并对本书大纲及全书进行了审定。本书在编写过程中，也得到了江苏理工学院汽车与交通工程学院、佳木斯大学信息电子工程学院全体同仁的大力支持与帮助。在此一并表示衷心的感谢。

由于作者水平有限，加之时间仓促，书中难免有疏漏之处，恳请读者批评指正。

编　者

2019 年 2 月

目 录

第1章 可编程序控制器概述 ·· 1
   1.1 PLC 的产生、发展与用途 ··· 1
   1.2 PLC 的特点、分类及技术指标 ··· 4
   1.3 PLC 与其他控制系统的比较 ·· 9
   1.4 PLC 的组成和工作原理 ··· 12
   1.5 PLC 的编程语言 ··· 19
   1.6 PLC 的硬件系统 ··· 21
   1.7 PLC 的数据存储区及寻址方式 ··· 24

第2章 S7-200 系列ＰＬＣ基本指令及编程实例 ······································· 31
   2.1 基本逻辑指令 ··· 31
   2.2 编辑规则 ·· 47
   2.3 典型电路及应用举例 ·· 49

第3章 S7-200 系列 PLC 顺序控制指令及编程实例 ································ 60
   3.1 功能图及顺序控制指令 ·· 60
   3.2 功能图的主要类型 ··· 64
   3.3 编程实例 ·· 68

第4章 功能指令 ··· 76
   4.1 功能指令的一般特点 ·· 76
   4.2 基本功能指令及编程实例 ··· 77
   4.3 高速计数器操作指令 ·· 124
   4.4 脉冲输出指令 ··· 134
   4.5 PID 指令 ·· 147
   4.6 特殊功能指令编程实例 ·· 156

第5章 S7-200 系列 PLC 网络通信及编程实例 ·· 163
   5.1 PLC 网络通信概述 ··· 163

5.2 个人计算机与PLC通信 ··· 167
5.3 西门子S7-200 PLC通信及编程 ··· 172
5.4 S7-200 PLC通信协议及通信指令 ··· 177
5.5 网络通信编程实例 ·· 193

第6章 S7-200 PLC编程软件 ··· 206
6.1 编程软件安装 ·· 206
6.2 编程软件的窗口组件 ··· 207
6.3 编程软件的使用 ··· 212
6.4 程序的调试与监控 ·· 214
6.5 S7-200的出错代码 ··· 215

第7章 TIA博途软件编程入门 ··· 218
7.1 创建项目 ··· 218
7.2 为CPU的I/O创建变量 ·· 219
7.3 在用户程序中创建一个简单程序段 ·· 221
7.4 使用变量表中的PLC变量对指令进行寻址 ·· 222
7.5 添加"功能框"指令 ··· 222
7.6 为复杂数学等式使用CALCULATE指令 ·· 224
7.7 在项目中添加HMI设备 ··· 226
7.8 在CPU和HMI设备之间创建网络连接 ··· 228
7.9 创建HMI连接以共享变量 ·· 228
7.10 创建HMI画面 ·· 228
7.11 为HMI元素选择PLC变量 ··· 230

第8章 S7-1200 PLC介绍 ··· 231
8.1 S7-1200的硬件 ··· 231
8.2 S7-1200 PLC的编程语言 ·· 241
8.3 PLC的工作原理与逻辑运算 ··· 242
8.4 数据类型与系统存储区 ··· 247

第9章 PLC控制系统设计与应用实例 ··· 262
9.1 PLC控制系统设计原则与流程 ·· 262
9.2 PLC控制系统总体设计 ··· 265
9.3 PLC程序设计方法 ··· 266
9.4 PLC控制系统应用实例 ··· 267

第 10 章　PLC 在地铁车站中的应用实例 …………………………………… 299
　　10.1　基于 PLC 的地铁自动售票机控制系统 ………………………………… 299
　　10.2　基于 PLC 的地铁自动扶梯控制系统 …………………………………… 315
　　10.3　基于 PLC 的地铁屏蔽门控制系统 ……………………………………… 329
　　10.4　基于 PLC 的地铁智能照明系统 ………………………………………… 353
　　10.5　地铁车站简易 PLC 控制实例 …………………………………………… 375
附　录 ………………………………………………………………………………… 406
参考文献 ……………………………………………………………………………… 411

第1章 可编程序控制器概述

1.1 PLC 的产生、发展与用途

1.1.1 PLC 的产生

以往的电气控制装置即继电器控制系统主要采用继电器、接触器或电子元器件来实现，由连接导线将这些元器件按照一定的方式组合在一起，以完成一定的控制功能。这种系统结构简单、容易掌握、价格便宜，在一定的范围内能够满足控制要求。但它的电气装置体积大，接线复杂，故障率高，需要经常地、定时地进行检修维护。而且，当生产工艺或对象有所改变时，就需重新进行硬件组合，增减元器件，改变接线，使用起来不灵活。

20 世纪 60 年代初，美国的汽车制造业竞争激烈，产品更新换代的周期越来越短，其生产线必须随之频繁地变更。传统的继电器控制系统很难适应频繁变动的生产线。因此，人们对控制装置提出了更高的要求，即经济、可靠、通用、易变、易修。

1968 年，美国通用汽车（GM）公司为适应生产工艺不断更新的需要，提出一种设想：把计算机的功能完善、通用、灵活等优点与继电器控制系统的简单易懂、操作方便、价格便宜等优点结合起来，制成一种通用控制装置。这种通用控制装置把计算机的编程方法和程序输入方式加以简化并采用面向控制过程、面向对象的语言编程，使不熟悉计算机的人也能方便地使用。美国数字设备公司（DEC）根据这一设想，于 1969 年研制成功了第一台 PDP-14 可编程序控制器。该控制器以计算机为核心，用存储的程序控制代替了原来的接线程序控制。由于其控制功能是通过存储在计算机中的程序来实现的，所以人们常称之为存储程序控制。又因为当时该控制器主要用于顺序控制，只能进行逻辑运算，故称为可编程序逻辑控制器（Programmable Logic Controller，PLC）。

这项新技术的成功使用，在工业界产生了巨大影响，发展极为迅速。1971 年，日本研制成功了日本第一台 DCS-8 可编程序控制器。1973—1974 年，德国和法国也研制出了可编程序控制器。我国于 1977 年研制成功了以 MC14500 微处理器为核心的可编程序控制器，并开始在工业中应用。

进入 20 世纪 80 年代，随着大规模和超大规模集成电路等微电子技术和计算机技术的迅猛发展，可编程序控制器逐步形成了各具特色的多种系列产品。系统中不仅使用了大量的开关量，也使用了模拟量，其功能已经远远超出逻辑控制和顺序控制的应用范围，

故称为可编程序控制器（Programmable Controller，PC）。但由于PC容易和个人计算机（Personal Computer，PC）混淆，所以人们还沿用PLC作为可编程序控制器的英文缩写名字。可编程序控制器一直在发展中，到现在为止，还未能对其下一个明确的定义。

国际电工委员会（IEC）曾于1982年11月颁发了可编程序控制器标准草案第一稿，1985年1月又发表了第二稿。1987年2月，在可编程序控制器国际标准草案第三稿中，对可编程序控制器定义如下：可编程序控制器是一种数字运算操作的电子系统，专为工业环境下应用而设计。它采用可编程序的存储器，用来在其内部存储执行逻辑运算、顺序控制、定时、计数和算术运算等操作的指令，并通过数字式、模拟式的输入和输出控制各种机械或生产过程。可编程序控制器及其有关外部设备，都按易于与工业控制系统联成一个整体、易于扩充其功能的原则设计。

定义强调了可编程序控制器是"数字运算操作的电子系统"，具有"存储器"，具有运算"指令"，可见它是一种计算机，而且是"专为工业环境下应用而设计"的工业计算机。因此，可编程序控制器能直接应用于工业环境，它必须具有很强的抗干扰能力，广泛的适应能力和应用范围。这也是区别于一般微机控制系统的一个重要特性。同时它还具有"数字式、模拟式的输入和输出"的能力，"易于与工业控制系统联成一个整体"，易于"扩充"。

1.1.2 PLC的发展趋势

PLC总的发展趋势是向高集成度、小体积、大容量、高速度、易使用、高性能方向发展。具体表现在以下几个方面。

1. 向小型化、专用化、低成本方向发展

随着微电子技术的发展，新型器件的功能大幅提高、价格大幅降低，小型PLC结构更为紧凑，相当于一本精装书的大小，操作使用十分简便。PLC的功能不断增加，将原来大、中型PLC才有的功能部分地移植到小型PLC上，如模拟量处理、数据通信和复杂的功能指令等，但价格不断下降，真正成为现代电气控制系统中不可替代的控制装置。

2. 向大容量、高速度方向发展

大型PLC采用多微处理器系统，有的采用了32位微处理器，可同时进行多任务操作，这样提高了处理速度，特别是增强了过程控制和数据处理的功能。另外，存储容量也大大增加了。

3. 智能型I/O模块和现场安装的发展

智能I/O模块是以微处理器和存储器为基础的功能部件，它们的CPU与PLC的主CPU并行工作，占用主CPU的时间很少，有利于提高PLC的扫描速度。另外，为了减少系统配线，减少I/O信号在长线传输时带来的干扰，很多PLC将I、O模块直接安装

在控制现场，通过通信电缆或光缆与主 CPU 进行数据通信，使得现场仪表、传感器、执行器和智能 I/O 模块一体化。

4. 编程软件图形化及组态软件与 PLC 的软件化

为了给用户提供一个友好、方便、高效的编程界面，大多数 PLC 公司开发了图形化的编程软件，使用户控制逻辑的表达更加直观、明了，操作也更加方便。组态软件可以方便地进行工业控制流程的实时和动态监控，完成报警、绘制历史曲线，进行各种复杂的控制功能，同时可节约控制系统的设计时间，提高系统的可靠性。目前已有很多家厂商推出了在 PC 上运行的可实现 PLC 功能的组态软件包。

1.1.3 PLC 的用途

在 PLC 的发展初期，由于其价格高于继电器控制装置，使得其应用受到限制。但最近十多年来，PLC 的应用面越来越广，其主要原因是：一方面，由于微处理器芯片及有关元件的价格大幅度下降，使得 PLC 的成本下降；另一方面，PLC 的功能大大增强，能够解决复杂的计算和通信问题。目前 PLC 在国内外已广泛应用于钢铁、采矿、水泥、石油、化工、电力、机械制造、汽车、装卸、造纸、纺织、环保和娱乐等行业。PLC 的应用范围通常可分成以下五类。

1. 顺序控制

这是 PLC 应用最广泛的领域，也是最适合 PLC 使用的领域。它用来取代传统的继电器顺序控制。PLC 应用于单机控制、多机群控、生产自动线控制等。例如：注塑机械、印刷机械、订书机械、包装机械、切纸机械、组合机床、磨床、装配生产线、电镀流水线及电梯控制等。

2. 运动控制

PLC 制造商目前已提供了拖动步进电机或伺服电机的单轴或多轴位置控制模块，在多数情况下，PLC 将描述目标位置的数据发送给控制模块，控制模块的输出移动一轴或数轴达到目标位置。每个轴移动时，位置控制模块保持适当的速度和加速度，确保运动平滑。

相对来说，位置控制模块比 CNC（计算机数字控制）装置体积更小、价格更低、速度更快、操作更方便。

3. 过程控制

PLC 还能控制大量的物理参数，例如：温度、流量、压力、液位和速度。PID（比例、积分、微分）模块为 PLC 提供了闭环控制的功能，即一个具有 PID 控制能力的 PLC 可用于过程控制。当过程控制中某个变量出现偏差时，PID 控制算法会计算出正确的控制量，把输出值保持在设定值上。

4. 数据处理

在机械加工中，PLC 作为主要的控制和管理系统用于 CNC（数控机床）系统中，可以完成大量的数据处理工作。

5. 通信网络

PLC 的通信包括主机与远程 I/O 之间的通信、多台 PLC 之间的通信、PLC 和其他智能控制设备（计算机、变频器、数控装置等）之间的通信。PLC 与其他智能控制设备一起，可以组成"集中管理、分散控制"的分布式控制系统。

1.2 PLC 的特点、分类及技术指标

1.2.1 PLC 的特点

1. 可靠性高，抗干扰能力强

为了满足工业生产对控制设备安全性和可靠性的要求，PLC 采用了微电子技术，大量的开关动作是由无触点的半导体电路来完成的，在结构上对工业生产环境进行了温度、环境湿度、粉尘、震动等方面的考虑；在硬件上采用隔离、滤波、屏蔽、接地等抗干扰措施；在软件上采用故障诊断、数据保护等措施。这些都使 PLC 具有较高的抗干扰能力。目前各个厂家生产的 PLC，其平均无故障时间都大大超过了 IEC 规定的 10 万小时，有的甚至达到了几十万小时。

2. 通用灵活

PLC 产品已经系列化，结构形式多种多样，在机型上有很大的选择余地。另外，PLC 及外围模块品种多，用户可以根据不同任务的要求，选择不同的组件灵活组合成不同硬件结构的控制装置。更重要的是，PLC 控制系统中，其主要功能是通过程序实现的，在需要改变设备的控制功能时，主要通过修改程序，而修改接线的工作量很小。这一点一般继电器控制是很难实现的。

3. 编程简单方便

PLC 应用程序的编制和调试非常方便，编程可采用与继电器控制电路十分相似的梯形图语言，这种编程语言形象直观，即使没有计算机知识的人也很容易掌握。另外，顺序功能图（SFC）是一种结构块控制流程图，使编程更加简单方便。

4. 功能完善，扩展能力强

PLC 的输入/输出系统功能完善，性能可靠，能够适应各种形式和性质的开关量和

模拟量的输入/输出。PLC 的功能单元能方便地实现 D/A 和 A/D 转换，以及 PID 运算，实现过程控制、数字控制等功能。它还可以和其他微机系统、控制设备共同组成分布式或分散式控制系统，能够很好地满足各种控制的需要。

5. 设计、施工、调试的周期短，维护方便

在继电器控制系统中的中间继电器、时间继电器、计数器等电器元件在 PLC 控制系统中是以"软元件"形式出现的，并且用程序代替了硬接线，安装接线工作量少，工作人员也可提前根据具体的控制要求在 PLC 到货之前进行编程，大大缩短了施工周期。

PLC 体积小、重量轻、便于安装，具有完善的自诊断及监视等功能，对于其内部的工作状态、通信状态、I/O 点状态、异常状态和电源状态都有显示。工作人员通过它可以查出故障原因，便于迅速处理。

PLC 由于具有上述特点，因而应用范围极为广泛，可以说只要有工厂，有控制要求，就会有 PLC 的应用。

1.2.2 PLC 的分类

PLC 是由现代化大生产的需要而产生的，PLC 的分类也必然要符合现代化生产的需求。一般来说，可以从三个角度对 PLC 进行分类：一是按 PLC 的控制规模大小分类；二是按 PLC 的性能高低分类；三是按 PLC 的结构特点分类。

1. 按 PLC 的控制规模大小分类

1）小型 PLC

小型 PLC 的 I/O 点数一般小于 256 点，且为单 CPU、8 位或 16 位处理器，用户存储器容量 4 KB 以下，一般以开关量控制为主。由于其控制点数不多，控制功能有一定局限性。但是，它小巧、灵活、可以直接安装在电气控制柜内，很适合单机控制或小型系统的控制。德国 SIEMENS 公司的 S7-200 系列、日本三菱 FX 系列等均属于小型 PLC。

2）中型 PLC

中型 PLC 的 I/O 点数一般在 256～2048 点之间，且为双 CPU 或多 CPU，用户存储器容量 2～8 KB，也可能更大。它具有开关量和模拟量的控制功能，还具有更强的数字计算能力。由于其控制点数较多，控制功能很强。它可用于对设备进行直接控制，还可以对多个下一级 PLC 进行监控，适用于中型或大型控制系统的控制。德国 SIEMENS 公司的 S7-300 系列、日本 OMRON 公司的 C200H 系列、日本三菱公司的 Q 系列的部分机型均属于中型 PLC。

3）大型 PLC

大型 PLC 的 I/O 点数一般大于 2048 点，且为双 CPU 或多 CPU、16 位或者 32 位处理器，用户存储器容量 8~16 KB，也可能更大。由于其控制点数多，控制功能很强，有很强的计算能力，同时还有很高的运行速度，不仅能完成较复杂的算术运算，还能进行复杂的矩阵运算。它不仅可用于对设备进行直接控制，还可以对多个下一级 PLC 进行监控，组成一个集散式的生产过程控制系统。大型机适用于设备自动化过程、过程自动化控制和过程监控系统。SIEMENS 公司的 S7-400 系列、OMRON 公司的 CVM1 和 CS1 系列、日本三菱公司的 Q 系列的部分机型均属于大型 PLC。

2. 按 PLC 的性能高低分类

PLC 按性能高低可以分为低档机、中档机和高档机三类。

1）低档机

这类 PLC 具有基本的控制功能和一般的运算能力，工作速度比较低，输入和输出模块的数量和种类也比较少。这类 PLC 只适用于小规模的简单控制。在联网中一般适合做从站使用。例如，德国 SIEMENS 公司的 S7-200 系列就属于这一类 PLC。

2）中档机

这类 PLC 具有较强的控制功能和较强的运算能力。它不仅能完成一般的逻辑运算，也能完成比较复杂的三角函数、指数和 PID 运算，工作速度比较快，输入输出模块的数量和种类也比较多。这类 PLC 不仅能完成小型系统的控制任务，也可以完成较大规模的控制任务。在联网中可以做从站，也可以做主站。例如，德国 SIEMENS 公司生产的 S7-300 就属于这一类 PLC。

3）高档机

这类 PLC 具有强大的控制功能和强大的运算能力。它不仅能完成逻辑运算、三角函数运算、指数运算和 PID 运算，还能进行复杂的矩阵运算，工作速度很快，输入输出模块的数量和种类也很全面。这类 PLC 不仅能完成中等规模的控制工程，也可以完成规模很大的控制任务，在联网中一般作主站使用。例如，德国 SIEMENS 公司生产的 S7-400 就属于这一类 PLC。

3. 按 PLC 的结构特点分类

PLC 按结构特点可分为整体式和组合式两类。

1）整体式

整体式结构的 PLC 把电源、CPU、存储器、I/O 系统紧凑地安装在一个标准机壳内成为一个整体，构成 PLC 的基本单元。一个基本单元就是一台完整的 PLC，可以实现各种控制。控制点数不符合需要时，可再接扩展单元，扩展单元不带 CPU。由基本单元和若干扩展单元组成较大的系统。整体式结构的特点是非常紧凑、体积小、成本低、安装方便，其缺点是输入与输出点数有限定的比例。小型机多为整体式结构。例如，德国 SIEMENS 公司的 S7-200 系列和日本三菱公司的 FX 系列 PLC 都为整体式结构。整体式 PLC 组成如图 1-1 所示。

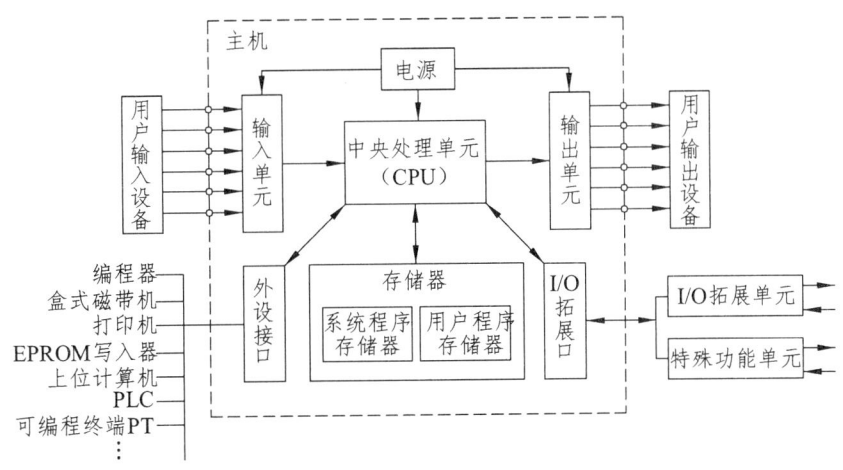

图 1-1 整体式 PLC 组成

2）组合式

组合式结构的 PLC 是把 PLC 系统的各个组成部分按功能分成若干个模块，如 CPU 模块、输入模块、输出模块、电源模块等，将这些模块插在框架或基板上即可。其中各模块功能比较单一，模块的种类却日趋丰富。比如，一些 PLC 除了基本的 I/O 模块外，还有一些特殊功能模块，如温度检测模块、位置检测模块、PID 控制模块、通信模块等。组合式结构的 PLC 采用搭积木的方式，在一块基板上插上所需模块组成控制系统。组合式结构的 PLC 特点是 CPU、输入、输出均为独立的模块，模块尺寸统一，安装整齐，I/O 点选型自由、安装调试、扩展、维修方便。中型机和大型机多为组合式结构。例如，SIEMENS 公司 S7-300、S7-400 系列以及日本三菱 Q 系列 PLC 就属于组合式结构。组合式 PLC 组成如图 1-2 所示。模块之间通过底板上的总线相互联系。CPU 与各扩展模块之间通过电缆连接，距离一般不超过 10 m。

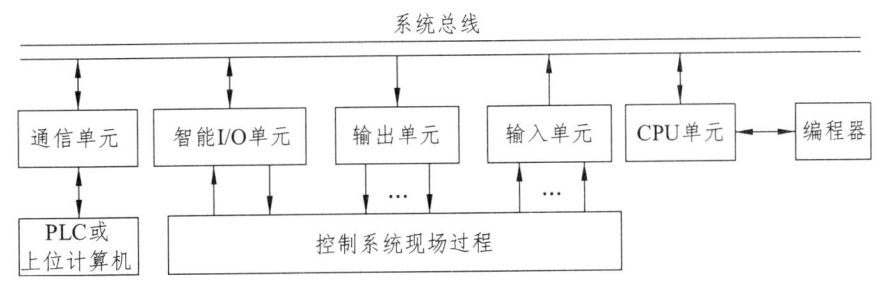

图 1-2 组合式 PLC 组成

1.2.3 PLC 的技术指标

PLC 的技术指标包括硬件指标和软件指标。

1. 硬件指标

硬件指标包括一般指标、输入特性和输出特性。

一般指标主要体现在环境温度、环境湿度、使用环境、抗震、抗冲击、抗噪声、抗干扰和耐压等性能上。

输入特性主要体现在输入电路的隔离程度、输入灵敏度、响应时间和所需电源等性能上。

输出特性主要体现在回路构成（这里指的是继电器输出、晶体管输出或是晶闸管输出）、回路隔离、最大负载、最小负载、响应时间和外部电源等性能上。

2. 软件指标

软件指标主要包括程序容量、编程语言、通信功能、运行速度、指令类型、元件种类和数量等。

程序容量是指 PLC 的内存和外存大小，一般从几千字节到几十万字节。存储器的类型一般为 RAM、EPROM 和 EPROM。

编程语言是指支持编制用户程序的语言。PLC 编程语言很多，有梯形图、语句表、功能图和功能块图几种基本语言，另外还有状态流程图等。多一种编程语言会使用户程序的编制更快捷、更方便。

通信功能是指 PLC 是否具有通信能力，具有何种通信能力。一般可分为远程 I/O 通信、计算机通信、点对点通信、高速总线、MAP 网等。当前，通信能力是衡量 PLC 性能的一项主要指标。

运行速度是指操作处理时间的长短，可以用基本指令执行时间来衡量，时间越短越好，一般在微秒级以下。指令的功能越强大，说明 PLC 的性能越佳。

元件的种类和数量的多少不仅反映了 PLC 的性能，也说明了 PLC 的规模。输入输出元件的数量代表 PLC 的 I/O 能力的强弱，输入输出元件的类型（直流、交流、模拟量、高速计数、定位、PID）多少代表 PLC 性能的高低。

3. 主要性能指标介绍

1）存储容量

存储容量指用户程序存储器的容量。存储容量决定了 PLC 可以容纳的用户程序的长短，一般以字为单位来计算。每 1024 个字为 1 K 字。中、小型 PLC 的存储容量一般在 8 K 以下，大型 PLC 的存储容量可达到 256 K~2 M。也有的 PLC 用存放用户程序指令的条数来表示容量，一般中、小型 PLC 存储指令的条数为 2 K 条。

2）输入/输出（I/O）点数

I/O 点数指输入点数及输出点数之和。I/O 点数越多，外部可接入的输入器件和输出器件就越多，控制规模就越大。因此 I/O 点数是衡量 PLC 规模的指标。国际上流行将 I/O 总点数在 64 点及 64 点以下的 PLC 称为微型 PLC；总点数为 64~256 点的 PLC 称为小型 PLC；总点数在 256~2048 点的 PLC 为中型 PLC；总点数在 2048 点以上的 PLC 为大型 PLC 等。

3）扫描速度

扫描速度是指 PLC 执行程序的速度。一般以执行 1K 字所用的时间来衡量扫描速度。由于不同功能的指令执行速度差别较大，时下也可以用布尔指令的执行速度表征 PLC 工作快慢。有些品牌的 PLC 在用户手册中给出了执行各种指令所用的时间，可以通过比较各种 PLC 执行类似操作所用的时间来衡量 CPU 工作速度的快慢。

4）指令的功能和数量

指令功能的强弱及数量的多少涉及 PLC 能力的强弱，一般说来编程指令种类及条数越多，处理能力和控制能力就越强，用户程序的编制也就越容易。

5）内部元件的种类及数量

在编制程序时，需要用到大量的内部元件来存储变量、中间结果、定时计数信息、模块设置参数及各种标志位等。这类元件的种类及数量越多，表示 PLC 的信息处理能力越强。

6）智能单元的数量

为了完成一些特殊的控制任务，PLC 厂商都为自己的产品设计了专用的智能单元，如模拟量控制单元、定位控制单元、速度控制单元以及通信工作单元等。智能单元种类的多少和功能的强弱是衡量 PLC 产品水平高低的重要指标。

7）扩展能力

PLC 的扩展能力含 I/O 点数的扩展、存储容量的扩展、联网功能的扩展及各种功能模块的连接扩展等。绝大部分 PLC 可以用 I/O 扩展单元进行 I/O 点数的扩展，有的 PLC 可以使用各种功能模块进行功能扩展。但 PLC 的扩展功能总是有限制的。

在了解 PLC 的指标体系的前提下，可以根据具体控制工程的要求，从众多 PLC 中选取合适的 PLC 类型。

1.3 PLC 与其他控制系统的比较

1.3.1 其他计算机控制装置的特点

1. 个人计算机

个人计算机有很强的数据处理能力和图形显示功能，有丰富的软件支持，但是对环

2. 单片机

单片机只是一片集成电路,不能直接将它与外部 I/O 信号相连,需要附加一些配套的集成电路和 I/O 接口电路。其硬件设计、软件设计工作量相当大,要求设计者具有较强的计算机领域的理论知识和实践经验。

3. 工业控制计算机

工业控制计算机目前比较流行的是 PC 总线工控机,与个人计算机兼容。工控机是在通用微机的基础上发展起来的,有实时操作系统的支持,在要求快速、实时性强、功能复杂的领域中占有优势。

1.3.2 PLC 与继电器控制系统的比较

PLC 控制系统与电器控制系统相比,不同之处主要体现在以下 7 个方面:

(1)从控制功能上看,两者均可用于开关量逻辑控制。继电器控制系统的控制功能是用硬件继电器实现的,PLC 的控制功能主要由软件实现。继电器控制系统控制功能有限,PLC 还具有顺序控制、运动控制、数据处理、闭环控制和通信联网诸多功能,控制功能全面。

(2)从控制方法上看,继电器控制系统控制逻辑采用硬件接线,利用继电器机械触点的串联或并联组合成控制逻辑,其连线多且复杂,体积大,功耗大,系统构成后,想再改变或增加功能较为困难。另外,继电器的触点数量有限,所以继电器控制系统的灵活性和可扩展性受到很大限制。而 PLC 采用了计算机技术,其控制逻辑是以程序的方式存放在存储器中,要改变控制逻辑只需改变程序,因而很容易改变或增加系统功能。系统连线少、体积小、功耗小,而且 PLC 的"软继电器"实质上是存储器单元的状态,所以"软继电器"的触点数量是无限的,PLC 系统的灵活性和可扩展性好。

(3)从工作方式上看,在继电器控制电路中,当电源接通时,电路中所有继电器都处于受制约状态,即该吸合的继电器都同时吸合,不该吸合的继电器受某种条件限制而不能吸合,这种工作方式称为并行工作方式。而 PLC 的用户程序按一定顺序循环执行,所以各软继电器都处于周期性循环扫描接通中,受同一条件制约的各个继电器的动作次序决定于程序扫描顺序,这种工作方式称为串行工作方式。

(4)从控制速度上看,继电器控制系统依靠机械触点的动作以实现控制,工作频率低,机械触点还会出现抖动问题。而 PLC 是通过程序指令控制半导体电路来实现控制的,速度快,程序指令执行时间在微秒级,且不会出现触点抖动问题。

(5)从定时和计数控制上看,继电器控制系统采用时间继电器的延时动作进行时间控制,时间继电器的延时时间易受环境温度及其变化的影响,定时精度不高。而 PLC

采用半导体集成电路作定时器,时钟脉冲由晶体振荡器产生,精度高,定时范围宽,用户可根据需要在程序中设定定时值,修改方便,不受环境的影响,且PLC具有计数功能,而继电器控制系统一般不具备计数功能。

(6)从可靠性和可维护性上看,由于电器控制系统使用了大量机械触点,存在机械磨损、电弧烧伤等现象,寿命短,系统的连线多,所以可靠性和可维护性较差。而PLC大量的开关动作由无触点的半导体电路来完成,寿命长、可靠性高。PLC还具有自诊断功能,能查出自身的故障,随时显示给操作人员,并能动态地监视控制程序的执行情况,为现场调试和维护提供了方便。

(7)从设计与调试周期上看,设计复杂控制系统的梯形图要比设计相同功能的继电器电路图占用的时间少得多。继电器系统要在硬件安装、接线完全完成后才能进行调试,发现问题后修改电路占用的时间也很多。PLC控制系统的开关柜制作、现场施工和梯形图设计可以同时进行,梯形图可以在实验室模拟调试,发现问题后修改非常方便。

1.3.3　PLC与DCS(分散控制系统)的比较

1. PLC与DCS的不同之处

(1)从发展来看,PLC的发展基于制造业的现场控制需求,是由继电器逻辑控制发展而来,PLC从开始就强调的是逻辑运算能力,在开关量处理、顺序控制方面具有一定的优势。DCS(Distributed Control Systems,分散控制系统)的发展基于流程工业的连续过程控制和监控,是由回路仪表系统发展而来,从先天性来说较为侧重仪表的控制,在回路调节、模拟量控制方面具有一定的优势。

(2)从控制来看,面向对象不同,PLC面向一般工业控制领域,通用性强。DCS偏重过程控制,面向流程工业领域,强调连续过程控制的精度,可实现PID、前馈、串级、多级、模糊、自适应等复杂控制。

2. PLC与DCS的相似之处

(1)从功能来看,随着计算机技术的发展,PLC增加了数值运算、PID闭环调节功能,并具有与个人计算机或小型计算机联网的功能。DCS也加强了开关量顺序控制功能,使用梯形图语言。

(2)从系统结构来看,PLC与DCS的基本结构相似。小型应用的PLC一般使用触摸屏,大规模应用的PLC全面使用计算机系统。和DCS一样,控制器与I/O站使用现场总线。如果使用多台计算机,系统结构就会和DCS一样,上位机平台使用以太网结构。

(3)从发展方向来看,小型化的PLC将向专业化的方向发展,例如,功能更加有针对性,对应用的环境更有针对性等。大型的PLC与DCS的界线逐步淡化,甚至完全融和。

由此可见，PLC 与 DCS 在发展中互相渗透，互为补充，彼此越来越近。就自动化控制系统的发展趋势来看，全分布式计算机控制系统必然会得到迅速的发展。它将综合 PLC 与 DCS 各自的优势，并把二者有机结合起来，形成一种新型的全分布式计算机控制系统。

1.4 PLC 的组成和工作原理

1.4.1 PLC 的组成

PLC 实质上是一种工业控制计算机，所以它与计算机的组成十分相似，从硬件结构上看，也有中央处理器（CPU）、存储器、输入/输出（I/O）接口等。

1. 中央处理器（CPU）单元

与计算机一样，中央处理单元是 PLC 的主要组成部分，由大规模或超大规模集成电路微处理芯片构成，是系统的控制中枢。它按 PLC 中系统程序赋予的功能指挥 PLC 有条不紊地进行工作，它的主要功能是：

（1）接收并存储从编程器键入的用户程序和数据，以扫描方式通过 I/O 部件接收现场各输入装置的状态或数据，并分别存入输入映像寄存器或数据存储器中。

（2）检查电源、存储器、I/O 及警戒定时器的状态，并诊断用户程序的语法错误。

（3）当 PLC 投入运行时，从用户程序存储器中逐条读取指令，经过命令解释按指令规定的任务进行数据传送、逻辑或算术运算；根据运算结果更新有关标志位的状态和输出映像寄存器的内容；等到所有用户程序扫描执行完毕后，再经输出部件实现输出控制、制表打印或数据通信等功能。

PLC 中的中央处理单元多数使用 8 位到 32 位字长的单片机。CPU 的性能关系到 PLC 处理控制信号的能力与速度，CPU 位数越高，系统处理的信息量越大，运算速度也越快。PLC 的功能是随着 CPU 芯片技术的发展而提高和增强的。

2. 存储器单元

PLC 的存储器包括系统存储器和用户存储器两部分。

系统存储器用来存放由 PLC 生产厂家编写的系统程序。系统程序固化在 ROM 内，用户不能直接更改，它使 PLC 具有基本的功能，能够完成 PLC 设计者规定的各项工作。系统程序质量的好坏，很大程度上决定了 PLC 的性能，其内容主要包括三部分：

第一部分为系统管理程序。它主要控制 PLC 的运行，使整个 PLC 按部就班地工作。

第二部分为用户指令解释程序。通过用户指令解释程序，将 PLC 的编程语言变为机器语言指令，再由 CPU 执行这些指令。

第三部分为标准程序模块与系统调用。它包括许多不同功能的子程序及其调用管理程序，如完成输入、输出及特殊运算等的子程序。PLC 的具体工作都是由这部分程序来完成的，这部分程序的多少也决定了 PLC 性能的高低。

用户存储器包括用户程序存储器（程序区）和数据存储器（数据区）两部分。用户程序存储器用来存放用户针对具体控制任务用规定的 PLC 编程语言编写的各种用户程序。用户程序存储器根据所选用的存储器类型不同，可以是 RAM（有掉电保护）、EPROM 或 EEPR0M 存储器，其内容可以由用户任意修改或增删。用户数据存储器可以用来存放（记忆）用户程序中所使用器件的 ON/OFF 状态和数值、数据等。它的大小关系到用户程序容量的大小，是反映 PLC 性能的重要指标之一。

3. 输入/输出单元

输入/输出单元是 PLC 与现场输入输出设备或其他外部设备之间的连接部件。PLC 通过输入模块把工业设备或生产过程的状态或信息读入中央处理单元，通过用户程序的运算和处理，把结果通过输出模块输出给执行单元。

输入单元接收和采集两种类型的输入信号：一是由限位开关、操作按钮、选择开关、行程开关等开关量输入的信号；二是电位器和其他一些传感器等传来的模拟量输入信号。输出映像寄存器由输出点相对应的触发器组成，输出接口电路将其由弱电控制信号转换成现场需要的强电信号输出，从而驱动电磁阀、接触器、指示灯等被控设备。

1）开关量输入接口电路

为防止各种干扰信号和高电压信号进入 PLC，影响其可靠性或造成设备损坏，现场输入接口电路一般由光电耦合电路进行隔离。光电耦合电路的关键器件是光耦合器，一般由发光二极管和光电三极管组成。

通常 PLC 的输入类型可以是直流、交流和交直流输入电路。输入电路的电源可由外部供给，有的也可由 PLC 内部提供。图 1-3 为开关量直流输入电路。

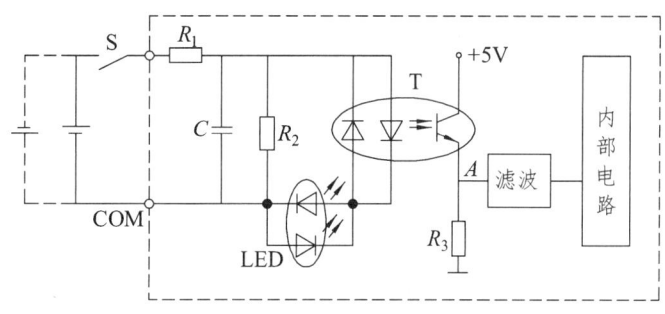

图 1-3 开关量直流输入电路

2）开关量输出接口电路

输出接口电路通常有三种类型：继电器输出型、晶体管输出型和晶闸管输出型。每种输出电路都采用电气隔离技术，电源由外部提供，输出电流一般为 0.5~2 A，输出电流的额定值与负载的性质有关。图 1-4 为这三种类型的开关量输出电路。继电器输出型为有触点输出方式，用于接通或断开开关频率较低的直流负载或交流负载回路（低速大功率）；晶闸管输出型为无触点输出方式，用于接通或断开开关频率较高的交流电源负载（高速大功率）；晶体管输出型为无触点输出方式，用于接通或断开开关频率较高的直流电源负载（高速小功率）。

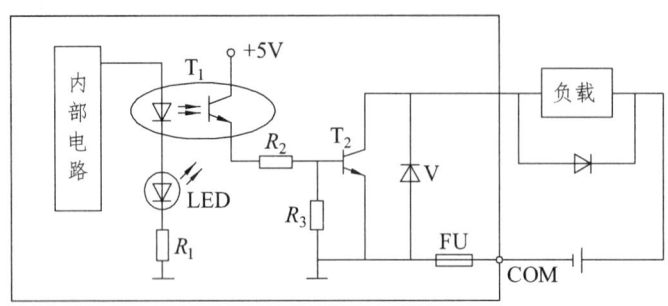

（a）晶体管输出

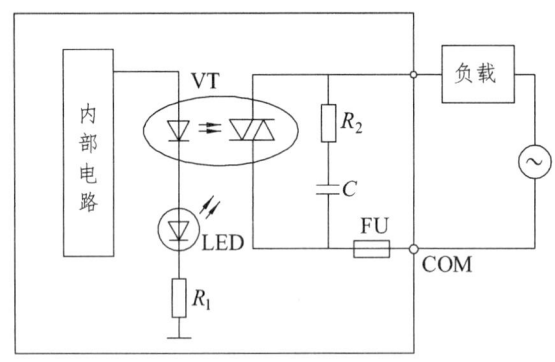

（b）双向晶闸管输出

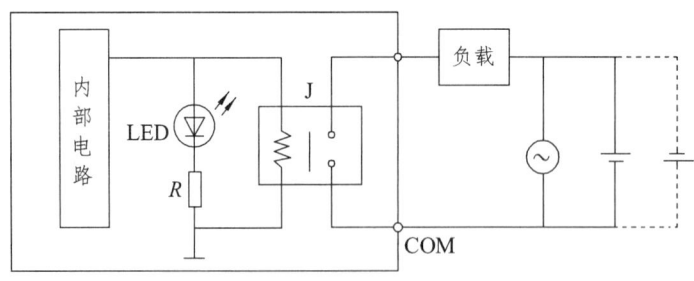

（c）继电器输出

图 1-4 开关量输出电路

由于输入和输出端是靠光信号耦合的，在电气上是完全隔离的，因此输出端的信号不会反馈到输入端，也不会产生地线干扰或其他串扰，因此 PLC 具有很高的可靠性和极强的抗干扰能力。

4. 电源部分

PLC 一般使用 220 V 的交流电源。小型整体式的 PLC 内部有一个开关稳压电源，一方面为 PLC 的中央处理器（CPU）、存储器等电路提供 5 V 直流电源，使 PLC 能正常工作；另一方面为外部输入元件提供 24 V 直流电源。

电源部件的位置形式有多种，对于整体式结构的 PLC，通常电源封装到机壳内部；对于模块式 PLC，有的采用单独电源模块，有的将电源与 CPU 封装到一个模块中。

5. 接口单元

接口单元包括扩展接口、编程器接口、存储器接口和通信接口。

扩展接口用于扩展输入输出单元。它使 PLC 的控制规模配置得更加灵活。这种扩展接口实际上为总线形式，可以配置开关量的 I/O 单元，也可配置如模拟量、高速计数等特殊 I/O 单元和通信适配器等。

编程器接口是连接编程器的，PLC 本体通常不带编程器。为了能对 PLC 编程及监控，PLC 上专门设置有编程器接口，通过这个接口可以连接各种形式的编程装置，还可以利用此接口完成通信和监控工作。

存储器接口是为了扩展存储区而设置的，用于扩展用户程序存储区和用户数据参数存储区，可以根据使用的需要扩展存储器。其内部也是接到总线上的。

通信接口是为了在微机与 PLC、PLC 与 PLC 之间建立通信网络而设立的接口。

6. 外部设备

PLC 的外部设备主要有编程器、文本显示器、操作面板、打印机等。

PLC 正常使用时，通常不需编程器。因此，将编程器设计为独立的部件。编程器的档次很多，性能、价格相差悬殊。编程器至少包括一个键盘，一些数码字符显示器。这里的键盘不是微型机上的那种键盘，而是直接表示 PLC 指令系统的键盘，因而使用很方便，其显示部分可以显示程序地址序号、指令的操作码和操作数。它具有输入编辑、检索程序的功能，同时还具有系统监控的功能，有些还设有存储转接插口用于将 PLC 中的程序转存到诸如盒带、软盘等存储介质中去。这种编程器的缺点是无法用梯形图图形的方式输入、编辑和监控运行程序。档次较高的编程器设置了小型液晶显示器，用于图形编辑和监控。这种编程器对于习惯使用梯形图的人员来说，无疑方便了许多。目前，PLC 的编程、监控多采用先进的编程软件在个人计算机上操作，PLC 和个人计算机之间则用通信电缆连接，使 PLC 的编程、监控达到真正意义上的简单、方便、快捷。

操作面板和文本显示器不仅是一个用于显示系统信息的显示器，还是一个操作控制单元。它可以在执行程序的过程中修改某个量的数值，也可直接设置输入或输出量，以便立即启动或停止一台外部设备的运行。

打印机可以把过程参数和运行结果以文字形式输出。

1.4.2 PLC 的工作原理

1. PLC 与继电器控制系统的区别

继电器控制系统是一种硬件逻辑系统，如图 1-5（a）所示，它的三条支路是并行工作的，当按下按钮 SB1，中间继电器 KA 得电，KA 的两个常开触点闭合，接触器 KM1、KM2 同时得电并产生动作。所以继电器控制系统采用的是并行工作方式。

而 PLC 是一种工业控制计算机，与普通计算机一样，属于串行工作方式。如图 1-5（b）所示。CPU 是以分时操作方式来处理各项任务的，计算机在每一瞬间只能做一件事，所以程序的执行是按程序顺序依次完成相应各电器的动作。由于运算速度极高，各电器的动作几乎是同时完成的，但实际输入/输出的响应是有滞后的。当按下 SB1，而没有按下 SB2 时，I0.0、I0.1 两个常开触点闭合，PLC 内部继电器 M0.0 工作，并使 PLC 的继电器 Q0.0 和 Q0.1 接通，但是由于 PLC 是串行工作的，致使 M0.0、Q0.0、Q0.1 的接通不是同时的。

应当指出，在存储程序控制中的梯形图虽然与接线程序控制中的继电器接线十分相像，但是它们的本质是截然不同的。一个是接线，另一个是 PLC 的程序。

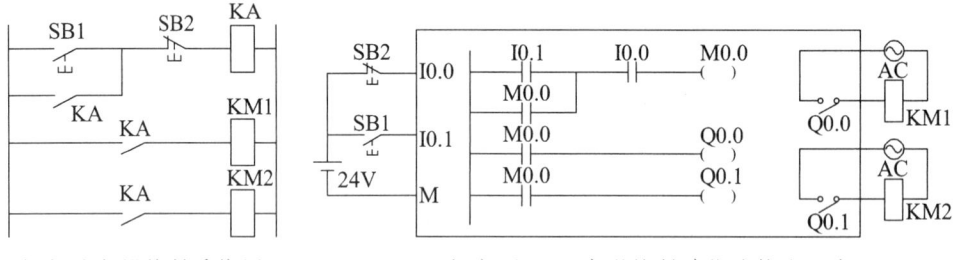

（a）继电器控制系统图　　　　（b）用 PLC 实现控制功能的接线示意图

图 1-5　PLC 控制系统与继电器控制系统的比较

2. PLC 的工作方式

PLC 是按集中输入、集中输出、不断地周期循环扫描的方式进行工作的。每一次扫描所用的时间称为扫描周期或工作周期。CPU 从第一条指令执行开始，按顺序逐条地执行用户程序直到用户程序结束，然后返回第一条指令开始新一轮扫描。PLC 就是这样周而复始地重复上述循环扫描的。

执行用户程序时，需要各种现场信息，这些现场信息已接到 PLC 的输入端，PLC 采集现场信息（采集输入信号）有以下两种方式：

（1）集中采样输入方式。一般在扫描周期的开始或结束时采集所有输入信号（输入元件的通/断状态）并存放到输入映像寄存器中。执行用户程序所需要的输入状态均在输入映像寄存器中取用，而不能直接到输入端或输入模块中提取。

（2）立即输入方式。随着程序的执行，需要哪一个信号就直接从输入端或输出端模块取用这个状态信号,如"立即输入指令"就是这样,此时输入映像寄存器的内容不变,到下一次集中采样输入时才变化。

同样,PLC对外部的输出控制也有以下两种方式:

(1)集中输出方式。执行用户程序的所有输出结果,按先后全部存放在输出映像寄存器中,执行完用户程序后所有输出结果一次性向输出端或输出模块输出,使输出部件动作。

(2)立即输出方式。执行用户程序时将该结果向输出端或输出模块输出,如"立即输出指令"就是这样,此时输出映像寄存器的内容也同时更新。

3. PLC的工作过程

PLC工作的全过程可用图1-6所示的运行原理框图来表示。整个过程可分为三部分。

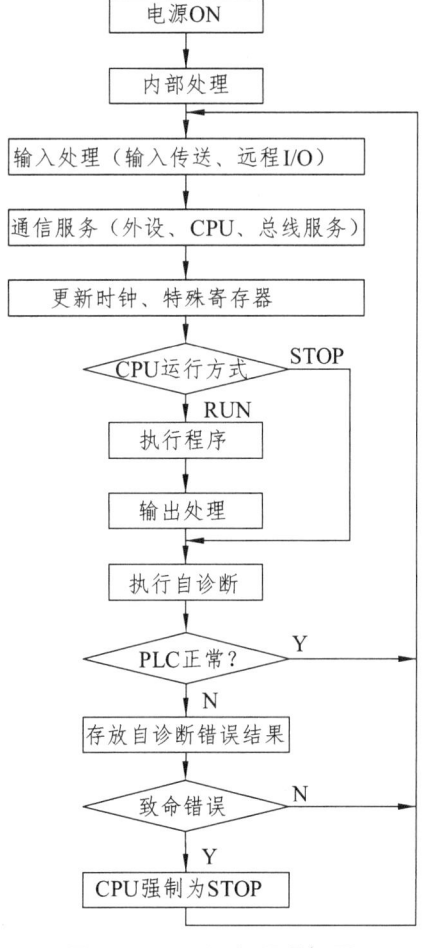

图1-6 PLC运行原理框图

第一部分是上电处理。机器上电后对PLC系统进行一次初始化,包括硬件初始化,I/O模块配置检查,停电保持范围设定及其他初始化处理等。

第二部分是扫描过程。PLC 上电处理完成以后进入扫描工作过程。先完成输入处理，其次完成与其他外设的通信处理，再次进行时钟、特殊寄存器更新。当 CPU 处于 STOP 方式时，转入执行自诊断检查。当 CPU 处于 RUN 方式时，先完成用户程序的执行和输出处理，再转入执行自诊断检查。

第三部分是出错处理。PLC 每扫描一次，就会执行一次自诊断检查，确定 PLC 自身的动作是否正常，如 CPU、电池电压、程序存储器、I/O 模块和通信等是否异常。如检查出异常时，CPU 面板上的 LED 指示灯及异常继电器会接通，在特殊寄存器中会存入出错代码。当出现致命错误时，CPU 被强制为 STOP 方式，所有的扫描停止。

4. PLC 典型的扫描周期

当 PLC 处于正常运行时，它将不断重复图中的扫描过程，不断循环扫描地工作下去。分析上述扫描过程，如果对远程 I/O 特殊模块和其他通信服务暂不考虑，扫描过程就只剩下"输入采样""程序执行"和"输出刷新"三个阶段。下面就对这三个阶段进行分析。图 1-7 所示为 PLC 典型的扫描周期（不考虑立即输入、立即输出情况）。

1）输入采样阶段

PLC 以扫描方式按顺序将所有输入信号读入输入映像寄存器中存储。在该工作周期内这个采样结果的内容不会改变，在 PLC 执行程序时被使用，直到下一个周期的输入采样阶段才更新。

2）程序执行阶段

PLC 按顺序从上到下、从左到右逐条扫描每条指令，并分别从输入映像寄存器和元件映像寄存器中获得所需的数据进行运算、处理，再将程序执行的结果写入元件映像寄存器中保存。但这个结果在全部程序未执行完毕之前不会送到输出端口上。

3）输出刷新阶段

在执行完用户所有程序后，PLC 将输出映像寄存器中的内容送入寄存输出状态的输出锁存器中，再去驱动用户设备。

PLC 运行正常时，扫描周期的长短与 CPU 的运算速度、I/O 点的情况、用户应用程序的长短及编程情况有关。不同型号的 PLC，循环扫描周期大致为 0.5~100 ms。通常用 PLC 执行 1 KB 指令所需时间来说明其扫描速度（一般为 1~10 ms）。

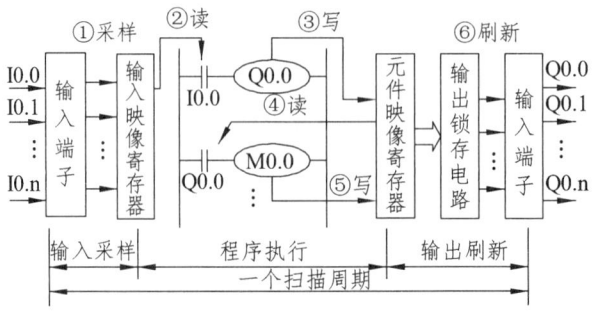

图 1-7 PLC 扫描工作过程

5. 关于可编程序控制器的时间滞后问题

PLC 循环扫描工作方式的特点包括：提高了抗干扰能力，增强了系统可靠性；但同时降低了系统的响应速度，造成了输出与输入的滞后。从 PLC 的工作原理可以看出，输入信号的变化能否改变其在输入映像区的状态，主要取决于两点：一是输入信号的变化要经过输入模块的转化才能进入 PLC 内部，也就是说要经过一定的延时才能进到 PLC 内部，这一延时叫输入延时；二是进入 PLC 的信号只有在 PLC 处在输入刷新时才能把输入的状态读到 PLC 的 CPU 输入映像区。只有经过上述两个延时，CPU 才有可能读入输入信号的状态。

当 PLC 根据用户程序的运算操作，把运算结果赋予输出端时也需要延时。第一个延时是必须等到输出刷新时，才能将运算结果送入输出映像区的输出信号锁存器中，这是需要延时的。第二个延时是输出锁存器的状态要通过输出模块的转换才能成为输出端的信号，这个转换需要的时间叫输出延时。只有经过上述两个延时，CPU 才有可能把输出信号的状态传递到输出端子。

从上述分析可知，PLC 对输入和输出信号的响应是有延时的，这就是滞后现象。对一般的工业控制，这种滞后是完全允许的。为了确保 PLC 在任何情况下都能正常无误地工作，一般情况下，输入信号的脉冲宽度必须大于一个扫描周期。

另外，还应该注意一个问题：输出信号的状态是在输出刷新时才送出的。因此，在一个程序中，若给一个输出端多次赋值，中间状态将改变输出映像区。只有最后一次赋值才能送到输出端。这就是常说的执行指令的后者优先。

1.5 PLC 的编程语言

PLC 为用户提供了完整的编程语言，以适应编制用户程序的需要。PLC 提供的编程语言通常有以下几种：梯形图、语句表、功能图和功能块图。下面以 S7-200 系列 PLC 为例加以说明。

1.5.1 梯形图（LAD）

梯形图（Ladder）编程语言是从继电器控制系统原理图的基础上演变而来的。PLC 的梯形图与继电器控制系统梯形图的基本思想是一致的，只是在使用符号和表达方式上有一定区别。

图 1-8 是典型的梯形示意图。左右两条垂直的线称为母线。母线之间是触点的逻辑连接和线圈的输出。

梯形图的一个关键概念是"能流"（Power Flow），这只是概念上的"能流"。图 1-8

中，把左边的母线假想为电源"火线",而把右边的母线(虚线所示)假想为电源"零线"。如果有"能流"从左至右流向线圈,则线圈被激励。如没有"能流",则线圈未被激励。

"能流"可以通过被激励(ON)的常开接点和未被激励(OFF)的常闭接点自左向右流。"能流"在任何时候都不会通过接点自右向左流。在图 1-8 中,当 1、2、3 接点都接通后,线圈 Q 才能通电(被激励),只要其中一个接点不接通,线圈就不会通电;而 4、5 接点中任何一个接通,线圈 M 就被激励。

要强调的是,引入"能流"的概念,仅仅是为了和继电器控制系统相比较,以便对梯形图有一个深入的认识,其实"能流"在梯形图中是不存在的。

梯形图语言简单明了,易于理解,是所有编程语言的首选。

1.5.2 语句表(STL)

语句表(Statements List)类似于计算机中的助记符语言,它是 PLC 最基础的编程语言。所谓语句表编程,是用一个或几个容易记忆的字符来代表 PLC 的某种操作功能。其中的指令则是由操作码和操作数组成。操作码指出指令的功能,操作数指出指令所用的元件或数据。

图 1-9 是一个简单的 PLC 程序,图(a)是梯形图程序,图(b)是相应的语句表。例如,图(b)中的"A I0.1",A 是操作码,代表该指令要与前面的部分相与,I0.1 是操作数,指明触点的存储区域。

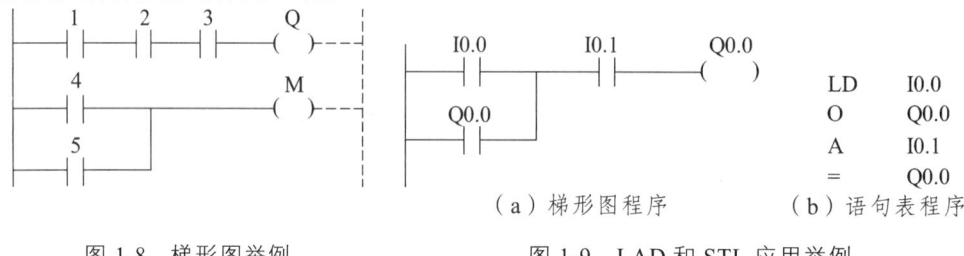

图 1-8 梯形图举例　　　　图 1-9 LAD 和 STL 应用举例

1.5.3 顺序功能流程图(SFC)

顺序功能流程图(Sequence Function Chart)编程是一种图形化的编程方法,亦称功能图。使用它可以对具有并发、选择等复杂结构的系统进行编程,许多 PLC 都提供了用于 SFC 编程的指令。

功能块图(FBD)

S7-200 系列的 PLC 专门提供了功能块图(Function Block Diagram)编程语言,这是类似于电子线路的逻辑电路图的一种编程语言。图 1-10 为 FBD 的一个简单使用例子。

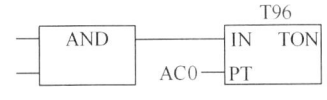

图 1-10 FBD 简单举例

1.6 PLC 的硬件系统

S7-200 系列 PLC 是德国西门子公司生产的一种整体式小型 PLC。它具有紧凑的设计、良好的扩展性、低廉的价格、丰富的功能模块，以及强大的指令系统。特别是 S7-200 CPU22*系列 PLC，是 CPU21*系列的替代产品，由于它具有多种功能模块和人机界面（HMI）可供选择，所以系统的集成非常方便，并且可以很容易地组成 PLC 网络。同时它具有功能齐全的编程和工业控制组态软件，使得在完成控制系统的设计时更加简单，几乎可以完成任何功能的控制任务。本节以此机型介绍 PLC 的硬件系统组成。

1.6.1 PLC 的系统组成

SIMATIC S7-200 系列 PLC 可以单机运行，也可以进行输入/输出和功能模块的扩展。它可靠性高，运行速度快，功能强，有极丰富的指令集，具有强大的多种集成功能和实时特性，其性价比非常高，所以在各行各业中的应用得到迅速推广，在中小规模的控制领域是较为理想的控制设备。

1. 硬件系统基本构成

S7-200 系列 PLC 硬件系统的配置方式采用整体式加积木式，即主机中包含一定数量的输入/输出（I/O）点，同时还可以扩展 I/O 模块和各种功能模块。主要包括以下几部分：

1）基本单元

基本单元（Basic Unit）有时又称做 CPU 模块，也有的称之为主机或本机。它包括 CPU、存储器、基本输入/输出点和电源等，是 PLC 的主要部分。实际上它就是一个完整的控制系统，可以单独完成一定的控制任务。

2）扩展单元

扩展单元是对基本单元的输入、输出口进行扩展，不能单独使用，需和基本单元相连接使用。主机 I/O 点数量不能满足控制系统的要求时，用户可以根据需要扩展各种 I/O 模块，所能连接的扩展单元的数量和实际所能使用的 I/O 点数是由多种因素共同决定的。

3）特殊功能模块

当需要完成某些特殊功能的控制任务时，需要扩展功能模块。它们是完成某种特殊控制任务的一些装置。

4）相关设备

相关设备是为充分和方便地利用系统的硬件和软件资源而开发和使用的一些设备，主要有编程设备、人机操作界面和网络设备等。

5）工业软件

工业软件是为更好地管理和使用这些设备而开发的与之相配套的程序，它主要由标准工具、工程工具、运行软件和人机接口软件等几大类构成。

2．主机结构及性能特点

CPU 22*系列 PLC 主机（CPU 模块）的外形如图 1-11 所示。S7-200 系列 PLC 的 CPU 模块包括一个中央处理单元、电源及数字 I/O 点，这些都被集成在一个紧凑、独立的设备中。CPU 负责执行程序，输入部分从现场设备中采集信号，输出部分则输出控制信号，驱动外部负载。

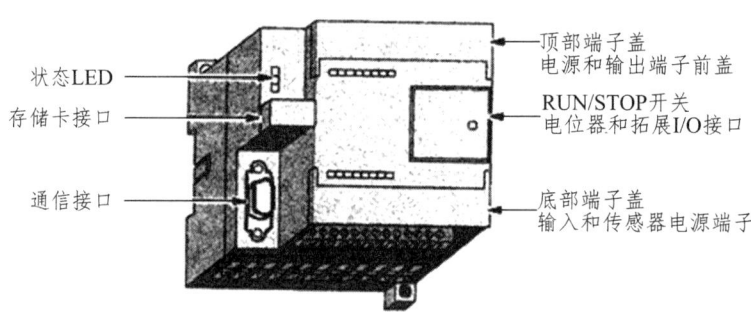

图 1-11　CPU22*系列 PLC 的 CPU 外形图

它具有如下 5 种不同结构配置的 CPU 单元。

1）CPU 221

它有 6 输入/4 输出，I/O 共计 10 点，无扩展能力，程序和数据存储容量较小，有一定的高速计数处理能力，非常适合于少点数的控制系统。

2）CPU 222

它有 8 输入/6 输出，I/O 共计 14 点。和 CPU 221 相比，它可以进行一定模拟量的控制和 2 个模块的扩展，因此是应用更广泛的全功能控制器。

3）CPU 224

它有 14 输入/10 输出，I/O 共计 24 点。和前两者相比，它的存储容量扩大了一倍，可以有 7 个扩展模块，有内置时钟。它有更强的模拟量和高速计数的处理能力，是使用最多的 S7-200 产品。

4）CPU 226

它有 24 输入/16 输出，I/O 共计 40 点。和 CPU 224 相比，它增加了通信口的数量，通信能力大大增强。它可用于点数较多、要求较高的小型或中型控制系统。

5）CPU 226XM

这是西门子公司后来推出的一种增强型主机，它在用户程序存储容量和数据存储容量上进行了扩展，其他指标和CPU226相同。

附录 D 中列出了 S7-200 系列 PLC CPU 的主要技术规范，包括 CPU 规范、CPU 输入规范和 CPU 输出规范。CPU 的技术数据对了解 PLC 的性能和进行 PLC 选择非常有用。

3. 输入/输出的扩展

当 CPU 的 I/O 点数不够用或需要进行特殊功能的控制时，就要进行 I/O 扩展。

I/O 扩展包括 I/O 点数的扩展和功能模块的扩展。不同的 CPU 有不同的扩展规范，它主要受 CPU 的功能限制。

3）I/O 扩展模块

用户可以使用主机 I/O 和扩展 I/O 模块。S7-200 系列 CPU 提供一定数量的主机数字量 I/O 点，但在主机 I/O 点数不够的情况下，就必须使用扩展模块的 I/O 点。

典型的数字量输入/输出扩展模块有：

输入扩展模块 EM221 有两种：8 点 DC 输入、8 点 AC 输入。

输出扩展模块 EM222 有 3 种：8 点 DC 晶体管输出、8 点 AC 输出、8 点继电器输出。

输入/输出混合扩展模块 EM223 有 6 种：分别为 4 点（8 点、16 点）DC 输入/4 点（8 点、16 点）DC 输出、4 点（8 点、16 点）DC 输入/4 点（8 点、16 点）继电器输出。

2）功能扩展模块

当需要完成某些特殊功能的控制任务时，CPU 主机可以扩展特殊功能模块。典型的特殊功能模块有模拟量输入/输出扩展模块和特殊功能模块。

模拟量输入扩展模块 EM231 有 3 种：4 路模拟量输入、2 路热电阻输入和 4 路热电偶输入。模拟量输出扩展模块 EM232 具有 2 路模拟量输出。模拟量输入/输出扩展模块 EM235 具有 4 路模拟量输入/1 路模拟量输出。

功能模块有 EM253 位置控制模块、EM277 PROFIBUS-DP 模块、EM241 调制解调器模块等。

1.6.2 I/O 地址分配与接线

1. I/O 点数扩展和编址

CPU22*系列的每种主机所提供的本机 I/O 地址是固定的，进行扩展时，可以在 CPU 右边连接多个扩展模块，每个扩展模块的组态地址编号取决于各个模块的类型和该模块在 I/O 链中所处的位置。编址方法是：同种类型输入或输出点的模块在链中按与主机的位置而递增，其他类型模块的有无及所处的位置不影响本类型模块的编号。

如 S7-200 PLC 的 CPU224 的基本单元内含 14 点 DC 输入/10 点 DC 输出，以字节（8 位）为单位连续编址，且输入和输出信号各自独立排序。如果需要扩展，可以依次连接扩展单元 1、扩展单元 2，最多可连接 7 个扩展单元。如果 CPU224 连接输入 8 点扩展单元 1 和输出 8 点扩展单元 2，如图 1-12 所示，其编址如下。

S7-200 基本单元内输入信号的编址：

I0.0、I0.1、…、I0.4、I0.5、I0.6、I0.7、I1.0、I1.1、…、I1.4、I1.5

S7-200 基本单元内输出信号的编址：

Q0.0、Q0.1、…、Q0.4、Q0.5、Q0.6、Q0.7、Q1.0、Q1.1

S7-200 扩展单元 1 输入信号的编址：

I2.0、I2.1、…、I2.4、I2.5、I2.6、I2.7

S7-200 扩展单元 2 输出信号的编址：

Q2.0、Q2.1、…、Q2.4、Q2.5、Q2.6、Q2.7

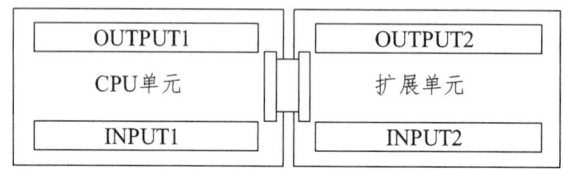

图 1-12　CPU224 的扩展配置

2. 外端子接线图

外端子为 PLC 输入、输出、外电源的连接点。从图 1-13 和 1-14 中可以看出，PLC 各个接线口都有编号，且输入、输出口都是分组安排的。

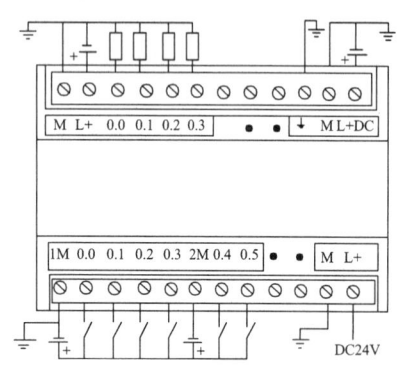 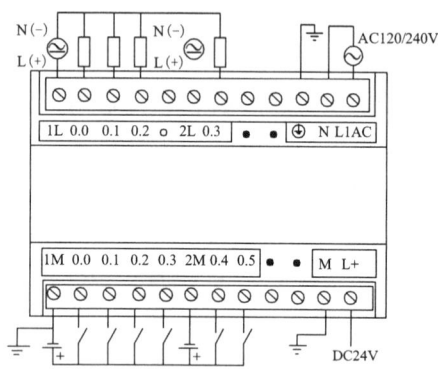

图 1-13　CPU221 的 DC 输入/DC 输出接线　　图 1-14　CPU221 的 DC 输入/继电器输出接线

1.7　PLC 的数据存储区及寻址方式

1.7.1　数据存储区分配

PLC 在运行时需要处理的数据的类型和功能各种各样。这些不同类型的数据被存放在不同的存储空间，从而形成不同的数据区。SIEMENS S7-200 PLC 的数据区可以分为数字量输入和输出映像区、模拟量输入和输出映像区、变量存储器区、顺序控制继电器区、位存储器区、特殊存储器区、定时器存储器区、计数器存储器区、局部存储器区、高速计数器区和累加器区。分别用 I、Q、T、C、SM 等来表示。存储器区域编排采用区域号加区域内编号的方式。

3）数字量输入继电器（I）

输入继电器和 PLC 的输入端子相连，用于接收外部的开关信号。输入继电器一般采用八进制编号，一个端子占用一个点。当外部的开关信号闭合，则输入继电器的线圈得电，在程序中其常开触点闭合，常闭触点断开。这些触点可以在编程时任意使用，使用次数不受限制。编程时注意输入继电器不能由程序驱动，其触点也不能直接输出带动负载。

PLC 是按照集中输入、集中输出、周期性循环扫描的方式进行工作的。在每个扫描周期的开始，PLC 对各输入点进行采样，并把采样值送到输入映像寄存器。PLC 在接下来的本周期各阶段不再改变输入映像寄存器中的值，直到下一个扫描周期的输入采样阶段。

输入继电器如图 1-15 所示，共有 128 点，其每个位地址包括存储器标识符、字节地址及位号 3 部分。存储器标识符为"I"，字节地址为整数部分，位号为小数部分。如 I1.0 表明这个输入点是第 1 个字节的第 0 位。

2. 数字量输出继电器（Q）

输出继电器是 PLC 向外部负载发出控制命令的窗口，在 PLC 上均有输出端子与之对应。当通过程序使输出继电器接通时，PLC 上的输出端开关闭合，它可以作为控制外部负载的开关信号。同时在程序中其常开触点闭合，常闭触点断开。这些触点可以在编程时任意使用，使用次数不受限制。

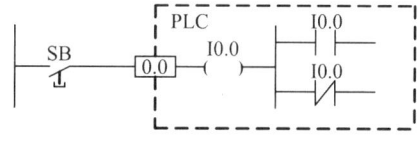

图 1-15 输入继电器示意图

在每个扫描周期的输入采样、程序执行等阶段并不把输出结果信号直接送到输出继电器，而只是送到输出映像寄存器，只有在每个扫描周期的末尾才将输出映像寄存器中的结果同时送到输出锁存器，对输出点进行刷新。

输出继电器如图 1-16 所示，共有 128 点，其每个位地址包括存储器标识符、字节地址及位号 3 部分。存储器标识符为"Q"，字节地址为整数部分，位号为小数部分。如 Q0.1 表明这个输出点是第 0 个字节的第 1 位。

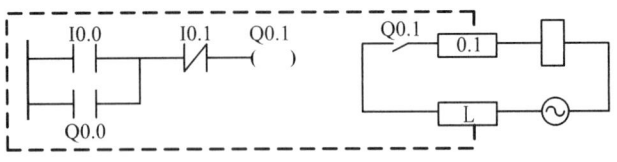

图 1-16　输出继电器示意图

3. 模拟量输入映像寄存器（AI）、模拟量输出映像寄存器（AQ）

模拟量输入电路用于实现模拟量/数字量（A/D）之间的转换，而模拟量输出电路用于实现数字量/模拟量（D/A）之间的转换。

在模拟量输入/输出映像寄存器中，数字量的长度为 1 个字长（16 位），且从偶数号字节进行编址来存取转换过的模拟量值，如 0、2、4、6、8 等。编址内容包括元件名称、数据长度和起始字节的地址，如 AIW6，AQW12 等。

PLC 对这两种寄存器的存取方式不同之处在于，模拟量输入寄存器只能进行读取操作，而对模拟量输出寄存器只能进行写入操作。

4. 辅助继电器（M）

通用辅助继电器的作用和继电接触器控制系统中的中间继电器相同，它在 PLC 中没有输入/输出端与之对应，因此它的触点不能驱动外部负载。它主要在逻辑运算中起着存储中间操作信息的作用。

5. 定时器（T）

定时器是可编程序控制器中重要的编程元件，是累计时间增量的内部器件，作用相当于时间继电器。电气自动控制的大部分领域都需要用定时器进行时间控制，灵活地使用定时器可以编制出复杂动作的控制程序。

定时器的工作过程与继电器控制系统的时间继电器基本相同，但它没有瞬动触点。使用时要提前输入时间预设值。

6. 计数器（C）

计数器用来累计输入脉冲的个数，经常用来对产品进行计数或进行特定功能的编程。使用时要提前输入它的设定值（计数的个数）。

7. 特殊继电器（SM）

有些辅助继电器具有特殊功能或用于存储系统的状态变量、有关的控制参数和信息，我们称其为特殊继电器。用户可以通过特殊标志来传递 PLC 与被控对象之间的信息，如可以读取程序运行过程中的设备状态和运算结果信息，利用这些信息实现一定的控制动作。用户也可通过直接设置某些特殊继电器位来使设备实现某种功能。例如：

SM0.0：运行监控，在运行过程时始终为 1。

SM0.1：首次扫描为 1，以后为 0，常用来对程序进行初始化，为只读型。
SM0.2：当 RAM 数据丢失时为 1，保持一个扫描周期，可做错误存储器位。
SM0.3：开机进入 RUN 时为 ON 一个扫描周期，可在不断电的情况下代替 SM0.1 的功能。
SM0.4：分脉冲，30 s 闭合/30 s 断开。
SM0.5：秒脉冲，0.5 s 闭合/0.5 s 断开。
SM0.6：扫描时钟脉冲，闭合 1 个扫描周期/断开 1 个扫描周期，交替循环。
SM0.7：开关放置在 RUN 位置时为 1，在 TERM 位置为 0，常用在自由口通信处理中。

8. 变量存储器（V）

变量存储器用来存储变量。它可以存放程序执行过程中控制逻辑操作的中间结果，也可以使用变量存储器来保存与工序或任务相关的其他数据。在进行数据处理时，变量存储器会被经常使用。

9. 局部变量存储器（L）

局部变量存储器用来存放局部变量。局部变量与变量存储器所存储的全局变量十分相似，主要区别在于全局变量是全局有效的，而局部变量是局部有效的。全局有效是指同一个变量可以被任何程序（包括主程序、子程序和中断程序）访问；而局部有效是指变量只和特定的程序相关联。

S7-200 系列 PLC 提供 64 个字节的局部存储器，其中 60 个可以作暂时存储器或给子程序传递参数。主程序、子程序和中断程序都有 64 个字节的局部存储器可以使用。不同程序的局部存储器不能互相访问。机器在运行时，根据需要动态地分配局部存储器，在执行主程序时，分配给子程序或中断程序的局部变量存储区是不存在的，当子程序调用或出现中断时，需要为之分配局部存储器，新的局部存储器可以是曾经分配给其他程序块的同一个局部存储器。

10. 顺序控制继电器（S）

有些 PLC 中也把顺序控制继电器称为状态器。顺序控制继电器主要用在顺序控制或步进控制中。

11. 高速计数器（HC）

高速计数器的工作原理与普通计数器基本相同，只是它用来累计比主机扫描速率更快的高速脉冲。高速计数器的当前值是一个双字长（32 位）的整数，且为只读值。高速计数器的数量很少，编址时只用名称 HC 和编号，如：HC2。

12. 累加器（AC）

S7-200 PLC 提供 4 个 32 位累加器，分别为 AC0、AC1、AC2、AC3。累加器（AC）

是用来暂存数据的寄存器。它可以用来存放数据如运算数据、中间数据和结果数据，也可用来向子程序传递参数，或从子程序返回参数。使用时只表示出累加器的地址编号，如 AC0。累加器可进行读、写两种操作。累加器的可用长度为 32 位，数据长度可以是字节、字或双字，但实际应用时，数据长度取决于进出累加器的数据类型。

1.7.2 寻址方式

1. 直接寻址

编程软元件在存储区中的位置都是固定的，S7-200 采用分区结合字节序号编址。另一方面，作为工业控制计算机，PLC 处理的数据可以是二进制数中的一位，也可以是一个字节、两个字节或多个字节的各种码制的数字。这样就有了依据数据长度不同引出的不同寻址方式。

3）位寻址

位寻址也叫字节·位寻址，一个字节占有 8 个位。使用时必须指定元件名称、字节地址和位号。图 1-17 为字节·位寻址的示例。字节·位寻址一般用来表示"开关量"或"逻辑量"。

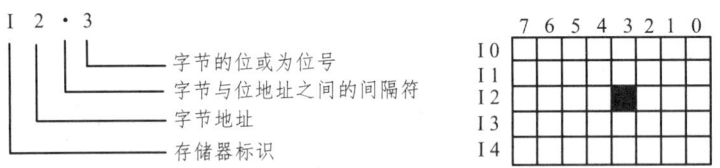

图 1-17　字节·位寻址

可以进行位寻址的存储器有：I、Q、M、SM、L、V、S。

2）字节、字和双字寻址

对字节、字和双字数据直接寻址时，需指明元件名称、数据类型和存储区域内的首字节地址。图 1-18 是以变量存储器（V）为例，分别存取 3 种长度数据的比较。

可以用此方式进行寻址的存储器有：I、Q、M、SM、L、V、S、AI、AQ。

当采用字节寻址、字寻址、双字寻址时，某地址存储单元中存放的一般为一个具体的数据，可以是数字也可以是字符串，数字可以为二进制、十进制、十六进制及实数。

2. 间接寻址

间接寻址方式是指数据存放在存储器或寄存器中，在指令中只出现所需数据所在单元的内存地址的地址。存储单元地址的地址又称为地址指针。间接寻址以双字的形式存储其他存储区的地址，只能用 V 存储器、L 存储器或者累加器作为指针。

可以用指针进行间接寻址的存储器有：I、Q、M、V、S、T、C。其中 T 和 C 仅仅是当前值可以进行间接寻址，而对独立的位值和模拟量值不能进行间接寻址。

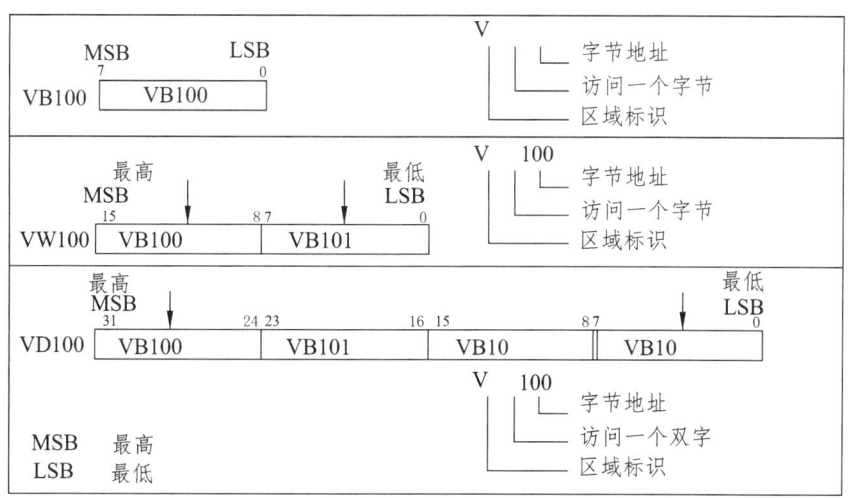

图 1-18　字节、字、双字对同一地址存取操作的比较

使用间接寻址方式存取数据的过程如下：

3）建立指针

使用间接寻址对某个存储器单元读、写时，首先要建立地址指针。可作为指针的存储区包括：V、L、AC。指针为双字长，必须用双字传送指令（MOVD），将存储器所要访问单元的地址装入用来作为指针的存储器单元或寄存器，装入的是地址而不是数据本身。格式如下：

MOVD　&VB100，VD204

其中："&"为地址符号，它与单元编号结合使用表示所对应单元的 32 位物理地址；VB100 只是一个直接地址编号，并不是物理地址。指令中的第二个地址数据长度必须是双字长，如 VD、LD 和 AC 等。

2）用指针来存取数据

在操作数的前面加 "*" 表示该操作数为一个指针。如图 1-19 所示，AC1 为指针，用来存放要访问的操作数的地址。在这个例子中，存于 VB200、VB201 中的数据被传送到 AC0 中去。

3）修改指针

连续存储数据时，可以通过修改指针很容易地存取连续的数据。简单的数学运算指令，如加法、减法、自增和自减指令都可以用来修改指针。在修改指针时，要记住访问数据的长度：存取字节时，指针加 1；存取字时，指针加 2；存取双字时，指针加 4。

PLC 在地铁设备中的应用

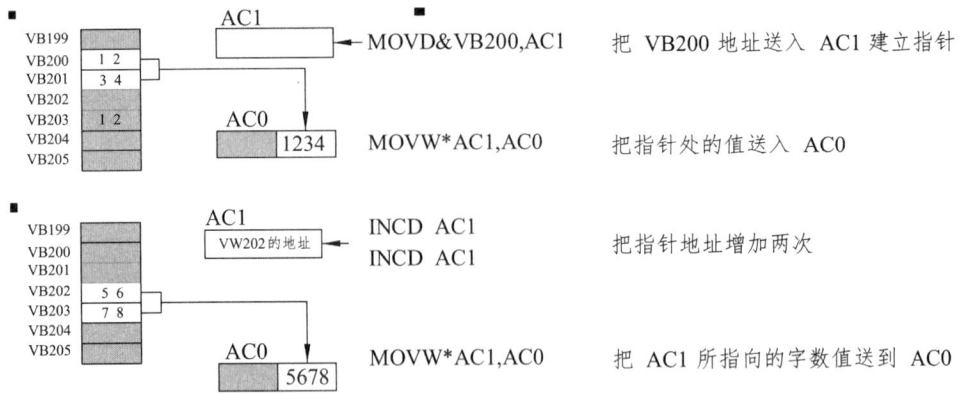

图 1-19 建立指针，存取数据及修改指针

习 题

1．PLC 有什么特点？
2．PLC 与继电接触式控制系统相比有哪些异同？
3．构成 PLC 的主要部件有哪些？各部分主要作用是什么？
4．PLC 是按什么样的工作方式进行工作的？它的中心工作过程分为哪几个阶段？
5．PLC 中软继电器的主要特点是什么？
6．S7-200 系列 PLC 主机中有哪些主要编程元件？
7．间接寻址包括几个步骤？试举例说明。
8．一个控制系统需要 12 点数字量输入、30 点数字量输出、7 点模拟量输入和 2 点模拟量输出。试问：
（1）可以选用 S7-200 系列 PLC 的哪种主机型号？
（2）如何选择扩展模块？
（3）各模块按什么顺序连接到主机？请画出连接图。
9．说明 PLC 梯形图的能流概念。
10．说明基本单元和扩展单元在使用上的区别。
11．造成 PLC 的输入/输出滞后现象的主要原因是什么？可采取那些措施缩短这种滞后时间？
12．什么是 PLC 的扫描周期？其扫描过程分为几个阶段？各完成什么任务？

第 2 章　S7-200 系列 PLC 基本指令及编程实例

PLC 可采用梯形图（LAD）、语句表（STL）、功能块图（FBD）和高级语言等编程语言。但梯形图和语句表一直是它最基本、最常用的编程语言。梯形图直接起源于继电接触器控制系统，其规则充分体现了电气技术人员的习惯。语句表则是 PLC 最基础的编程语言。本章介绍 S7-200 系列 PLC 的基本逻辑指令、定时器指令及计数器指令，并介绍常用典型电路的编程及应用实例。

2.1　基本逻辑指令

梯形图与语句表是 PLC 程序中最常用的两种编程语言，它们之间有着密切的对应关系。在下面讲解指令和举例的时候，主要用到了梯形图指令（LAD），S7-200 系列 PLC 用 LAD 编程时以每个独立的网络块（Network）为单位，所有的网络块组合在一起就是梯形图程序，这也是 S7-200 系列 PLC 的特点。

触点和线圈是梯形图最基本的元素，从元件角度出发，触点及线圈是元件的组成部分，线圈得电则该元件的常开触点闭合，常闭触点断开；反之，线圈失电则常开触点恢复断开，常闭触点恢复闭合。从梯形图的结构而言，触点是线圈的工作条件，线圈的动作是触点运算的结果。

2.1.1　位逻辑指令

1. 逻辑取及线圈驱动指令（LD、LDN、=）

LD（Load）：取指令。用于网络块逻辑运算开始的常开触点与母线的连接。
LDN（Load Not）：取反指令。用于网络块逻辑运算开始的常闭触点与母线的连接。
=（Out）：线圈驱动指令。

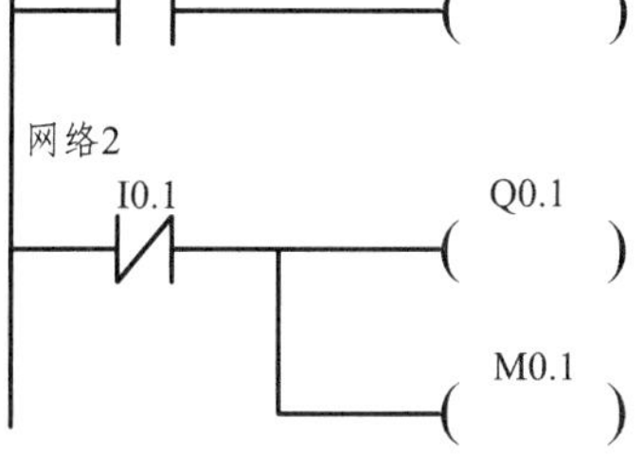

```
网络1
    I0.0           Q0.0              LD      I0.0
 ───┤ ├──────────( )                 =       Q0.0

网络2                                LDN     I0.1
    I0.1           Q0.1              =       Q0.1
 ───┤/├──────────( )                 =       M0.1
              │
              │    M0.1
              └───( )
```

图 2-1　LD、LDN、=应用电路

使用说明：

（1）LD、LDN指令不只是用于网络块逻辑计算开始时与母线相连的常开和常闭触点，在分支电路块的开始也要使用LD、LDN指令，与后面要讲的ALD、OLD指令配合完成块电路的编程。

（2）并联的"="指令可连续使用任意次。

（3）在同一程序中不能使用双线圈输出，即同一个元器件在同一程序中只使用一次"="指令。

LD、LDN操作数：I、Q、M、SM、T、C、V、S和L。

OUT操作数：Q、M、SM、T、C、V、S和L。T和C也作为输出线圈，但在S7-200 PLC中输出时不使用"="指令（见定时器和计数器指令）。

2. 触点串联指令（A、AN）

A（And）：与指令。用于单个常开触点与其他程序段的串联连接。

AN（And Not）：与反指令。用于单个常闭触点与其他程序段的串联连接。

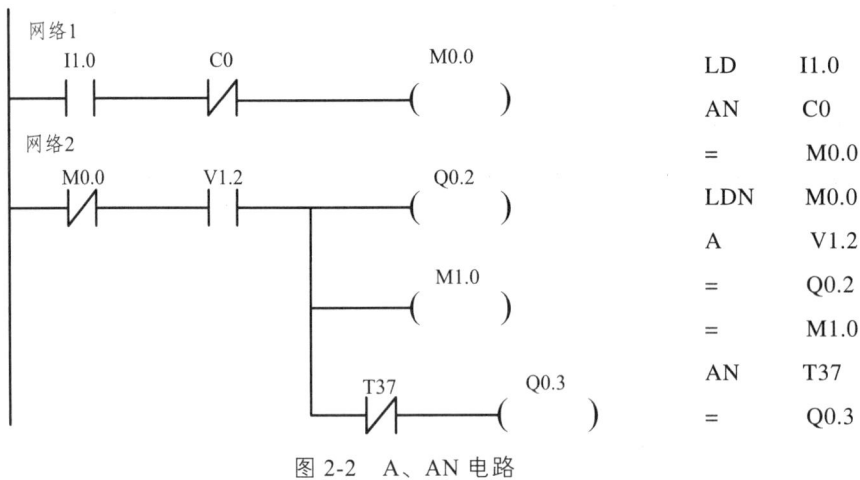

图2-2 A、AN电路

使用说明：

（1）A、AN是单个触点串联连接指令，可连续使用。但在用梯形图编程时会受到打印宽度和屏幕显示的限制。S7-200 PLC的编程软件中规定的串联触点使用上限为11个。

（2）图2-2中所示的连续输出电路可以反复使用"="指令，但次序必须正确。图2-3所示的电路就不属于连续输出电路。

操作数：I、Q、M、SM、T、C、V、S和L。

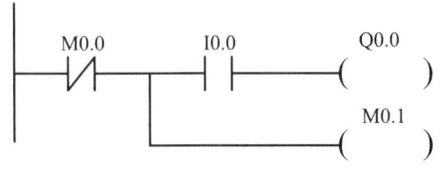

图2-3 错误次序电路

3. 触点并联指令（O、ON）

O（OR）：或指令。用于单个常开触点与其他程序段的并联连接。
ON（Or Not）：或反指令。用于单个常闭触点与其他程序段的并联连接。

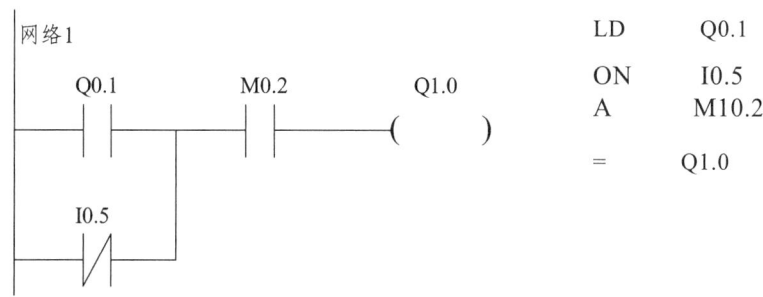

图 2-4　O、ON 电路

使用说明：
单个触点的 O、ON 指令可连续使用。
操作数：I、Q、M、SM、T、C、V、S 和 L。

4. 串联电路块的并联连接指令（OLD）

两个以上触点串联形成的支路叫串联电路块。
OLD（Or Load）：或块指令。用于串联电路块的并联连接。
使用说明：

（1）除在网络块逻辑运算的开始使用 LD 或 LDN 指令外，在块电路的开始也要使用 LD 和 LDN 指令。
（2）每完成一次块电路的并联要写上 OLD 指令。
操作数：OLD 指令无操作数。

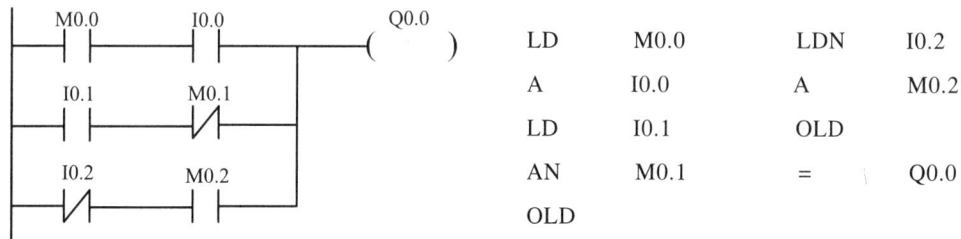

图 2-5　OLD 电路

5. 并联电路块的串联连接指令（ALD）

两条以上支路并联形成的电路叫并联电路块。
ALD（And Load）：与块指令。用于并联电路块的串联连接。

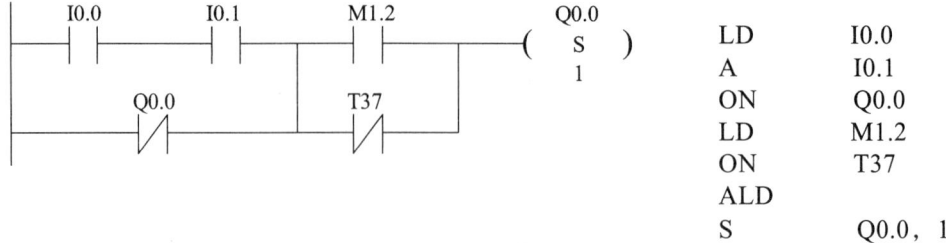

图 2-6 ALD 电路

使用说明：

（1）在块电路开始时要使用 LD 和 LDN 指令。

（2）每完成一次块电路的串联连接要写上 ALD 指令。

操作数：ALD 指令无操作数。

6. 置位/复位指令（S、R）

置位（Set）/复位（Reset）指令的 LAD 和 STL 形式以及功能如表 2-1 所列。

表 2-1 置位/复位指令说明

指令名称	LAD	STL	功能	操作数范围及类型
置位指令	─(S)─ bit N	S bit, N	从 bit 开始的 N 个元件置 1 并保持	N：VB、IB、QB、MB、SMB、SB、LB、AC、常数、*VD、*AC 和*LD。一般情况下使用常数（N：1~255） S/R：I、Q、M、SM、T、C、V、S 和 L
复位指令	─(R)─ bit N	R bit, N	从 bit 开始的 N 个元件清 0 并保持	

使用说明：

（1）对位元件来说，一旦被置位，就保持在通电状态，除非对它复位；而一旦被复位就保持在断电状态，除非再对它置位。

（2）S/R 指令可以互换次序使用，但由于 PLC 采用扫描工作方式，所以写在后面的指令具有优先权。如图 2-7 所示，若 I0.0 和 I0.1 同时为 1，则 Q0.0 肯定处于复位状态而为 0。

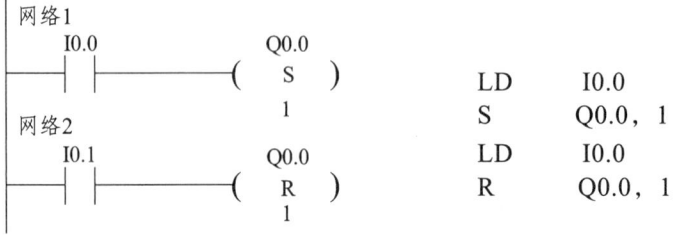

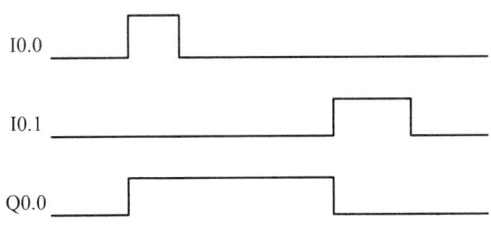

图 2-7 S/R 指令应用

(3) 如果对计数器和定时器复位,则计数器和定时器的当前值被清零。

操作数:Q、M、SM、V、S、L。

7. RS 触发器指令

RS 触发器指令包括两条指令。

SR(Set Dominant Bistable):置位优先触发器指令。当置位信号(S1)和复位信号(R)都为真时,输出为真。

RS(Reset Dominant Bistable):复位优先触发器指令。当置位信号(S)和复位信号(R1)都为真时,输出为假。

RS 触发器指令的 LAD 形式如图 2-8 所示。网络 1 为 SR 指令,网络 2 为 RS 指令。Bit 参数用于指定被置位或者被复位的 BOOL 参数。RS 触发器指令没有 STL 形式,但可通过编程软件把 LAD 形式转换成 STL 形式,不过很难读懂。所以建议如果使用 RS 触发器指令最好使用 LAD 形式。

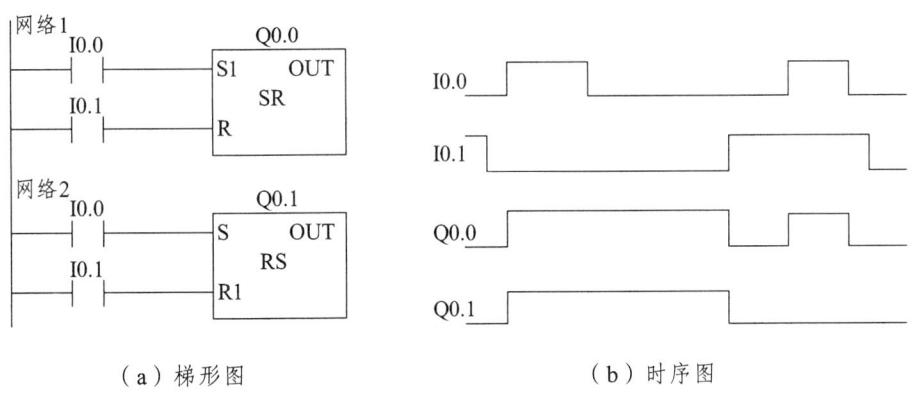

(a) 梯形图　　　　　　　　　(b) 时序图

图 2-8 RS 触发器指令应用

RS 触发器指令及真值表如表 2-2 所示。

RS 触发器指令的使用举例如图 2-8 所示。图 2-8(b) 为在给定的输入信号波形下产生的输出波形。

表 2-2 触发器指令说明

指令名称	S1	R	输出	操作数范围及类型
置位优先触发器指令（S1）	0	0	保持前一状态	
bit ─│S1　OUT│─ 　│　SR　│ 　│R　　│	0	1	0	
	1	0	1	
	1	1	1	R/S：I、Q、V、M、SM、S、T、C Bit：I、Q、V、M 和 S
复位优先触发器指令（R1）	S	R1	输出	
	0	0	保持前一状态	
bit ─│S　　OUT│─ 　│　RS　│ 　│R1　　│	0	1	0	
	1	0	1	
	1	1	0	

8. 立即指令

立即指令是针对 PLC 输入/输出的快速响应而设置的，它不受 PLC 循环扫描工作方式的影响，允许对输入和输出点进行快速直接存取。用立即指令读取输入点的状态时，立即触点可不受扫描周期的影响，对 I 进行操作，相应的输入映像寄存器中的值并未更新；用立即指令访问输出点时，对 Q 直接进行操作，新值同时写到 PLC 的物理输出点和相应的输出映像寄存器。立即指令的名称和使用说明如表 2-3 所示。

表 2-3 是立即指令的名称和使用说明。

表 2-3 立即指令说明

指令名称	语句表		梯形图	使用说明
立即取	LDI	bit		
立即取反	LDIN	bit	bit ─┤ I ├─ bit ─┤/I├─	bit 只能为 I
立即或	OI	bit		
立即或反	ONI	bit		
立即与	AI	bit		
立即与反	AIN	bit		
立即输出	=I	bit	bit ─(I)─	bit 只能为 Q
立即置位	SI	bit, N	bit ─(SI)─ 　N	1. bit 只能为 Q 2. N：1～128 3. N 的操作数同 S/R 指令
立即复位	RI	bit, N	bit ─(RI)─ 　N	

图 2-9 所示为立即指令的用法。

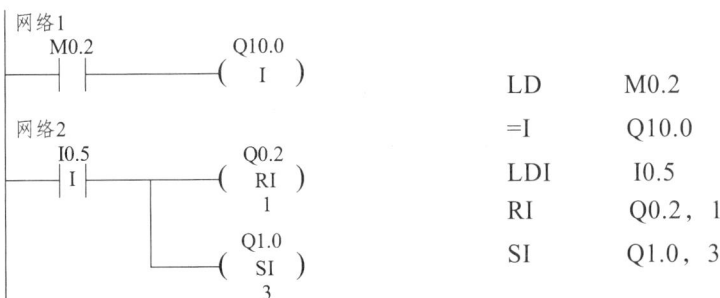

图 2-9 立即指令应用

9. 边沿脉冲指令

边沿脉冲指令为 EU（Edge Up）、ED（Edge Down）。正跳变指令（EU）用来检测由 0 到 1 的正跳变并产生一个宽度为一个扫描周期的脉冲；负跳变指令（ED）用来检测由 1 到 0 的负跳变并产生一个宽度为一个扫描周期的脉冲。

边沿脉冲指令的使用及说明如表 2-4 所示。

表 2-4 边沿脉冲指令说明

指令名称	梯形图	语句表	功能	说明
上升沿脉冲	─┤P├─	EU	在上升沿产生脉冲	无操作数
下降沿脉冲	─┤N├─	ED	在下降沿产生脉冲	

边沿脉冲指令 EU/ED 使用举例如图 2-10 所示。

EU 指令对其之前的逻辑运算结果的上升沿产生了一个宽度为一个扫描周期的脉冲，如图 2-10 中的 M0.0。ED 指令对逻辑运算结果的下降沿产生了一个宽度为一个扫描周期的脉冲，如图 2-10 中的 M0.1。脉冲指令常用于启动及关断条件的判定，以及配合功能指令完成一些逻辑控制任务。

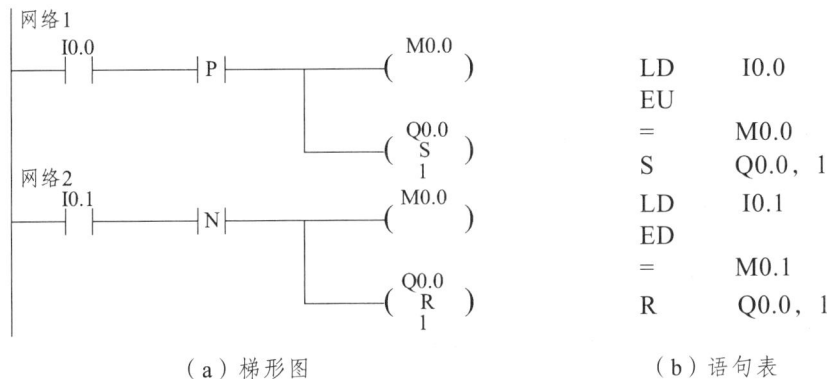

（a）梯形图　　　　　　　　　　（b）语句表

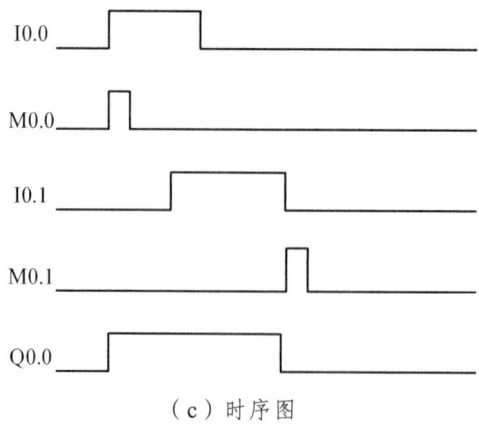

（c）时序图

图 2-10　边沿脉冲指令 EU/ED 指令应用

10. NOT 及 NOP 指令

1）取反指令 NOT

将复杂逻辑结果取反，也就是当到达取反指令的能流为 1 时，经过取反指令后能流为 0；当到达取反指令的能流为 0 时，经过取反指令后能流为 1。取反指令的应用如图 2-11 所示。

操作数：取反指令无操作数。

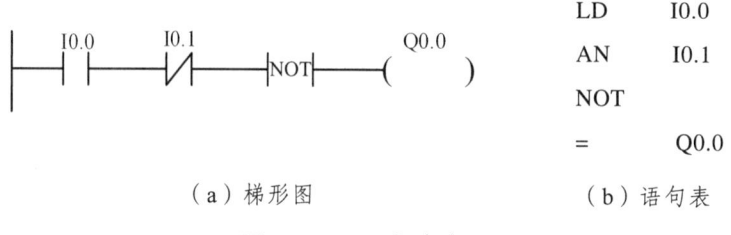

（a）梯形图　　　　　　　　　　（b）语句表

图 2-11　取反指令应用

2）空操作指令 NOP（No Operation）

该指令很少被使用，最有可能用在跳转指令的结束处，或在调试程序中使用。该指令对用户程序的执行没有影响，其 LAD 和 STL 形式如下。

STL 形式：NOP　N。

LAD 形式：

操作数：N 的范围：0~255。

11. 比较指令

比较指令是将两个数值或字符串按指定条件进行比较，条件成立时，触点就闭合，

第 2 章 S7-200 系列 PLC 基本指令及编程实例

后面的电路接通。否则比较触点断开,后面的电路不接通。换句话说,比较触点相当于一个有条件的常开触点,当比较关系成立时,触点闭合;比较关系不成立时,触点断开。在实际应用中,比较指令为上、下限控制及数值条件判断提供了方便。

比较指令的类型有:字节比较、整数比较、双字整数比较、实数比较和字符串比较。

数值比较指令的运算符有:"="">="""<""<="">"和"<>"等 6 种,而字符串比较指令只有"="和"<>"两种。

比较指令是以触点的形式出现在梯形图中的,因而对比较指令可进行 LD、A 和 O 编程。

比较指令的 LAD 和 STL 形式如表 2-5 所示。

表 2-5 数值比较指令

触点的基本指令 (以字节比较为例)	从母线取用 比较触点	串联比较触点	并联比较触点

─┤==B├─
─┤<>B├─
─┤>=B├─
─┤>B├─
─┤<=B├─
─┤<B├─
	IN1
	┤==B├
	IN2
	
	LDB=, LDB<>
	LDB>=, LDB>
	LDB<=, LDB<
		bit IN1
		─┤├─┤==B├
		       IN2
		
		AB=, AB<>
		AB>=, AB>
		AB<=, AB<
			bit
			─┤├─
			  IN1
			─┤==B├
			  IN2
			
			OB=, OB<>
			OB>=, OB>
			OB<=, OB<

操作数的含义 及范围	字节比较操作数 IN1/IN2:IB、QB、MB、SMB、VB、SB、LB、AC、常数、*VD、*AC、*LD 字比较操作数 IN1/IN2:IW、QW、MW、SMW、T、C、VW、LW、AIW、AC 常数、*VD、*AC、*LD 双字比较操作数 IN1/TN2:ID、QD、MD、SMD、VD、LD、HC、AC、常数、*VD、*AC、*LD 实数比较操作数 IN1/IN2:ID、QD、MD、SMD、VD、LD、AC、常数、*VD、*AC、*LD OUT:I、Q、V、M、SM、S、T、C、L		

说明:字符串比较指令在 PLC CPU1.21 和 Micro/WIN32 V3.2 以上版本中才有。字符串的长度不能超过 254 个字符。

字节比较用于比较两个字节型整数值 IN1 和 IN2 的大小,字节比较是无符号的。整数比较用于比较两个字长型整数值 IN1 和 IN2 的大小,整数比较是有符号的,其范围是 16#8000 ~ 16#7FFF。

双字整数比较用于比较两个双字长整数值 IN1 和 IN2 的大小。它们的比较也是有符号的，其范围是 16#80000000 ~ 16#7FFFFFFF。

实数比较用于比较两个双字长实数值 IN1 和 IN2 的大小，实数比较是有符号的。负实数范围为 −1.175 495E − 38 ~ −3.402 823E+38，正实数范围是 +1.175 495E − 38 ~ +3.402 823E+38。

2.1.2 定时器指令

1. 定时器介绍

定时器是 PLC 中最常用的元器件之一，其功能和继电接触器控制系统中的时间继电器相同，都起到延时的作用。不同的是，PLC 中的定时器只有延时触点，无瞬动触点。S7-200 系列 PLC 为用户提供了 3 种类型的定时器：接通延时定时器（TON）、有记忆接通延时定时器（TONR）和断开延时定时器（TOF）。

定时器的编号用定时器的名称和它的常数编号（最大数为 255）来表示，即 T***。如：T40。

定时器编程时要预置定时值，在运行过程中，当定时器的使能输入端条件满足时，当前值从 0 开始按一定的单位增加。当定时器的当前值到达设定值时，定时器发生动作，从而满足各种定时逻辑控制的需要。

定时器的分辨率和定时时间的计算：

单位时间的时间增量称为定时器的分辨率。S7-200 系列 PLC 定时器有 3 个分辨率等级：1 ms、10 ms 和 100 ms。

定时器定时时间 T 的计算：$T = PT \times S$。式中：T 为实际定时时间，PT 为预置值，S 为分辨率。

例如：TON 指令使用 T37（为 100 ms 的定时器），设定值为 100，则实际定时时间为
$$T = 100 \times 100 \text{ ms} = 10\ 000 \text{ ms}$$

每个定时器都有一个 16 bit 的当前值寄存器和一个 1 bit 的状态位：T-bit（反映其触点状态）。当前值寄存器存储定时器当前所累计的时间。状态位与其他继电器的输出相似。当定时器的当前值达到设定值 PT 时，定时器的触点动作。

2. 定时器指令使用说明

1）接通延时定时器 TON（On-Delay Timer）

接通延时定时器用于单一时间间隔的定时。上电周期或首次扫描时，定时器位为 OFF，当前值为 0。输入端接通时，定时器位为 OFF，当前值从 0 开始计时，当前值达到设定值时，定时器位为 ON，当前值仍连续计数到 32 767。输入端断开，定时器自动复位，即定时器位为 OFF，当前值为 0。

2）记忆接通延时定时器 TONR（Retentive On-Delay Timer）

顾名思义，记忆接通延时定时器具有记忆功能，它用于对多个间隔的累计定时。上电周期或首次扫描时，定时器位为 OFF，当前值保持在掉电前的值。当输入端接通时，当前值从上次的保持值继续计时；当累计当前值达到设定值时，定时器位为 ON，当前值可继续计数到 32 767。需要注意的是：TONR 定时器只能用复位指令 R 对其进行复位操作。TONR 复位后，定时器位为 OFF，当前值为 0。掌握好对 TONR 的复位及启动是使用好 TONR 指令的关键。

3）断开延时定时器 TOF（Off-Delay Timer）

断开延时定时器用于断电后的单一间隔时间计时。上电周期或首次扫描时，定时器位为 OFF，当前值为 0。输入端接通时，定时器位为 ON，当前值为 0。当输入端由接通到断开时，定时器开始计时。当达到设定值时定时器位为 OFF，当前值等于设定值，停止计时。输入端再次由 OFF→ON 时，TOF 复位，这时 TOF 的位为 ON，当前值为 0。如果输入端再从 ON→OFF，则 TOF 可实现再次启动。

定时器指令如表 2-6 所示。

表 2-6　定时器指令说明

定时器类型	接通延时定时器	记忆接通延时定时器	断开延时定时器
指令的表达形式	???? IN　TON ???─PT　　??ms TON　T×××，PT	???? IN　TONR ???─PT　　??ms TONR　T×××，PT	???? IN　TOF ???─PT　　??ms TOF　T×××，PT
操作数的范围及类型	定时器编号 N：0～255 IN：I、Q、M、SM、T、C、V、S、L（位） PT：IW、QW、MW、SMW、VW、SW、LW、AIW、T、C、常数、AC、*VD、*AC、*LD		

3. 应用举例

图 2-12 所示为 3 种类型定时器的基本使用举例。

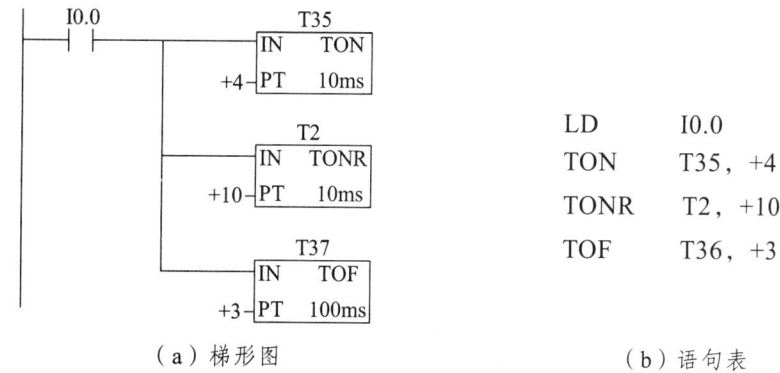

（a）梯形图　　　　　　　　　　　（b）语句表

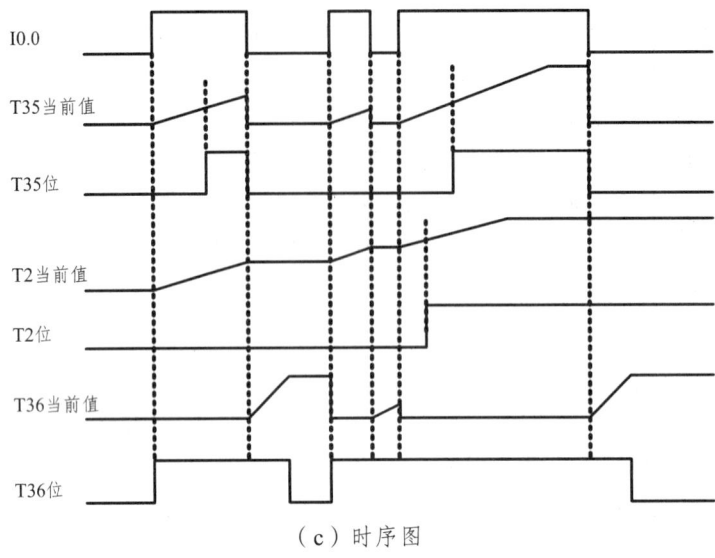

(c）时序图

图 2-12 定时器指令应用

2.1.3 计数器指令

计数器用来累计输入脉冲的次数，在实际应用中用来对产品进行计数或完成复杂的逻辑控制任务。计数器的使用和定时器基本相似，编程时输入计数设定值，计数器累计脉冲输入端信号上升沿的个数。当计数值达到设定值时，计数器发生动作，以便完成计数控制任务。

S7-200 系列 PLC 的计数器有 3 种：增计数器 CTU、增减计数器 CTUD 和减计数器 CTD。

计数器的编号用计数器名称和数字（0~255）组成，即 C***，如 C6。

与定时器相似，每个计数器都有一个 16 bit 的当前值寄存器和一个 1 bit 的状态位：C-bit（反映其触点状态）。计数器当前值用来存储计数器当前所累计的脉冲个数，最大数值为 32 767。计数器状态位和继电器一样是一个开关量，表示计数器是否发生动作。当计数器的当前值达到设定值时，该位被置位为 ON。

计数器的 LAD 和 STL 指令格式如表 2-7 所示。

表 2-7 计数器的指令说明

计数器指令类型	增计数器指令	增减计数器指令	减计数器指令
指令的表达形式	CU CTU R PV	CU CTUD CD R PV	CU CTD LD PV

续表

计数器指令类型	增计数器指令	增减计数器指令	减计数器指令
操作数的范围及类型	计数器标号 N：0～255 CU、CD、LD、R：I、Q、M、SM、T、C、V、S、L（位） PV：IW、QW、MW、SMW、VW、SW、LW、AIW、T、C、常数、AC、*VD、*AC、*LD			

1. 增计数器 CTU（Count Up）

首次扫描时，计数器状态位为 OFF，当前值为 0。在计数脉冲输入端 CU，每个上升沿计数器计数 1 次，当前值加 1。当前值达到设定值时，计数器状态位为 ON，当前值可继续计数到 32 767 后停止计数。复位输入端有效或对计数器执行复位指令时，计数器自动复位，即计数器状态位为 OFF，当前值为 0。图 2-13 所示为增计数器的用法。

注意：在语句表中，CU、R 的编程顺序不能错误。

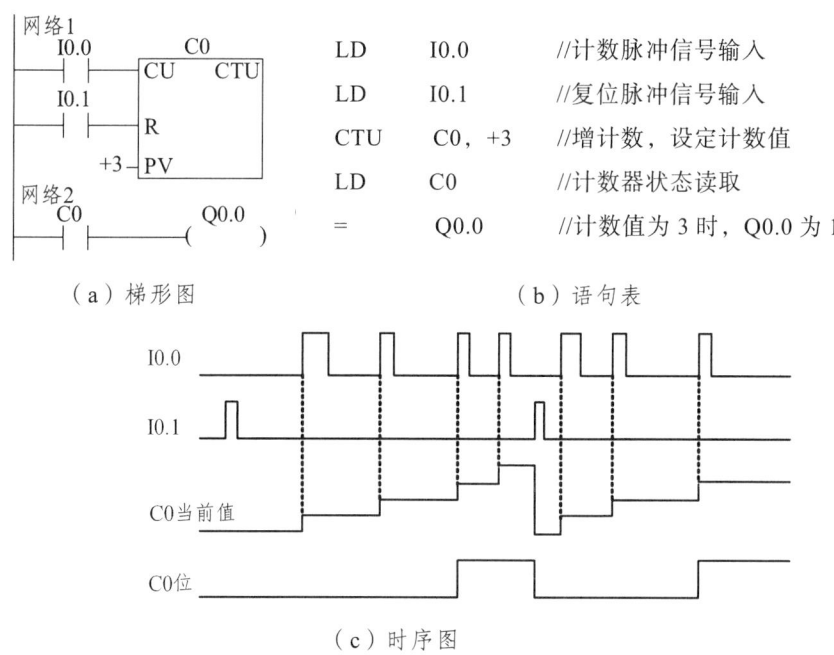

图 2-13　增计数器指令应用

2. 增减计数器 CTUD（Count Up/Down）

增减计数器有两个计数脉冲输入端：CU 输入端用于递增计数，CD 输入端用于递减计数。首次扫描时，计数器状态位为 OFF，当前值为 0。CU 输入的每个上升沿使计数器当前值加 1；CD 输入的每个上升沿使计数器当前值减 1，当前值达到设定值时，计数器状态位为 ON。

增减计数器当前值计数到 32 767（最大值）后，下一个 CU 输入的上升沿将使当前值跳变为最小值（-32 768）；当前值达到最小值-32 768后，下一个CD输入的上升沿将使当前值跳变为最大值32 767。复位输入端有效或使用复位指令对计数器执行复位操作后，计数器自动复位，即计数器状态位为OFF，当前值为0。图2-14所示为增减计数器的用法。

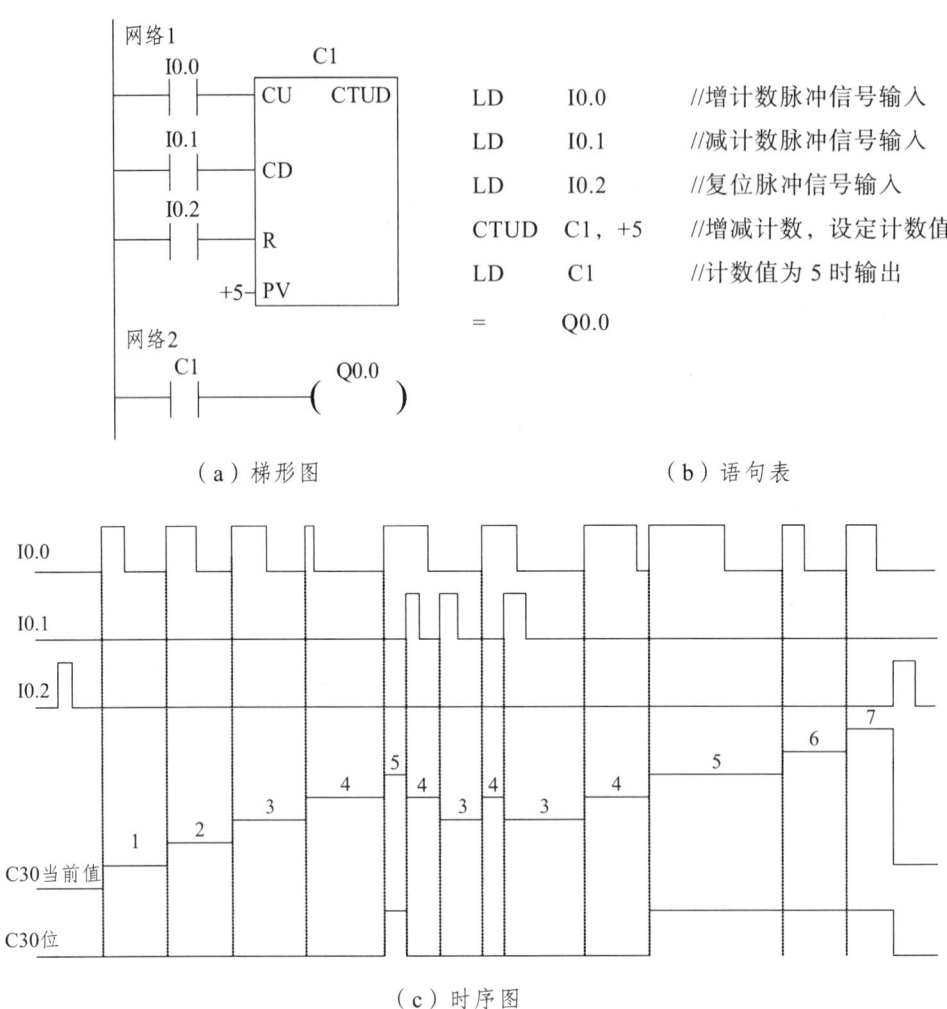

（c）时序图

图2-14 增减计数器指令应用

3. 减计数器CTD（Count Down）

首次扫描时，计数器状态位为ON，当前值为预设定值PV。CD输入端的每个上升沿使计数器计数1次，当前值减少一个数，当前值减小到0时，计数器位置位为ON，复位输入端有效或对计数器执行复位指令，计数器自动复位，即计数器位为OFF，当前值复位为设定值。图2-15所示为减计数器的用法。

注意：减计数器的复位端是LD，而不是R。在语句表中，对应梯形图CD和LD端子的LD指令的操作数顺序不能错误。

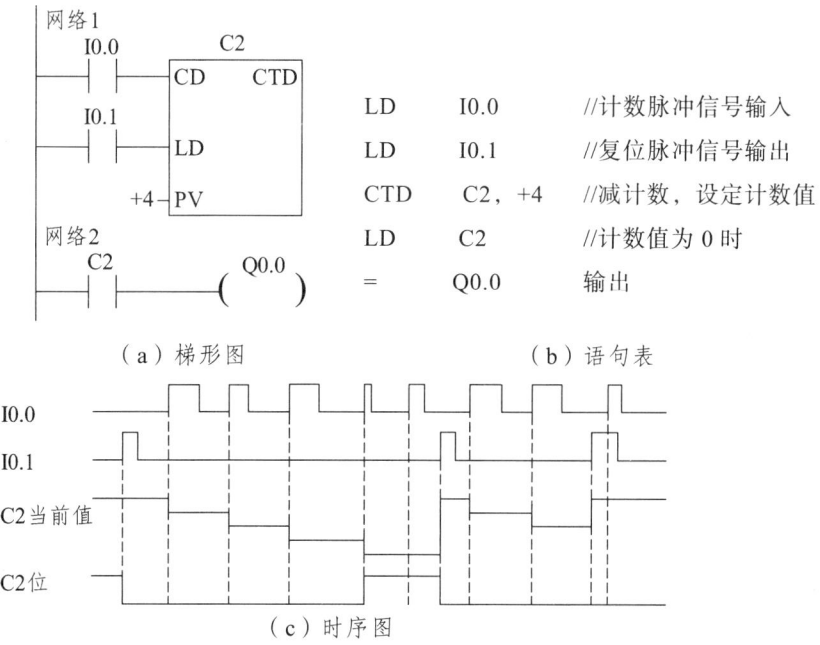

图 2-15 减计数器指令应用

2.1.4 逻辑堆栈指令

堆栈这个概念在计算机中是一个十分重要的概念。堆栈就是一个特殊的数据存储区，最深部的数据叫栈底数据，顶部的数据叫栈顶数据，如图 2-16 中的 iV0。PLC 有些操作往往需要把当前的一些数据送到堆栈中保存,待需要的时候再把存入的数据取出来。这就是常说的入栈和出栈，也叫压栈和弹出。S7-200 PLC 在编程时可能会用到堆栈指令。比如，逻辑操作中的与块和或块操作、子程序操作、顺控操作、高速计数器操作、中断操作等都会用到堆栈。S7-200 PLC 堆栈有 9 层，如图 2-16 中 iV0～iV8。

西门子公司的系统手册中把 ALD、OLD、LPS、LRD、LPP 和 LDS 等指令都归纳为栈操作指令。其中 ALD（与块指令）和 OLD（或块指令）前面已经介绍过，下面分别介绍其余 4 条指令。

1. 逻辑入栈 LPS、逻辑读栈 LRD 和逻辑出栈 LPP 指令

这 3 条指令也称为多重输出指令，主要用于一些复杂逻辑的输出处理。

LPS（Logic Push）：逻辑入栈指令（分支电路开始指令）。从堆栈使用上来讲，LPS 指令的作用是把栈顶值复制后压入堆栈，栈底的值被推出并消失。从梯形图中的分支结构可以形象地看出，它用于生成一条新的母线，其左侧为原来的主逻辑块，右侧为新的从逻辑块，因此可以直接编程。

LRD（Logic Read）：逻辑读栈指令。从堆栈使用上来讲，LRD 读取最近的 LPS 压入堆栈的内容，即复制堆栈中的第 2 个值到栈顶，而堆栈本身不进行 Push 和 Pop 工作，但旧的栈顶的值被新的复制值所取代。在梯形图分支结构中，当新母线左侧为主逻辑块时，右侧的第 1 个从逻辑块编程由 LPS 指令开始，第 2 个以后的从逻辑块编程由 LRD

指令开始。

LPP（Logic Pop）：逻辑出栈指令（分支电路结束指令）。从堆栈使用上来讲，LPP 把栈顶值弹出，堆栈内容依次上移。在梯形图分支结构中，LPP 用于 LPS 产生的新母线右侧的最后一个从逻辑块编程，它在读取完离它最近的 LPS 压入堆栈内容的同时复位该条新母线。

LDS（Load Stack）：装入堆栈指令。它的功能是复制堆栈中的第 N 个值到栈顶，而栈底丢失。装入堆栈指令的有效操作数为 0~8。

例如，执行指令：LDS 3，该指令执行后堆栈发生变化的情况如图 2-16（d）所示。

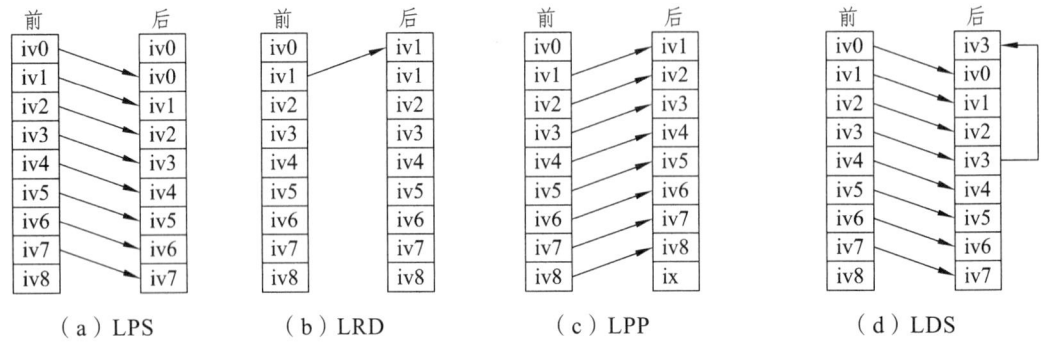

图 2-16　逻辑堆栈指令

使用说明：
（1）由于受堆栈空间的限制（9 层堆栈），LPS、LPP 指令连续使用时应少于 9 次。
（2）LPS 和 LPP 指令必须成对使用，它们之间可以使用 LRD 指令。
操作数：LPS、LRD、LPP 指令无操作数。

2. 堆栈指令应用

逻辑堆栈指令应用如图 2-17 所示。

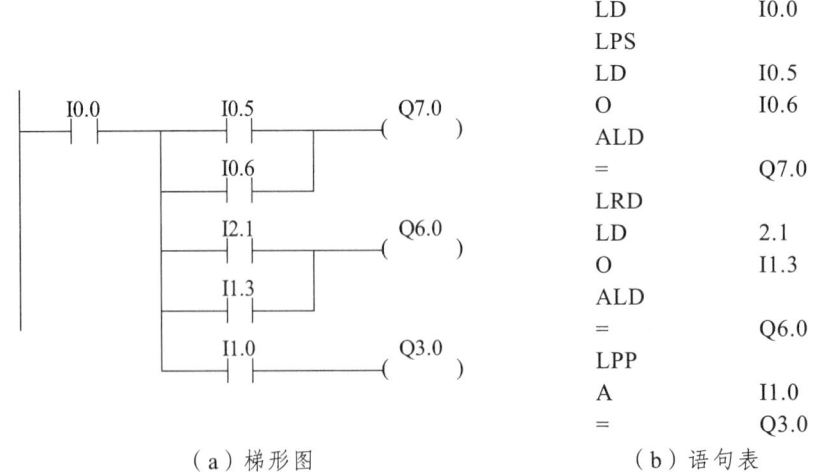

图 2-17　逻辑堆栈指令应用

2.2 编辑规则

2.2.1 梯形图编程的基本规则

梯形图编程的基本规则如下：

（1）PLC 内部元器件触点的使用次数是无限制的。

（2）梯形图的每一行都是从左边母线开始，然后是各种触点的逻辑连接，最后以线圈或指令盒结束，触点不能放在线圈的右边。但如果是以有能量传递的指令盒结束时，可以使用 AENO 指令在其后面连接指令盒（较少使用）。

（3）线圈和指令盒一般不能直接连接在左边的母线上，如需要的话可通过特殊的中间继电器 SM0.0（常 ON 特殊中间继电器）完成，如图 2-18 所示。

图 2-18 梯形图画法示例一

（4）在同一程序中，同一编号的线圈使用两次及两次以上称为双线圈输出。双线圈输出非常容易引起误动作，所以应避免使用。S7-200 PLC 中不允许双线圈输出。

（5）在手工编写梯形图程序时，触点应画在水平线上，不要画在垂直线上，这样容易确认它和其他触点的关系。如图 2-19 所示。

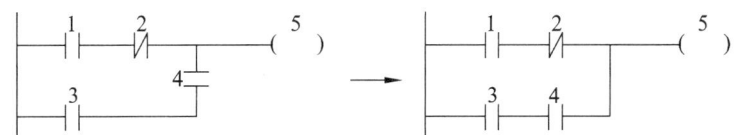

图 2-19 梯形图画法示例二

（6）不包含触点的分支线条应放在垂直方向，不要放在水平方向，以便于识别触点的组合和对输出线圈的控制路径。如图 2-20 所示。

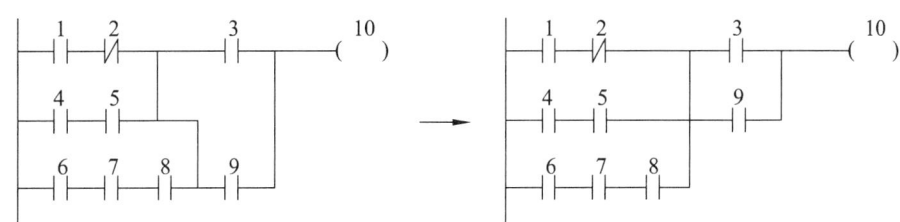

图 2-20 梯形图画法示例三

（7）应把串联多的电路块尽量放在最上边，把并联多的电路块尽量放在最左边，这样会使编制的程序简洁明了，节省指令。如图 2-21 所示。

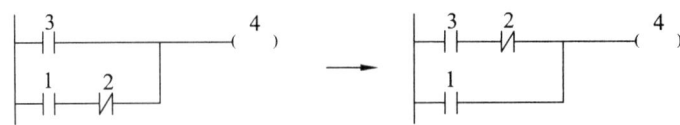

（a）把串联多的电路块放在最上边

（b）把并联多的电路块放在最左边

图 2-21　梯形图画法示例四

（8）图 2-22 所示为梯形图的推荐画法。

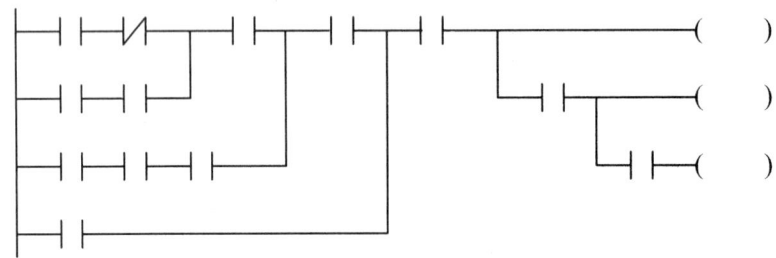

图 2-22　梯形图推荐画法

2.2.2　语句表编辑规则

有许多场合需要由梯形图转换成语句表，应根据梯形图上的符号及符号间的位置关系正确地选取指令及注意正确的表达顺序。

（1）列写指令的顺序务必按从左到右、自上而下的原则进行。

（2）在处理较复杂的触点结构（如触点块的串联、并联或堆栈相关指令）时，指令表的表达顺序为：先写出参与因素的内容，再表达参与因素间的关系。

梯形图转换成语句表指令的编辑规则如图 2-23 所示，转换后的语句表如图 4-24 所示。

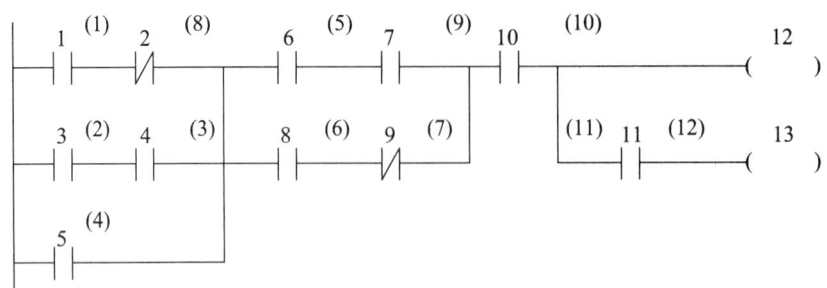

图 2-23　梯形图转换成语句表的编辑规则

(1)	LD	1	(4)	O	5	(7)	OLD	
	AN	2	(5)	LD	6	(8)	ALD	
(2)	LD	3		A	7	(9)	A	10
	A	4	(6)	LD	8	(10)	=	12
(3)	OLD			AN	9	(11)	A	11
(12)	=	13						

图 2-24 语句表指令

2.3 典型电路及应用举例

2.3.1 典型电路

1. 固定间隔的脉冲输出电路

在输入信号为 1 时，要求产生一个固定间隔的脉冲输出电路，且脉冲的间隔可调，如图 2-25 所示。

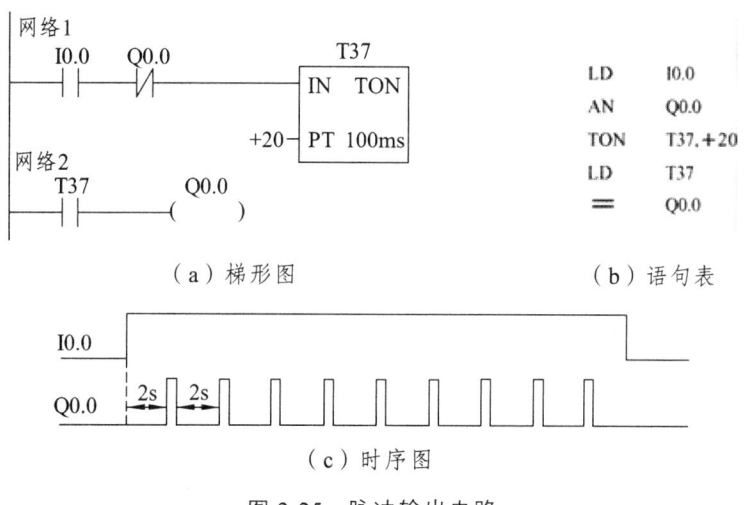

（a）梯形图　　（b）语句表

（c）时序图

图 2-25 脉冲输出电路

2. 自制脉冲源的设计

在实际应用中，经常会需要产生一个周期确定而占空比可调的脉冲系列，这样的脉冲用两个接通延时的定时器即可实现。设计一个周期为 10 s、占空比为 0.5 的脉冲系列，该脉冲的产生由输入端 I0.0 控制，如图 2-26 所示。

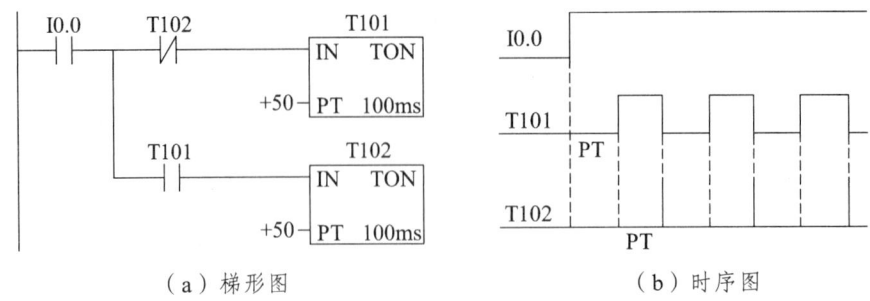

（a）梯形图　　　　　　　　　（b）时序图

图 2-26　自制脉冲源的编程

分析：本设计采用定时器 T101 和 T102 组成，如图 2-26 所示。当 I0.0 由 0 变为 1 时，因 T102 的非是接通的，故 T101 被启动并且开始计时，当 T101 的当前值 PV 达到设定值 PT 时，T101 的状态由 0 变为 1。由于 T101 为 1 状态，这时 T102 被启动，开始计时。当 T102 的当前值 PV 达到其设定值 PT 时，T102 瞬间由 0 变为 1 状态。T102 的 1 状态使得 T101 的启动信号变为 0 状态，则 T101 的当前值 PV=0，T101 的状态变为 0。T101 的 0 状态使得 T102 变为 0，则又重新启动 T101 开始下一个周期的运行。从以上分析可知，从 T102 计时开始到 T102 的 PV 值达到 PT 期间，T101 的状态为 1，这个脉冲宽度取决于 T102 的 PT 值。而从 T101 计时开始到其达到设定值期间，T101 的状态为 0，两个定时器的 PT 相加就是脉冲的周期。

如果 T101 的设定值由 VW0 提供，T102 的设定值由 VW2 提供，就组成了周期 $T=$（VW0）+（VW2），占空比 $\tau=$（VW2）/T 的脉冲序列。

3. 定时器和计数器的扩展电路

1）计数器的扩展

如前所述，一个计数器最大计数值为 32 767。在实际应用中，如果计数范围超过该值，就需要对计数器的计数范围进行扩展，方法是将两个计数器串联使用。此时，计数器的计数个数是：n_1+n_2。图 2-27 为计数器扩展电路的程序。

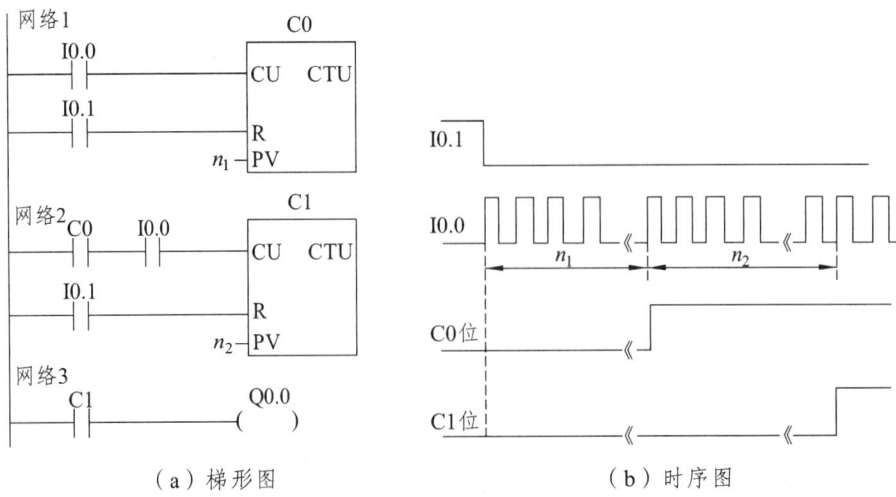

（a）梯形图　　　　　　　　　（b）时序图

图 2-27　计数器的扩展电路

2）长延时定时器 1

S7-200 PLC 中的定时器最长定时时间不到 1 h，但在一些实际应用中，往往需要几小时、几天甚至更长时间的定时控制，这样仅用一个定时器就不能完成任务了。同样，可以使用两个定时器串联的方法，图 2-28 为该电路的梯形图程序，经过 T37 和 T38 两个定时器延时的总和时间后将输出 Q0.0 置位。

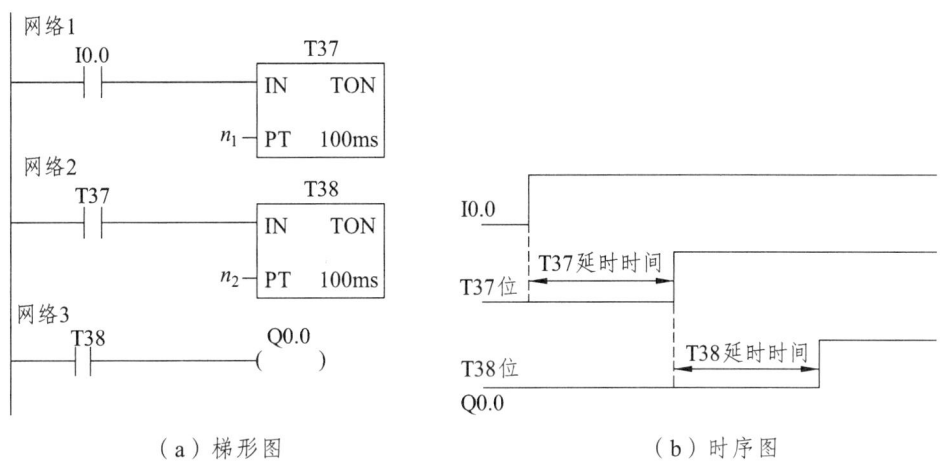

图 2-28　长延时电路 1

3）长延时定时器 2

除将两个定时器进行串联得到长延时定时器外，还可以用定时器和计数器连接，得到以等效倍乘的定时器。图 2-29 为该电路的梯形图程序。

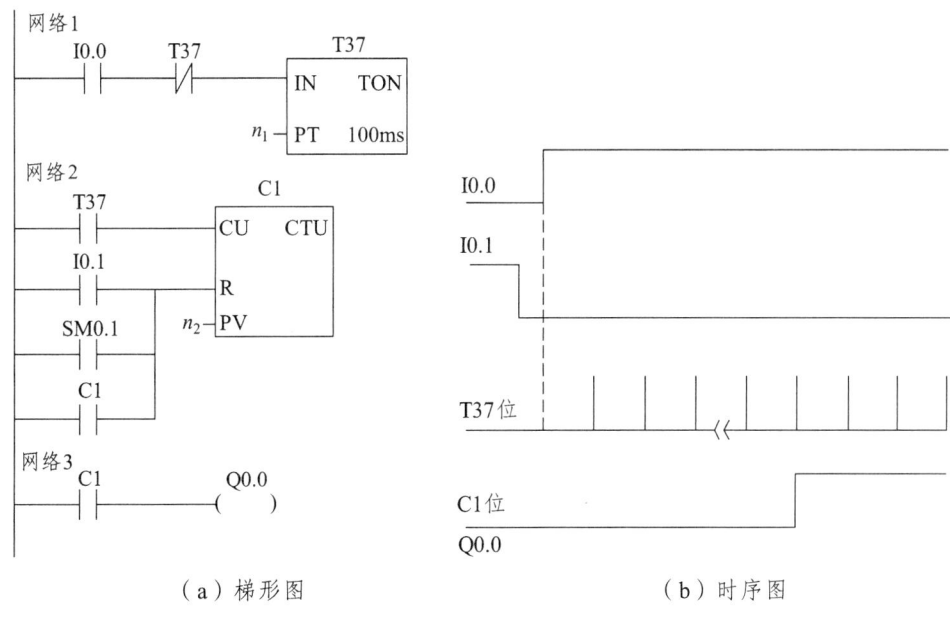

图 2-29　长延时电路 2

在该梯形图中，T37 用来产生一个固定时间间隔的脉冲信号，时间间隔由 n_1 决定。同时 T37 作为计数器 C1 的计数脉冲输入端，即每隔 100 ms × n_1 计一个数，那么当 C1 到达其计数个数后，Q0.0 才能置位成 ON。所以，该梯形图中总的延时时间 T = 100 ms × n_1 × n_2。

使用时，应注意计数器复位输入端逻辑的设计，要保证能准确及时复位。该例中，SM0.1 和 I0.1 为外置复位信号。当 C1 计数到 n_2 时，在下一个扫描周期，它的常开触点使自己复位。

2.3.2 编程实例

1. 【例 1】抢答器

由两名儿童、1 名青年学生和 2 位教授组成 3 组抢答。儿童任意 1 人按钮均可抢得，教授需要 2 人同时按钮可抢得，在主持人按钮同时宣布开始，之后 10 s 内有人抢答则幸运彩球转动。表 2-8 给出了 PLC I/O 端子分配表。梯形图如图 2-30 所示。从梯形图中可以看出，每个网络都可以看成基本的启-保-停电路，只不过条件相对复杂一些。进行设计时，首先要对题目进行分析，按照条件分类，找出各种联锁关系。本例中，可以看出有儿童抢得、学生抢得、教授抢得及彩球机转动 4 个输出，找出产生每个输出的条件，如学生抢得必须是学生按下抢答按钮且另外两组均没抢得的情况下才能有输出。同时还要注意各个输出之间相互制约的条件和辅助部分。

表 2-8 I/O 分配表

输入端子	输出端子	其他器件
儿童按钮：I0.1、I0.2 学生按钮：I0.3 教授按钮：I0.4、I0.5 主持人开始按钮：I1.1（自锁） 主持人复位按钮：I1.2	指示灯：Q1.1 　　　　Q1.2 　　　　Q1.3 彩　球：Q1.4	T37

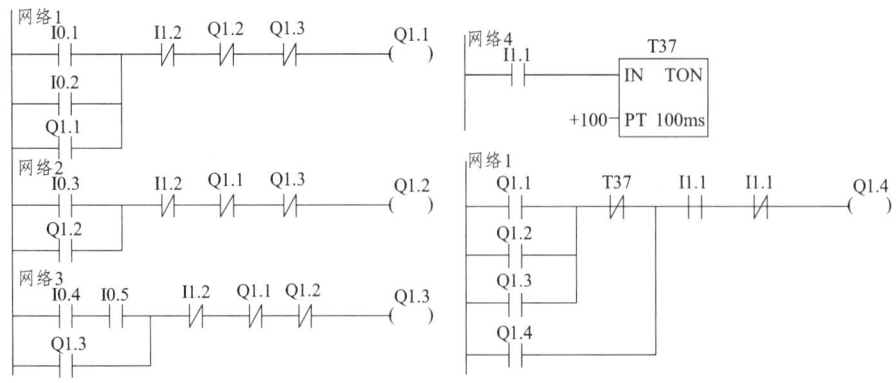

图 2-30 抢答器梯形图

2.【例2】小车送料装置

图2-31所示是一个供料控制系统。运料小车负责向4个料仓送料,送料路上从左向右共有4个料仓(1号仓~4号仓)位置开关,其信号分别由PLC的输入端I0.0、I0.1、I0.2、I0.3检测,当信号状态为1时,说明运料小车到达该位置,否则说明小车没有在这个位置。小车行走受两个信号的驱动,Q0.0驱动小车左行,Q0.1驱动小车右行。料仓要料信号由4个手动按钮发出,从左到右(1号仓~4号仓)分别为I0.4、I0.5、I0.6、I0.7。试设计一个驱动小车自动运料的控制程序。

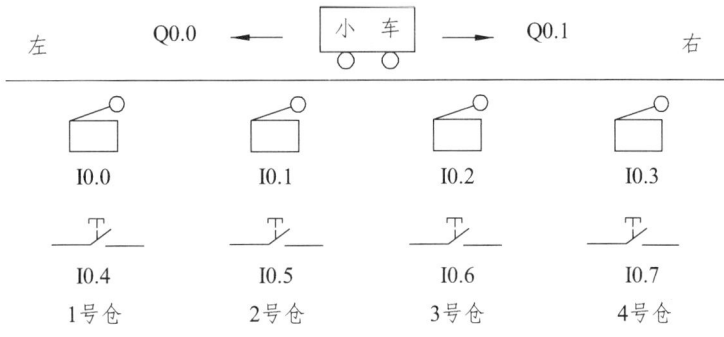

图2-31 供料控制系统示意图

为了设计运料小车的控制程序,首先要对小车的驱动条件进行分析。这里要抓住三点:一是料仓的位置(由M0.0~M0.3决定);二是运料小车当前所处的位置(由I0.0~I0.3决定);三是运料小车的右行、左行、停止控制(由Q0.0和Q0.1决定)。

小车送料装置PLC I/O分配表如表2-9所示。

表2-9 I/O分配表

输入端子		输出端子
I0.0 1号仓位置　I0.4 1号仓要料		
I0.1 2号仓位置　I0.5 2号仓要料		Q0.0　小车左行
I0.2 3号仓位置　I0.6 3号仓要料		Q0.1　小车右行
I0.3 4号仓位置　I0.7 4号仓要料		

运料小车右行条件:小车在1、2、3号仓位,4号仓要料;小车在1、2号仓位,3号仓要料;小车在1号仓位,2号仓要料为小车右行条件。

运料小车左行条件:小车在4、3、2号仓位,1号仓要料;小车在4、3号仓位,2号仓要料;小车在4号仓位,3号仓要料为小车左行条件。

运料小车停止条件:要料仓位与小车的车位相同时,应该是小车的停止条件。

运料小车的互锁条件:小车右行时不允许左行起动,同样小车左行时也不允许右行起动。

料仓要料状态的编程:要料信号取决于I0.4到I0.7,这些信号都是手动按钮产生的。

实际中可能会出现多个按钮同时要料的情况,为了能确定把要料权交给哪个料仓,必须要确定排队规则。本设计中采取的规则是:要料时刻不相同时,先要料者优先;要料时刻相同时,料仓号小者优先。程序中使用 M 继电器来代表料仓要料状态。其中 M0.0…M0.3 分别代表 1 号料仓……4 号料仓的要料状态。梯形图中的头 4 个支路就用上述规则送料的编程。

小车停止状态的编程:梯形图中第 5 条支路是小车到位停止的编程。小车停止以后,要清除料仓要料状态信号。

小车右行的编程:梯形图中第 6 条支路是小车右行的编程。

小车左行的编程:梯形图中第 7 条支路是小车左行的编程。

控制程序的梯形图如图 2-31 所示。

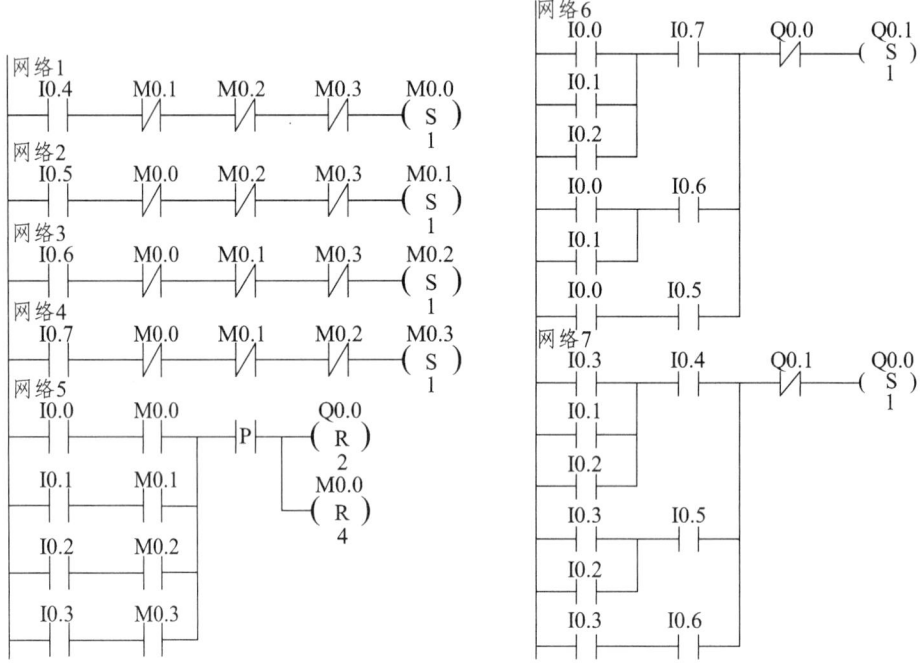

图 2-31 供料控制系统的控制程序

3.【例 3】按钮控制人行道交通灯

1)控制描述

通常车道上只允许车辆通行,道口处车道指示灯保持绿灯亮(Q0.2=1),这时不允许人跨越车道,人行道指示灯保持红灯亮(Q0.3=1)。在车道两侧各设有一个人行道开关,当有人想通过人行横道时,需要用手按动"走人行道"开关,"走人行道"信号通过 I0.0 送到 PLC 中,PLC 接到该信号后,开始执行所述时序程序。

当有行人要通过横道(I0.0=1)时,车道的绿灯保持亮 30 s,然后绿灯灭而黄灯亮(Q0.1=1)10 s,10 s 过后,红灯亮(Q0.0=1),车辆停。当车道红灯亮 5 s 后,人行道的红灯灭，（Q0.3=0），绿灯亮（Q0.4=1）25 s，行人可以过横道，这 25 s 的后 5 s 人行道的绿灯应闪烁，表示行人通行时间就要到了。之后，人行道红灯亮，再过 5 s 车道绿灯亮，恢复车辆通行。一个控制时序结束。直到下一个人行道开关被按下，再启动"走人行道"的时序程序。

I/O 分配表如表 2-10 所示。

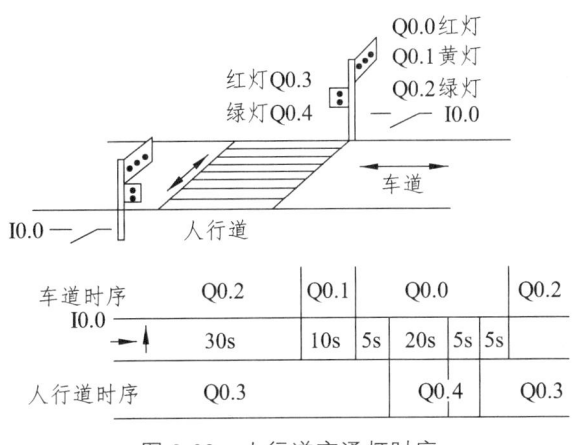

图 2-32 人行道交通灯时序

表 2-10 I/O 分配表

输入端子	输出端子	
人行道按钮：I0.0	车道红灯：Q0.0 车道黄灯：Q0.1 车道绿灯：Q0.2	人行道红灯：Q0.3 人行道绿灯：Q0.4

2）控制程序分析

图 2-33 给出了梯形图表示的程序。系统的启动由 I0.0（要走人行道）输入开始，根据时序图的要求，由定时器 T101、T102、T103、T104 组成 30 s、40 s、45 s 和 65 s 延时。

时序控制中的人行道闪烁 5 s 的控制可以用 S7-200 中的特殊继电器 SM0.5（秒时钟脉冲）和计数器 C0 实现控制，因 C0 的增计数输入是一个秒脉冲，故当其 SV=PV 时，C0 为 1，事实上，C0=1 还意味着时序已经到了第 70 s。

车道绿灯的时间由两段组成，其一是周期开始头 30 s，这段可以由 M0.0 和 T101 的非相与实现；其二是在控制周期之外，可以由 M0.0 的非实现。

车道黄灯亮的时间是从第 30 s 到第 40 s，这段时间可以由 T101 和 T102 的非相与实现。

车道红灯亮的时间是从第 45 s 到周期结束，这可以由 T103 和 T105 的非相与实现。

人行道红灯亮的时间由三段组成：其一是从周期开始到第 45 s，这段可以由 M0.0

和 T103 的非相与实现；其二是人行道绿灯闪烁之后 5 s，这可以由 M0.0 和 C0 相与控制；其三是周期之外，可以由 M0.0 的非控制。

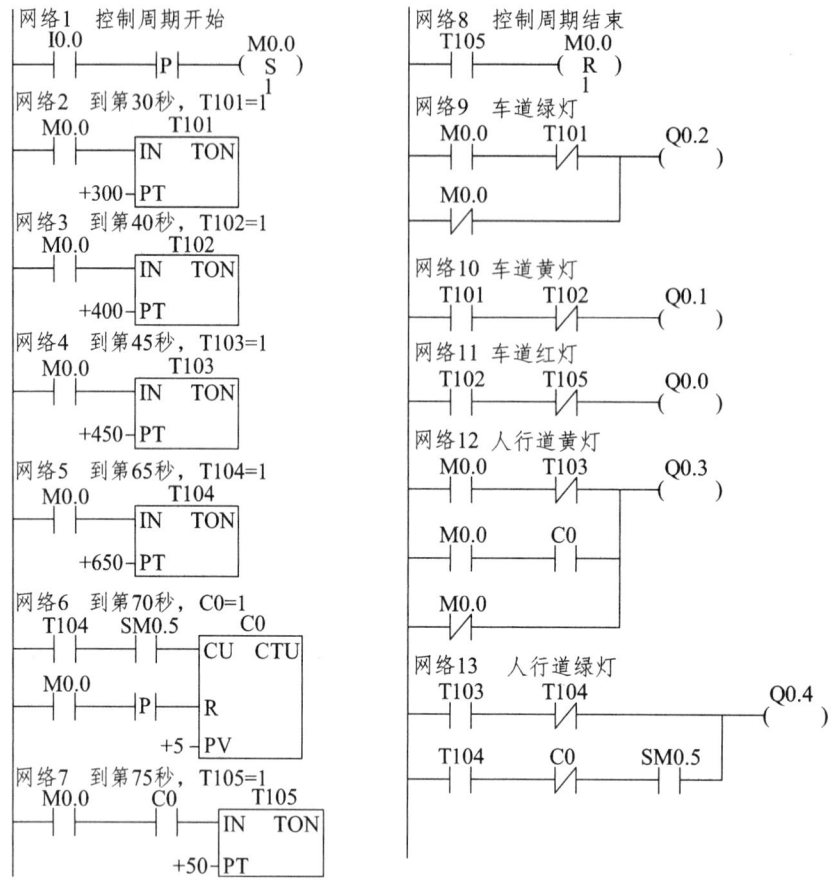

图 2-33 交通灯梯形图

人行道绿灯亮的时间由两段组成：其一是从第 45 s 开始到第 65 s，这段可以由 T103 和 T104 的非相与实现；其二是人行道绿灯闪烁是从第 65 s 开始到 C0=1，这可以由 T104 和 C0 的非相与以后再和 SM0.5 相与控制。

4.【例 4】传送带

1）控制要求

起动时要求起动开关闭合（I0.0=1），运货车到位（I0.2=1），传送带（由 Q0.0 控制）开始传送工件。件数检测仪在没有工件通过时，I0.1=1，当有工件经过时，I0.1=0。当件数检测仪检测到 3 个工件时，推板机（由 Q0.1 控制）推动工件到运货车，此时传送带停止传送。工件到达运货车（行程可以由时间控制）推板返回，传送带又开始传送，计数器复位，并准备重新计数。运货车的控制暂不考虑。传送带控制示意图如图 2-34 所示。I/O 分配表如表 2-11 所示。

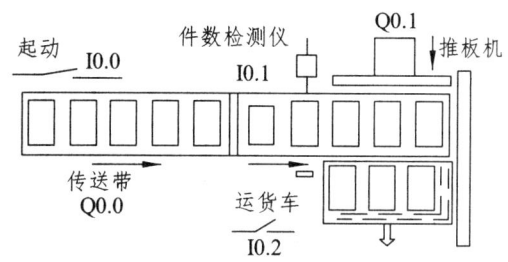

图 2-34 传送带控制示意图

表 2-11 I/O 分配表

输　　入	输　　出
启动开关　　　　I0.0 计数光电开关　　I0.1 运货车位置开关 I0.2	传送带电机接触器 Q0.0 推板机接触器　　　Q0.1

2）程序设计

主程序·OB1·

Network	1	//传送带起动条件为系统起动（I0.0）、运货车（I0.2）到位、推板机（Q0.1）停止。
LD	I0.0	//按下起动开关，I0.0=1。
A	I0.2	//运货车到位，I0.2=1。
AN	Q0.1	//推板机停止，Q0.1=0
=	Q0.0	//传送带工作，Q0.0=1。
Network	2	//设置件数检测信号计数器 C0。
LD	I0.0	//按下起动开关，I0.0=1。
A	I0.1	//工件通过检测仪，I0.1 由 0 变为 1 之后又回为 0。
ED		// I0.1 的负跳变形成计数器的输入脉冲。
LD	I0.0	//按下起动开关。
EU		//按下起动开关时刻出现的正跳变脉冲。
LD	Q0.1	//推板机推板。
EU		//推板机推板时刻出现的正跳变脉冲
OLD		//按下起动开关或推板机推板，形成计数器的复位信号。
CTU	C0，+3	//C3 为工件计数器，PV=3。
Network	3	//设定推板机 Q0.1 的起动，条件为 C0 的当前值等于 3。
LDW=	C0，+3	//计数器 C3 的计数值=3。
EU		// 正跳变。

| S | Q0.1, 1 | //传送带通过3个工件，推板机推板。 |

Network 4　　　　　　　　　//设定推板机返回时间，由定时器T101（20 s）确定。

| LD | Q0.1 | //推板机动作，Q0.1=1。 |
| TON | T101, +200 | //T101延时20 s。 |

Network 5　　　　　　　　　//设定推板机返回条件，定时器 T101 延时（20 s）到推板机返回。

| LD | T101 | //T101时间到。 |
| R | Q0.1, 1 | //复位推板机（推板机退回）。 |

3）程序注释

其中，Network 1 的功能是：设定传送带（Q0.0）起动条件为系统起动开关（I0.0）闭合、运货车（I0.2）到位、推板机（Q0.1）停止。Network 2 的功能是：设定计数器 C0 的计数脉冲为件数检测仪信号 I0.1 由 1 变为 0；计数器复位信号为起动信号 I0.0 由 0 变为 1 或运货车起动（Q0.1=1）；设定 C0 为增计数器、设定值为 3。Network 3 的功能是：设定推板机 Q0.1 的起动条件为 C0 的当前值等于 3。Network 4 的功能是：设定推板机推板的行程由定时器 T101 的延时（20 s）来确定。Network 5 的功能是：设定定时器 T101 延时（20 s），到时推板机返回（Q0.1= 0）。

习 题

1. S7-200 系列 PLC 中共有几种分辨率的定时器？它们的刷新方式有何不同？S7-200 系列 PLC 中共有几种类型的定时器？对它们执行复位指令后，它们的当前值和位的状态是什么？

2. S7-200 系列 PLC 中共有几种形式的计数器？对它们执行复位指令后，它们的当前值和位的状态是什么？

3. 写出图 2-35 所示梯形图的语句表。

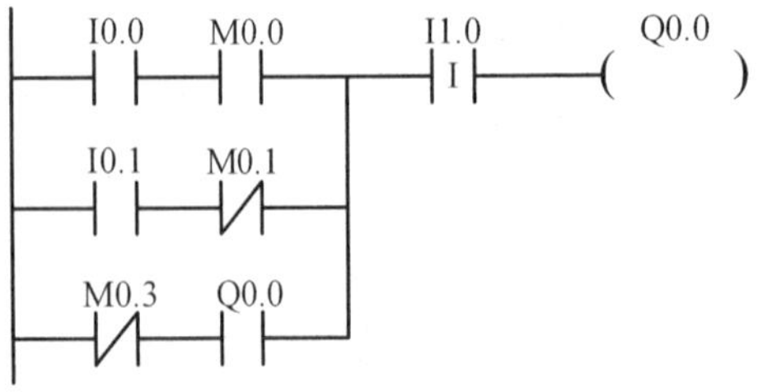

图 2-35

4. 写出图 2-36 所示梯形图的语句表。

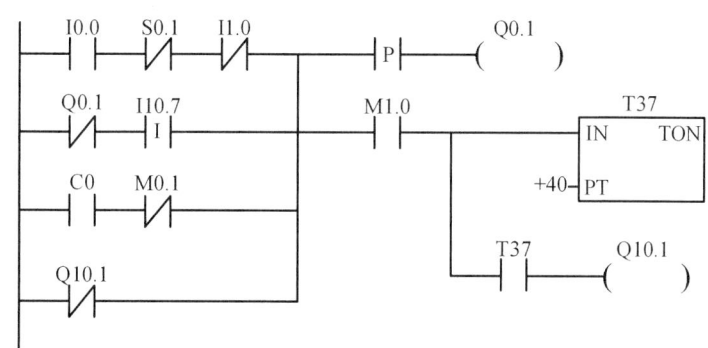

图 2-36

5. 写出下列语句表所对应的梯形图：

LD	I0.0	A	M0.1	OLD	
O	I0.1	LD	M0.2	ALD	
LD	M0.0	AN	M0.3	=	Q0.0

6. 试设计一个 30 h 40 min 的长延时电路程序。

7. 试设计一个照明灯的控制程序。当按下接在 I0.0 上的按钮后，接在 Q0.0 上的照明灯可发光 30 s。如果在这段时间内又有人按下按钮，则时间间隔从头开始。这样可确保在最后一次按完按钮后，灯光可维持 30 s 钟的照明。

8. 试设计一个抢答器电路程序。出题人提出问题，3 个答题人按动按钮，但只有最早按下按钮的人面前的信号灯亮。答题完毕，出题人按动复位按钮，引出下一个问题。

9. 设计一个对锅炉鼓风机和引风机控制的梯形图程序。控制要求：

（1）开机时首先启动引风机，10 s 后自动启动鼓风机。

（2）停止时，立即关断鼓风机，经 20 s 后自动关断引风机。

10. 用基本逻辑指令设计小车自动循环往复运动控制的梯形图程序。并画出 PLC 的外部连接图。

11. 试设计三分频、六分频的梯形图。

12. 试用接通延时型定时器设计一个延时接通延时断开电路。

第 3 章 S7-200 系列 PLC 顺序控制指令及编程实例

3.1 功能图及顺序控制指令

3.1.1 功能图

功能图又称为功能流程图或状态转移图,它是一种描述顺序控制系统的图形表示方法,能完整地描述控制系统的工作过程、功能和特性,是分析、设计电气控制系统控制程序的重要工具。

对于复杂的控制过程,可将它分割为一个个小状态,每个状态是相互独立、稳定。下一个状态和当前状态之间存在一定的转移条件,当前状态完成且满足转移条件,便自动进行下一个状态。这样,把复杂的控制过程分成各个相对简单的小状态,分别对小状态编程,再依次将这些小状态连接起来,就能完成整个控制过程了。所以,功能图主要由"状态"、"转移"及有向线段等元素组成。

1. 状 态

功能图中的状态符号如图 3-1 所示。矩形框中可写上该状态的编号或代码。状态的右端要标明该状态所完成的动作。初始状态的图形符号为双线的矩形框,如图 3-2 所示。在实际使用时,有时也使用单线矩形框,有时画一条横线表示功能图的开始。

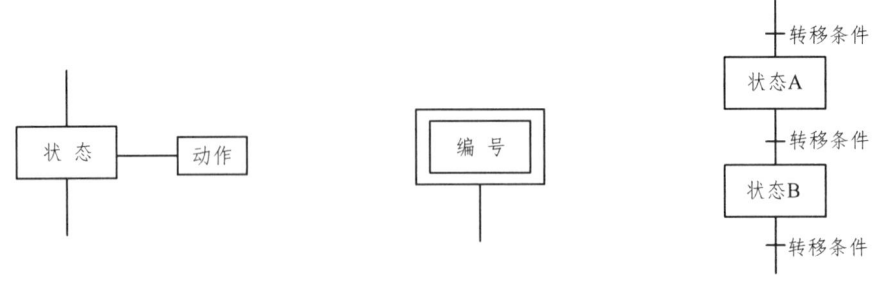

图 3-1 状态的图形符号图　　图 3-2 初始状态的图形符号　　图 3-3 转移符号

2. 转 移

为了说明从一个状态到另一个状态的变化,要用到转移的概念,即用一个有向线段来表示转移的方向。两个状态之间的有向线段上用一段横线表示这一转移条件。转移的符号如图 3-3 所示。

3.1.2 顺序控制指令

1. 指令介绍

顺序控制指令是 PLC 生产厂家为用户提供的可使功能图编程简单化和规范化的指令。S7-200 系列 PLC 的顺序控制包括 4 个指令：一是顺序控制开始指令（SCR）；二是顺序控制转移指令（SCRT）；三是顺序控制结束指令（SCRE）；四是条件顺序控制结束指令（CSCRE）。顺序控制程序段是从 SCR 开始到 SCRE 结束。它们的 STL 形式、LAD 形式和功能如表 3-1 所示。

表 3-1 顺序控制指令的形式及功能

指令的表达形式				操作数
顺序开始指令	状态转移指令	顺序结束指令	条件结束指令	
bit SCR LSCR　S-bit	bit —(SCRT) SCRT　S-bit	┤(SCRE) SCRE	CSCRE	S-bit：S

从表 3-1 中可以看出，顺序控制指令的操作对象为顺控继电器 S，S 也称为状态器，每一个 S 位都表示功能图中的一种状态。S 的范围为：S0.0 ~ S31.7。注意：我们使用的是 S 的位信息。从 LSCR 指令开始到 SCRE 指令结束的所有指令组成一个顺序控制继电器（SCR）段。LSCR 指令标记一个 SCR 段的开始，当该段的状态器置位时，允许该 SCR 段工作。SCR 段必须用 SCRE 指令结束。当 SCRT 指令的输入端有效时，一方面置位下一个 SCR 段的状态器，以便使下一个 SCR 段开始工作；另一方面又同时使该段的状态器复位，使该段停止工作。由此可以总结出每一个 SCR 程序段一般有以下 3 种功能：

（1）驱动处理。即在该段状态器有效时要做什么工作，有时也可能不做任何工作。

（2）指定转移条件和目标。即满足什么条件后状态转移到何处。

（3）转移源自动复位功能。状态发生转移后，置位下一个状态的同时，自动复位原状态。

注意：CSCRE 指令在 CPU V1.2 1 以上的版本中才有，而且只能进行 STL 形式编程，使用它可以结束正在执行的 SCR 段，使条件发生处和 SCRE 之间的指令不再执行。该指令不影响 S 位和堆栈。使用 CSCRE 指令后会改变正在进行的状态转移操作，所以要谨慎使用。

2. 举例说明

在使用功能图编程时，应先画出功能图，然后对应功能图画出梯形图。图 3-4 所示为顺序控制指令使用的一个简单例子。

小车初始位置停止在 SQ1（I0.1）处，当按下启动按钮 SB1（I0.0）时，小车右行（Q0.0），到达 SQ2（I0.2）处再左行（Q0.1），返回到初始位置后停止。直到下次再按下启动按钮。

根据控制要求可以看出，本题有以下几个状态：

（1）初始状态 S0.0。小车初始停止在 SQ1（I0.1）处，另外，当小车左行到 SQ1 时，也要停止在该处，所以完成一个周期后，状态图要返回到初始状态。

（2）右行状态 S0.1。当小车接受启动命令后，即按下启动按钮 SB1（I0.0）时，小车要右行（Q0.0）。

（3）左行状态 S0.2。当小车右行过程中，碰到右限位开关 SQ2（I0.2）时，小车要停止右行自动进入到左行状态。

转移条件如下：

（1）从状态 S0.0 进入状态 S0.1，关键是判断启动按钮 SB1 是否被按下。所以，SB1 是两个状态之间的转移条件。

（2）S0.1 和 S0.2 两个状态之间的转换是看小车是否到达 SQ2 处。所以，它是这两个状态的转移条件。

（3）小车在左行过程中，若遇到 SQ1，就要返回到初始状态，所以 SQ1 又是 S0.2 和 S0.0 的转移条件。

根据分析，可以得出功能图，如图 3-4（b）所示。根据功能图，可以很简单地得出梯形图和语句表。

注意：在 SCR 段输出时，常用特殊中间继电器 SM0.0（常 ON 继电器）执行 SCR 段的输出操作。因为线圈不能直接和母线相连，所以必须借助于一个常 ON 的 SM0.0 来完成任务。

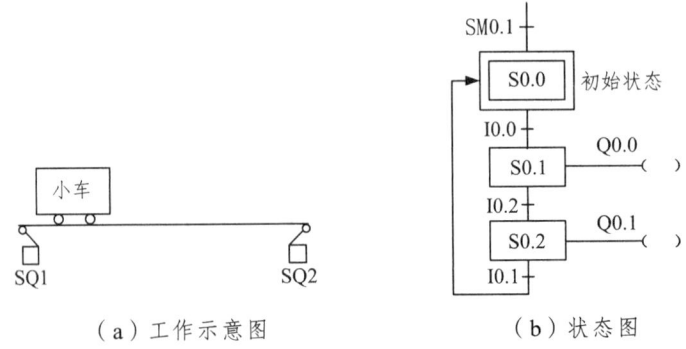

（a）工作示意图　　　　（b）状态图

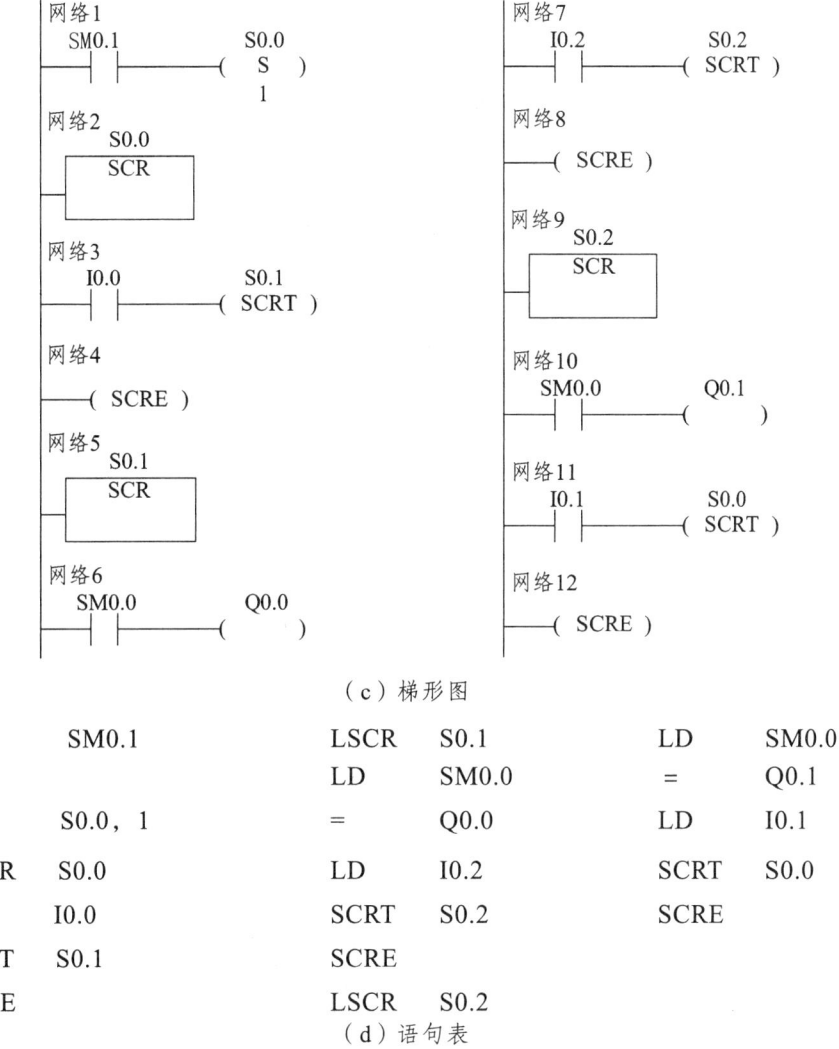

(c)梯形图

LD	SM0.1	LSCR	S0.1	LD	SM0.0
		LD	SM0.0	=	Q0.1
S	S0.0，1	=	Q0.0	LD	I0.1
LSCR	S0.0	LD	I0.2	SCRT	S0.0
LD	I0.0	SCRT	S0.2	SCRE	
SCRT	S0.1	SCRE			
SCRE		LSCR	S0.2		

(d)语句表

图 3-4 小车运动图

3．顺序控制指令使用说明

（1）顺控指令仅对元件 S 有效，顺控继电器 S 也具有一般继电器的功能，所以对它能够使用其他指令。

（2）SCR 段程序能否执行取决于该状态器（S）是否被置位，SCRE 与下一个 LSCR 之间的指令逻辑不影响下一个 SCR 段程序的执行。

（3）不能把同一个 S 位用于不同程序中，例如：如果在主程序中用了 S0.1，则在子程序中就不能再使用它。

（4）在 SCR 段中不能使用 JMP 和 LBL 指令，就是说不允许跳入、跳出或在内部跳转，但可以在 SCR 段附近使用跳转和标号指令。

（5）在 SCR 段中不能使用 FOR、NEXT、和 END 指令。

（6）在状态发生转移后，所有的 SCR 段的元器件一般也要复位，如果希望继续输出，可使用置位/复位指令。

（7）在使用功能图时，状态器的编号可以不按顺序编排。

3.2 功能图的主要类型

S7-200 系列 PLC 的 CPU 含有 256 个顺序控制继电器用于顺序控制。S7-200 系列 PLC 包含顺序控制指令，可以模仿控制进程的步骤，对程序逻辑分块；可以将程序分成单个流程的顺序步骤，也可同时激活多个流程；可以使单个流程有条件地分成多支单个流程，也可以使多个流程有条件地重新汇集成单个流程，从而对一个复杂的工程可以十分方便地编制控制程序。

3.2.1 单流程

这是最简单的功能图，其动作是一个接一个地完成。每个状态仅连接一个转移，每个转移也仅连接一个状态。如图 3-5 所示为单流程。

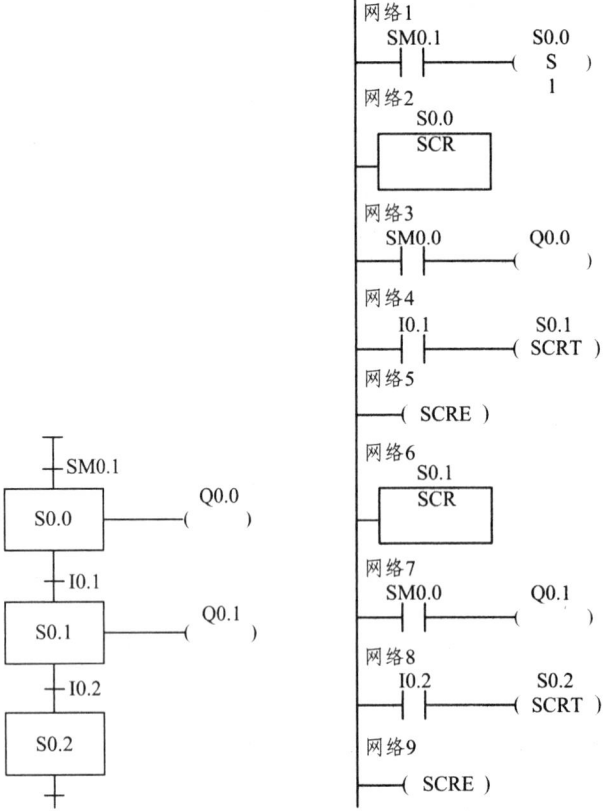

图 3-5 单流程举例

3.2.2 选择分支

在生产实际中,对具有多流程的工作要进行流程选择或者分支选择,即针对运行情况在几种运行情况中选择某一流程。选择分支和连接的功能图、梯形图如图 3-6 所示。从图中可以看出,选择分支的选择开关在分支侧,仅一个开关能接通,所以仅能接通一个分支。从汇合来看,选择分支只要运行中的分支运行到了最后状态且满足汇合条件即可汇合。

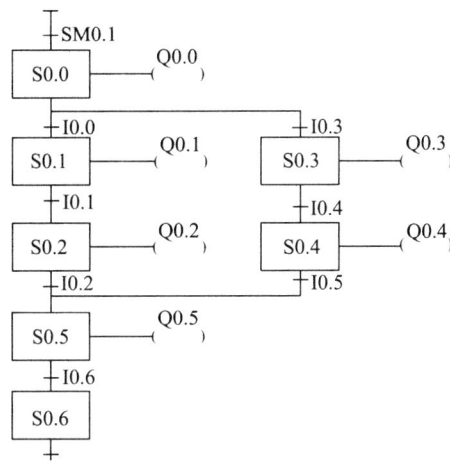

(a) 功能图

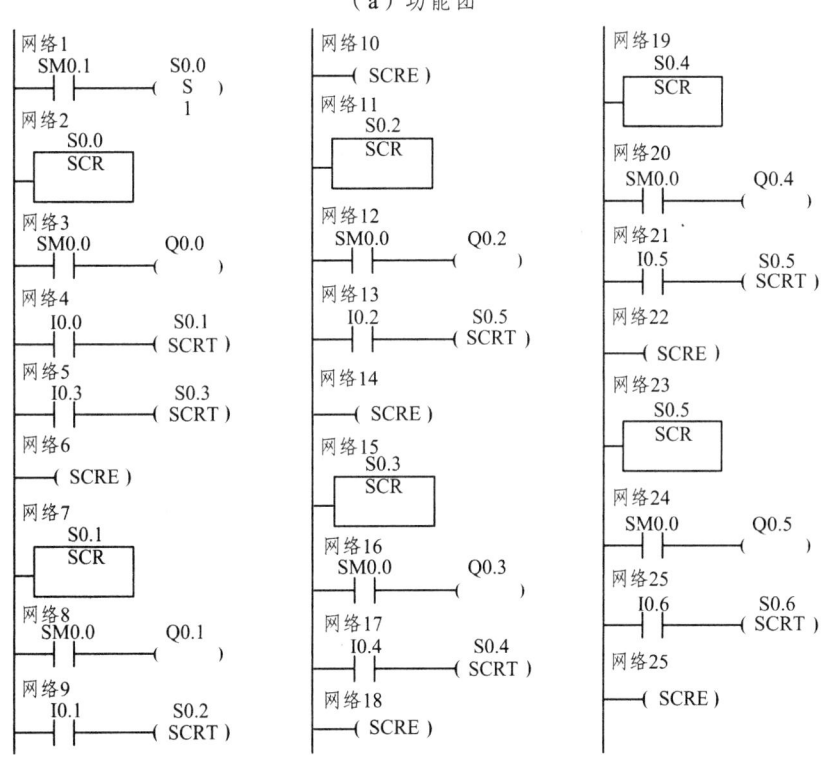

(b) 梯形图

图 3-6 选择分支和连接举例

3.2.3 并行分支

一个顺序控制状态流分成两个或多个不同分支控制状态流，就是并行分支。当一个控制状态流分成多个分支时，所有的分支控制状态流必须同时激活。所以并行分支的开关在公共侧，只要开关接通，各并行分支同时接通。在并行分支汇合时，所有的分支控制必须都是完成状态，并且要满足汇合条件才能汇合。图 3-7 所示为并行分支和连接的功能图和梯形图。需要注意，在状态 S0.2 和 S0.4 的 SCR 程序段中，由于没有使用 SCRT 指令，S0.2 和 S0.4 的复位不能自动进行，最后要用复位指令对其进行复位。行分支一般用双水平线表示，同时结束若干个顺序也用双水平线表示。

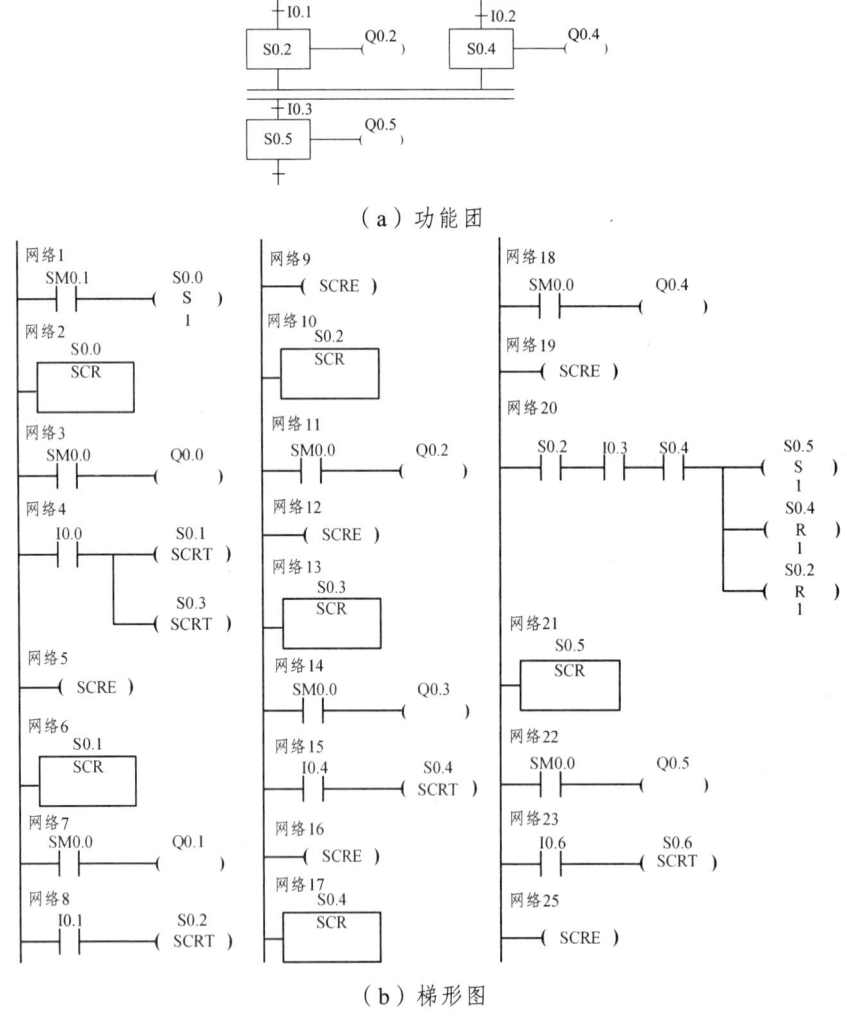

图 3-7 并行分支和连接举例

3.2.4 跳转和循环

单一顺序、并发和选择是功能图的基本形式。多数情况下，这些基本形式是混合出现的，跳转和循环是其典型代表。图 3-8 为跳转和循环的功能图、梯形图。

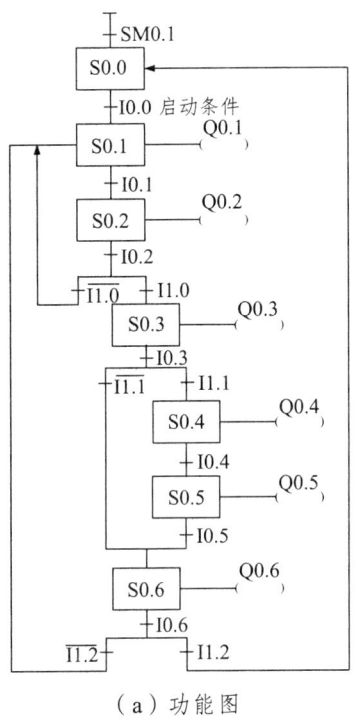

（a）功能图

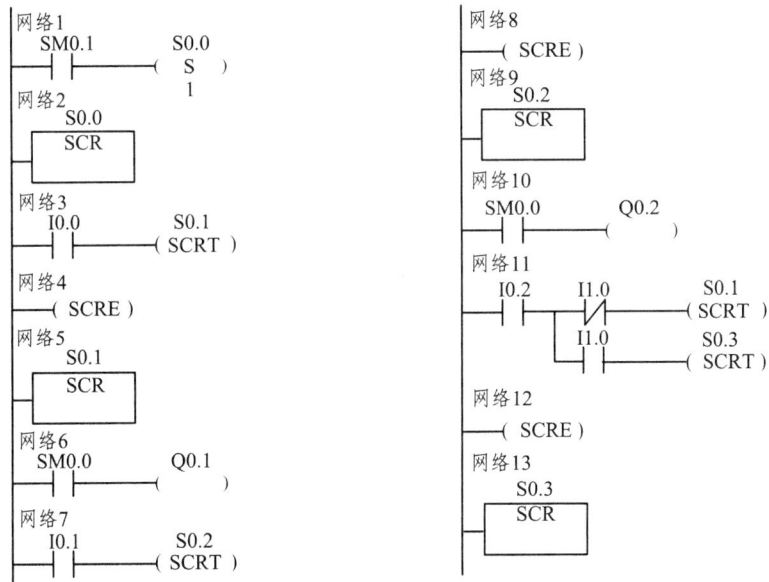

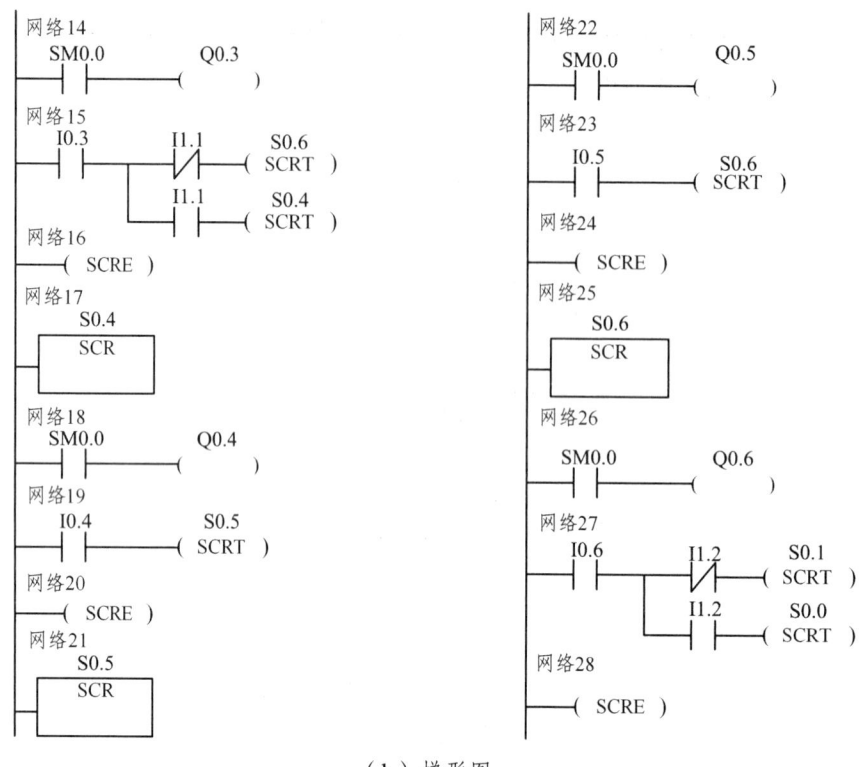

(b)梯形图

图 3-8 跳转和循环举例

图中，I1.0 为 OFF 时进行局部循环操作，I1.0 为 ON 时正常顺序执行；I1.1 为 ON 时正向跳转，I1.1 为 OFF 时则正常顺序执行。I1.2 为 OFF 时进行多周期循环操作，I1.2 为 ON 时则进行单周期循环操作。

3.3 编程实例

3.3.1 【实例1】布料车控制

布料车的工作行程按照"进二退一"的方式往返行驶于位置之间，使得物料在传送带上分布更加合理。

1. 控制要求

分单周循环控制和连续循环控制两种工作方式。

1）单周期循环控制要求

按下单周期循环控制按钮 SB1，布料车由起始位置（光电开关 SQ1 处）向右运行到光电开关 SQ3 处，然后向左运行回到光电开关 SQ2 处，再向右运行到行程开 SQ4 处，接着向左运行到光电开关 SQ2 处，随后向右运行到光电开关 SQ3 处，最后向左运行回到开始位置（光电开关 SQ1 处）停止，这样就完成了单周期循环控制过程。

2）连续循环控制要求

按下连续循环控制按钮 SB2，布料车将反复执行单周期循环控制过程，按下停止按钮 SB3 后，布料车运行到开始位置（光电开关 SQ1 处）停止。

3）工艺流程图及 I/O 分配如图 3-9 所示

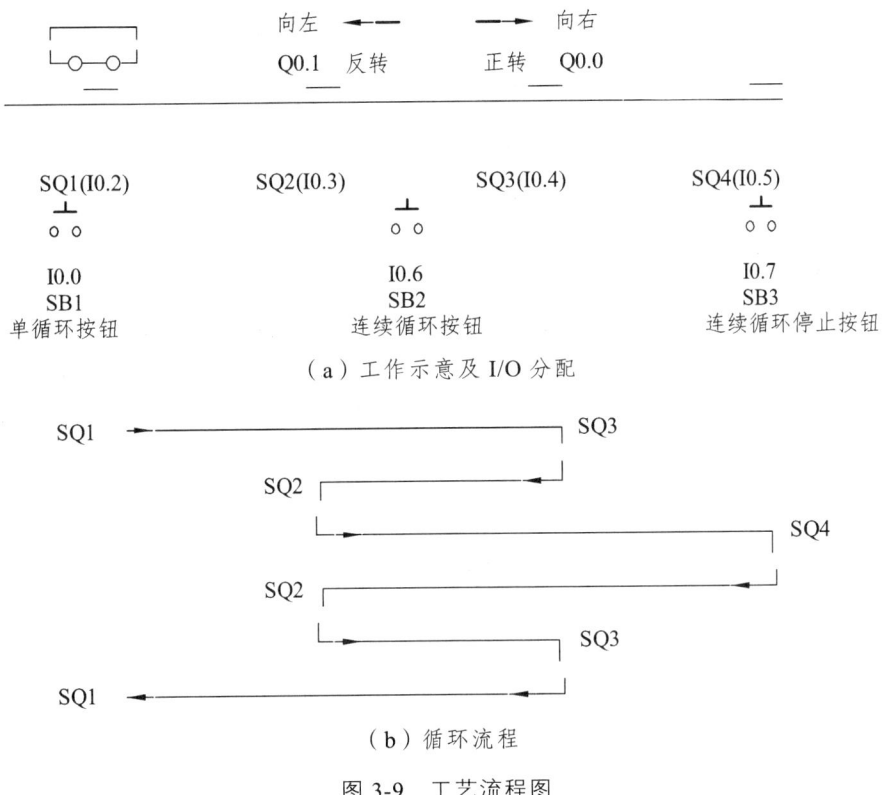

(a) 工作示意及 I/O 分配

(b) 循环流程

图 3-9 工艺流程图

2. 状态流程图

状态流程图如图 3-10 所示。

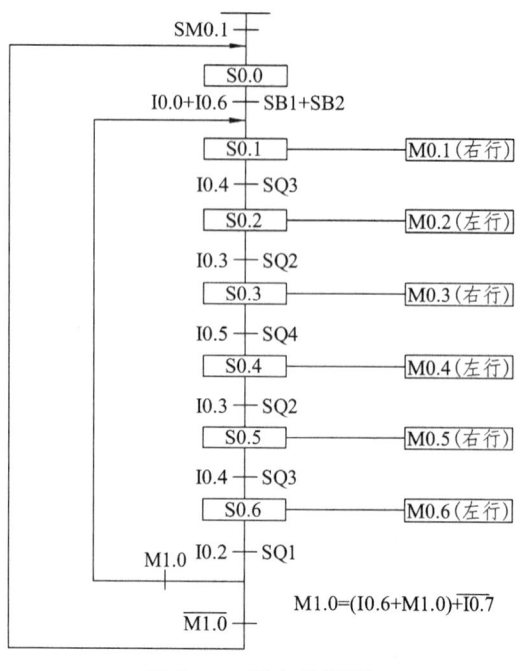

图 3-10 状态流程图

3．梯形图程序

梯形图程序如图 3-11 所示。网络 1 为连续循环控制逻辑，是典型的"启-保-停"电路，满足条件时，置位标志位 M1.0。网络 3-5 为单循环控制与连续循环控制选择逻辑。网络 6-29 为单一条件的右行或左行控制逻辑。网络 30-31 为带互锁的右行或左行综合控制逻辑。

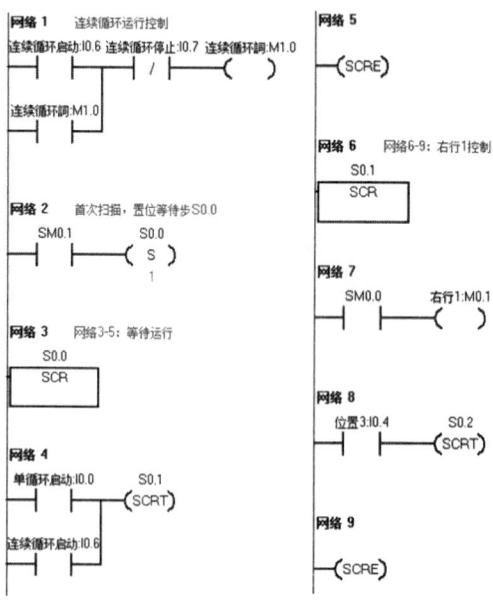

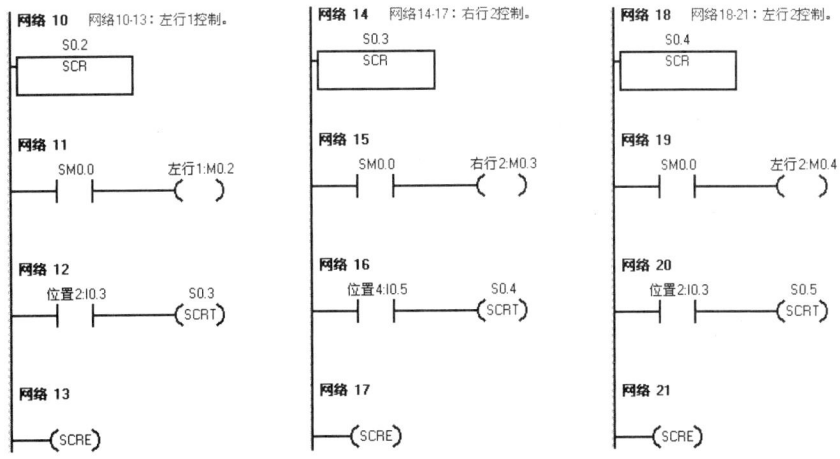

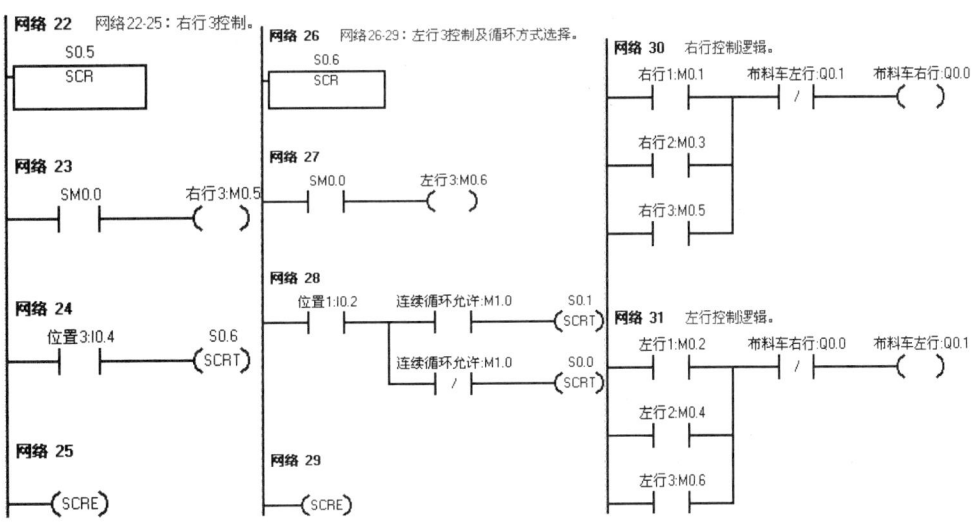

图 3-11 梯形图

3.3.2 【实例2】人行道交通灯控制

1. 控制要求

如第 2 章例 3 及图 2-32 所示。本章采用顺序控制指令进行编程。

2. 状态流程图

状态流程图如图 3-12 所示。按钮没有被按下时，车道的绿灯（Q0.2）和人行道的红灯（Q0.3）一直点亮。当马路两侧的按钮 I0.0 或 I0.1 被按下时，马路和人行道进入各自的控制状态，所以，此例中使用并行分支，状态转移到 S0.1 和 S0.4，车道绿灯将继续亮 30 s。时间到之后，T37 为 ON，其常开触点闭合，状态转移到 S0.2，车道黄灯

（Q0.1）亮且 T38 开始计时。时间到之后，转移条件成立，转移到 S0.3，车道红灯（Q0.0）亮，亮 5 s 后，T39 计时时间到，此时人行道的绿灯（Q0.4）亮，而车道红灯继续亮，到达 T47 的计时时间（20 s）后，转移到 S0.6。S0.6 和 S0.7 是两个定时各为 0.5 s 的状态，目的是让人行道绿灯一直闪烁，闪烁完成后，转移到 S1.0 状态，人行道红灯亮，且 T50 开始定时，5 s 后，定时时间到，此时由于并行分支的转移条件满足，状态转移到初始状态 S0.0，此次操作结束。

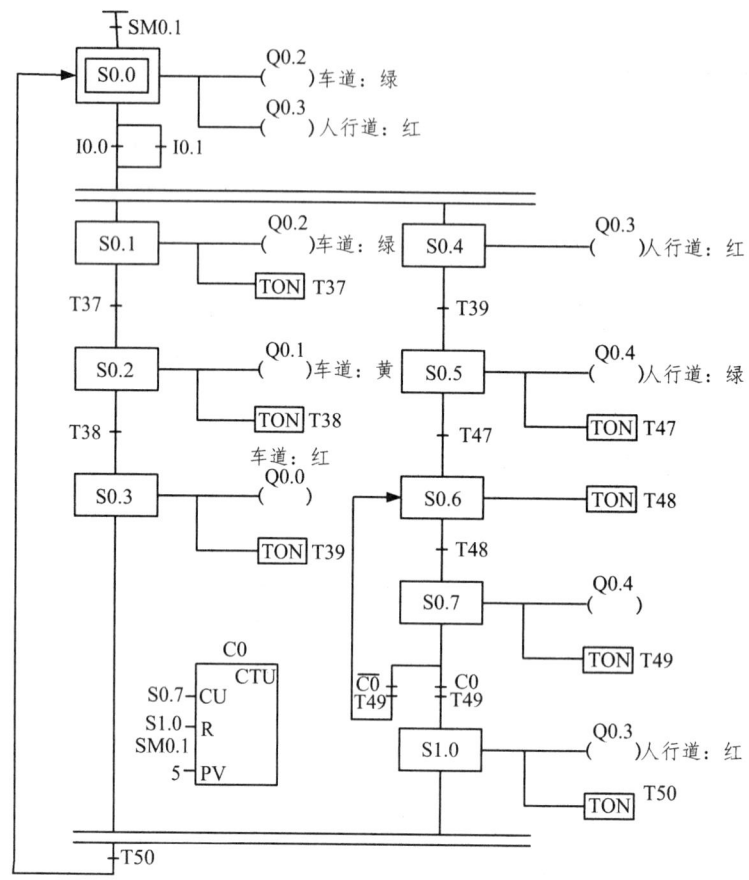

图 3-12　人行道交通灯流程图

3. 梯形图

梯形图如图 3-13 所示。

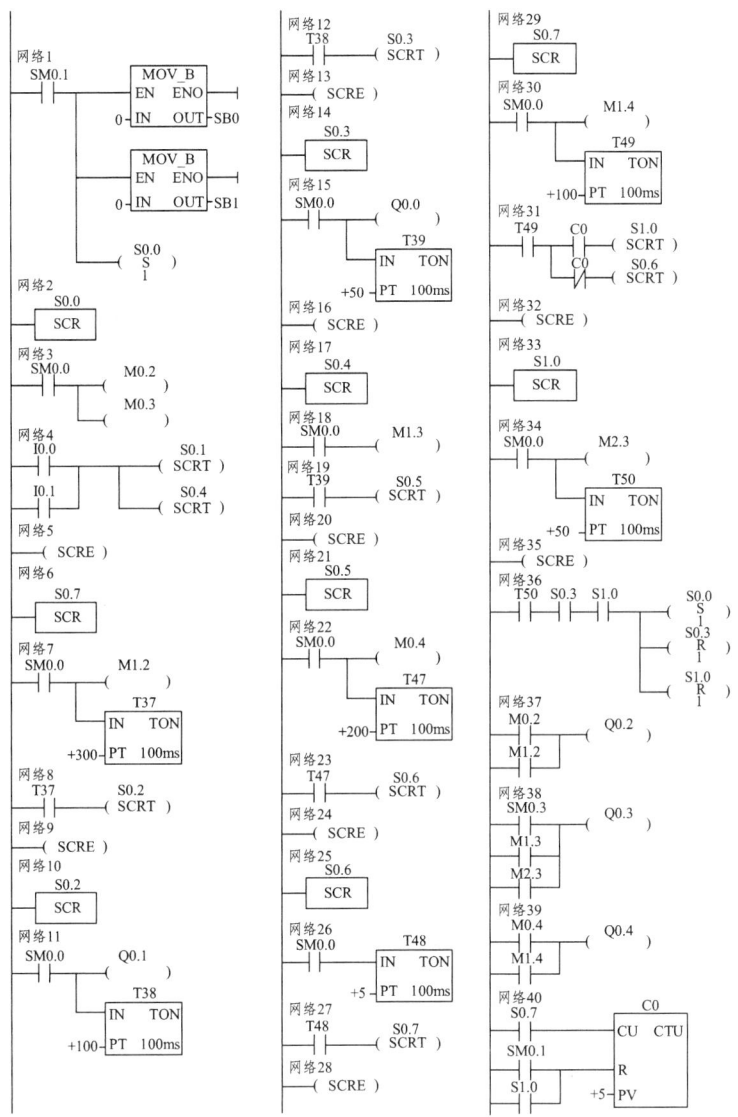

图 3-13 人行道交通灯梯形图

习 题

1．什么是功能图？功能图主要由哪些元素组成？

2．功能图的主要类型有哪些？

3．本书利用电气原理图设计了"3 台电动机顺序启动/停止"的例子，请用 PLC 一般指令和功能图设计该例题，试比较它们的设计原理、方法和结果的异同。

4．小车在初始状态时停在中间，限位开关 I0.0 为 ON，按下启动按钮 I0.3，小车按图 3-14 所示的顺序运动，最后返回并停在初始位置。画出控制系统的顺序功能图。

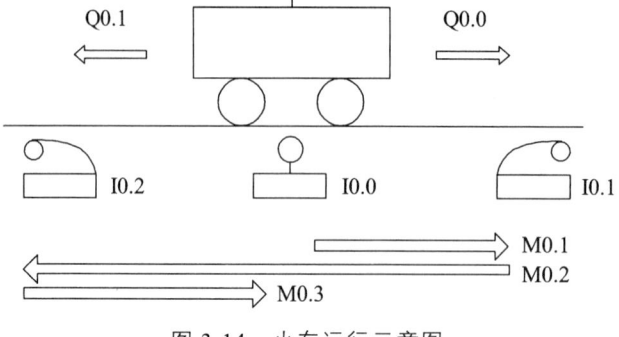

图 3-14 小车运行示意图

5．初始状态时，某冲压机的冲压头停在上面，限位开关 I0.2 为 ON，按下启动按钮 I0.0，输出位 Q0.0 控制的电磁阀线圈通电并保持，冲压头下行。压到工件后压力升高，压力继电器动作，使输入位 I0.1 变为 ON，用 T37 保压延时 5 s 后，Q0.0 为 OFF，Q0.1 为 ON，上行电磁阀线圈通电，冲压头上行。返回到初始位置时碰到限位开关 I0.2，系统回到初始状态，Q0.1 为 OFF，冲压头停止上行。画出控制系统的顺序功能图。

6．多个传送带启动和停止如图 3-15 所示。启动按钮按下后，电动机 M1 接通。I0.1 接通后电动机 M2 接通，当 I0.2 接通后电动机 M1 停止，其他传送带动作类推。设计其功能图和梯形图。

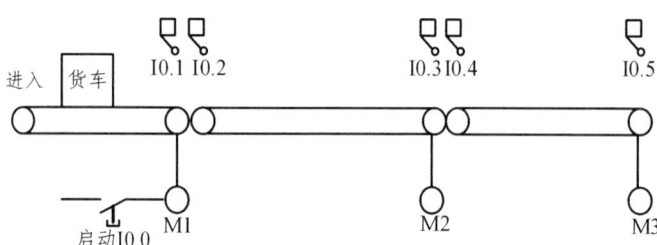

图 3-15 多个传送带示意图

7．某自动剪板机的松连有电动机驱动，送料电动机由接触器 KM 控制，压钳的下行和复位由液压电磁阀 YV1 和 YV3 控制，剪刀的下行和复位由液压电磁阀 YV2 和 YV4 控制，SQ1～SQ5 是限位开关。

当压钳和剪刀在原位（即压钳在上限位 SQ1 处，剪刀在上限位 SQ2 处），按下启动按钮后，自动按以下顺序动作（见图 3-16）：

电动机送料，板料右行至 SQ3 处停止→压钳下行→至 SQ4 处将料板压紧、剪刀下行剪板→板料剪断落至 SQ5 处，压钳和剪刀上行复位，回到原位，等待下次启动。

根据题意，试设计功能图和梯形图。

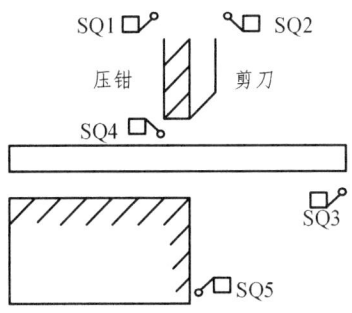

图 3-16 某剪板机工作示意图

8．两极传送带启动和停止如图 3-17 所示。启动按钮按下后，电动机 M1 接通，到达 I0.1 后，I0.1 接通，启动电动机 M2。到达 I0.2 后，M1 停止。到达 I0.3 后，M2 停止。再次按下启动按钮开始下次工作。试设计功能图和梯形图。

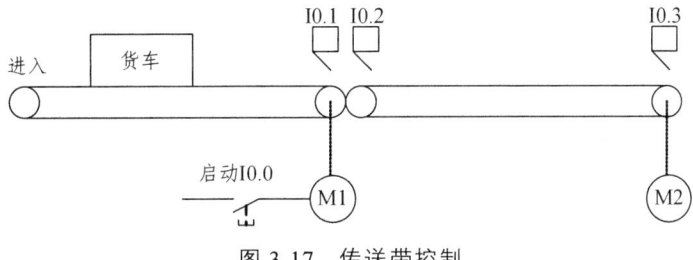

图 3-17 传送带控制

第4章 功能指令

4.1 功能指令的一般特点

功能指令大大地增强了 PLC 的工业应用能力，也使 PLC 的编程工作更加接近普通计算机。相对基本指令，功能指令有许多特殊性。和基本指令类似，功能指令具有梯形图及指令表等表达形式。由于功能指令的内涵主要是指令要完成什么功能，而不包含梯形图符号间的相互关系，功能指令的梯形图符号多为功能框。

4.1.1 功能框及指令的标题

梯形图中功能指令多用功能框表达。功能框顶部标有该指令的标题。如表 4-1 所示，表中"MOV-B"为字节传送指令。标题一般由两个部分组成：前部为指令的助记符；后部为参与运算的数据类型。如表中"B"表示字节，另外常见的"I"表示整数，"DI"为双整数，"R"表示实数，"W"表示字，"DW"为双字等。

4.1.2 语句表达格式

语句表式一般也分为两个部分：第一部分为助记符，一般和功能框中指令标题相同，也可能不同，如整数加法指令中使用"MOVB"表示字节传送；第二部分为参加运算的数据地址或数据，也有无数据的功能指令语句。

4.1.3 操作数

操作数是功能指令涉及或产生的数据。功能框及语句中用"IN"及"OUT"表示的即为操作数。操作数又分为源操作数和目标操作数。目标操作数是指令执行后会改变其内容的操作数。从梯形图符号来说，功能框左边的操作数通常是源操作数，功能框右边的操作数为目标操作数，如加指令梯形图符号中"IN"为源操作数，"OUT"为目标操作数。有时目标操作数和源操作数可以使用同一存储单元。

操作数的类型及长度必须和指令相配合。S7-200 系列 PLC 的数据存储单元有 I、Q、M、V、SM、S 等多种类型，长度表达形式有字节、字、双字多种。

4.1.4 指令的执行

功能框中以"EN"表示的输入为指令执行的条件。在梯形图中,"EN"连接编程触点的组合。从能流的角度出发,当触点组合满足能流达到功能框的条件时,该功能框所表示的指令就得以执行。

4.1.5 ENO 状态

某些功能指令框右侧设有 ENO 使能输出,它是 LAD 及 FDB 功能框的布尔输出。如使能输入 EN 有能流并且指令被正常执行,ENO 输出将会使能流传递给下一个元素。如果指令输出有错,ENO 则为 0。

4.1.6 指令适用机型

功能指令并不是所有机型都适用,不同的 CPU 型号可适用的功能指令范围不尽相同。

4.2 基本功能指令及编程实例

功能指令种类很多,与汇编语言相似。在学习过程中,一般不必准确记忆其详细用法,可大致了解 S7-200 系列 PLC 有哪些功能指令,到实际用时再查阅相关手册。

4.2.1 传送类指令

该指令用于完成各存储单元之间一个或多个数据的传送。分为单个数据传送或多个连续字块的传送。传送指令用于存储单元的清零、程序初始化等。

1. 单个数据的传送

单个数据的传送包括字节、字、双字和实数传送。在使能输入端有效时,把一个单字节数据(字、双字和实数)在不改变原值的情况下,由 IN 传送到 OUT 所指定的存储单元。表 4-1 给出了以上指令的表达形式及操作数。

使 ENO = 0(指令错误)的条件:间接寻址(0006)。

表 4-1 字节、字、双字和实数传送指令

项目	字节传送	字传送	双字传送	实数传送
指令的表达形式	MOV_B EN ENO IN OUT MOVB IN, OUT	MOV_W EN ENO IN OUT MOVW IN, OUT	MOV_DW EN ENO IN OUT MOVD IN, OUT	MOV_R EN ENO IN OUT MOVR IN, OUT
操作数的含义及范围	IN：VB、IB、QB、MB、SMB、LB、AC、常数、*VD、*AC、*LD OUT：VB、IB、QB、MB、SMB、LB、AC、*VD、*AC、*LD	IN：VW、IW、QW、MW、SMW、LW、T、C、AIW、AC、常数、*VD、*AC、*LD OUT：VW、IW、QW、MW、SMW、LW、T、C、AQW、AC、*VD、*AC、*LD	IN：VD、ID、QD、MD、SMD、LD、HC、&VB、&IB、&QB、&MB、&SB、&T、&C、AC、常数、*VD、*AC、*LD。 OUT：VD、ID、QD、MD、SMD、LD、AC、*VD、*AC、*LD	IN：VD、ID、QD、MD、SMD、LD、AC、常数、*VD、*AC、*LD OUT：VD、ID、QD、MD、SMD、LD、AC、*VD、*AC、*LD
EN	I、Q、M、T、C、SM、V、S、L（位）			

2. 字节立即传送指令

字节立即传送指令就像位指令中的立即指令一样，用于输入和输出的立即处理。包括字节立即读指令和字节立即写指令。字节立即读指令（BIR）读取物理输入 IN，并存入 OUT，刷新过程映像寄存器。字节立即写指令（BIW）从存储器 IN 读取数据，写入物理输出，同时刷新相应的过程映像区，它用于把计算出的结果立即输出到负载。字节立即传送指令如表 4-2 所示。

表 4-2 字节立即传送指令

项目	字节立即读指令	字节立即写指令
指令的表达形式	MOV_BIR EN ENO IN OUT BIR IN, OUT	MOV_BIW EN ENO IN OUT BIR IN, OUT
操作数的含义及范围	IN：IB、*VD、*AC、*LD OUT：IB、QB、VB、MB、SMB、SB、LB、AC、*VD、*AC、*LD	IN：IB、QB、VB、MB、SMB、SB、LB、AC、*VD、*AC、*LD OUT：QB、*VD、*AC、*LD
EN	I、Q、M、T、C、SM、V、S、L（位）	

使 ENO＝0（指令错误）的条件：间接寻址（0006）、不能访问扩展模块。

3. 块传送指令

块传送包括字节块、字块和双字块的传送。

功能描述：在使能输入端有效时，把源操作数起始地址 IN 的 N 个数据传送到目标操作数 OUT 的起始地址中。块传送指令如表 6-3 所示

使 ENO = 0（指令错误）的条件：间接寻址（0006）、操作数超出范围（0091）。

【例 4-1】块传送举例：使用块传送指令，把 VB0 到 VB1 两个字节的内容传送到 VB10 到 VB11 单元中，启动信号为 I0.0。这时 IN 数据应为 VB0，N 应为 2，OUT 数据应为 VB10，如图 6-1 所示。

表 4-3 块传送指令

项目	字节的块传送	字的块传送	双字的块传送
指令的表达形式	BLKMOV_B EN ENO IN OUT N BMB IN, OUT, N	BLKMOV_W EN ENO IN OUT N BMW IN, OUT, N	BLKMOV_D EN ENO IN OUT N BMD IN, OUT, N
操作数的含义及范围	IN: VB、IB、QB、MB、SMB、LB、*VD、*AC、*LD OUT: VB、1B、QB、MB、SMB、LB、*VD、*AC、*LD	IN: VW、IW、QW、MW、SMW、LW、T、C、AIW、*VD、*AC、*LD OUT: VW、IW、OW、MW、SMW、LW、T、C、AQW、*VD、*AC、*LD	IN: VD、ID、QD、MD、SMD、LD、*VD、*AC、*LD OUT: VD、ID、QD、MD、SMD、LD、*VD、*AC、*LD
EN	I、Q、M、T、C、SM、V、S、L（位）		

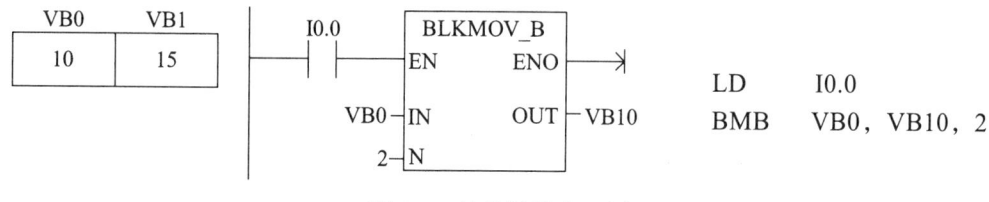

图 4-1 块传送指令示例

4. 字节交换指令

字节交换指令将字型输入数据 IN 的高字节和低字节进行交换。指令使用如表 4-4 所示。

使 ENO = 0（指令错误）的条件：间接寻址（0006）。

【例 4-2】字节交换指令示例如图 4-2 所示。

表 4-4 字节交换指令

指令表达形式	操作数的含义及范围
SWAP EN ENO IN SWAP IN	IN：VW、IW、QW、MW、SW、SMW、LW、T、C、AC、*VD、*AC、*LD。

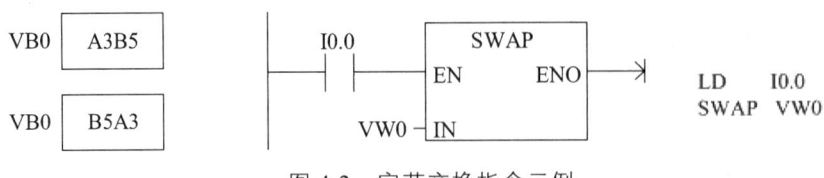

图 4-2 字节交换指令示例

4.2.2 移位与循环指令

该类指令包括移位、循环和移位寄存器指令。移位指令在程序中可方便某些运算的实现，如对 2 的乘法和除法运算；可用于取出数据中的有效数字；可实现步进控制。在该类指令中，LAD 与 STL 指令格式中的缩写表示是不同的。

1. 移位指令（Shift）

该指令有左移和右移两种，即将输入 IN 左移或右移 N 位后，把结果输出到 OUT 中。移出位自动补零。根据所移位数的不同可分为字节型、字型和双字型。如果所需移位次数大于或等于 8（字节）、16（字）、32（双字）等移位最大值，则按最大值移位。移位数据存储单元的移出端与 SM1.1（溢出）相连，所以最后被移出的位被放到 SM1.1 位存储单元。如果移位操作的结果是 0，零存储器位（SM1.0）就置位。字节的移位是无符号的，对于字和双字操作，当使用有符号的数据时，符号位也被移动。表 4-5 给出了以上指令的表达形式及操作数。

表 4-5 字节、字、双字移位指令

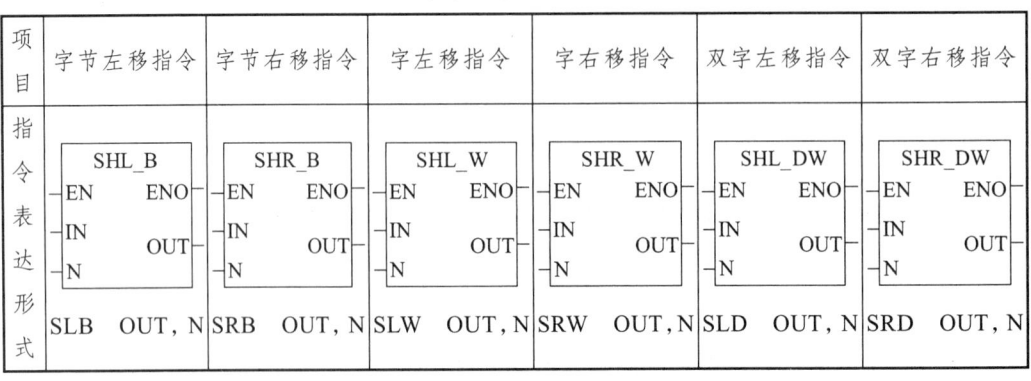

续表

项目	字节左移指令	字节右移指令	字左移指令	字右移指令	双字左移指令	双字右移指令
操作数含义范围	IN/OUT: IB、QB、VB、MB、SB、SMB、LB、AC、*VD、*AC、*LD		IN: VW、IW、QW、MW、SW、SMW、LW、T、C、AIW、AC、常数、*VD、*AC、*LD。 OUT: VW、IW、QW、MW、SW、SMW、LW、T、C、AIW、AC、*VD、*AC、*LD		IN: VD、ID、QD、MD、SD、SMD、LD、HC、AC、常数、*VD、*AC、*LD。 OUT: VD、ID、QD、MD、SD、SMD、LD、AC、*VD、*AC、*LD	
	N: VB、IB、QB、MB、SB、SMB、LB、AC、常数、*VD、*AC、*LD					

使 ENO = 0(指令错误)的条件:间接寻址(0006)。受影响的 SM 标志位:零(SM1.0)、溢出(SM1.1)。

2. 循环移位指令（Rotate）

循环移位指令包括循环左移和循环右移。该指令是把输入端 IN 循环左移或右移 N 位,把结果输出到 OUT 中。循环移位位数分别为字节、字或双字。循环数据存储单元的移出端与另一端相连,同时又与 SM1.1（溢出）相连,所以最后被移出的位移到另一端的同时,也被放到 SM1.1 位存储单元。如果移位次数设定值大于 8（字节）、16（字）、32（双字）,则在执行循环移位之前,系统先对设定值取以数据长度为底的模,用小于数据长度的结果作为实际循环移位的次数。字节的操作是无符号的,对于字和双字操作,当使用有符号的数据时,符号位也被移动。表 4-6 给出了以上指令的表达形式及操作数。

表 4-6 循环移位指令

项目	字节左移指令	字节右移指令	字左移指令	字右移指令	双字左移指令	双字右移指令
指令表达形式	ROL_B EN ENO IN OUT N RLB OUT, N	ROR_B EN ENO IN OUT N RRB OUT, N	ROL_W EN ENO IN OUT N RLW OUT, N	ROR_W EN ENO IN OUT N RRW OUT, N	ROL_DW EN ENO IN OUT N RLD OUT, N	ROR_DW EN ENO IN OUT N RRD OUT, N
操作数的含义及范围	IN/OUT: IB、QB、VB、MB、SB、SMB、LB、AC、*VD、*AC、*LD		IN: VW、IW、QW、MW、SW、SMW、LW、T、C、AIW、AC、常数、*VD、*AC、*LD。 OUT: VW、IW、QW、MW、SW、SMW、LW、T、C、AIW、AC、*VD、*AC、*LD		IN: VD、ID、QD、MD、SD、SMD、LD、HC、AC、常数、*VD、*AC、*LD。 OUT: VD、ID、QD、MD、SD、SMD、LD、AC、*VD、*AC、*LD	
	N: VB、IB、QB、MB、SB、SMB、LB、AC、常数、*VD、*AC、*LD					

使 ENO = 0（指令错误）的条件：间接寻址（0006）。受影响的 SM 标志位：零（SM1.0）、溢出（SM1.1）。

3. 寄存器移位指令（Shift Register）

该指令在梯形图中有 3 个数据输入端。DATA 为数值输入，将该位的值移入移位寄存器。S_BIT 为移位寄存器的最低位端。N 指定移位寄存器的长度和方向，最大长度为 64 位。N 为"＋"时左移，移位是从最低字节的最低位（S-BIT）移入，从最高字节的最高位移出。N 为"－"时右移，移位是从最高字节的最高位移入，从最低字节的最低位（S_BIT）移出。移位寄存器存储单元的移出端与 SM1.1（溢出）相连，最后被移出的位放在 SM1.1 位。移位时，移出位进入 SM1.1，另一端自动补上 DATA 移入位的值。每次使能输入有效时，在每个扫描周期内，整个移位寄存器移动一位。所以要用边沿跳变指令来控制使能端的状态，不然该指令就失去了应用的意义。表 4-7 给出了该指令的表达形式及操作数。

表 4-7 移位寄存器指令

指令的表达形式	操作数的含义及范围
SHRB ─EN ENO─ ─DATA ─S_BIT ─N SHRB DATA, S-BIT, N	DATA/S_BIT：I、Q、M、SM、T、C、V、S、L（位）。 N：IB、QB、MB、VB、SB、SMB、LB、AC、*VD、*AC、*LD、常数。

使 ENO = 0（指令错误）的条件：间接寻址（0006）。受影响的 SM 标志位：零（SM1.0）、溢出（SM1.1）。

操作数超出范围（0091）。

最高位的计算方法：[N 的绝对值 − 1+（S-BIT 的位号）]/8，余数即是最高位的位号，商与 S-BIT 的字节号之和即是最高位的字节号。如果 S-BIT 是 V33.4，N 是 14，则（14 − 1+4）/8=2 余 1。所以，最高位字节号算法是：33+2=35，位号为 1，即移位寄存器的最高位是 V35.1。

【例 4-3】移位和循环移位指令示例如图 4-3 所示。

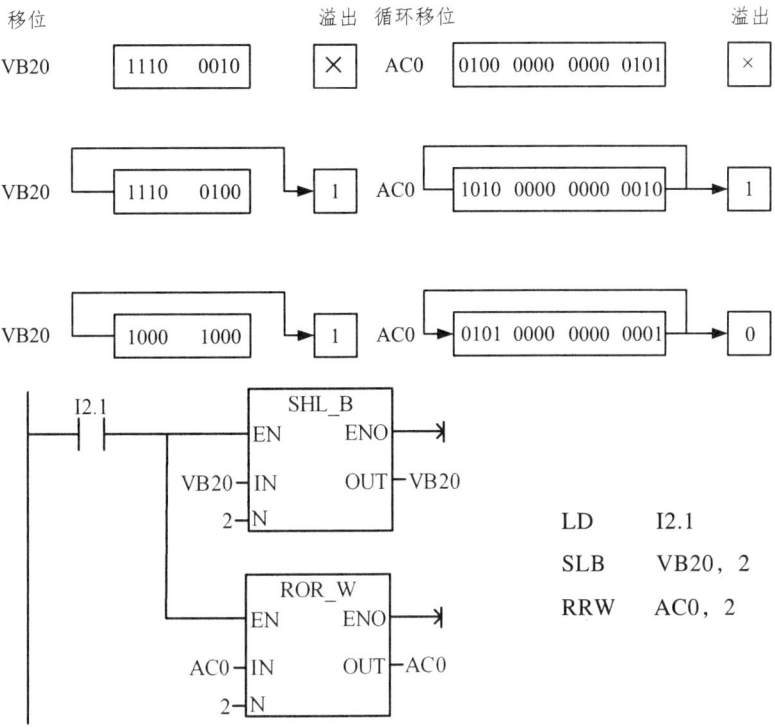

图 4-3 移位和循环移位指令示例

【例 4-4】移位寄存器指令示例如图 4-4 所示。

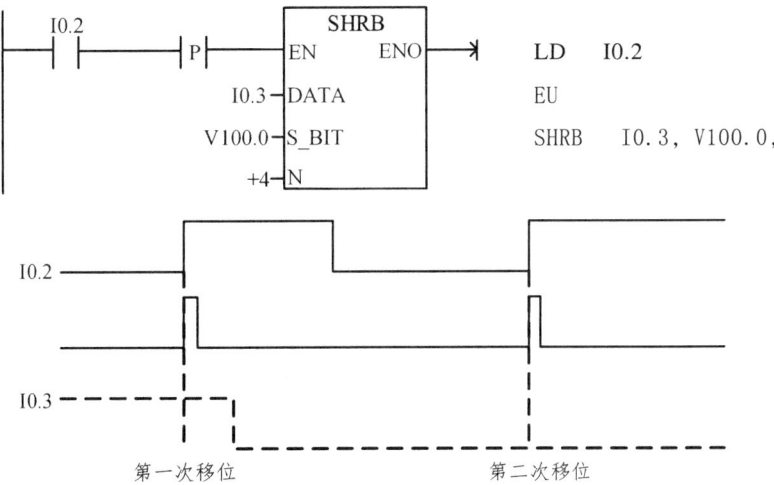

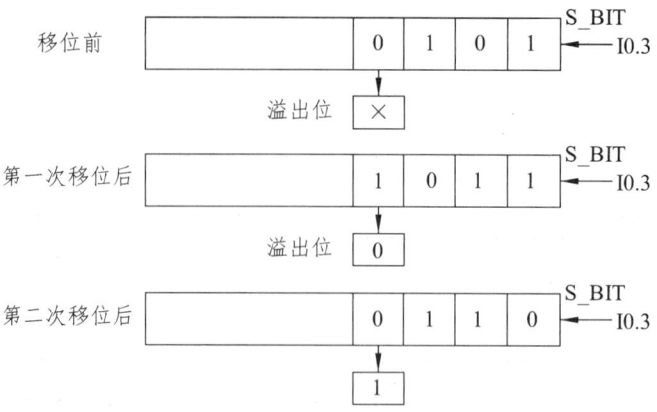

图 4-4 移位寄存器指令示例

4.2.3 数学运算类指令

PLC 普遍具备较强的运算功能，包含四则运算指令、数学功能指令及递增、递减指令。对 S7-200 的算术运算指令来说，在使用时要注意存储单元的分配。在用 LAD 编程时，IN1、IN2 和 OUT 可以使用不一样的存储单元，这样编写出的程序比较清晰易懂。但在用 STL 方式编程时，OUT 要和其中的一个操作数使用同一个存储单元，所以不太直观。建议大家在使用算术指令和数学指令时，最好用 LAD 形式编程。

1. 四则运算指令

1）加法/乘法运算

整数、双整数、实数的加法/乘法运算是将原操作数运算后产生的结果存储在 OUT 中，操作数数据类型不发生变化。而常规乘法是两个 16 位整数相乘，产生一个 32 位结果。

在梯形图中，当加法允许信号 EN=1 时，被加数（被乘数）IN1 与加数（乘数）IN2 相加（乘），其结果传送到 OUT 中，即 IN1+IN2=OUT（IN1×IN2=OUT）；在语句表中，要先将加数（乘数）送到 OUT 中，然后把 OUT 中的数据和 IN1 中的数据相加（乘），并将其结果传送到 OUT 中，即在 STL 中，IN1+OUT=OUT（IN1×OUT=OUT）。表 4-8、表 4-9 给出了以上指令的表达形式及操作数。

表 4-8 加法运算指令

项目	整数加	双整数加	实数加
指令的表达形式	ADD_I EN ENO IN1 OUT IN2 +I IN1, OUT	ADD_DI EN ENO IN1 OUT IN2 +D IN1, OUT	ADD_R EN ENO IN1 OUT IN2 +R IN1, OUT

续表

项目	整数加	双整数加	实数加
操作数的含义及范围	IN1/IN2：VW、IW、QW、MW、SW、SMW、AIW、T、C、AC、*VD、*AC、*LD、常数 OUT：VW、IW、QW、MW、SW、SMW、LW、T、C、AC、*VD、*AC、*LD	IN1/IN2：VD、ID、QD、MD、AC、SMD、SD、HC、*VD、*AC、*LD、常数 OUT：VD、ID、QD、MD、AC、SMD、SD、HC、*VD、*AC、*LD	IN1/IN2：VD、ID、QD、MD、AC、SMD、SD、HC、*VD、*AC、*LD、常数 OUT：VD、ID、QD、MD、AC、LD、SMD、SD、HC、*VD、*AC、*LD

使 ENO = 0（指令错误）的条件：间接寻址（0006）、溢出（SM1.1）。受影响的 SM 标志位：零（SM1.0）、溢出（SM1.1）。

表 4-9 乘法运算指令

项目	整数乘	双整数乘	实数乘	常规乘法
指令的表达形式	MUL_I EN ENO IN1 OUT IN2 *I IN1, OUT	MUL_DI EN ENO IN1 OUT IN2 *D IN1, OUT	MUL_R EN ENO IN1 OUT IN2 *R IN1, OUT	MUL EN ENO IN1 OUT IN2 MUL IN1, OUT
操作数的含义及范围	IN1/IN2：VW、IW、QW、MW、SW、SMW、AIW、T、C、AC、*VD、*AC、*LD、常数 OUT：VW、IW、QW、MW、SW、SMW、LW、T、C、AC、*VD、*AC、*LD	IN1/IN2：VD、ID、QD、MD、AC、SMD、SD、HC、*VD、*AC、*LD、常数 OUT：VD、ID、QD、MD、AC、SMD、SD、HC、*VD、*AC、*LD	IN1/IN2：VD、ID、QD、MD、AC、SMD、SD、HC、*VD、*AC、*LD、常数 OUT：VD、ID、QD、MD、AC、LD、SMD、SD、HC、*VD、*AC、*LD	IN1/IN2：VW、IW、QW、MW、SW、SMW、LW、AC、AIW、T、C、常数、*VD、*AC、*LD OUT：VD、ID、QD、MD、SMD、SD、LD、AC、*VD、*LD、*AC

使 ENO = 0（指令错误）的条件：间接寻址（0006）、溢出（SM1.1）。受影响的 SM 标志位：零（SM1.0）、溢出（SM1.1）、负（SM1.2）。

2）减法/除法运算指令

整数、双整数、实数的减法/除法运算是将源操作数运算后产生的结果存储在 OUT 中。整数、双整数除法不保留小数。而常规除法是两个 16 位整数相除，产生一个 32 位结果，其中高 16 位存储余数，低 16 位存储商。

在梯形图表示中，当减法允许信号 EN=1 时，被减数（被除数）IN1 与减数（除数）

IN2 相减（除），其结果传送到 OUT 中，即 IN1 – IN2 = OUT（IN1/IN2 = OUT）；在语句表表示中，要先将被减数（被除数）送到 OUT 中，然后把 OUT 中的数据和 IN1 中的数据进行相减（除），并将其结果传送到 OUT 中，即在 STL 中，OUT – IN1 = OUT（OUT/IN1 = OUT）。表 4-10、表 4-11 给出了以上指令的表达形式及操作数。

注意：用语句表编程与梯形图稍有不同。如果被减数不在 OUT 中，首先要利用传送指令把被减数传送到 OUT 中，然后执行减法操作，把 OUT 的内容与减数相减，其结果存入 OUT 中。

表 4-10 减法运算指令

项目	整数减	双整数减	实数减
指令的表达形式	SUB_I EN ENO IN1 OUT IN2 -I IN1, OUT	SUB_DI EN ENO IN1 OUT IN2 -D IN1, OUT	SUB_R EN ENO IN1 OUT IN2 -R IN1, OUT
操作数的含义及范围	IN1/IN2：VW、IW、QW、MW、SW、SMW、AIW、T、C、AC、*VD、*AC、*LD、常数 OUT：VW、IW、QW、MW、SW、SMW、LW、T、C、AC、*VD、*AC、*LD	IN1/IN2：VD、ID、QD、MD、AC、SMD、SD、HC、*VD、*AC、*LD、常数 OUT：VD、ID、QD、MD、AC、SMD、SD、HC、*VD、*AC、*LD	IN1/IN2：VD、ID、QD、MD、AC、SMD、SD、HC、*VD、*AC、*LD、常数 OUT：VD、ID、QD、MD、AC、LD、SMD、SD、HC、*VD、*AC、*LD

使 ENO = 0（指令错误）的条件：间接寻址（0006）、溢出（SM1.1）。受影响的 SM 标志位：零（SM1.0）、负（SM1.2）。

表 4-11 除法运算指令

项目	整数除	双整数除	实数除	常规除法
指令的表达形式	DIV_I EN ENO IN1 OUT IN2 /I IN1, OUT	DIV_DI EN ENO IN1 OUT IN2 /D IN1, OUT	DIV_R EN ENO IN1 OUT IN2 /R IN1, OUT	DIV EN ENO IN1 OUT IN2 DIV IN1, OUT
操作数的含义及范围	IN1/IN2：VW、IW、QW、MW、SW、SMW、AIW、T、C、AC、*VD、*AC、*LD、常数 OUT：VW、IW、QW、MW、SW、SMW、LW、T、C、AC、*VD、*AC、*LD	IN1/IN2：VD、ID、QD、MD、AC、SMD、SD、HC、*VD、*AC、*LD、常数 OUT：VD、ID、QD、MD、AC、SMD、SD、HC、*VD、*AC、*LD	IN1/IN2：VD、ID、QD、MD、AC、SMD、SD、HC、*VD、*AC、*LD、常数 OUT：VD、ID、QD、MD、AC、LD、SMD、SD、HC、*VD、*AC、*LD	IN1/IN2：VW、IW、QW、MW、SW、SMW、LW、AC、AIW、T、C、常数、*VD、*AC、*LD OUT：VD、ID、QD、MD、SMD、SD、LD、AC、*VD、*LD、*AC

使 ENO = 0（指令错误）的条件：间接寻址（0006）、溢出（SM1.1）。受影响的 SM 标志位：零（SM1.0）、溢出（SM1.1）、负（SM1.2）、被 0 除（SM1.3）。

【例 4-5】四则运算指令示例如图 4-5 所示。

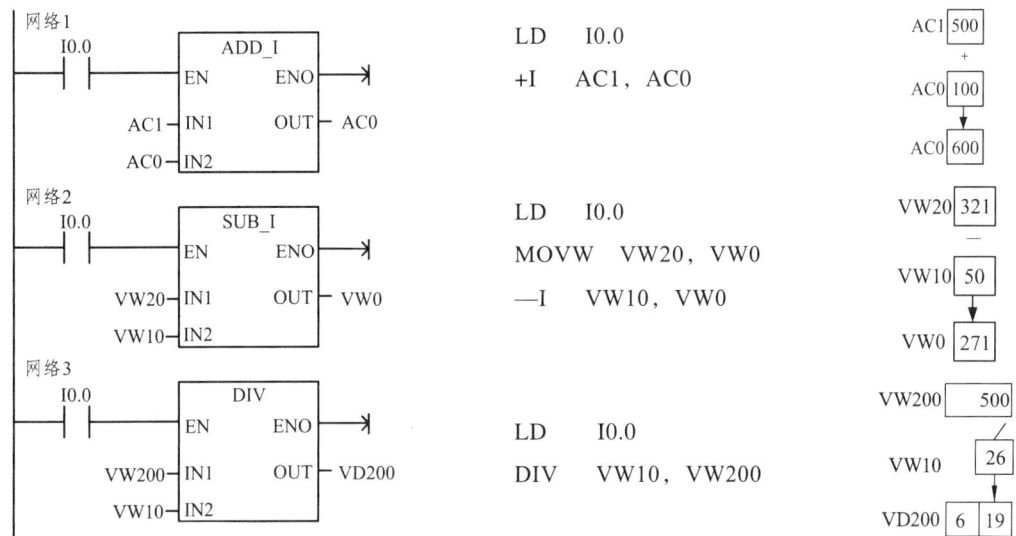

图 4-5　四则运算指令

2. 递增/递减指令

字节、字、双字的递增/递减指令是把源操作数加 1 或减 1，并把结果存放到 OUT 中。其中字节增减是无符号数，字和双字增减是有符号数。

在 LAD 中，IN+1=OUT，IN−1=OUT；在 STL 中，OUT+1=OUT，OUT−1=OUT，说明 IN 和 OUT 使用相同的存储单元。表 4-12 给出了递增/递减指令的表达形式及操作数。

表 4-12　递增/递减指令

项目	字节加 1	字节减 1	字加 1	字减 1	双字加 1	双字减 1
指令表达形式	INC_B ─EN　ENO─ ─IN　OUT─ INCB　OUT	DEC_B ─EN　ENO─ ─IN　OUT─ DECB　OUT	INC_W ─EN　ENO─ ─IN　OUT─ INCW　OUT	DEC_W ─EN　ENO─ ─IN　OUT─ DECW　OUT	INC_DW ─EN　ENO─ ─IN　OUT─ INCD　OUT	DEC_DW ─EN　ENO─ ─IN　OUT─ DECD　OUT
操作数的含义及范围	IN：IB、QB、VB、MB、SMB、LB、AC、常数、*VD、*AC、*LD OUT：IB、QB、VB、MB、SMB、LB、AC、*VD、*AC、*LD		IN：IW、QW、VW、MW、SW、SMW、AC、AIW、LW、T、C、常数、*VD、*AC、*LD OUT：IW、QW、VW、MW、SW、SMW、AC、LW、T、C、*VD、*AC、*LD		IN：ID、QD、VD、MD、SD、SMD、LD、AC、HC、常数、*VD、*AC、*LD OUT：VD、ID、QD、MD、SD、SMD、LD、AC、*VD、*AC、*LD	

使 ENO = 0（指令错误）的条件：间接寻址（0006）、溢出（SM1.1）。受影响的 SM 标志位：零（SM1.0）、溢出（SM1.1）、负（SM1.2）。

3. 数学功能指令

S7-200 PLC 指令的数学函数指令有：平方根、自然对数、指数、正弦、余弦和正切，其中正弦、余弦和正切指令计算角度值 IN 的三角函数值，输入角度为弧度值。平方根指令（Square Root）把一个双字长（32 位）的实数 IN 开平方，得到 32 位的实数结果送到 OUT。自然对数指令（Natural Logarithm）将一个双字长（32 位）的实数 IN 取自然对数，得到 32 位的实数结果送到 OUT。指数指令（Natural Exponential）将一个双字长（32 位）的实数 IN 取以 e 为底的指数，得到 32 位的实数结果送到 OUT。运算输入输出数据都为实数。结果大于 32 位二进制数表示的范围时产生溢出。表 4-13 给出了以上指令的表达形式及操作数。

表 4-13 数学功能指令

项目	平方根	自然指数	自然对数	正弦	余弦	正切
指令表达形式	SQRT EN ENO IN OUT SQRT IN, OUT	EXP EN ENO IN OUT EXP IN, OUT	LN EN ENO IN OUT LN IN, OUT	SIN EN ENO IN OUT SIN IN, OUT	COS EN ENO IN OUT COS IN, OUT	TAN EN ENO IN OUT TN IN, OUT
操作数的含义及范围	IN: ID、QD、VD、MD、SD、SMD、LD、AC、常数、*VD、*AC、*LD OUT: VD、ID、QD、MD、SD、SMD、LD、AC、*VD、*AC、*LD					

使 ENO = 0（指令错误）的条件：间接寻址（0006）、溢出（SM1.1）。受影响的 SM 标志位：零（SM1.0）、溢出（SM1.1）、负（SM1.2）。

【例 4-6】求以 10 为底的 50（存于 VD0）的常用对数，结果放到 AC0，运算程序如图 4-6 所示。

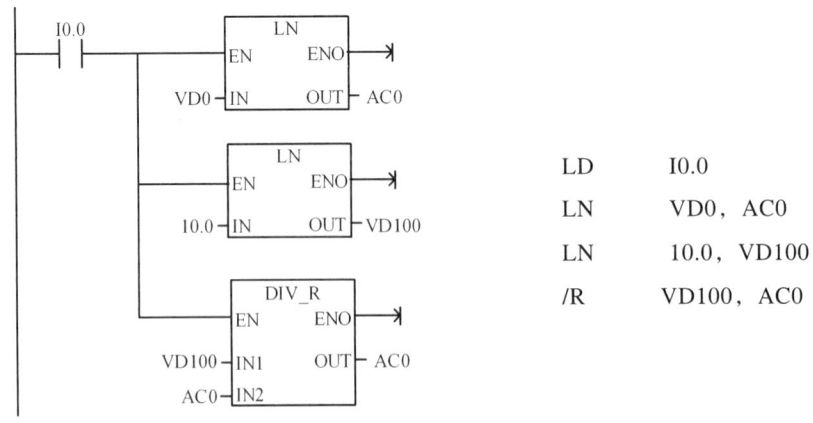

图 4-6 数学功能指令应用

4.2.4 逻辑运算指令

逻辑运算指令执行逻辑数（无符号数）对应位间的逻辑操作，包括逻辑与、逻辑或、逻辑异或和取反等。参与运算的操作数可以是字节、字或双字。

1. 逻辑与指令

在 LAD 中，当逻辑与允许信号 EN=1 时，IN1 和 IN2 按位与，其结果传送到 OUT 中。

在 STL 中，IN1 和 OUT 按位与，其结果传送到 OUT 中，即 OUT 与 IN2 使用一个存储单元。表 6-14 给出了以上指令的表达形式及操作数。

表 4-14 逻辑与指令

项目	字节与	字与	双字与
指令的表达形式	WAND_B EN ENO IN1 OUT IN2 ANDB IN1, IN2	WAND_W EN ENO IN1 OUT IN2 ANDW IN1, IN2	WAND_DW EN ENO IN1 OUT IN2 ANDD IN1, IN2
操作数的含义及范围	IN1/IN2: VB、IB、QB、MB、SB、SMB、LB、AC、常数、*VD、*AC、*LD OUT: VB、IB、QB、MB、SB、SMB、LB、AC、*VD、*AC、*LD	IN1/IN2: VW、IW、QW、MW、SW、SMW、LW、T、C、AIW、AC、常数、*VD、*AC、*LD OUT: VW、IW、QW、MW、SW、SMW、LW、T、C、AC、*VD、*AC、*LD	IN1/IN2: VD、ID、QD、MD、SD、SMD、AC、LD、HC、常数、*VD、*AC、*LD OUT: VD、ID、QD、MD、SD、SMB、AC、LD、*VD、*AC、*LD

使 ENO = 0（指令错误）的条件：间接寻址（0006）。受影响的 SM 标志位：零（SM1.0）。

2. 逻辑或指令

在 LAD 中，当逻辑或允许信号 EN = 1 时，IN1 和 IN2 按位或，其结果传送到 OUT 中。

在 STL 中，IN1 和 OUT 按位或，其结果传送到 OUT 中，即 OUT 与 IN2 使用一个存储单元。表 4-15 给出了以上指令的表达形式及操作数。

表 4-15　逻辑或指令

项目	字节或	字或	双字或
指令的表达形式	WOR_B EN　ENO IN1　OUT IN2 ORB　IN1, IN2	WOR_W EN　ENO IN1　OUT IN2 ORW　IN1, IN2	WOR_DW EN　ENO IN1　OUT IN2 ORD　IN1, IN2
操作数的含义及范围	IN1/IN2：VB、IB、QB、MB、SB、SMB、LB、AC、常数、*VD、*AC、*LD OUT：VB、IB、QB、MB、SB、SMB、LB、AC、*VD、*AC、*LD	IN1/IN2：VW、IW、QW、MW、SW、SMW、LW、T、C、AIW、AC、常数、*VD、*AC、*LD OUT：VW、IW、QW、MW、SW、SMW、LW、T、C、AC、*VD、*AC、*LD	IN1/IN2：VD、ID、QD、MD、SD、SMD、AC、LD、HC、常数、*VD、*AC、*LD OUT：VD、ID、QD、MD、SD、SMB、AC、LD、*VD、*AC、*LD

使 ENO = 0(指令错误)的条件：间接寻址(0006)。受影响的 SM 标志位：零(SM1.0)。

3. 逻辑异或运算指令

使 ENO = 0(指令错误)的条件：间接寻址(0006)。受影响的 SM 标志位：零(SM1.0)。

在 LAD 中，当逻辑异或允许信号 EN=1 时，IN1 和 IN2 按位异或，其结果传送到 OUT 中。

在 STL 中，IN1 和 OUT 按位异或，其结果传送到 OUT 中，即 OUT 与 IN2 使用一个存储单元。表 4-16 给出了以上指令的表达形式及操作数。

表 4-16　逻辑异或指令

项目	字节异或	字异或	双字异或
指令的表达形式	WXOR_B EN　ENO IN1　OUT IN2 XORB　IN1, IN2	WXOR_W EN　ENO IN1　OUT IN2 XORW　IN1, IN2	WXOR_DW EN　ENO IN1　OUT IN2 XORD　IN1, IN2
操作数的含义及范围	IN1/IN2：VB、IB、QB、MB、SB、SMB、LB、AC、常数、*VD、*AC、*LD OUT：VB、IB、QB、MB、SB、SMB、LB、AC、*VD、*AC、*LD	IN1/IN2：VW、IW、QW、MW、SW、SMW、LW、T、C、AIW、AC、常数、*VD、*AC、*LD OUT：VW、IW、QW、MW、SW、SMW、LW、T、C、AC、*VD、*AC、*LD	IN1/IN2：VD、ID、QD、MD、SD、SMD、AC、LD、HC、常数、*VD、*AC、*LD OUT：VD、ID、QD、MD、SD、SMB、AC、LD、*VD、*AC、*LD

4. 取反指令

在 LAD 中，当取反允许信号 EN=1 时，IN 取反，其结果传送到 OUT 中。

在 STL 中，将 OUT 取反，其结果传送到 OUT 中，即 IN 和 OUT 使用一个存储单元。表 4-17 给出了以上指令的表达形式及操作数。

表 4-17 取反指令

项目	字节取反	字取反	双字取反
指令的表达形式	INV_B EN　ENO IN1 IN2　OUT INVB　IN	INV_W EN　ENO IN1 IN2　OUT INVW　IN	INV_DW EN　ENO IN1 IN2　OUT INVD　IN
操作数的含义及范围	IN1/IN2：VB、IB、QB、MB、SB、SMB、LB、AC、常数、*VD、*AC、*LD OUT：VB、IB、QB、MB、SB、SMB、LB、AC、*VD、*AC、*LD	IN1/IN2：VW、IW、QW、MW、SW、SMW、LW、T、C、AIW、AC、常数、*VD、*AC、*LD OUT：VW、IW、QW、MW、SW、SMW、LW、T、C、AC、*VD、*AC、*LD	IN1/IN2：VD、ID、QD、MD、SD、SMD、AC、LD、HC、常数、*VD、*AC、*LD OUT：VD、ID、QD、MD、SD、SMB、AC、LD、*VD、*AC、*LD

使 ENO = 0(指令错误)的条件：间接寻址(0006)。受影响的 SM 标志位：零(SM1.0)。

【例 4-7】逻辑运算指令应用如图 4-7 所示。

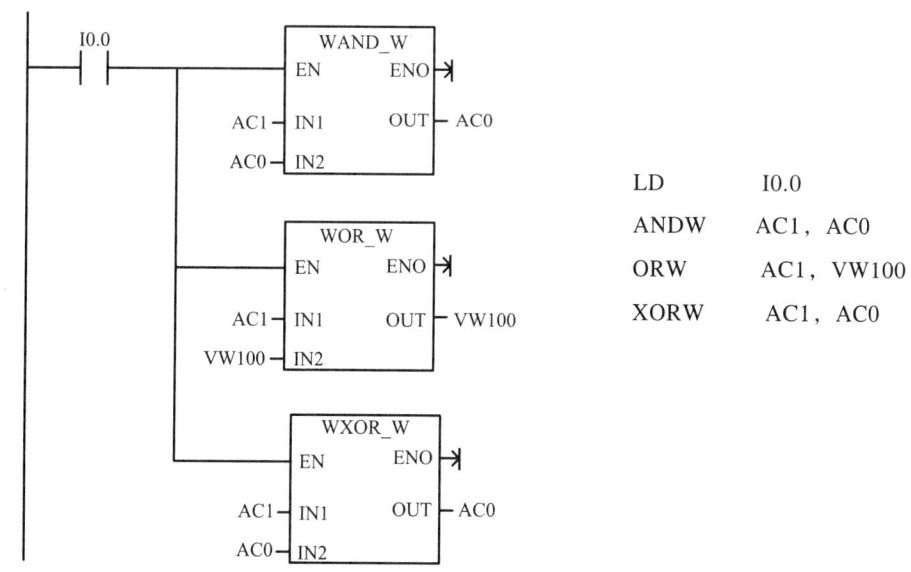

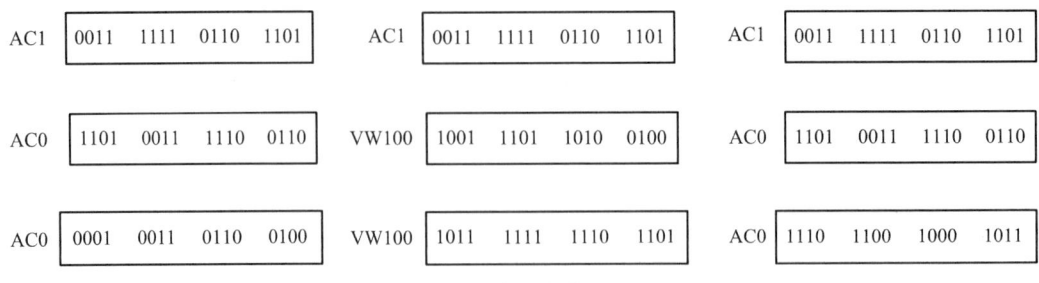

图 4-7 逻辑运算指令应用

4.2.5 表指令

表指令是存储器指定区域中数据的管理指令。表的首地址和第二个字地址所对应的单元分别存放两个表参数（最大填表数 TL 和实际填表数 EC），之后是最多 100 个填表数据。表只对字型数据存储。表指令在数据的记录、监控等方面具有重要意义。

1. 填表指令

填表指令（ATT）可以向表（TBL）中填入一个数值（DATA）。该指令在梯形图中有 2 个数据输入端：DATA 为数值输入，指出将被存储的字型数据；TBL 为表格的首地址，用以指明被访问的表格。当向表添加数据允许信号 EN=1 时，将一个数据 DATA 添加到表 TBL 的末尾。每次将新数据添加到表中时，实际填表数 EC 的值自动加 1。表 4-18 给出了填表指令的表达形式及操作数。

表 4-18 填表指令

指令的表达形式	操作数的含义及范围	
	DATA	TBL
AD_T_TBL EN ENO DATA TBL ATT DATA, TABLE	VW、IW、QW、MW、SW、SMW、LW、T、C、AIW、AC、常数、*VD、*AC、*LD	VW、IW、QW、MW、SW、SMW、LW、T、C、*VD、*AC、*LD

【例 4-8】填表指令应用如图 4-8 所示，向表添加数据的指令应用如图 4-9 所示。

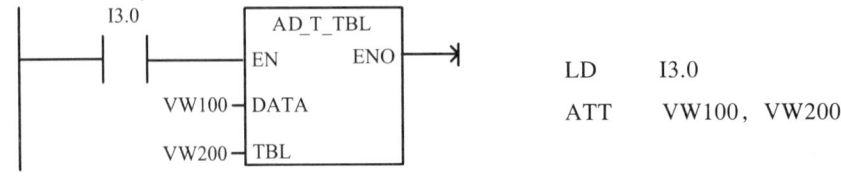

图 4-8 填表指令应用

第 4 章 功能指令

执行前			执行后	
VW100	0100			
VW200	0006		VW200	0006
VW202	0002		VW202	0003
VW204	7542		VW204	7542
VW206	0001		VW206	0001
VW208	××××		VW208	0100
VW210	××××		VW210	××××
VW212	××××		VW212	××××
VW214	××××		VW214	××××

图 4-9 向表添加数据的指令应用

2. 取表指令

从表中取出一个字型数据可有两种方式：先进先出式和后进先出式。一个数据从表中取出之后，表的实际填表数 EC 值减 1。两种方式的指令在梯形图中有 2 个数据端：输入端 TBL 为表格的首地址，用以指明访问的表格；输出端 DATA 指明数值取出后要存放的目标单元。

1）先进先出指令（First-In-First-Out）

在梯形图和语句表表示中，当先进先出指令允许信号 EN=1 时，将表 TBL 的第一个数据项（不是第一个字）移出，并将它送到 DATA 指定的存储单元中。表中其余的数据项都向前移动一个位置，同时 EC 的值减 1。

2）后进先出指令（Last-In-First-Out）

在梯形图和语句表表示中，当后进先出指令允许信号 EN=1 时，将表 TBL 的最后一个数据项从表中移出，并将它送到 DATA 指定的存储单元中，同时 EC 的值减 1。

表 4-19 给出了取表指令的表达形式及操作数。

表 4-19 取表指令

指令的表达形式		操作数的含义及范围	
先进先出指令	后进先出指令	TBL	DATA
FIFO —EN ENO— —TBL DATA— FIFO TBL, DATA	LIFO —EN ENO— —TBL DATA— LIFO TBL, DATA	VW、IW、QW、MW、SW、SMW、LW、T、C、*VD、*AC、*LD	VW、IW、QW、MW、SW、SMW、LW、T、C、AQW、AC、*VD、*AC、*LD

使 ENO = 0（指令错误）的条件：间接寻址（0006）、表空（SM1.5）、操作数超出范围（0091）。受影响的 SM 标志位：如果试图从空表中取走一个数值，则特殊标志寄

存器位 SM1.5 置位。

【例 4-9】取表指令应用如图 4-10 所示。

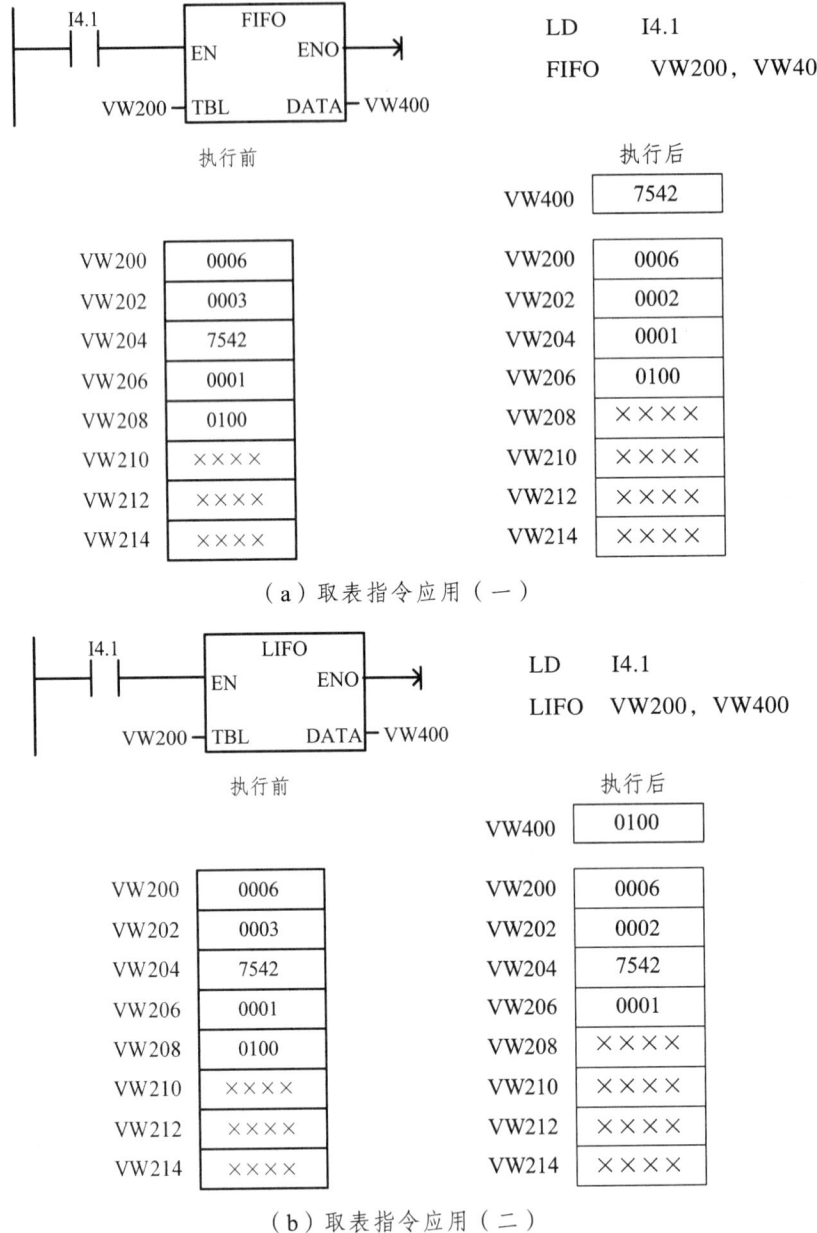

（a）取表指令应用（一）

（b）取表指令应用（二）

图 4-10 取表指令应用

3. 查表指令

通过表查找指令可以从数据表中找出符合条件数据的表中编号，编号范围为 0～99。在梯形图中有 4 个数据输入端：TBL 为表格的首地址；PTN 是用来描述查表条件时进行比较的数据；CMD 是比较运算符"？"的编码，它是一个 1~4 的数值，分别代表=、<>、<和>运算符；INDX 用来存放表中符合查找条件的数据的地址。

当搜索表中数据项允许信号 EN=1 时，从搜索表 TBL 中由 INDX 设定的数据开始项开始，依据给定值 PTN 和搜索条件 CMD（CMD=1 表示等于、CMD=2 表示不等于、CMD=3 表示小于、CMD=4 表示大于）进行搜索。每搜索一个数据项，INDX 自动加 1。如果找到一个符合条件的数据项，则 INDX 中指明该数据项在表中的位置。如果一个符合条件的数据项也找不到，则 INDX 的值等于数据表的长度。为了搜索下一个符合条件的值，则再次使用 TBL_FIND 指令之前，须先将 INDX 加 1。表 4-20 给出了查表指令的表达形式及操作数。

表 4-20 查表指令的表达形式及操作数

指令的表达形式		操作数的含义及范围
TBL_FIND —EN　ENO— —TBL —PTN —INDX —CMD	FND=　　TBL, PTN, INDX FND<>　TBL, PTN, INDX FND<　　TBL, PTN, INDX FND>　　TBL, PTN, INDX	TBL: VW、IW、QW、MW、S'MW、T、C、*VD、*AC、*LD PTN: VW、IW、QW、MW、SMw、A1 W、IW、T、C、AC、常数、*VD、*AC、*LD INDX: VW、IW、QW、T、C、MW、SMW、LW、T、C、AC、*VD、*AC、*LD

【例 4-10】查表指令应用如图 4-11 所示。

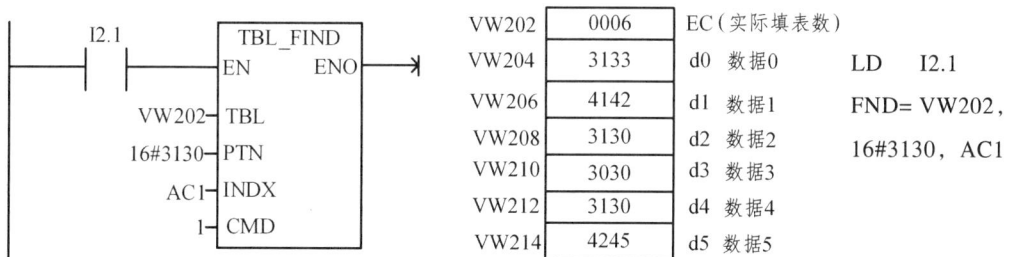

图 4-11 搜索表中数据项指令的工作原理

4. 填充指令

存储器填充指令用来将字型输入数据 IN 填充到从输出 OUT 所指的单元开始的 N 个字存储器单元。填表指令如表 4-21 所示。

表 4-21 填表指令的表达形式及操作数

指令的表达形式	操作数的含义及范围
FILL EN ENO IN OUT N FILL IN, OUT, N	EN: I、Q、M、T、C、SM、V、S、L IN: VW、IW、QW、MW、SW、SMW、LW、AIW、T、C、AC、常数、*VD、*AC、*LD N: VB、IB、QB、MB、SB、SMB、LB、AC、常数、*VD、*AC、*LD OUT: VW、IW、QW、MW、SW、SMW、LW、T、C、AQW、*VD、*AC、*LD

4.2.6 转换指令

编程中要用到不同长度及各种编码方式的数据,因此对操作数的类型进行转换,含数据长度转换和编码方式转换。

1. 数据类型转换指令

(1) 字节转换为整数。字节 IN 被转换成整数,其结果传送到 OUT 中。由于字节是没有符号的,所以没有符号扩展位。

(2) 整数转换为字节。整数 IN 被转换成字节,其结果传送到 OUT 中。如果要转换的数据太大,溢出标志位被置位且输出保持不变。

(3) 整数转换为双整数。将整数值转换成双整数,其结果传送到 OUT 中。符号位扩展到高字节中。

(4) 双整数转换为整数。将双整数值转换成整数,其结果传送到 OUT 中。如果要转换的数据太大,溢出标志位被置位且输出保持不变。

(5) 双整数转换为实数。将一个 32 位符号整数值转换成一个 32 位实数,其结果传送到 OUT 中。以上数据类型转换指令的表达形式及操作数如表 4-22 所示。

表 4-22 转换指令 1

项目		字节转换为整数	整数转换为字节	整数转换为双整数	双整数转换为整数	双整数转换为实数
指令的表达形式		B_I EN ENO IN OUT BTI IN, OUT	I_B EN ENO IN OUT ITB IN, OUT	I_DI EN ENO IN OUT ITD IN, OUT	DI_I EN ENO IN OUT DTI IN, OUT	DI_R EN ENO IN OUT DTR IN, OUT
操作数的含义及范围	IN	BYTE: VB、IB、QB、MB、SB、SMB、AC、LB、常数、*VD、*AC、*LD				
		WORD: VW、IW、QW、MW、SW、SMW、LW、T、C、AIW、AC、常数、*VD、*AC、*LD				
		DINT: VD、ID、QD、MD、SMD、AC、LD、*VD、*AC、SD、*LD				
		REAL: VD、ID、QD、MD、SMD、AC、LD、HC、常数、*VD、*AC、SD、LD				
	OUT	BYTE: VB、IB、QB、MB、SB、SMB、AC、LB、*VD、*AC、*LD				
		WORD: VW、IW、QW、MW、SW、SMW、LW、T、C、AC、*VD、*AC、*LD				
		DINT、REAL: VD、ID、QD、MD、SMD、AC、LD、*VD、*AC、SD、*LD				

(6)实数转换为双整数。指令有两条：ROUND（四舍五入）和 TRUNC（取整）。

ROUND：将实数（IN）按照四舍五入转换成 32 位有符号整数，其结果传送到 OUT 中。

TRUNC：将实数（IN）转换成 32 位有符号整数，只有整数的部分被转换，舍去小数部分。如果转换的值是无效的实数，或者太大而无法表示，溢出标志位被置位且输出保持不变。

注意：整数转换为实数，首先使用 I_DI 指令转换成双整数，再使用 DI_R 指令转换成实数。实数转换位双整数指令如表 4-23 所示。

表 4-23 转换指令 2

项目	四舍五入指令	取整指令	BCD 码转换为整数	整数转换为 BCD 码	段码指令
指令的表达形式	ROUND EN ENO IN OUT R OUND IN, OUT	TRUNC EN ENO IN OUT TRANC IN, OUT	BCD_I EN ENO IN OUT BCDI OUT	I_BCD EN ENO IN OUT IBCD OUT	SEG EN ENO IN OUT SEG IN, OUT
操作数的含义及范围	IN：VD、ID、QD、MD、SMD、AC、LD、*VD、*AC、SD、*LD、常数 OUT：VW、IW、QW、MW、SW、SMW、LW、T、C、AC、*VD、*AC、*LD、常数		IN：VW、1W、QW、MW、SMW、SW、LW、T、C、AC、AIW、常数、*VD、*AC、*LD。 OUT：VW、IW、QW、MW、SMW、SW、LW、AC、LD、*VD、*AC、*LD		无

2. 码制转换

（1）整数转换为 BCD 码。将整数 IN（0~9999）转换成 BCD 码，其结果存入 OUT 中。

（2）BCD 码转换为整数。将 BCD 码 IN（0~9999）转换成整数，其结果存入 OUT 中。

3. 段码指令

字节型输入数据 IN 的低 4 位有效数字产生相应的七段码，并将其输出到 OUT 所指定的字节单元。

字节数据 IN：VB、IB、QB、MB、SMB、SB、AC、常数、LB、*VD、*AC、*LD。

段码数据 OUT：VB、IB、QB、MB、SMB、SB、AC、LB、*VD、*AC、*LD。

对应值如下：

输入值 N：0 1 2 3 4 5 6 7 8 9 A B C D E F

段码值 OUT：3F 06 5B 4F 66 6D 7D 07 7F 67 77 7C 39 5E 79 71

【例 4-11】图 4-12 是一个段码指令编程的示例。在本例中，当 I0.0=1 时启动段码指令，VB48 中的数值（0~15）被译成点亮 7 段显示器的数据，利用这个数据可以驱动 7 段显示器。如图中所示，原 VB48 中的内容为 05，执行段码指令以后，在 OUT 单元中（AC1）被译成 6D，该信号可以使 7 段显示器点亮"5"。

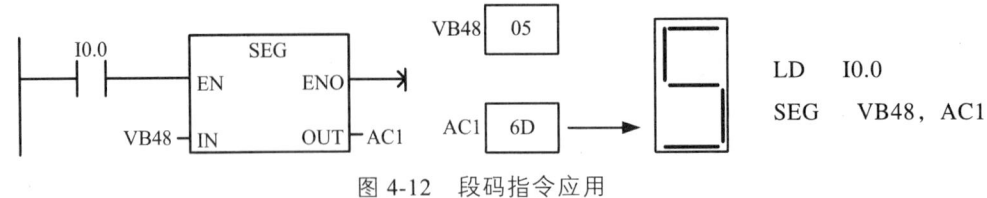

图 4-12 段码指令应用

【例 4-11】将英寸转换为厘米。将 C10 中存储的英寸转换成整数形式的厘米。梯形图如图 4-13 所示。

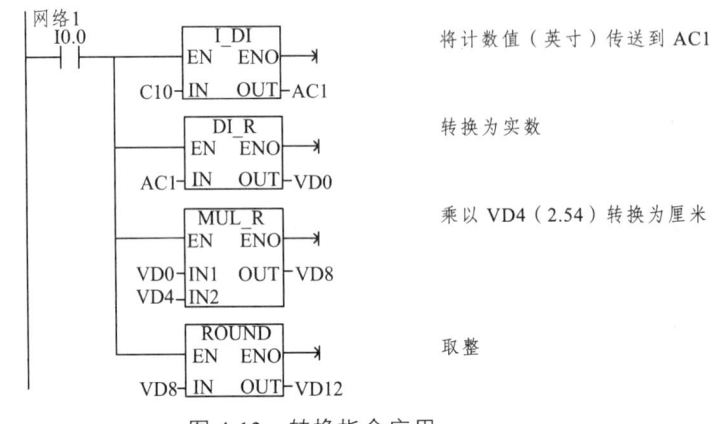

图 4-13 转换指令应用

4. 译码和编码指令

（1）译码指令（DECO）。该指令可以根据输入字节 IN 的低 4 位（半个字节）所表示的位号（0~15），将输出字 OUT 的相应位置为 1，而 OUT 的其他位置零，即对半个字节的编码进行译码，以选择一个字型数据 16 位中的"1"位。

（2）编码指令（ENCO）。该指令可以将编码输入字 IN 的最低有效位（为 1 的最低位）的位号（0~15）写入输出字节 OUT 低 4 位的半个字节中，即用半个字节来对一个字型数据 16 位中的"1"位有效位进行编码。

译码和编码指令如表 4-24 所示。

表 4-24 转换指令 3

项目	译码指令	编码指令
指令的表达形式	DECO EN ENO IN OUT DECO IN, OUT	ENCO EN ENO IN OUT ENCO IN, OUT
操作数的含义及范围	IN、OUT： BYTE: VB、IB、QB、MB、SB、SMB、AC、LB、常数、*VD、*LD WORD: VW、IW、QW、MW、SW、SMW、LW、T、C、AC、*VD、*AC、*LD、AQW	

【例 4-12】译码指令和编码指令应用如图 4-14 所示。

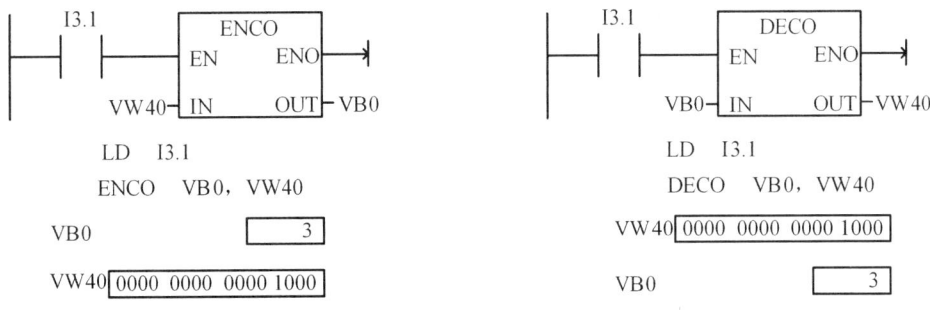

图 4-14 译码和编码指令应用

4.2.7 时钟指令

利用时钟指令可以实现调用系统实时时钟或根据需要设定时钟,这有助于实现控制系统的运行监视、运行记录,以及所有和实时时间有关的控制。时钟操作有两种:读实时时钟和设定实时时钟。读实时时钟指令和设定实时时钟指令如表 4-25 所示,时钟缓冲区的格式如表 6-26 所示。

表 4-25 时钟指令

项目	读实时时钟指令	写时钟指令
指令的表达形式	READ_RTC EN ENO T TONR T	SET_RTC EN ENO T TODW T
操作数的含义及范围	T 为字节	

表 4-26 时钟缓冲区

T	T+1	T+2	T+3	T+4	T+5	T+6	T+7
年	月	日	小时	分钟	秒		星期
00~99	01~12	01~31	00~23	00~59	00~59	0	1~7

1. **读实时时钟指令**(Read Real-Time Clock)

功能描述:系统读当前时间和日期,并把它装入一个 8 字节的缓冲区。操作数 T 用来指定 8 个字节缓冲区的起始地址。

2. **设定时钟指令**(Set Real-Time Clock)

功能描述:系统将包含当前时间和日期的一个 8 字节的缓冲区装入 PLC 的时钟中去。操作数 T 用来指定 8 字节缓冲区的起始地址。

注　意：

（1）对于一个没有使用过时钟指令的 PLC，在使用时钟指令前，要在编程软件的"PLC（P）"一栏中对 PLC 的时钟进行设定，然后才能开始使用时钟指令。时钟可以设定成和 PC 中的一样，也可用 TODW。指令自由设定，但必须先对时钟存储单元赋值后，才能使用 TODW 指令。

（2）系统不检查、不核实时钟值的正确与否，所以必须确保输入的设定数据是正确的。例如，2 月 31 日虽为无效日期，但可以被系统接受。

（3）不能同时在主程序和中断程序中使用读写时钟指令，否则，将产生非致命错误，中断程序中的实时时钟指令将不被执行。

（4）硬件时钟在 CPU224 以上的 PLC 中才有。

【例 4-13】读实时时钟并显示分钟的编程。时钟缓冲区从 VB100 开始（见图 4-15）。

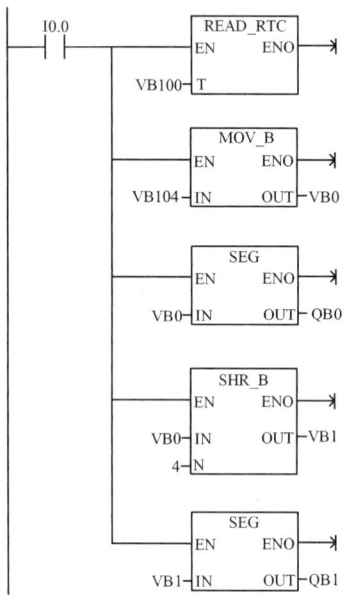

图 4-15　时钟指令应用

4.2.8　跳转指令

在执行程序时，可能会由于条件的不同，需要产生一些分支，这些分支程序的执行可以用跳转操作来实现。跳转指令可以使 PLC 编程的灵活性大大提高。跳转操作是由跳转指令 JMP 和标号指令 LBL 两部分构成的。

跳转指令 JMP（Jump to Label）：当输入端有效时，使程序跳转到标号处执行。

标号指令 LBL（Label）：指令跳转的目标标号。操作数 N 为 0～255。跳转指令及标号指令的表达形式及操作数范围如表 4-27 所示。

第4章 功能指令

表 4-27 跳转和标号指令表达形式及操作数

指令的表达形式		操作数的含义及范围
跳转指令 　　N ─┤├─(JMP) JMP　N	标号指令 　　N ─┤ LBL ├─ LBL　N	N：常数 0~255

图 4-16 是跳转指令在梯形图中应用的例子。网络 1 中的跳转指令使程序流程跨过一些程序分支，跳转到标号 3 处继续运行。跳转指令中的"N"与标号指令中的"N"值相同。在跳转发生的扫描周期中，被跳过的程序段停止执行，该程序段涉及的各输出器件的状态保持跳转前的状态不变，不影响程序相关的各种工作条件的变化。

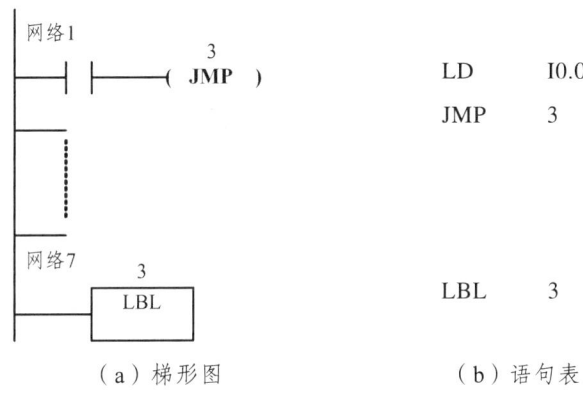

图 4-16 跳转指令的应用

使用说明：

（1）跳转指令和标号指令必须配合使用，而且只能使用在同一程序块中，如主程序、同一个子程序或同一个中断程序。不能在不同的程序块中互相跳转。

（2）执行跳转后，被跳过程序段中的各元器件的状态为：

① Q、M、S、C 等元器件的位保持跳转前的状态；

② 计数器 C 停止计数，当前值存储器保持跳转前的计数值；

③ 对定时器来说，因刷新方式不同而工作状态不同。在跳转期间，分辨率为 1 ms 和 10 ms 的定时器会一直保持跳转前的工作状态，原来工作的继续工作，到设定值后，其位的状态也会改变，输出触点动作，其当前值存储器一直累计到最大值 32 767 才停止。对分辨率为 100 ms 的定时器来说，跳转期间停止工作，但不会复位，存储器里的值为跳转时的值，跳转结束后，若输入条件允许，可继续计时，但已失去了准确计时的意义。所以在跳转段里的定时器要慎用。

（3）由于跳转指令具有选择程序段的功能，在同一程序且位于因跳转而不会被同时执行程序段中的同一线圈不被视为双线圈。

（4）可以有多条跳转指令使用同一标号，但不允许一个跳转指令对应两个标号的情况，即在同一程序中不允许存在两个相同的标号。

4.2.9 循环指令

循环指令有两条：循环开始指令（FOR）和循环结束指令（NEXT）。

循环开始指令 FOR：用来标记循环体的开始。

循环结束指令 NEXT：用来标记循环体的结束，无操作数。

FOR 和 NEXT 之间的程序段称为循环体。循环指令盒中有 3 个数据输入端。INDX 为当前循环计数器，用来记录循环次数的当前值。参数 INIT 和 FINAL 用来规定循环次数的初值和终值。循环体每执行一次，当前计数值 INDX 加 1，并且将其结果同终值作比较，如果大于终值，则终止循环。可以用改写 FINAL 参数值的方法在程序运行中控制循环体的实际循环次数。

循环指令的 LAD 和 STL 形式如表 4-28 所示。

表 4-28 循环指令表达形式和操作数

指令的表达形式		操作数的含义及范围
FOR 指令 FOR EN　ENO INDX INIT FINAL FOR　INDX, INIT, FINAL	NEXT 指令 ─(NEXT) NEXT	INDX：VW、IW、QW、MW、SW、SMW、LW、T、C、AC、*VD、*AC、*LD INIT：VW、IW、QW、MW、SW、SMW、T、C、AC、LW、AIW、常量、*VD、*A、*LD FINAL：VW、IW、QW、MW、SW、SMW、LW、T、C、AC、AIW、常量、*VD、*AC、*LD

循环指令使用举例如图 4-17 所示。此例为循环嵌套，当 I1.0 接通时，标记为 A 的外层循环执行 100 次；当 I1.1 接通时，标为 B 的内层循环执行 3 次。

使用说明：

（1）FOR、NEXT 指令必须成对使用。

（2）FOR 和 NEXT 可以循环嵌套，嵌套最多为 8 层，在嵌套程序中距离最近的 FOR 指令及 NEXT 指令是一对。

（3）每次使能输入（EN）重新有效时，指令将自动复位各参数。

（4）初值大于终值时，循环体不被执行。

（5）在使用循环指令时，要注意在循环体中对 INDX 的控制，这一点非常重要。

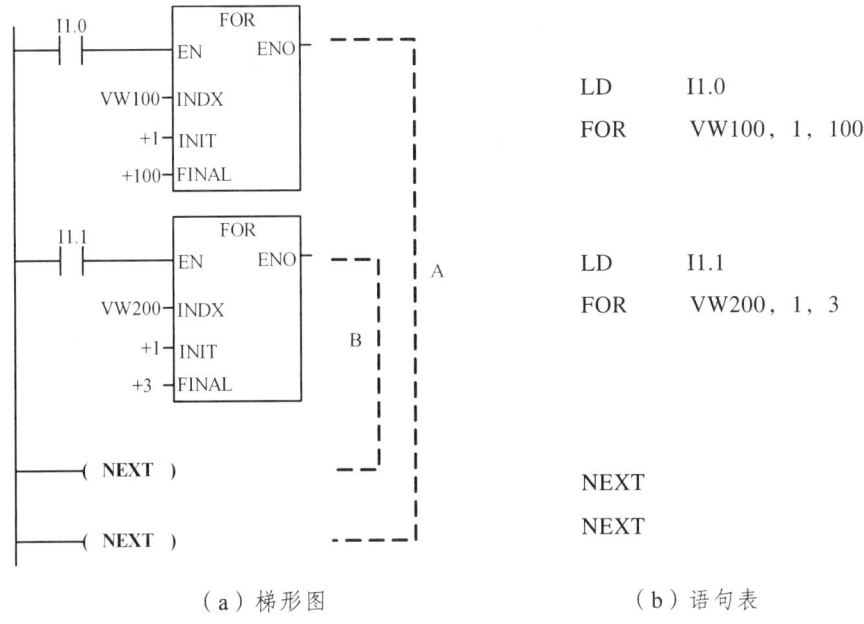

（a）梯形图　　　　　　　（b）语句表

图 4-17　循环指令的 LAD 和 STL 形式

4.2.10　子程序

S7-200 系列 PLC 把程序主要分为三大类：主程序、子程序和中断程序。实际应用中，有些程序内容可能被反复使用。这些可能被反复使用的程序往往被编成一个单独的程序块，存放在程序的某一个区域中。执行程序时，可以随时调用这些程序块。这些程序块可以带一些参数，也可以不带参数，我们称之为子程序。为了和主程序区别，S7-200 编程手册中规定子程序与中断子程序分区排列在主程序的后边，且当子程序或中断子程序数量多于 1 时，分序列编号加以区别。

1. 建立子程序

建立子程序是通过编程软件来完成的。可用编程软件"编辑"菜单中的"插入"选项选择"子程序"，以建立或插入一个新的子程序。同时，在指令树窗口可以看到新建的子程序图标，默认的程序名是 SBR-N，编号 N 从 0 开始按递增顺序生成，也可以在图标上直接更改子程序的程序名，把它变为更能描述该子程序功能的名字。在指令树窗口双击子程序的图标就可进入子程序，并对它进行编辑。对于 CPU 22 6XM，最多可以有 128 个子程序；对其余的 CPU，最多可以有 64 个子程序。

2. 子程序的调用

1）子程序调用指令（CALL）

当子程序调用允许时，主程序把程序控制权交给子程序，系统会保存当前的逻辑堆栈，置栈顶值为1，堆栈的其他值为零。子程序的调用可以带参数，也可以不带参数。它在梯形图中以指令盒的形式编程。指令格式如表4-29所示。

表4-29 子程序指令

指令的表达形式		数据类型及操作数
子程序调用指令 SBR_N ─EN CALL SBR-N	子程序条件返回指令 ──(RET) CRET	N：常数 CPU221、CPU222、CPU224、 CPU226：0～63 CPU226XM：0～127

2）子程序条件返回指令（CRET）

当子程序完成后，返回主程序中（返回到调用此子程序的下一条指令）。梯形图中以线圈的形式编程，指令不带参数。指令格式如表4-29所示。

图4-18所示为程序用外部控制条件分别调用两个子程序的示例。

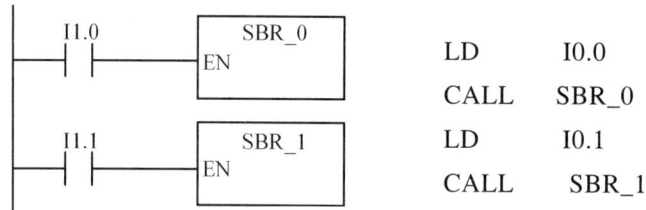

图4-18 子程序调用举例

注意事项：

（1）不允许直接递归。例如，不能从SBR0调用SBR0。但是，允许进行间接递归。

（2）如果在子程序的内部又对另一子程序执行调用指令，则这种调用称为子程序的嵌套。子程序的嵌套深度最多为8级。

（3）当一个子程序被调用时，系统自动保存当前的堆栈数据，并把栈顶置1，堆栈中的其他值为0，子程序占有控制权。子程序执行结束，通过返回指令自动恢复原来的逻辑堆栈值，调用程序又重新取得控制权。

3. 带参数的子程序调用

子程序中可以有参变量，带参数的子程序调用极大地扩大了子程序的使用范围，增加了调用的灵活性。它主要用于功能类似的子程序块的编程。子程序的调用过程如果存在数据的传递，则在调用指令中应包含相应的参数。

1）子程序参数

子程序最多可以传递16个参数。参数在子程序的局部变量表中加以定义。参数包含下列信息：变量名、变量类型和数据类型。

（1）变量名。变量名最多用 8 个字符表示，第一个字符不能是数字。

（2）变量类型。变量类型是按变量对应数据的传递方向来划分的，可以是传入子程序（IN）、传入和传出子程序（IN/OUT）、传出子程序（OUT）和暂时变量（TEMP）等 4 种类型。4 种变量类型的参数在变量表中的位置必须按以下先后顺序。

IN 类型：传入子程序参数。参数可以是直接寻址数据（如 VBl00）、间接寻址数据（如*AC1）、立即数（如 16#2344）或数据的地址值（如&VBl06）。

IN/OUT 类型：传入和传出子程序参数。调用时将指定参数位置的值传到子程序，返回时从子程序得到的结果值被返回到同一地址。参数可以采用直接和间接寻址，但立即数（如 16#1234）和地址值（如&VBloo）不能作为参数。

OUT 类型：传出子程序参数。它将从子程序返回的结果值送到指定的参数位置。输出参数可以采用直接和间接寻址，但不能是立即数或地址编号。

TEMP 类型：暂时变量参数。在子程序内部暂时存储数据，但不能用来与调用程序传递参数数据。

表 4-30　局部变量表

SIMATIC LAD				SIMATIC LAD			
局部变量	名　称	变量类型	数据类型	局部变量	名　称	变量类型	数据类型
L0.0	IN1	IN	BOOL	LW3	IN4	IN_OUT	WORD
LB1	IN2	IN	BYTE	LW5	INOUT	IN	DWORD
L2.0	IN3	IN	BOOL	LW9	OUT1	OUT	DWORD

（3）数据类型。局部变量表中还要对数据类型进行声明。数据类型可以是：能流、布尔型、字节型、字型、双字型、整数型、双整型和实型。

能流：仅允许对位输入操作，是位逻辑运算的结果。在局部变量表中布尔能流输入处于所有类型的最前面。

布尔型：布尔型用于单独的位输入和输出。

字节、字和双字型：这 3 种类型分别声明一个 1 字节、2 字节和 4 字节的无符号输入或输出参数。

整数、双整数型：这 2 种类型分别声明一个 2 字节或 4 字节的有符号输入或输出参数。

实型：该类型声明一个 IEEE 标准的 32 位浮点参数。

2）参数子程序调用的规则

（1）常数参数必须声明数据类型。例如，把值为 223 344 的无符号双字作为参数传递时，必须用 DW#223 344 来指明。如果缺少常数参数的这一描述，常数可能会被当作不同类型使用。

（2）输入或输出参数没有自动数据类型转换功能。例如，局部变量表中声明一个参数为实型，而在调用时使用一个双字，则子程序中的值就是双字。

（3）参数在调用时必须按照一定的顺序排列，先输入参数，然后输入输出参数，最后输出参数和暂时变量。

3）变量表的使用

按照子程序指令的调用顺序，参数值分配给局部变量存储器，起始地址是 L0.0。使用编程软件时，地址分配是自动的。在局部变量表中要加入一个参数，单击要加入的变量类型区可以得到一个选择菜单，选择"插入"，然后选择"下一行"即可。局部变量表使用局部变量存储器。

当在局部变量表中加入一个参数时，系统自动给各参数分配局部变量存储空间。

参数子程序调用指令格式：CALL 子程序名，参数 1，参数 2，…，参数 n。

4）注意事项

（1）程序内一共可有 64 个子程序。可以嵌套子程序（在子程序内放置子程序调用指令），最大嵌套深度为 8。

（2）不允许直接递归。例如，不能从 SBR0 调用 SBR0。但是，允许进行间接递归。

（3）各子程序调用的输入/输出参数的最大限制是 16 个，如果要下载的程序超过此限制，将返回错误。

（4）对于带参数的子程序调用指令应遵守下列原则，参数必须与子程序局部变量表内定义的变量完全匹配。参数顺序应为输入参数最先，其次是输入/输出参数，再次是输出参数。

（5）在子程序内不能使用 END 指令。

【例 4-14】图 4-19 是一个用梯形图语言对带参数子程序调用的编程示例。该程序的功能是：当输入端 I0.0=1 时，调用子程序 0。

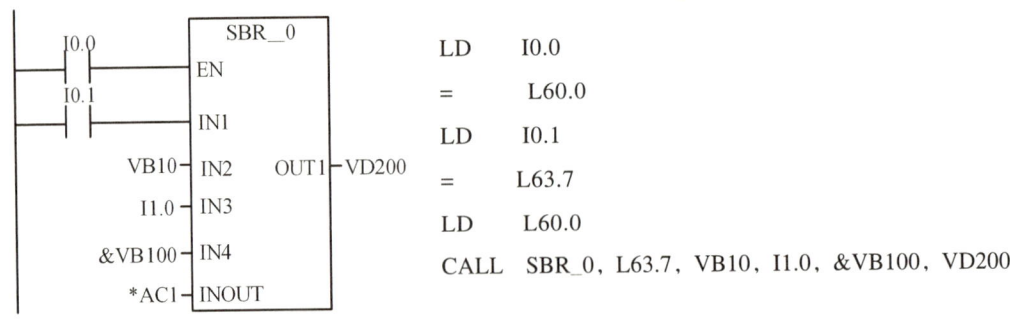

图 4-19 带有参数的子程序的编程

4.2.11 中断指令

1. 中断及中断源

中断子程序是子程序的一种，但是和普通的子程序不同的是，中断子程序是为随机发生且必须立即响应的事件，此时要中断主程序而转到中断子程序中处理这些事件。

S7-200 可以引发的中断事件总共有 34 项。其中输入信号引起的中断事件有 8 项，通信口引起的中断事件有 6 项，定时器引起的中断事件 4 项，高速计数器引起的中断事件有 14 项，脉冲输出指令引起的中断事件有 2 项，如表 4-31 所示。这 34 项中断事件可以分成以下 3 大类。

表 4-31 中断事件

事件号	中断描述	CPU221	CPU222	CPU224	CPU226
0	I0.0 上升沿	有	有	有	有
1	I0.0 下降沿	有	有	有	有
2	I0.1 上升沿	有	有	有	有
3	I0.1 下降沿	有	有	有	有
4	I0.2 上升沿	有	有	有	有
5	I0.2 下降沿	有	有	有	有
6	I0.3 上升沿	有	有	有	有
7	I0.3 下降沿	有	有	有	有
8	端口 0 接收字符	有	有	有	有
9	端口 0 发送字符	有	有	有	有
10	定时中断 0（SMB34）	有	有	有	有
11	定时中断 1（SMB35）	有	有	有	有
12	HSC0 当前值=预置值	有	有	有	有
13	HSC1 当前值=预置值			有	有
14	HSC1 输入方向改变			有	有
15	HSC1 外部复位			有	有
16	HSC2 当前值=预置值			有	有
17	HSC2 输入方向改变			有	有
18	HSC2 外部复位			有	有
19	PLS0 脉冲数完成中断	有	有	有	有
20	PLS1 脉冲数完成中断	有	有	有	有
21	T32 当前值=预置值	有	有	有	有
22	T96 当前值=预置值	有	有	有	有

续表

事件号	中断描述	CPU221	CPU222	CPU224	CPU226
23	端口 0 接收信息完成	有	有	有	有
24	端口 1 接收信息完成				有
25	端口 1 接收字符				有
26	端口 1 发送字符				有
27	HSC0 输入方向改变	有	有	有	有
28	HSC0 外部复位	有	有	有	有
29	HSC4 当前值=预置值	有	有	有	有
30	HSC4 输入方向改变	有	有	有	有
31	HSC4 外部复位	有	有	有	有
32	HSC3 当前值=预置值	有	有	有	有
33	HSC5 当前值=预置值	有	有	有	有

1）通信中断

通信中断由通信口 0 和通信口 1 来控制程序，这种操作模式称为自由通信口模式。在该模式下，可由用户程序设置波特率、奇偶校验、字符位数及通信协议。

2）I/O 中断

I/O 中断包括外部输入中断、高速计数器中断和脉冲串输出中断。外部输入中断是系统利用 I0.0～I0.3 的上升沿或下降沿产生中断，这些输入点可用作连接某些一旦发生就必须引起注意的外部事件。高速计数器中断可以响应当前值等于预设值、计数方向改变、计数器外部复位等事件所引起的中断，这些高速计数器事件可以实时得到响应，而与 PLC 的扫描周期无关。脉冲串输出中断可以用来响应给定数量的脉冲输出完成所引起的中断，其典型应用是步进电机的控制。

3）时基中断

时基中断包括定时中断和定时器 T32/96 中断。S7-200CPU 支持 2 个定时中断。定时中断可用来支持一个周期性的活动，周期时间以 1 ms 为计量单位，周期时间可以是 1～255 ms。定时中断 0 的周期时间值写入 SMB34；定时中断 1 的周期时间值写入 SMB35。每当达到定时时间值，相关定时器溢出，执行中断处理程序。定时中断通常用来以固定的时间间隔作为采样周期来对模拟量输入进行采样，也可以用来执行一个 PID 控制回路，另外定时中断在自由口通信编程时非常有用。

定时器中断可以利用定时器来对一个指定的时间段产生中断。这类中断只能使用分辨率为 1 ms 的定时器 T32 和 T96 来实现。当所用定时器的当前值等于预置值时，在主机正常的定时刷新中，执行中断程序。

2. 中断优先级及中断队列

由于中断控制是脱离于程序的扫描执行机制的，如有多个突发事件出现，处理时必须有个秩序，这就是中断优先级。中断按以下固定的优先级顺序执行：通信（最高优先级）、I/O 中断、时基中断（最低优先级）。在每一级中又可按表 4-32 所示的级别分级。

表 4-32 中断优先级

事件号	中断描述	优先级		优先组中的优先级
8	端口 0 接收字符	通信口 0	通信中断	0
9	端口 0 发送字符			0
23	端口 0 接收信息完成			0
24	端口 1 接收信息完成	通信口 1		1
25	端口 1 接收字符			1
26	端口 1 发送字符			1
19	PTO0 脉冲数完成中断	脉冲输出	I/O 中断	0
20	PTO1 脉冲数完成中断			1
0	I0.0 上升沿	外部输入		2
2	I0.1 上升沿			3
4	I0.2 上升沿			4
6	I0.3 上升沿			5
1	I0.0 下降沿			6
3	I0.1 下降沿			7
5	I0.2 下降沿			8
7	I0.3 下降沿			9
12	HSC0 当前值=预置值	高速计数器		10
27	HSC0 输入方向改变			11
28	HSC0 外部复位			12
13	HSC1 当前值=预置值			13
14	HSC1 输入方向改变			14
15	HSC1 外部复位			15
16	HSC2 当前值=预置值			16
17	HSC2 输入方向改变			17
18	HSC2 外部复位			18
32	HSC3 当前值=预置值			19
29	HSC4 当前值=预置值			20

续表

事件号	中断描述	优先级		优先组中的优先级
30	HSC4 输入方向改变			21
31	HSC4 外部复位			22
33	HSC5 当前值=预置值			23
10	定时中断 0（SMB34）	定时	时基中断	0
11	定时中断 1（SMB35）			1
21	T32 当前值=预置值	定时器		2
22	T96 当前值=预置值			3

在各个指定的优先级内，CPU 按先来先服务的原则处理中断。任何时间点上，只有一个用户中断程序正在执行。一旦中断程序开始执行，它要一直执行到结束。而且不会被别的中断程序，包括更高优先级的中断程序所打断。当一个中断正在处理中，新出现的中断需排队等待处理。在存在多种中断队列时，CPU 优先响应优先级别高的中断。有时，可能有多于队列所能保存数目的中断出现，因此，需要由系统维护的队列溢出存储器位表明丢失的中断事件的类型，在队列变空或控制返回到主程序时，这些位会被复位。中断队列及溢出位如表 4-33 所示。

表 4-33　中断队列及溢出位

队列	CPU221、CPU222、CPU224	CPU226、CPU226XM	SM 位（1=溢出）
通信中断队列	4	8	SM4.0
I/O 中断队列	16	16	SM4.1
时基中断队列	8	8	SM4.2

3．中断指令

1）中断连接指令

在启动中断程序之前，必须使中断事件与发生此事件时希望执行的程序段建立联系。使用中断连接指令（ATCH）建立中断事件（由中断事件号指定）与程序段（由中断程序号码指定）建立联系。将中断事件连接于中断程序时，该中断自动启动。

2）中断分离指令

使用中断分离指令（DTCH）可删除中断事件与中断程序之间的联系，从而关闭单个中断事件。中断分离指令使中断返回未激活或被忽略状态。

3）中断返回指令

中断返回指令（RET1 条件返回）可用于根据先前逻辑条件从中断返回。

4）中断允许指令

PLC 进入 RUN 状态时，自动进入全局中断禁止状态，如果需要开放全局中断，可使用中断允许指令。中断允许指令（ENI）全局性地启动全部中断事件。在运行模式下，启动中断允许指令即允许执行各个已经激活的中断事件。

5）中断禁止指令

中断禁止指令（DISI）可以全局性地关闭所有中断事件。中断禁止指令允许中断入队，但不允许启动中断程序。中断指令的表达形式及操作数如表 4-34 所示。

表 4-34 中断指令的表达形式及操作数

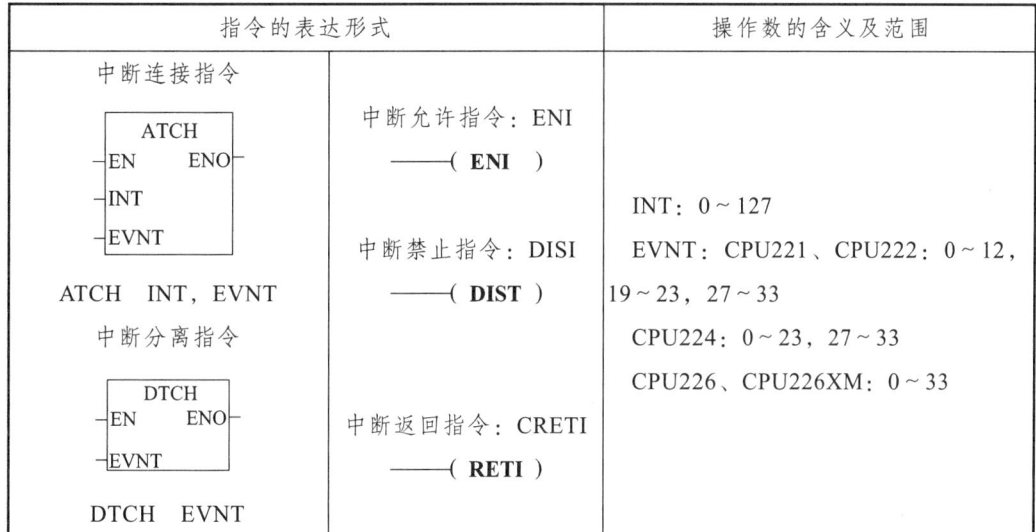

注意事项如下：

（1）Micro/wIN32 自动为各中断程序添加无条件返回。在编写程序时，用户不必再书写无条件返回指令了。

（2）一个程序内最多可有 128 个中断。在各自的优先级范围内，PLC 采用先来先服务的原则处理中断。在任何时刻，只能执行一个用户中断程序。一旦某个中断程序开始执行，则一直执行至完成。

（3）中断处理提供了对特殊的内部或外部中断事件的响应。编写中断服务程序时，应使中断程序短小而简单，加快执行速度而且不要延时过长。否则，未预料条件可能引起主程序控制的设备操作异常。对于中断服务程序，俗语说"越短越好，"这是绝对正确的。

（4）在中断程序内不能使用 DISI、ENI、HDEF、LSCR、END 指令。

4．中断中进一步说明的几个问题

1）在中断中调用子程序

从中断程序中可以调用一个嵌套子程序。累加器和逻辑堆栈在中断程序和被调用的子程序中是共用的。

2）共享数据

可以在主程序和一个或多个中断程序间共享数据。例如，用户主程序的某个地方可以为某个中断程序提供要用到的数据，反之亦然。如果用户程序共享数据，必须考虑中断事件异步特性的影响，这是因为中断事件会在用户主程序执行的任何地方出现。共享数据一致性问题的解决要依赖主程序被中断事件中断时中断程序的操作。

这里有几种可以确保在用户主程序和中断程序之间正确共享数据的编程技巧。这些技巧或限制共享存储器单元的访问方式，或让使用共享存储器单元的指令序列不会被中断。

（1）语句表程序共享单个变量。如果共享数据是单个字节、字、双字变量，而用户程序用 STL 编写，那么把共享数据操作得到的中间值只存储到非共享的存储器单元或累加器中，就可以确保正确的共享访问。

（2）梯形图程序共享单个变量。如果共享数据是单个字节、字或双字变量，而且用户程序用梯形图编写，那么只用 Move 指令（MOVB、MOVW、MOVD、MOVR）访问共享存储器单元，就可以确保正确的共享访问。这些 MOVE 指令执行时不受中断事件影响。

（3）语句表或梯形图程序共享多个变量，如果共享数据由一些相关的字节、字或双字组成，那么可以用中断禁止/允许指令（DISI 和 ENI）来控制中断程序的执行。在用户程序开始对共享存储器单元操作的地方禁止中断，直到所有影响共享存储器单元的操作完成后，再允许中断，但这种方法会导致对中断事件响应的延迟。

3）中断程序编程步骤

（1）建立中断程序 INT n（同建立子程序方法相同）。

（2）在中断程序 INT n 中编写其应用程序。

（3）编写中断连接指令（ATCH）。

（4）允许中断（ENI）。

（5）如果需要的话，可以编写中断分离指令（DTCH）。

【例 4-15】图 4-20 是一个应用定时中断读取模拟量的编程示例。

主程序 OB1 有一条语句，其功能是当 PLC 上电以后首次扫描（SM0.1=1），调用子程序 SBR0，进行初始化。

子程序 SBR0 的功能是设置定时中断。其中，设定定时中断 0 时间间隔为 100 ms。传送指 MOV 把 100 存入 SMB34 中，就是设定定时中断 0 时间间隔为 100 ms。而中断连接指 ATCH 则把定时中断 0（中断事件号为 10)和中断程序 0（中断程序为 INT0）连接起来，并对该事件允许中断。子程序的最后一句是全局允许中断（ENI)，只有有了这一条，已经允许的中断事件才能真正被执行。

中断服务程序 INT0 的功能是每中断一次，执行一次读取模拟量 AIW0 的操作，并将这个数值传送给 VW0。

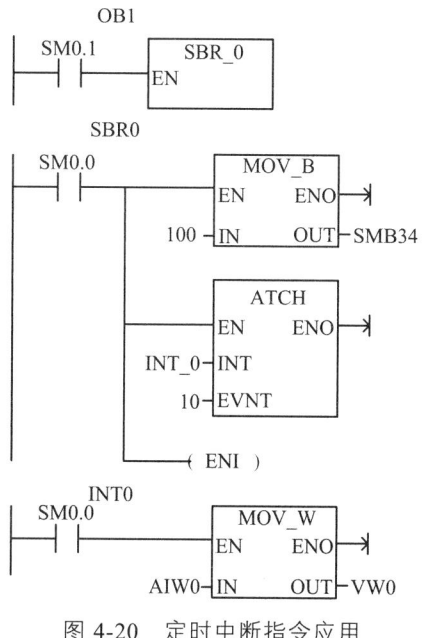

图 4-20 定时中断指令应用

4.2.12 其他指令

功能指令中,还包括以下指令。

1. 布尔能流输出

ENO 是 LAD 中指令盒的布尔能流输出端。如果指令盒的能流输入有效,则执行没有错误,ENO 就置位,并将能流向下传递。ENO 可以作为允许位表示指令成功执行。指令格式:AENO。

STL 指令没有 EN 输入,但对要执行的指令,其栈顶值必须为 1。可用"与"ENO(AENO)指令来产生和指令盒中的 ENO 位相同的功能。

AENO 指令无操作数,且只在 STL 中使用,它将栈顶值和 ENO 位的逻辑进行与运算,运算结果保存到栈顶。

AENO 指令使用较少,其用法如图 4-21 所示。

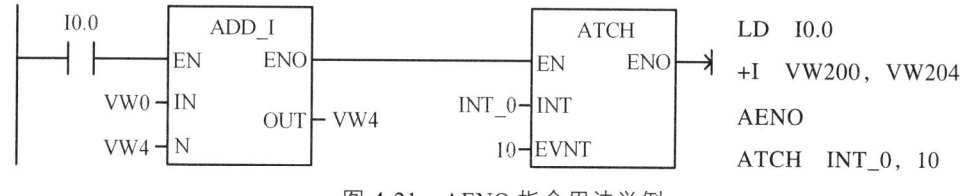

图 4-21 AENO 指令用法举例

2. 结束及暂停指令

1)结束指令 END 和 MEND

结束指令分为有条件结束指令（END）和无条件结束指令（MEND）。两条指令在梯形图中以线圈形式编程。指令不含操作数。执行完结束指令后，系统结束主程序，返回到主程序起点。

使用说明：

（1）结束指令只能用在主程序中，不能在子程序和中断程序中使用。而有条件结束指令可用在无条件结束指令前结束主程序。

（2）在调试程序时，在程序的适当位置插入无条件结束指令可实现程序的分段调试。

（3）可以利用程序执行的结果状态、系统状态或外部设置切换条件来调用有条件结束指令，使程序结束。

（4）使用 Micro/Win32 编程时，编程人员不需手工输入无条件结束指令，该软件会自动在内部加上一条无条件结束指令到主程序的结尾。

2）停止指令 STOP

STOP 指令有效时，可以使主机 CPU 的工作方式由 RUN 切换到 STOP，从而立即中止用户程序的执行。STOP 指令在梯形图中以线圈形式编程。指令不含操作数。

STOP 指令可以用在主程序、子程序和中断程序中。如果在中断程序中执行 STOP 指令，则中断处理立即中止，并忽略所有挂起的中断，继续扫描程序的剩余部分，在本次扫描周期结束后，完成主机从 RUN 到 STOP 的切换。

STOP 和 END 指令通常在程序中用于对突发紧急事件进行处理，以避免实际生产中的重大损失。

3. 看门狗指令

WDR（Watchdog Reset）称为看门狗复位指令，也称为警戒时钟刷新指令。

为监控 PLC 是否运行正常，可用"看门狗"电路监控程序。用户程序开始运行时，先复位"看门狗"定时器，开始定时。当一个程序循环结束，查看定时器定时值，若超时则报警，严重超时，可使 PLC 停止。不超时，则重复起始过程，给"看门狗"复位，再扫描用户程序。"看门狗"可避免出现"死循环"。有时程序过长，会出现程序的扫描周期大于"看门狗"的定时时间，这时可将"看门狗"复位指令插入程序中适当的位置，使定时器复位，以延长程序扫描时间。

WDR 可以刷新警戒时钟，即延长扫描周期，从而有效地避免看门狗超时错误。WDR 指令在梯形图中以线圈形式编程，无操作数。

使用 WDR 指令时要特别小心，如果因为使用 WDR 指令而使扫描时间拖得过长（如在循环结构中使用 WDR），那么在终止本次扫描前，下列操作过程将被禁止：

（1）通信（自由口除外）。

（2）I/O 刷新（直接 I/O 除外）。

（3）强制刷新。

（4）SM 位刷新（SM0、SM5～SM29 的位不能被刷新）。

（5）运行时间诊断。

（6）扫描时间超过 25 s 时，使 10 ms 和 100 ms 定时器不能正确计时。

（7）中断程序中的 STOP 指令。

注意：如果希望扫描周期超过 300 ms，或者希望中断时间超过 300 ms，则最好用 WDR 指令来重新触发看门狗定时器。

结束、停止及看门狗指令梯形图如图 4-22 所示，指令举例如图 4-23 所示。

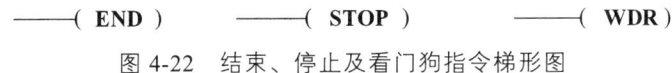

图 4-22　结束、停止及看门狗指令梯形图

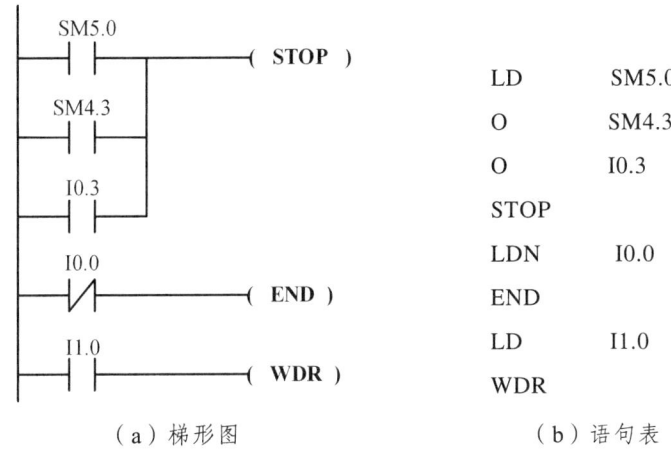

（a）梯形图　　　　　　（b）语句表

图 4-23　结束、停止及看门狗指令举例

4.2.13　编程实例

1. 检测输入信号的边沿

本例程序用来说明如何用 S7-200 的检测边沿指令来检测简单信号的变化。在这个过程中，用上升和下降来区分信号边沿，上升沿指信号由"0"变为"1"，下降沿指信号由"1"变为"0"。逻辑"1"表示输入上有电压，"0"表示输入上无电压。程序用 2 个存储字分别累计输入 I0.0 上升沿数目以及输入 I0.1 下降沿数目。

程序利用输入 I0.0 和 EU（上升沿）指令来判定上升沿变化是否发生，也就是说，信号由"0"变为"1"。如果一个上升沿变化发生了，那么存储字 MW1 的值增加 1。ED（下降沿）指令用来计数输入 I0.1 的下降沿，用存储字 MW3 来计数。如果某一个存储字计数达到 127，那么该存储字被重新置为 0。注意 MB2 是存储字 MW1 的低字节，MB1 为高字节。同样的，MB4 为存储字 MW3 的低字节，MB3 为高字节。I/O 分配表如表 4-35 所示。程序梯形图如图 4-24 所示。

表 4-35 I/O 分配表

输入		其他存储单元	
I0.0	上升沿信号	MW1	I0.0 上升沿个数存储器
I0.1	下降沿信号	MW3	I0.下降沿个数存储器

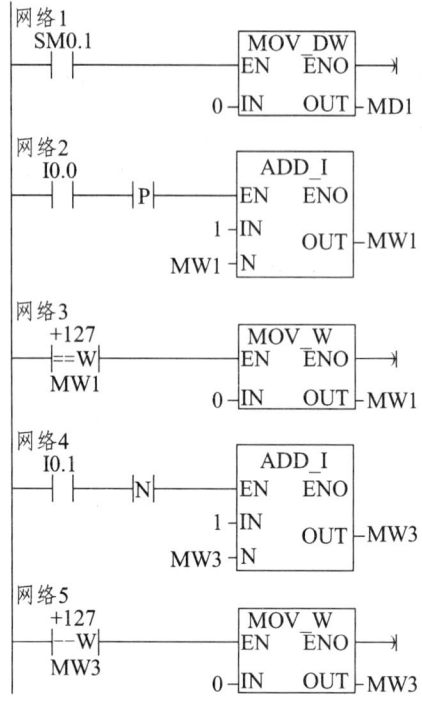

图 4-24 检测输入信号的边沿程序梯形图

2. 移位指令实现顺序控制

早期 PLC 中没有状态器及步进指令，这时可用移位指令实现"步"的转换。

图 4-25 所示为小车自动往返的示意图。

图 4-25 小车工作示意图

小车一个工作周期的动作要求如下：

按下启动按钮 SB（I0.0）后，小车前进（Q0.0），碰到限位开关 SQ2（I0.2）小车后退（Q0.1）。小车后退碰到限位开关 SQ1（I0.1）则停止。停止 3 s 后，再次前进，碰到限位开关 SQ3（I0.3）则第二次后退，碰到限位开关 SQ1（I0.1）时停止。直到再次按下启动按钮下个过程开始。

将小车工作过程作如图 4-26 所示分解。整个过程分为 6 个步序（M10.0～M10.5），每个步序所做的工作在右侧标出。当小车第二次碰到行程开关时，按照要求小车要停止在 SQ1 处，等待按钮的再次按下。I/O 分配表如表 4-36 所示。

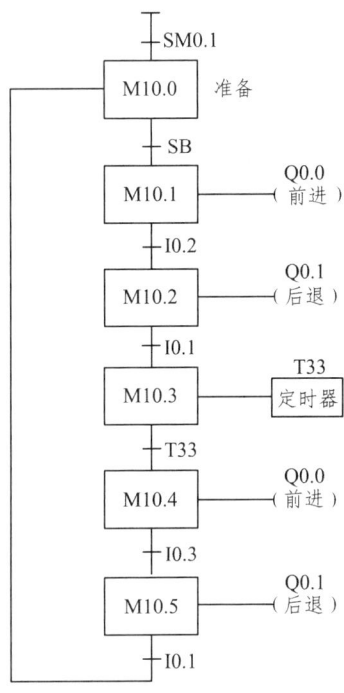

图 4-26　小车工作过程流程图

表 4-36　I/O 分配表

输入		输出		中间状态			
I0.0	启动按钮	Q0.0	前进			M10.0	准备
I0.1	限位开关	Q0.1	后退	M10.1	第一次前进	M10.4	第二次前进
I0.2	限位开关			M10.2	第一次后退	M10.5	第二次后退
I0.3	限位开关			M10.3	停 3S		

注意各个步序的转移条件，当转移条件满足时，使用移位指令进入下一个步序。这种控制思想与已经介绍过的顺序控制相同。

程序梯形图如图 4-27 所示。

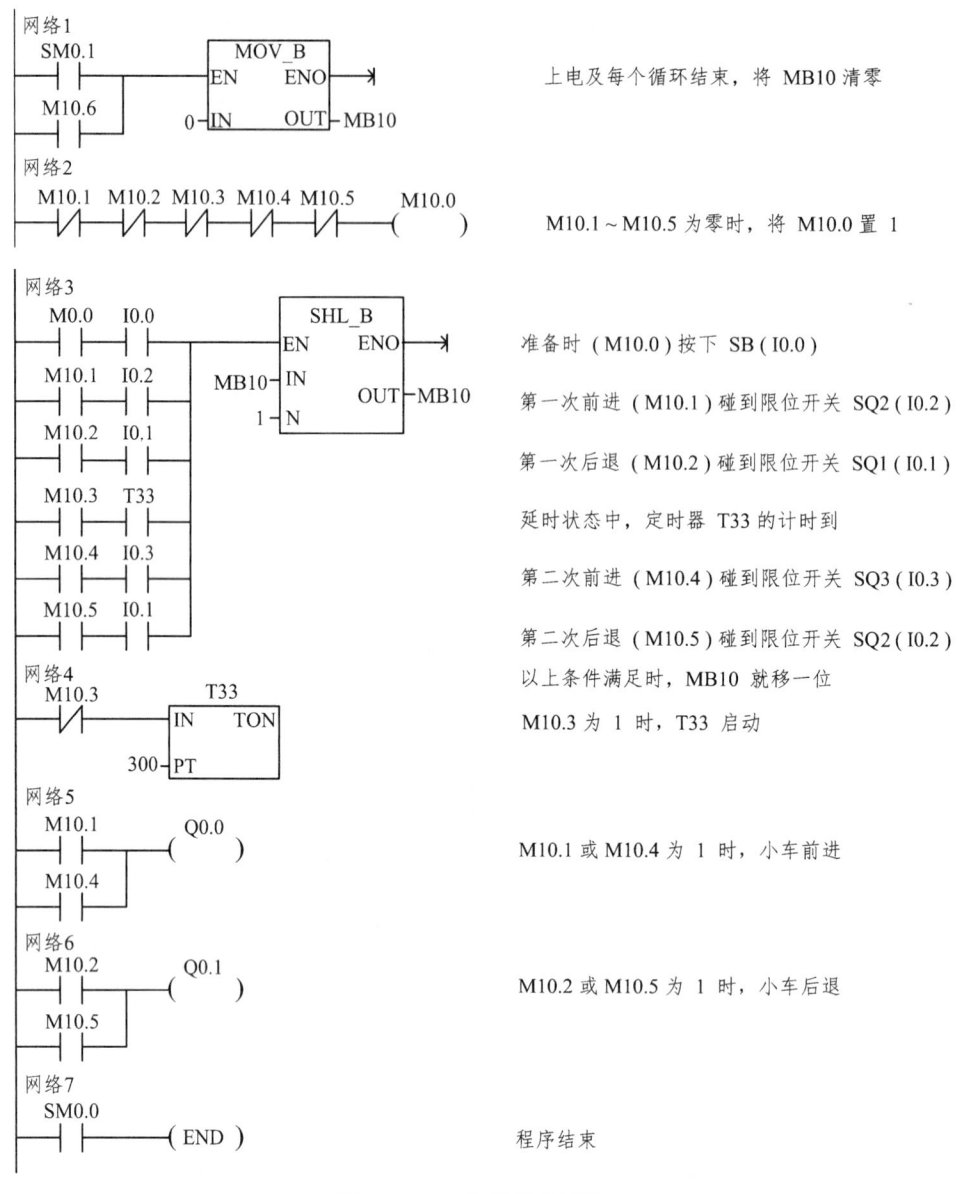

图 4-27 小车运行梯形图

3. 定时中断产生闪烁频率脉冲

本例使用定时中断来产生两个频率的脉冲。I0.0 和 I0.1 是两个固定时基脉冲的输入端。当连在输入端 I0.1 的开关接通时，闪烁频率减半；当连在输入端 I0.0 的开关接通时，恢复成原有的闪烁频率。

首先将原有的闪烁周期写入定时中断 0 的特殊存储器 SMB34 和定时中断 1 的特殊存储器 SMB35 中。当到达定时中断 0 的定时时间时，执行中断程序 0；当到达定时中断 1 的定时时间时，执行中断程序 1。由于定时中断 2 的定时时间是定时中断 1 定时时间的 2 倍，所以本例中，输出端 Q0.0 会接通 50 ms 再断开 50 ms，循环闪烁。

当将输入端 I0.1 接通时，Q0.0 会以原来一半的频率闪烁，即周期增加 2 倍。所以首先要断开原中断事件与中断子程序之间的联系，然后写入新的中断时基，再指定中断程序；当输入端 I0.0 接通时，要回到原有频率，具体做法与写入新时基方法相同。

定时中断是按照写入的周期时间循环中断的。需要注意的是，定时中断的周期时间范围是 5~255 ms，时间增量是 1 ms。进行时间设定的时候不要超过这个范围。

I/O 分配表如表 4-36 所示。程序梯形图如图 4-28 所示。

表 4-36 I/O 分配表

输入		输出	
I0.0	一倍周期输入端子	Q0.0	闪烁输出
I0.1	二倍周期输入端子		

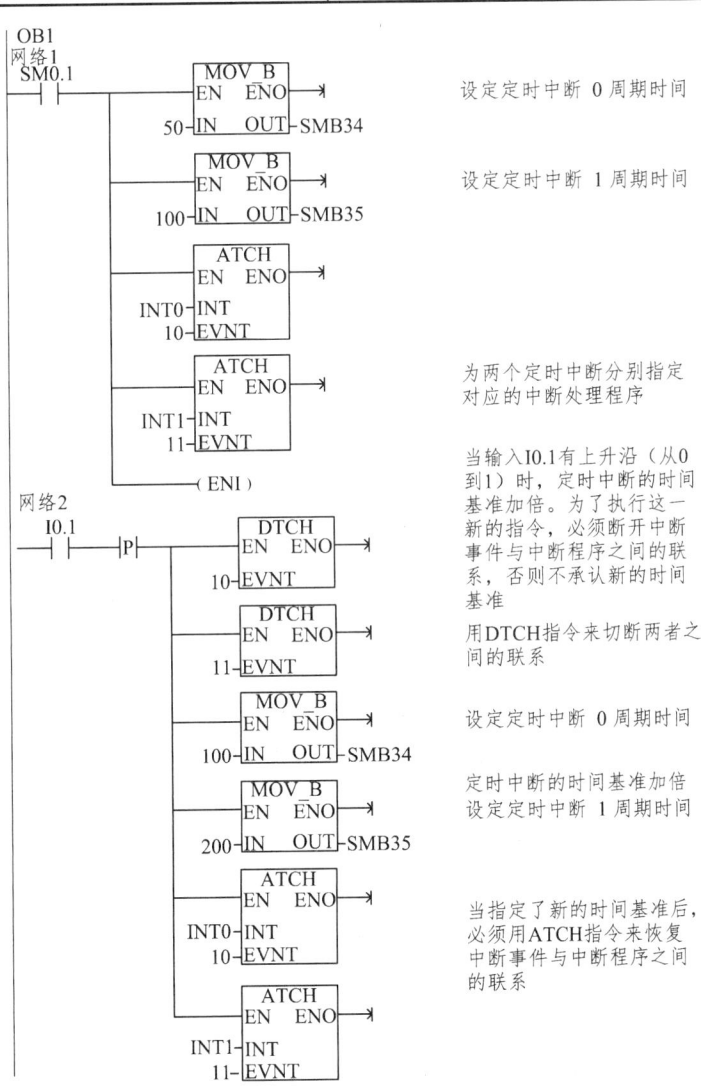

PLC 在地铁设备中的应用

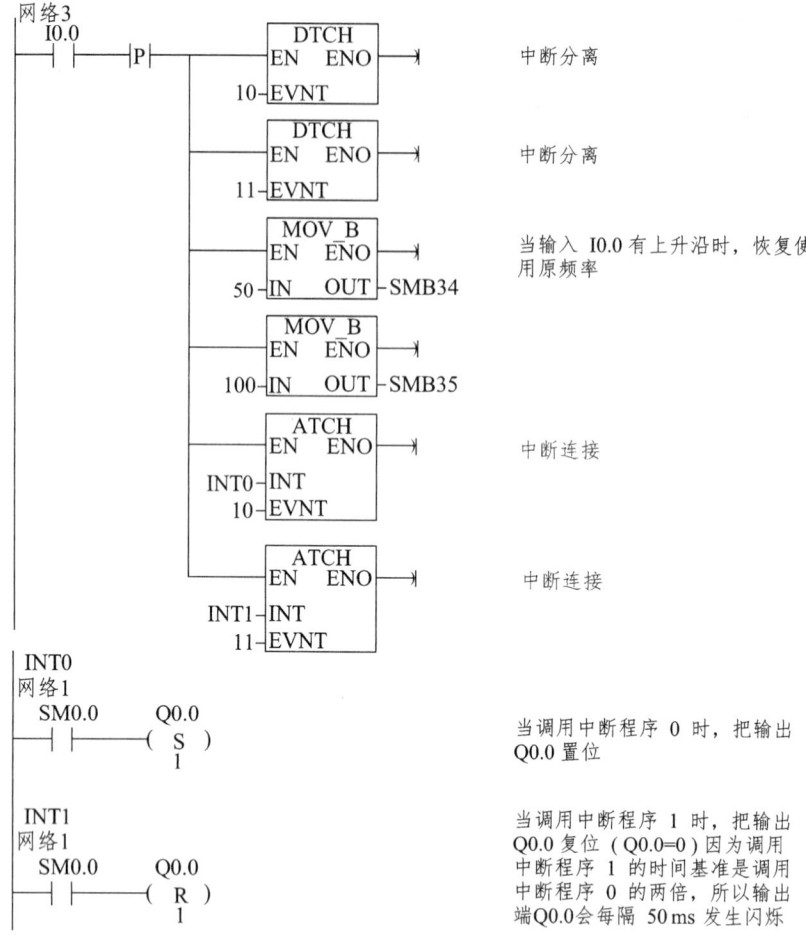

图 4-28 闪烁频率脉冲梯形图

4. 广告彩灯控制

1) 任务要求

利用 PLC 控制一组 8 个广告彩灯。当按下启动按钮时，8 个广告彩灯从左向右、每隔 2 s 点亮。当 8 个广告彩灯全部点亮之后，持续 10 s，然后每隔 3 s 闪烁 1 次，闪烁 3 次后，全部广告彩灯熄灭，再重复以上过程。当按下停止按钮时，全部广告彩灯熄灭。

根据任务要求，需要 2 个数字量输入点，8 个数字量输出点，I/O 分配表如表 4-37 所示。

表 4-37 I/O 分配表

图形符号	PLC 符号	I/O 地址	功能
SB1	启动按钮	I0.0	点亮广告彩灯
SB2	停止按钮	I0.1	熄灭广告彩灯
HL1	彩灯 1	Q0.0	控制彩灯 1
HL2	彩灯 2	Q0.1	控制彩灯 2

续表

图形符号	PLC 符号	I/O 地址	功能
HL3	彩灯 3	Q0.2	控制彩灯 3
HL4	彩灯 4	Q0.3.	控制彩灯 4
HL5	彩灯 5	Q0.4	控制彩灯 5
HL6	彩灯 6	Q0.5	控制彩灯 6
HL7	彩灯 7	Q0.6	控制彩灯 7
HL8	彩灯 8	Q0.7	控制彩灯 8

2）程序编写

根据 I/O 配置，建立程序符号表，如图 4-29 所示，其中 M0.1 和 M0.2 是内部标志位，启动标志 M0.0 代表已按下启动按钮，闪烁标志 M0.1 代表彩灯正在闪烁。Q0.1～Q0.7 在符号表中显示"符号未使用"，这 7 个数字量输出点在程序中能被复位指令和移位指令隐含访问。点亮延时计时器 T37 计算彩灯点亮间隔时间，全亮延时定时器 T38 计算全部彩灯点亮后的持续时间。闪烁延时定时器 T39 计算彩灯的闪烁时间。闪烁计数器 C1 计算彩灯闪烁的次数。

	符号	地址	注释
1	启动按钮	I0.0	点亮广告彩灯
2	停止按钮	I0.1	
3	彩灯1	Q0.0	控制彩灯1
4	彩灯2	Q0.1	控制彩灯2
5	彩灯3	Q0.2	控制彩灯3
6	彩灯4	Q0.3	控制彩灯4
7	彩灯5	Q0.4	控制彩灯5
8	彩灯6	Q0.5	控制彩灯6
9	彩灯7	Q0.6	控制彩灯7
10	彩灯8	Q0.7	控制彩灯8
11	启动标志	M0.0	已按下启动按钮
12	闪烁标志	M0.1	彩灯进入闪烁阶段
13	点亮延时	T37	逐个点亮彩灯延时
14	全亮延时	T38	彩灯全部点亮后,持续时间
15	闪烁延时	T39	彩灯闪烁时间
16	闪烁计数	C1	计数彩灯闪烁次数

图 4-29 程序符号表

根据控制要求，编写 PLC 程序。当按下启动按钮时，彩灯 1～彩灯 8 每隔 2 s 顺序点亮，如图 4-30 所示。在网络 1 中，当按下启动按钮时，启动标志位 M0.0 为 OFF，设置启动标志位，熄灭所有彩灯。在网络 2 中，当常开触点 T37 接通时，彩灯没有全部点亮，执行左移指令，点亮下一个彩灯。在网络 3 中，当启动标志位 M0.0 为 ON，且彩灯没有在闪烁阶段时，点亮彩灯 1，并启动点亮延时定时器 T37。网络 2 和网络 3 的顺序不能颠倒，网络 2 中的移位指令在每次向左移位时，会将最低位 Q0.0（彩灯 1）复位，执行网络 3 时，会将 Q0.0 置位，所以在循环周期结束时，输出映像寄存器中的 Q0.0 为

ON，实际输出也为 ON。如果网络 2 和网络 3 颠倒，执行移位指令后将 Q0.0 复位，在循环周期结束时，输出映像寄存器中的 Q0.0 为 OFF，下一个循环周期才会将 Q0.0 置位。如果是这样，则每次执行完移位指令后，Q0.0 都会熄灭一个循环周期。

在网络 4 中，当 QB0 等于十六进制数 16#FF，说明彩灯已全部点亮，此时启动全亮延时定时器 T38。10 s 后，计时时间到，定时器位被置位。在网络 5 中，当常开触点 T38 接通时，设置闪烁标志位 M0.1。

在网络 6 中，当常开触点 M0.1 接通时，启动闪烁延时定时器 T39，并与自身形成自锁回路，当 T39 计时到时，又重新开始计时，所以 T39 只能为 ON 一个循环周期的时间。在网络 7 中，当常开触点 T39 接通时，彩灯开始闪烁，QB0 为 16#FF 时代表彩灯全部点亮，QB0 为 0 时代表彩灯全部熄灭。每次 T39 接通时，QB0 在 16#FF 和 0 之间切换。忘记 JMP 指令是最容易犯的错误。如果去掉 JMP 指令，则 QB0 总是 16#FF，彩灯总是全部点亮，不会闪烁。网络 8 中是 JMP 指令所对应的标号。

在网络 9 中，当常开触点 T39 接通，且彩灯全部熄灭时，闪烁计数器 C1 加 1。当闪烁计数器 C1 的值达到 4 时，闪烁计数器位被置位。闪烁计数器 C1 的计数过程如表 4-38 所示。在网络 10 中，当常开触点 C1 接通时，清除闪烁计数和闪烁标志位 M0.1，并熄灭所有彩灯。但按下停止按钮时，熄灭所有彩灯，清除启动标志 M0.0、闪烁标志 M0.1 和闪烁计数 C1。

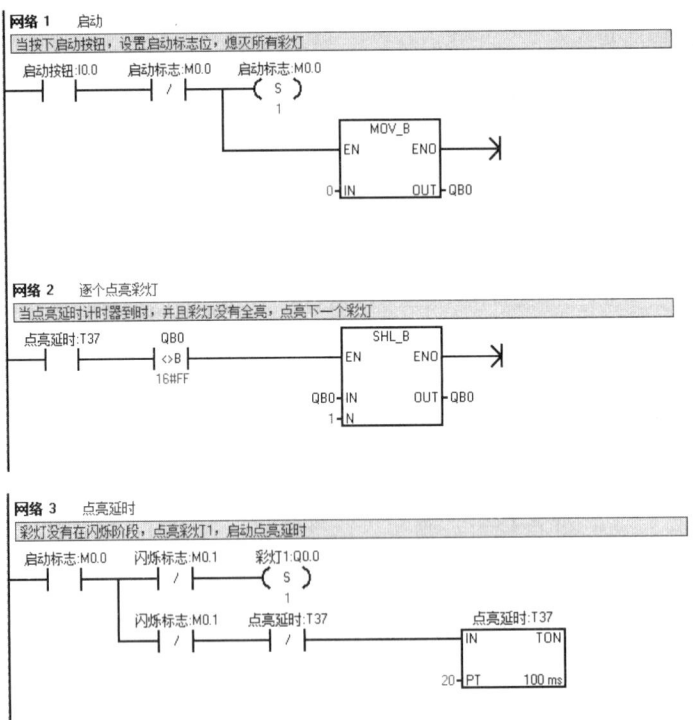

第 4 章　功能指令

网络 4　彩灯全亮
彩灯全亮时，启动全亮延时

```
启动标志:M0.0    QB0                       全亮延时:T38
   ──┤├────────┤==B├──────────────────┤IN    TON├
                16#FF                100─┤PT   100 ms│
```

网络 5　设置闪烁标志
全亮延时计时器到时，设置闪烁标志

```
启动标志:M0.0   全亮延时:T38   闪烁标志:M0.1
   ──┤├──────────┤├─────────────( S )
                                  1
```

网络 6　闪烁延时
设置闪烁标志后，启动闪烁延时

```
闪烁标志:M0.1   闪烁延时:T39            闪烁延时:T39
   ──┤├──────────┤/├──────────────┤IN    TON├
                                 30─┤PT   100 ms│
```

网络 7　彩灯闪烁
闪烁延时计时到时，控制彩灯闪烁

```
闪烁延时:T39    QB0                     MOV_B
   ──┤├────────┤==B├─────────────────┤EN    ENO├──▷
                16#FF              0─┤IN    OUT├─QB0
                  │
                  │              1
                  └───────────( JMP )
                  
                QB0                     MOV_B
                ┤==B├─────────────────┤EN    ENO├──▷
                16#FF          16#FF─┤IN    OUT├─QB0
```

网络 8　跳转标号
跳转标号

```
   1
 ┌────┐
 │ LBL│
 └────┘
```

网络 9　闪烁计数
闪烁延时到，并且全部彩灯熄灭，闪烁计数加1

```
闪烁延时:T39    QB0                    闪烁计数:C1
   ──┤├────────┤==B├─────────────────┤CU    CTU├
                 0
Always_On:SM0.0
   ──┤/├───────────────────────────┤R│
                                  4─┤PV│
```

网络 10　闪烁完成
闪烁计数到，清除闪烁计数和闪烁标志，熄灭所有彩灯

```
闪烁计数:C1    闪烁计数:C1
   ──┤├──────────( R )
                   1
              闪烁标志:M0.1
                ( R )
                   1
              彩灯1:Q0.0
                ( R )
                   0
```

图 4-30 广告彩灯控制梯形图

表 4-38 闪烁接计数器 C1 的计数过程

T39	OFF	ON	ON	ON	ON	ON	ON	ON
QB0	16#FF	0	16#FF	0	16#FF	0	16#FF	0
C1	0	1	1	2	2	3	3	4

4.3 高速计数器操作指令

高速计数器是以中断方式对机外高频信号计数的计数器，可将转速、位移、电压等模拟量转变成脉冲列。工业控制领域中的许多物理量，如转速、位移、电压、电流、温度、压力等都很容易转变为频率随物理量量值变化的脉冲列。这就为模拟量输入可编程序控制器实现数字控制提供了新的途径。另一方面，从输出角度看，脉冲输出可用于定位控制，脉宽调制可用于实现模拟量输出。高速计数器经常被用于距离检测和电机转速检测。当计数器的当前值等于预设值或发生重置时，计数器提供中断。因为中断的发生速率远远低于高速计数器的计数速率，所以可对高速操作进行精确控制，并对PLC的整体扫描循环的影响也相对较小。高速计数器允许在中断程序内装载新的预设值，使程序简单易懂。

高速计数器可以对 CPU 扫描速度无法控制的高速事件进行计数，可设置多种操作模式。高速计数器的最大计数频率决定于 CPU 类型。S7-200CPU 内置 4~6 个高速计数器（HSC0~HSC5），其中 PLC CPU221 及 PLC CPU222 不支持 HSC1 及 HSC2。这些高速计数器工作频率可达到 20 kHz，有 12 种工作模式，且不影响 CPU 的性能。高速计数器对所支持的计数、方向控制、重新设置及启动均有专门输入。对于双向计数器，两个计数都可以以最大速率运行。对于正交模式，可以选择单倍（1×）或 4 倍（4×）最大计数速率工作。HSC1 和 HSC2 互相完全独立，并不影响其他的高速功能。全部计数器均可以以最大速率运行，互不干扰。

4.3.1 高速计数器介绍

1. 高速计数器工作模式

高速计数器大体可以分为 4 种。

第一种是带内部方向控制的单相计数器。这种计数器的计数要么是增计数,要么是减计数,且只能是其中一种方式。这种计数器只有一个计数输入端。其计数方向由内部继电器控制。这种计数器的工作模式为模式 0、1、2。

第二种是带外部方向控制的单相计数器。这种计数器的计数要么是增计数,要么是减计数,且只能是其中一种方式。它只有一个计数输入端,由外部输入控制其计数方向。这种计数器的工作模式为模式 3、4、5。

第三种计数器是既可以增计数也可以减计数的双相计数器。这种计数器有两个计数输入端,一个增计数输入端,一个减计数输入端。增时钟输入口上有脉冲到达时,计数器当前值加 1;减时钟输入口上到达一个脉冲时,计数器现时值减 1。如果增时钟的上升沿和减时钟的上升沿之间的时间间隔小于 0.3 ms,高速计数器会把这些事件看作是同时发生的,计数器当前值不变,计数方向指示也不变。这种计数器的工作模式为模式 6、7、8。

第四种计数器是正交计数器。这种计数器有两个时钟脉冲输入端,一个输入端叫 A 相,一个输出端叫 B 相。当 A 相时钟脉冲超前 B 相时钟脉冲时,计数器进行增计数。当 A 相时钟脉冲滞后 B 相时钟脉冲时,计数器进行减计数。这种计数器的工作模式为模式 9、10、11。在正交模式下,可选择 1 倍(1×)或 4 倍(4×)最大计数速率。

对于相同的操作模式,全部计数器的运行方式均相同,共有 12 种模式。请注意并非每种计数器均支持全部操作模式。HSC0、HSC3、HSC4、HSC5 高速计数器的工作模式如表 4-39 所示。HSC1、HSC2 高速计数器的工作模式如表 4-40 所示。

表 4-39 高速计数器工作模式(一)

模式	高速计数器名称	HSC0			HSC3	HSC4			HSC5
		I0.0	I0.1	I0.2	I0.1	I0.3	I0.4	I0.5	I0.4
0	带内部方向控制的单相计数器	计数			计数	计数			计数
1	带内部方向控制的单相计数器	计数		复位	计数	计数		复位	计数
2	带内部方向控制的单相计数器	计数		复位	计数	计数		复位	计数
3	带外部方向控制的单相计数器	计数	方向			计数	方向		
4	带外部方向控制的单相计数器	计数	方向	复位		计数	方向	复位	
5	带外部方向控制的单相计数器	计数	方向	复位		计数	方向	复位	
6	带增减计数输入的双相计数器	增计数	减计数			增计数	减计数		
7	带增减计数输入的双相计数器	增计数	减计数	复位		增计数	减计数	复位	
8	带增减计数输入的双相计数器	增计数	减计数	复位		增计数	减计数	复位	
9	A/B 相正交计数器	A 相	B 相			A 相	B 相		
10	A/B 相正交计数器	A 相	B 相	复位		A 相	B 相	复位	
11	A/B 相正交计数器	A 相	B 相	复位		A 相	B 相	复位	

表 4-40 高速计数器工作模式（二）

模式	高速计数器名称	HSC1				HSC2			
		I0.6	I0.7	I1.0	I1.1	I1.2	I1.3	I1.4	I1.5
0	带内部方向控制的单相计数器	计数				计数			
1	带内部方向控制的单相计数器	计数		复位		计数		复位	
2	带内部方向控制的单相计数器	计数		复位	启动	计数		复位	启动
3	带外部方向控制的单相计数器	计数	方向			计数	方向		
4	带外部方向控制的单相计数器	计数	方向	复位		计数	方向	复位	
5	带外部方向控制的单相计数器	计数	方向	复位	启动	计数	方向	复位	
6	带增减计数输入的双相计数器	增计数	减计数			增计数	减计数		启动
7	带增减计数输入的双相计数器	增计数	减计数	复位		增计数	减计数	复位	
8	带增减计数输入的双相计数器	增计数	减计数	复位	启动	增计数	减计数	复位	启动
9	A/B 相正交计数器	A 相	B 相			A 相	B 相		
10	A/B 相正交计数器	A 相	B 相	复位		A 相	B 相	复位	
11	A/B 相正交计数器	A 相	B 相	复位	启动	A 相	B 相	复位	启动

2. 高速计数器的中断描述

全部计数器模式均支持当前数值等于预设数值中断，使用外部重置输入的计数器模式支持外部重置被激活中断。除模式 0、1 及 2 以外的全部计数器模式均支持计数方向改变中断。可以单独启动或关闭这些中断。使用外部重置中断时，不要装载新的当前数值，或者在该事件的中断程序中先关闭再启动高速计数器，否则将引起 CPU 严重错误。高速计数器的中断描述如表 4-41 所示。

表 4-41 高速计数器中断事件表

中断事件号	中断描述		优先级别（在整个中断事件中排序）
12	HSC0	CV=PV（当前值=设定值）	10
27	HSC0	计数方向改变	11
28	HSC0	外部复位	12
13	HSC1	CV=PV（当前值=设定值）	13
14	HSC1	计数方向改变	14
15	HSC1	外部复位	15
16	HSC2	CV=PV（当前值=设定值）	16
17	HSC2	计数方向改变	17
18	HSC2	外部复位	18
32	HSC3	CV=PV（当前值=设定值）	19
29	HSC4	CV=PV（当前值=设定值）	20
30	HSC4	计数方向改变	21
31	HSC4	外部复位	22
33	HSC5	CV=PV（当前值=设定值）	23

3. 高速计数器的状态字

每一个高速计数器都有一个状态字节，该字节的每一位都反映了这个计数器的工作状态，表示当前计数方向以及当前数值是否大于或等于预设数值。高速计数器的状态位如表 4-42 所示。

表 4-42 高速计数器状态字

HSC0	HSC1	HSC2	HSC3	HSC4	HSC5	说明
SM36.0	SM46.0	SM56.0	SM136.0	SM146.0	SM156.0	未使用
SM36.1	SM46.1	SM56.1	SM136.1	SM146.1	SM156.1	未使用
SM36.2	SM46.2	SM56.2	SM136.2	SM146.2	SM156.2	未使用
SM36.3	SM46.3	SM56.3	SM136.3	SM146.3	SM156.3	未使用
SM36.4	SM46.4	SM56.4	SM136.4	SM146.4	SM156.4	未使用
SM36.5	SM46.5	SM56.5	SM136.5	SM146.5	SM156.5	当前为向上计数：0=向下、1=向上计数
SM36.6	SM46.6	SM56.6	SM136.6	SM146.6	SM156.6	当前值等于预设值：0=不等于、1=等于
SM36.7	SM46.7	SM56.7	SM136.7	SM146.7	SM156.7	当前值大于预设值：0=不大于、1=大于

注意：只有在执行高速计数器中断程序时，状态位才有效。监控高速计数器状态的目的在于启动正在进行的操作所引发的中断程序。

4. 高速计数器的控制字

定义计数器及计数器模式后，可对计数器动态参数进行编程。各高速计数器均有控制字节，可启动或关闭计数器、控制方向（只用于模式 0、1 及 2）或其他全部模式的初始计数方向、装载当前数值及预设数值。执行 HSC 指令可检查控制字节及相关当前预设值。高速计数器的控制字见表 4-43。

表 4-43　高速计数器控制字

HSC0	HSC1	HSC2	HSC3	HSC4	HSC5	说明（0、1、2 位仅在 HDEF 指令中用）
SM37.0	SM47.0	SM57.0		SM147.0		复位控制：0=高电平复位，1=低电平复位
SM37.1	SM47.1	SM57.1		SM147.1		启动控制：0=高电平启动，1=低电平启动
SM37.2	SM47.2	SM57.2		SM147.2		正交速率：0=4 倍速率，1=1 倍速率
SM37.3	SM47.3	SM57.3	SM137.3	SM147.3	SM157.3	计数方向：0=向下计数，1=向上计数
SM37.4	SM47.4	SM57.4	SM137.4	SM147.4	SM157.4	方向更新：0=无更新，1=更新方向
SM37.5	SM47.5	SM57.5	SM137.5	SM147.5	SM157.5	预设值更新：0=无更新，1=更新预设值
SM37.6	SM47.6	SM57.6	SM137.6	SM147.6	SM157.6	当前值更新：0=无更新，1=更新当前值
SM37.7	SM47.7	SM57.7	SM137.7	SM147.7	SM157.7	允许控制：0=禁止 HSC，1=允许 HSC

5. 高速计数器的当前值

各高速计数器均有 32 位当前值，当前值为带符号整数值。欲向高速计数器装载新的当前值，必须设定包含当前值的控制字节及特殊内存字节，然后执行 HSC 指令，使新数值传输至高速计数器。表 4-44 列举了用于装入新当前值的特殊内存字节。

表 4-44　高速计数器的当前值

高速计数器	HSC0	HSC1	HSC2	HSC3	HSC4	HSC5
新当前值	SMD38	SMD48	SMD58	SMD138	SMD148	SMD158

6. 高速计数器的预设值

每个高速计数器均有一个 32 位的预设值。预设值为带符号整数值。欲向计数器内装载新的预设值，必须设定包含预设值的控制字节及特殊内存字节，然后执行 HSC 指令，将新数值传输至高速计数器。表 4-45 描述了用于保存预设值的特殊内存字节。

表 4-45　高速计数器的预设值

高速计数器	HSC0	HSC1	HSC2	HSC3	HSC4	HSC5
新预设值	SMD42	SMD52	SMD62	SMD142	SMD152	SMD162

4.3.2　高速计数器指令

1. 定义高速计数器指令（HDEF）

使用高速计数器之前必须选择计数器模式，可利用 HDEF 指令（高速计数器定义）选择计数器模式。HDEF 提供高速计数器（HSC n）及计数器模式之间的联系。对每个高速计数器只能采用一条 HDEF 指令定义高速计数器。高速计数器中的 4 个计数器拥有 3 个控制位，用于配置重置（复位）、起始输入（启动）的激活状态和选择 1× 或 4× 计数模式（只用于正交计数器）。这些位处于计数器的控制字节内，只有在执行 HDEF 指令时才被使用。执行 HDEF 指令之前，必须将这些控制位设定成要求状态。否则，计数器对所选计数器模式采用默认配置。重置输入及起始输入的默认设定是高电平有效，正交计数速率为 4×（或输入时钟频率的 4 倍）。一旦执行 HDEF 指令后，不可改变计数器设定，除非首先将 PLC 置于停止模式。

定义高速计数器指令由助记符 HDEF、定义高速计数允许端 EN、高速计数器编 HSC、高速计数器工作模式 MODE 构成。其梯形图和语句表示如表 4-46 所示。

表 4-46　高速计数器指令

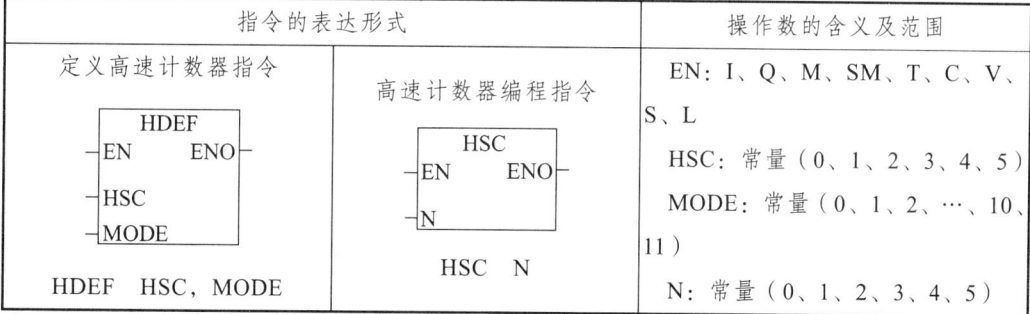

2. 高速计数器编程指令

高速计数器编程指令（HSC）：高速计数器在定义之后，高速计数器在重置（复位）、更新当前值、更新预置值时，都要应用高速计数器编程的 HSC 指令对其编程。通过执行 HSC 指令对高速计数器进行编程。只有经过编程，高速计数器才能运行。

高速计数器编程指令的表示：高速计数器编程指令由高速计数器编程指令允许端 EN、高速计数器编程指令助记符 HSC 和对高速计数器进行编程的计数器编号 N 构成。

当高速计数器编程指令有效时，对高速计数器 N 进行一系列新的操作，并使新的功能生效。

4.3.3 高速计数器编程

为了解高速计数器的操作，用下面初始化及编程操作进行说明。在下列说明中，一直采用 HSC1 作为计数器模型。初始化过程中，假定 S7-200 刚刚进入运行（RUN）模式。如果情况与此不符，请注意进入运行模式后对各高速计数器只能执行一次 HDEF 指令。对某高速计数器执行两次 HDEF 指令，将生成运行错误，而且不会改变第一次执行 HDEF 指令后对计数器的设定。

1. 模式 0、1 或 2 初始化

下列步骤说明如何为带内部方向的单相计数器 HSC1 进行初始化。

（1）调用初始化程序。利用第一扫描内存位 SM0.1 调用初始化操作的子程序。因为使用了子程序调用，随后的扫描不再调用这个子程序，因此可降低执行时间，并使程序结构化更强。

（2）装载控制字。在初始化子程序内，根据控制操作装载控制字到 SMB47。

例如，SMB47=16#F8 产生下列结果：允许计数器计数；写入新当前值；写入新预设值；设定 HSC 初始计数方向为向上计数；设定启动和复位输入为高电平有效。

（3）执行 HDEF 指令。HSC 输入设定为 1，无外部重置或起始时模式输入设定为 0，有外部重置无起始时模式输入设定为 1，有外部重置及起始时模式输入设定为 2。

（4）装载高速计数器的当前值。用所需当前值装载 SMD48（双字尺寸数值，装载零进行清除）。

（5）装载高速计数器的预置值。用所需预设值装载 SMD52（双字尺寸数值）。

（6）设置中断。为了捕捉当前值等于预设值，将 CV=PV 中断事件（事件 13）附加于中断程序，对中断进行编程。

为了捕捉外部重置事件，将外部重置中断事件（事件 15）附加于中断程序，对中断进行编程。

（7）启动全局中断。执行全局中断启动指令（ENI），启动全局中断。

（8）对高速计数器编程。执行 HSC 指令，使 S70200 对 HSC1 进行编程。

（9）退出子程序。

2. 模式 3、4 或 5 初始化

下列步骤说明如何为带外部方向的单相向上/向下计数器（HSC1）进行初始化。

（1）调用初始化程序。利用第一扫描内存位 SM0.1 调用初始化操作的子程序。因为使用了子程序调用，随后的扫描不再调用这个子程序，因此可降低执行时间，并使程序结构化更强。

（2）装载控制字。在初始化子程序内，根据控制操作装载控制字到 SMB47。

例如，SMB47=16#F8 产生下列结果：允许计数器计数；写入新当前值；写入新预设值；

设定 HSC 初始计数方向为向上计数；设定启动和复位输入为高电平有效。

（3）执行 HDEF 指令。HSC 输入设定为 1，无外部重置或起始时模式输入设定为 3，有外部重置无起始时模式输入设定为 4，有外部重置及起始时模式输入设定为 5。

（4）装载高速计数器的当前值。用所需当前值装载 SMD48（双字尺寸数值，装载零进行清除）。

（5）装载高速计数器的预置值。用所需预设值装载 SMD52（双字尺寸数值）。

（6）设置中断。为了捕捉当前值等于预设值，将 CV=PV 中断事件（事件 13）附加于中断程序，对中断进行编程。

为了捕捉方向改变，将方向改变中断事件（事件 14）附加于中断程序，对中断进行编程。

为了捕捉外部重置事件，将外部重置中断事件（事件 15）附加于中断程序，对中断进行编程。

（7）启动全局中断。执行全局中断启动指令（ENI），启动全局中断。

（8）对高速计数器编程。执行 HSC 指令，使 S7-200 对 HSC1 进行编程。

（9）退出子程序。

3. 模式 6、7 或 8 初始化

下列步骤说明如何为双相计数器（HSC1）进行初始化。

（1）调用初始化程序。利用第一扫描内存位 SM0.1 调用初始化操作的子程序。

（2）装载控制字。在初始化子程序内，根据控制操作装载控制字到 SMB47。

例如，SMB47=16#F8 产生下列结果：允许计数器计数；写入新当前值；写入新预设值；设定 HSC 初始方向为向上计数；设定启动和复位输入为高电平有效。

（3）执行 HDEF 指令。HSC 输入设定为 1，无外部重置或起始时模式输入设定为 6，有外部重置无起始时模式输入设定为 7，有外部重置及起始时模式输入设定为 8。

（4）装载高速计数器的当前值。用所需当前数值装载 SMD48（双字数值，装载零进行清除）。

（5）装载高速计数器的预置值。用所需预设值装载 SMD52（双字尺寸数值）。

（6）设置中断。为了捕捉当前数值等于预设值，将 CV=PV 中断事件（事件 13）附加于中断程序，对中断进行编程。

为了捕捉方向改变，将方向改变中断事件（事件 14）附加于中断程序，对中断进

行编程。

为了捕捉外部重置事件，将外部重置中断事件（事件 15）附加于中断程序，对中断进行编程。

（7）启动全局中断。执行全局中断启动指令（ENI），启动全局中断。

（8）对高速计数器编程。执行 HSC 指令，使 S7-200 对 HSC1 进行编程。

（9）退出子程序。

4. 模式 9、10 或 11 初始化

下列步骤说明如何为正交计数器（HSC1）进行初始化。

（1）调用初始化程序。利用第一扫描内存位 SM0.1 调用初始化操作的子程序。

（2）装载控制字。在初始化子程序内，根据控制操作装载控制字到 SMB47。

例如，1 倍计数模式 SMB47=16#FC 产生下列结果：允许计数器计数；写入新当前值；写入新预设值；设定 HSC 初始方向为向上计数；设定启动和复位输入为高电平有效。

例如，4 倍计数模式 SMB47=16#F8 产生下列结果：允许计数器计数；写入新当前值；写入新预设值；设定 HSC 初始方向为向上计数；设定启动和复位输入为高电平有效。

（3）执行 HDEF 指令。HSC 输入设定为 1，无外部重置或起始时模式输入设定为 9，有外部重置无起始时设定为 10，有外部重置及起始设定为 11。

（4）装载高速计数器的当前值。用所需当前值装载 SMD48（双字尺寸数值，装载零进行清除）。

（5）装载高速计数器的预置值。用所需预设值装载 SMD52（双字尺寸数值）。

（6）设置中断。为了捕捉当前数值等于预设数值，将 CV=PV 中断事件（事件 13）附加于中断程序，对中断进行编程。

为了捕捉方向改变，将方向改变中断事件（事件 14）附加于中断程序，对中断进行编程。

为了捕捉外部重置事件，将外部重置中断事件（事件 15）附加于中断程序，对中断进行编程。

（7）启动全局中断。执行全程中断启动指令（ENI），启动中断。

（8）对高速计数器编程。执行 HSC 指令，使 S7-200 对 HSC1 进行编程。

（9）退出子程序。

5. 在模式 0、1、2 下改变方向

下列步骤说明如何设置 HSC1，使带内部方向（模式 0、1 或 2）的单相计数器改变方向。

（1）装载 SMB47，写入所要方向：

SMB47=16#90 启动计数器设定 HSC 方向，向下计数；

SMB47=16#98 启动计数器设定 HSC 方向，向上计数。

（2）执行 HSC 指令，使 S7-200 对 HSC1 进行编程。

6. 装载新当前值（任何模式）

下列步骤说明如何改变 HSC1 计数器当前值（任何模式）。

改变当前值强迫计数器在进行改动的过程中处于关闭状态。计数器被关闭时，将不再计数或生成中断。

（1）装载 SMB47，写入所需当前值：

SMB47=16#C0 启动计数器写入新当前值。

（2）用所需当前值装载 SMD48（双字尺寸，装载零进行清除）。

（3）执行 HSC 指令，使 S7-200 对 HSC1 进行编程。

7. 装载新预设值（任何模式）

下列步骤说明如何改变 HSC1 的计数器预设值（任何模式）。
（1）装载 SMB47，写入所需预设值：

SMB47=16#AO 启动计数器写入新预设值。

（2）用所需要预设值装载 SMD52（双字尺寸数值）。

（3）执行 HSC 指令，使 S7-200 对 HSC1 进行编程。

8. 关闭 HSC1 高速计数器（任何模式）

下列步骤说明如何关闭 HSC1 高速计数器（任何模式）。
（1）装载 SMB47，关闭计数器：

SMB47=16#A0　关闭计数器。

（2）执行 HSC 指令，关闭计数器。

上述操作说明如何逐一改变方向、改变当前值，以及如何改变预设值，当然也可以按照相同步骤，适当设定 SMB47 数值并执行 HSC 指令，改变全部数值或其中任意组合。

【例 4-16】图 4-31 是一个给高速计数器编程的示例。高速计数器 1 设定为正交 4 倍速率计数器。当 HSC1 的当前值等于预置值时，引发中断，在中断程序中对变量 VW0 进行加 1 操作。VW0 的值即为 HSC1 的中断计数。

（1）OB1。从程序中可以看出，主程序 OB1 利用初次扫描 SM0.1 调用 HSC1 初始化程序。

（2）SBR0。子程序 SBR0 对 HS01 初始化。

第 1 条指令是向 SMB47 传送十六进制数 16#F8。设定高速计数器为允许计数、写入新当前值、写入新预置值、设定计数器初始计数方向为向上计数、设定启动输入和复位输入为高电平有效、正交 4 倍速率模式。

第 2 条指令是设定 HSC1 为模式 11 方式。

第 3 条指令是对 SMD48 送零，即清除 HSC1 的当前值。

第 4 条指令是设定 HSC1 的预置值为 50。

第 5 条指令是连接当前值、预置值（事件 13）与中断程序（INT0）。

第 6 条指令是设定允许全局中断（ENI）。

第 7 条指令是对 HSC1 编程。

（3）INT0。

第 1 条指令是把 0 送到 SMD48 中，对 HSC1 当前值清零。

第 2 条指令是把 C0 H 送入 SMB47，即设定 HSC1 允许更新当前值。

第 3 条指令是对 HSC1 编程。

第 4 条指令是对 VW0 加 1，可以由 VW0 的值记录中断次数。或者说用 VW0 记录 HSC1 从 0 计数到 50 的次数。

从这个例子中可以看到，一般 HDEF 指令只能使用一次；每重新赋一次控制字都要对高速计数器用 HSC 编程。

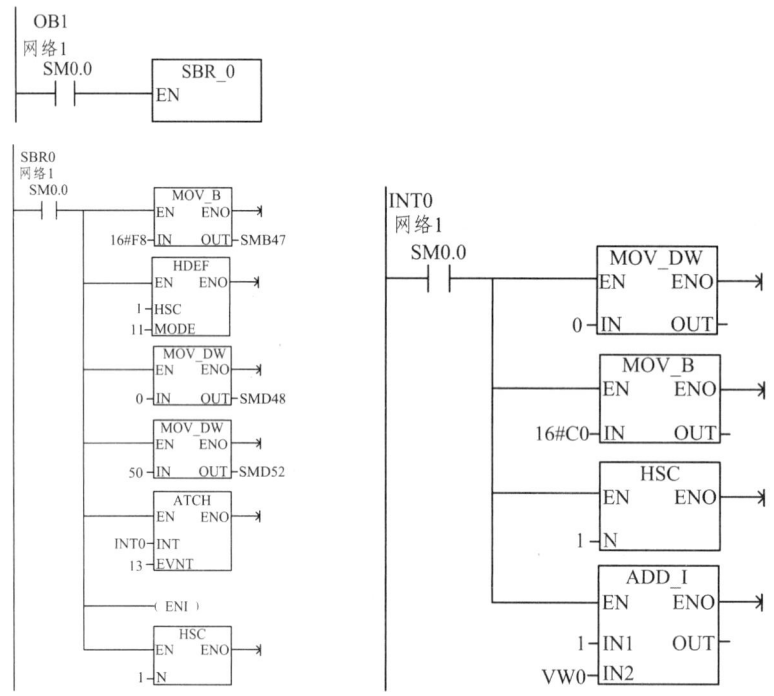

图 4-31　高速计数器的编程

4.4　脉冲输出指令

脉冲输出在工业控制中有着广泛的应用。S7-200 每个 CPU 有两个 PTO/PWM 生成器，输出高速脉冲序列及脉宽调制波形。一个生成器指定给数字输出点 Q0.0，另一生成器指定给数字输出点 Q0.1。

PTO/PWM 生成器及映像寄存器共同使用 Q0.0 及 Q0.1。当 Q0.0 或 Q0.1 被设定为 PTO 或 PWM 功能时，由 PTO/PWM 生成器控制其输出，并禁止输出点通用功能的正常使用。输出波形不受映像寄存器状态、点强迫数值、已经执行立即输出指令的影响。当不使用 PTO/PWM 生成器时，Q0.0 或 Q0.1 输出控制转交给映像寄存器。映像寄存器决定输出波形的初始及最终状态。建议在启动 PTO 或 PWM 操作之前，将 Q0.0 及 Q0.1 的映像寄存器设定为 0。

脉冲序列（PTO）功能提供周期时间及脉冲数目由用户控制的方波（50%占空比）输出。脉宽调制（PWM）功能提供周期时间及脉冲宽度由用户控制的、持续的、变化的占空比输出。

每个 PTO/PWM 生成器有一个控制字节（8 位）、一个周期时间数值、一个脉冲宽度数值（不带符号的 16 位数值），以及一个脉冲计数数值（不带符号的 32 位数值）。这些数值全部存储在指定的特殊内存（SM）区域中。一旦这些特殊存储器的位被置成所需要的操作后，可以通过执行脉冲输出指令（PLS）来启动这些操作。这条指令使 S7-200 读取特殊存储器 SM 中的位，并对相应的 PTO/PWM 生成器进行编程。通过修改在 SM 区域内（包括控制字节）的要求位置，可改变 PTO 或 PWM 波形的特征，然后再执行 PLS 指令。在任意时刻，可以通过向控制字节（SM67.7 或 SM77.7）的 PTO/PWM 启动位写入 0，停止 PTO 或 PWM 波形的生成，然后再执行 PLS 指令。所有控制位、周期时间、脉冲宽度及脉冲计数值的默认值均为 0。在 PTO/PWM 功能中，输出从 0 到 1 和从 1 到 0 的切换时间不一样。这种切换时间的差异会引起占空比的畸变。PTO/PWM 的输出负载至少为额定负载的 10%，才能提供陡直的上升沿和下降沿。

4.4.1 PWM 指令

PWM 功能提供占空比可调的脉冲输出，可以以微秒或毫秒为时间单位指定周期时间及脉冲宽度。周期时间的范围是 50～65 535 μs，或是 2～65 535 ms。脉冲宽度时间范围是 0～65 535 μs，或是 0～65 535 ms。当脉冲宽度指定数值大于或等于周期时间数值时，波形的占空比为 100%，输出被连续打开。当脉冲宽度为 0 时，波形的占空比为 0%，输出被关闭。如果指定的周期时间小于两个时间单位，周期时间被默认为两个时间单位。

有两种不同方法可改变 PWM 波形的特征：同步更新和异步更新。

（1）同步更新。如果不要求改变时间基准（周期），即可以进行同步更新。进行同步更新时，波形特征的变化发生在周期边缘，提供平滑转换。

（2）异步更新。对于典型的 PWM 操作，虽然脉冲宽度不断变化但周期时间保持不变，因此不要求时间基准的改变。但是，如果要求改变 PTO/PWM 生成器的时间基准，则应使用异步更新。异步更新会造成关闭 PTO/PWM 生成器和 PWM 异步，可能造成控制设备暂时不稳。基于此原因，建议使用同步 PWM 更新，选择可用于所有周期时间的时间基准。

控制字节中的 PWM 更新方法位（SM67.4 或 SM77.4）用于指定更新类型。执行 PLS 指令来激活这种类型的改变。如果时间基准改变，将发生异步更新，而和这些控制位无关。

4.4.2 PTO 指令

PTO 提供生成指定脉冲数目的方形波（50%占空比）脉冲序列。周期时间可以用微秒或毫秒为指定时间单位。周期时间范围为 50～65 535 μs，或为 2～65 535 ms。如果指定周期时间为奇数，会引起占空比的失真。脉冲数范围可以是 1～4 294 967 295。

如果指定的周期时间少于两个时间单位，则周期时间默认为两个时间单位。如果指定的脉冲计数为 0，则脉冲计数默认为 1。

状态字节（SM66.7 或 SM76.7）内的 PTO 空闲位用于指示编程脉冲序列的完成。另外，也可在脉冲序列完成时启动中断程序。如果使用多段操作，将在包络表完成时启动中断程序。

PTO 功能允许脉冲序列的排队。当激活脉冲序列完成时，新脉冲序列输出立即开始，可以实现后续输出脉冲序列的连续性。

脉冲序列的两种方式如下：

（1）单段序列。在单段序列中，需要为下一个脉冲序列更新特殊寄存器。一旦启动了初始 PTO 段，就必须按照要求，立即修改第二波形的特殊寄存器，并再次执行 PLS 指令。第二脉冲序列的属性将被保留在序列内，直至第一脉冲序列完成。序列内每次只能存储一条脉冲序列。第一脉冲列完成后，第二波形输出开始，序列可再存储新的脉冲序列属性。重复此过程设定下一脉冲列的特征。

除下列情况外，脉冲列可平滑转换：一是发生了时间基准的改变；二是在执行 PLS 指令捕捉到新的脉冲序列前启动的脉冲序列已经完成。

如果装载满脉冲序列，状态寄存器（SM66.6 或 SM76.6）内的 PTO 溢出位将被置位。进入运行模式时，此位被初始化为 0。如果随后发现溢出，必须在发现溢出后手工清除此位。

（2）多段序列。在多段序列中，CPU 自动从 V 存储区的包络表中读取各脉冲序列段的特征。在此模式下，仅使用特殊寄存器区的控制字节和状态字节。欲选多段操作，必须装载包络表的 V 内存起始偏移地址（SMW168 或 SMW178）。可以微秒或毫秒为单位指定时间基准，但是，选择用于包络表内的全部周期时间必须使用一个时间基准，并且在包络表运行过程中不能改变。然后可执行 PLS 指令开始多段操作。

每段输入的长度均为 8 字节，并由 16 位周期值、16 位周期增量值和 32 位脉冲计数数值组成。

多段 PTO 操作的另一特征是能够以指定的脉冲数量自动增加或减少周期时间。在周期增量区输入一个正值，将增加周期时间，在周期增量区输入一个负值，将减少周期时间。若数值为零，则周期时间不变。

如果在许多脉冲后指定的周期增量值导致非法的周期值，则发生算术溢出错误。PTO 功能被终止，PLC 的输出变成由映像寄存器控制。另外，状态字节（SM66.4 或 SM76.4）内的增量计算错误位被置为 1。如果要人为地停止正在运行中的 PTO 包络，只需要把状态字节的用户中止位（SM66.5 或 SM76.5）置为 1。当 PTO 包络执行时，当前启动的段数目保存在 SMB166（SMB176）内。表 4-47 给出了多段 PTO 操作的包络表格式。

表 4-47　PTO 包络表

偏移量	段数	说　　明
0		段数目（1～255）；数 0 会生成非致命性错误，无 PTO 输出生成
1	#1	初始周期时间（2～65 535 个时间基准单位）
3		每个脉冲的周期增量，带符号数值（−32 768～32 767 个时间基准单位）
5		脉冲数（1～4 294 967 295）
9	#2	初始周期时间（2～65 535 个时间基准单位）
11		每个脉冲的周期增量，带符号数值（−32 768～32 767 个时间基准单位）
13		脉冲数（1～4 294 967 295）
…	…	……

PTO/PWM 生成器的多段序列功能在许多应用中都适用，特别是步进电动机的控制。下面的例子说明了如何生成加速步进电动机、恒速操作电动机，以及电动机减速的输出波形所要求的包络表数值。

【例 4-17】本例是一个步进电动机控制的 PTO 设计。需要 4000 个脉冲，其中 200 个脉冲用于步进电动机的加速控制，3400 个脉冲用于恒速控制，400 个脉冲用于减速控制。起始及终止脉冲频率为 2 kHz，最大脉冲频率为 10 kHz。因为采用周期表示包络表数值，而不采用频率，需要将给定频率数值转换成周期时间数值。因此，起始及终止循环时间为 500 μs，与最大频率相对应的循环时间为 100 μs。在输出包络的加速部分，要求达到最大脉冲频率，即 200 个脉冲。并假定包络减速部分应在 400 脉冲内完成，如图 4-32 所示。这个例子中，可采用简单公式决定 PTO/PWM 生成器用于调节各个脉冲周期所使用的周期增量值：

PLC 在地铁设备中的应用

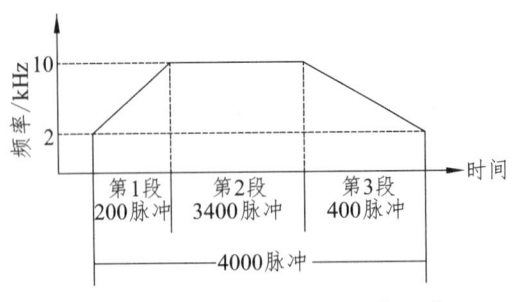

图 4-32 多段序列控制的工艺要求

$$T_d = (T_f - T_i)/P \tag{4-1}$$

式中，T_d 为周期增量；T_i 为初始脉冲周期；T_f 为最终脉冲周期；P 为脉冲数目。

利用此公式，计算出的加速部分（第 1 段）的周期增量是 − 2。类似地，减速部分（第 3 段）的周期增量是 1。因为第 2 段是输出波形的恒速部分，该段的周期增量是 0。假定包络表位于从 V500 开始的 V 内存内，表 4-48 用于生成要求波形的包络表值。

表 4-48 包络表数据

V 内存地址	数　值	V 内存地址	数　值
VB500	3（段总数）	VW511	0（第 2 段初始周期）
VW501	500（第 1 段初始周期）	VD513	3400（第 2 段脉冲数）
VW503	− 2（第 1 段初始周期）	VW517	100（第 3 段初始周期）
VD505	200（第 1 段脉冲数）	VW519	1（第 3 段初始周期）
VW509	100（第 2 段初始周期）	VD521	400（第 3 段脉冲数）

该表的值可以通过用户程序中的指令放在 V 存储器中。另外一种方法是，在数据块中定义包络表的值。段内最后一个脉冲的周期在包络表中不直接指定，而必须计算得出（除非周期为零）。知道段最终脉冲的周期时间有利于决定各段波形之间的过渡是否平滑。计算各段最终脉冲的周期的公式是：

$$T_f = T_i + T_d(P-1) \tag{4-2}$$

上例是简化的情况，实际应用可能要求更复杂的波形包络。请注意两点：一是只能用整数微秒或毫秒指定周期增量；二是可对各个脉冲进行周期修改。

这两点内容决定计算某给定段的周期增量可能需要迭代方法，计算给定段的最终脉冲周期或脉冲数时可能需要一定的调整。在确定校正包络表值的过程中，包络表的持续时间是有用的。可利用下列公式计算完成给定一个包络段的时间长度：

$$t = P[T_i + (T_d/2)(P-1)] \tag{4-3}$$

式中，t 为时间长度。

4.4.3 PTO/PWM 控制寄存器

表 4-11~表 4-14 介绍了用于控制 PTO/PWM 操作的寄存器，可以以此为参考，由在 PTO0/PWM0 控制寄存器内存放的数值，来确定启动所要求的操作。对 PTO0/PWM0 使用 SMB67，对 PTO1/PWM1 使用 SMB77。如果需要更新脉冲数（SMD72 或 SMD82）、脉冲宽度（SMW70 或 SMW80）或周期时间（SMW68 或 SMW78），在执行 PLS 指令之前应先装载这些数值及控制寄存器。如果使用多段脉冲列操作，在执行 PLS 指令之前还需要装载包络表的起始偏移量（SMW168 或 SMW178），以及包络表数值。

1. PTO/PWM 状态寄存器（见表 4-49）

表 4-49 状态寄存器分配

Q0.0	Q0.1	PTO/PWM 状态寄存器
SM66.4	SM76.4	PTO 包络由于增量计算错误而中止：0=无错误；1=中止
SM66.5	SM76.5	PTO 包络由于用户命令而中止：0=无错误；1=中止
SM66.6	SM76.6	PTO 脉冲序列上溢/下溢：0=无溢出；1=上溢/下溢
SM66.7	SM76.7	PTO 空闲：0=进行中；1=PTO 空闲

2. PTO/PWM 控制寄存器（见表 4-50）

表 4-50 控制寄存器分配

Q0.0	Q0.1	PTO/PWM 控制寄存器
SM67.0	SM77.0	PTO/PWM 更新周期时间数值：0=无更新；1=更新周期值
SM67.1	SM77.1	PWM 更新脉冲宽度时间数值：0=无更新；1=更新脉冲宽度
SM67.2	SM77.2	PTO 更新脉冲数值：0=无更新；1=更新脉冲数
SM67.3	SM77.3	PTO/PWM 时间基准选择：0=1 μs/时基；1=1 ms/时基
SM67.4	SM77.4	PWM 更新方法：0=异步更新；1=同步更新
SM67.5	SM77.5	PTO 操作：0=单段操作；1=多段操作
SM67.6	SM77.6	PTO/PWM 模式选择：0=选择 PTO；1=选择 PWM
SM67.7	SM77.7	PTO/PWM 允许：0=禁止 PT0/PWM；1=允许 PTO/PWM

3. 其他 PTO/PWM 寄存器（见表 4-51）

表 4-51 其他寄存器分配

Q0.0	Q0.1	其他 PTO/PWM 寄存器
SMW68	SMW78	PTO/PWM 周期时间数值（范围：2~65 535）
SMW70	SMW80	PWM 脉冲宽度数值（范围：0~65 535）
SMW72	SMW82	PTO 脉冲计数值（范围：1~4 294 967 295）
SMW166	SMW176	进行中的段数（只用于多段 PTO 操作中）
SMW168	SMW178	包络表的起始位置，以距 V0 的字节偏移量表示（只用于多段 PTO 操作中）

4. PTO/PWM 控制字编程的参考（见表 4-52）

表 4-52 控制字编程

控制寄存器（十六进制数）	执行 PLS 指令的结果							
	允许	模式选择	PTO 段操作	PWM 更新方法	时间基准	脉冲数	脉冲宽度	周期时间
16#81	是	PTO	单段		1 μs/周期			装入
16#84	是	PTO	单段		1 μs/周期	装入		
16#85	是	PTO	单段		1 μs/周期	装入		装入
16#89	是	PTO	单段		1 ms/周期			装入
16#8C	是	PTO	单段		1 ms/周期	装入		
16#8D	是	PTO	单段		1 ms/周期	装入		装入
16#A0	是	PTO	多段		1 μs/周期			
16#A8	是	PTO	多段		1 ms/周期			
16#D1	是	PWM		同步	1 μs/周期			装入
16#D2	是	PWM		同步	1 μs/周期		装入	
16#D3	是	PWM		同步	1 μs/周期		装入	装入
16#D9	是	PWM		同步	1 ms/周期			装入
16#DA	是	PWM		同步	1 ms/周期		装入	
16#DB	是	PWM		同步	1 ms/周期		装入	装入

4.4.4 脉冲输出指令

脉冲输出指令（PLS）是当脉冲输出指令允许输入端 EN=1 的时候，脉冲输出指令检测为脉冲输出端（Q0.0 或 Q0.1）所设置的特殊存储器位，然后激活由特殊存储器位定义的（PWM 或 PTO）操作。PLS 指令的表达形式及有效操作数如表 4-53 所示。

表 4-53 脉冲输出指令

指令的表达形式	脉冲输出指令的有效操作数		
	输入/输出	数据类型	操作数
PLS ―EN　ENO― ―Q0.X PLS　Q0.X	Q0.X	WORD	常数：0（=Q0.0） 1（=Q0.1）

4.4.5 PTO/PWM 的初始化及编程

下面说明 PTO/PWM 的初始化及操作步骤，以便进一步理解 PTO 及 PWM 功能。

在整个步骤说明过程中，一直使用脉冲输出 Q0.0。初始化假定 S7-200 刚刚进入运行（RUN）模式，因此第一次扫描内存位（SM0.1）为真。如果情况与此不符，或如果必须对 PTO/PWM 功能重新初始化，当然可以利用除第一扫描内存位之外的其他条件调用初始化程序。

1. PWM 初始化

将 Q0.0 初始化成 PWM，按下列步骤进行：

（1）利用第一扫描内存位（SM0.1）将输出初始化为 0，并调用需要的子程序进行初始化操作。使用子程序调用时，随后的扫描不再调用该子程序。因此可降低扫描执行时间，并使程序结构化更强。

（2）在初始化子程序内，以微秒为递增单位，以 PWM 数值 16#D3 装载 SMB67（或以毫秒为递增单位，以 PWM 数值 16#DB 装载）。这些数值设定控制字节的目的是：启动 PTO/PWM 功能、选择 PWM 操作、选择微秒或毫秒为递增单位，以及设定更新脉冲宽度及周期时间值。

（3）用所需周期时间装载 SMW68。

（4）用所需脉冲宽度装载 SMW70。

（5）执行 PLS 指令，使 S7-200 对 PTO/PWM 生成器进行编程。

（6）退出子程序。

说明：以微秒为单位用数值 16#D2 装载 SMB67（或以毫秒为单位装载数值 16#DA），允许改变脉冲宽度。可以装入一个新的脉冲宽度值，然后不需要修改控制字节就执行 PLS 指令。

2. 修改 PWM 输出的脉冲宽度

在子程序内为 PWM 改变脉冲宽度，应按下列步骤操作（假定 SMB67 已被预先装载数值 16#D2 或 16#DA）。

（1）调用子程序用所要求的脉冲宽度装载 SMW70。

（2）执行 PLS 指令，使 S7-200 对 PTO/PWM 生成器进行编程。

（3）退出子程序。

【例 4-18】 图 4-33 是一个脉宽调制（PWM）的示例。本例中一共有 3 个程序块。主程序（OB1）的功能是调用子程序 SBR0 把 Q0.1 初始化成 PWM，调用子程序 SBR1 以改变 PWM 的脉冲宽度。

1）OB1

支路 1：首次扫描复位 Q0.1，调用子程序 SBR0。

支路 2：当 M0.0=1（需要改变脉冲宽度时，使 M0.0=1）时，调用子程序 SBR1。

2）SBR0

支路 1：把十六进制数 DB 装入 SMB77，令 SMB77 的第 7～0 位分别是 11011011。其功能是：允许 PTO/PWM、选择 PWM、单段操作、同步更新、时基为 1 ms、脉冲数不更新、脉冲宽度值更新、周期更新。

支路 2：把 10000 装入 SMW78 中，设定周期时间等于 10 s。

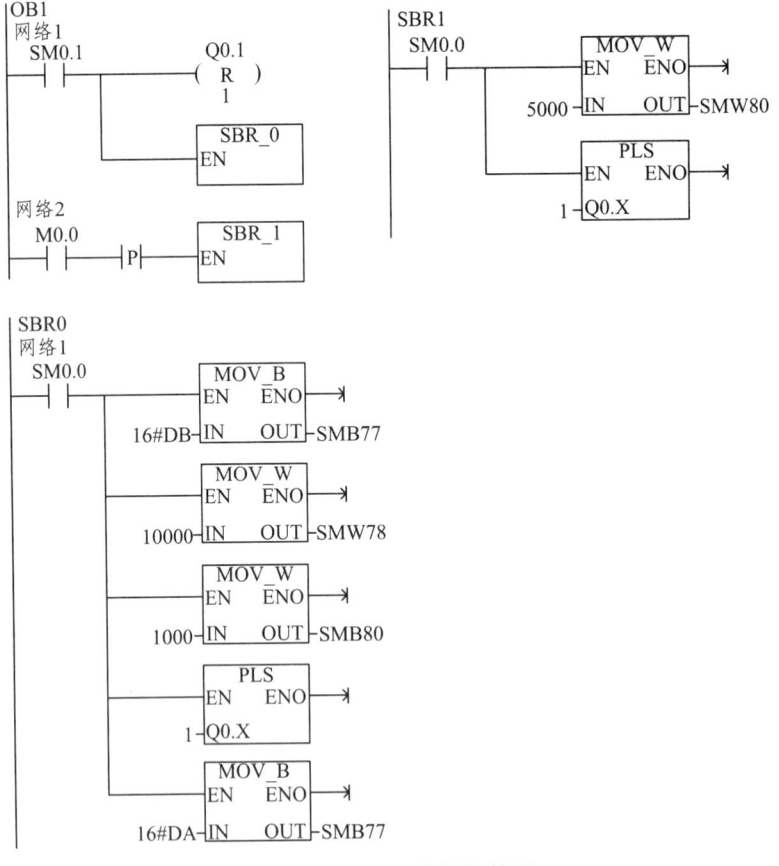

图 4-33　PWM 控制的编程

支路 3：把 1000 装入 SMW80 中，设定脉冲宽度为 1000 ms。

支路 4：启动 PLS，是把 PWM 操作赋予 Q0.1。

支路 5：把十六进制数 DA 装入 SMB77，复位控制字中的更新周期位，而允许改变脉冲宽度。装入一个新的脉冲宽度，不需要修改控制字节就可以执行 PLS 指令。

3）SBR1

支路 1：把 5000 装入 SMW80，设定脉冲宽度为 5000 ms。

支路 2：执行 PLS 指令编程，启动 PLS。

3. PTO 单段操作初始化

把 Q0.0 初始化成 PTO，应按下列步骤操作：

（1）利用第一扫描内存位（SM0.1）复位输出为 0，并调用所需子程序进行初始化操作。这样可降低扫描执行时间并使程序结构化更强。

（2）在初始化子程序内，以微秒为递增单位把 PTO 数值 16#85 装入 SMB67（或以毫秒为单位把 PTO 数值 16#8D 装入）。用这些数值设定控制字节的目的是：启动 PTO/PWM 功能、选择 PTO 单段操作、选择以微秒或毫秒为递增单位，以及选择更新脉冲计数及周期时间数值。

（3）用所需周期时间装载 SMW68。

（4）用所需脉冲计数装载 SMD72。

（5）这一步是可选步骤。如果在脉冲输出完成之后要立即进行其他相关功能，可以将脉冲序列完成事件（中断事件 19）加于中断子程序，对中断进行编程，利用 ATCH 指令，并执行全局中断允许指令 ENI。

（6）执行 PLS 指令，使 S7-200 对 PTO/PWM 生成器进行编程。

（7）退出子程序。

4. 改变 PTO 单段操作周期时间

利用单段 PTO 操作改变中断程序或子程序内的 PTO 脉冲数，应按下列步骤操作：

（1）以微秒为递增单位把 PTO 数值 16#81 存入 SMB67（或以毫秒为单位时存入数值 16#89）。用这些数值设定控制字节的目的是：启动 PTO/PWM 功能、选择 PTO 操作、选择以微秒或毫秒为递增单位，以及设定更新脉冲数。

（2）用所需周期时间装载 SMW68。

（3）执行 PLS 指令，使 S7-200 对 PTO/PWM 生成器进行编程。更新脉冲数波形输出开始之前，CPU 必须完成全部启动的 PTO。

（4）退出中断程序或子程序。

5. 改变 PTO 单段操作脉冲数

当使用单段 PTO 操作时，为了在中断程序或子程序内改变 PTO 脉冲数，应按下列步骤操作：

（1）以微秒为单位把数值 16#84 存入 SMB67（或以毫秒为单位存入 PTO 数值 16#8C）。用这些数值设定控制字节的目的是：启动 PTO/PWM 功能、选择 PTO 操作、选择以微秒或毫秒为递增单位，以及更新脉冲数。

（2）用所需脉冲数装载 SMD72。

（3）执行 PLS 指令，使 S7-200 程序对 PT0/PWM 生成器进行编程。更新脉冲计数输出开始之前，CPU 必须完成已经启动的 PTO。

（4）退出中断程序或子程序。

6. 改变 PTO 单段操作周期及脉冲数

利用单段 PTO 操作在中断程序或子程序内改变 PTO 周期时间及脉冲数，应按下列步骤操作：

（1）以微秒为单位把 PTO 数值 16#85 存入 SMB67（或以毫秒为单位存入 PTO 数值 16#8D）。用这些数值设定控制字节的目的是：启动 PTO/PWM 功能、选择 PTO 操作、选择以微秒或毫秒为递增单位，以及设定周期时间及脉冲数。

（2）用所需周期时间装载 SMW68。

（3）用所需脉冲数装载 SMD72。

（4）执行 PLS 指令使 S7-200 程序对 PTO/PWM 生成器进行编程。更新脉冲计数及周期时间波形输出开始之前，CPU 必须完成全部 PTO 操作。

（5）退出中断程序或子程序。

7. PTO 多段操作初始化

进行 PTO 初始化，应按下列步骤操作：

（1）利用第一扫描内存位（SM0.1）复位输出为 0，并调用所需的子程序进行初始化操作。这样可降低扫描执行时间，并使程序结构化更强。

（2）在初始化子程序内，以微秒为递增单位把 PTO 数值 16#A0（或以毫秒为单位存入 PTO 数值 16#A8）存入 SMB67。用这些数值设定控制字节的目的是：启动 PTO/PWM 功能、选择 PTO 及多段操作，并选择微秒或毫秒为递增单位。

（3）将包络表的起始 V 内存偏移量存入 SMW168。

（4）设定包络表内的段数值，保证段数目数值（表内第一字节）正确。

此步为可选步骤。如果在 PTO 包络完成后立即希望进行相关功能，可将脉冲序列完成事件（中断事件 19）加于中断子程序，对中断编程。对 ATCH 指令编程，执行全局中断允许指令 ENI。

（5）执行 PLS 指令，S7-200 为 PTO/PWM 生成器编程。

（6）退出子程序。

【例 4-19】图 4-34 是一个使用单段操作的脉冲序列输出的示例。本例中共有 3 个程序块：主程序块（OB1）、子程序块（SBR0）、中断程序块（INT3）。

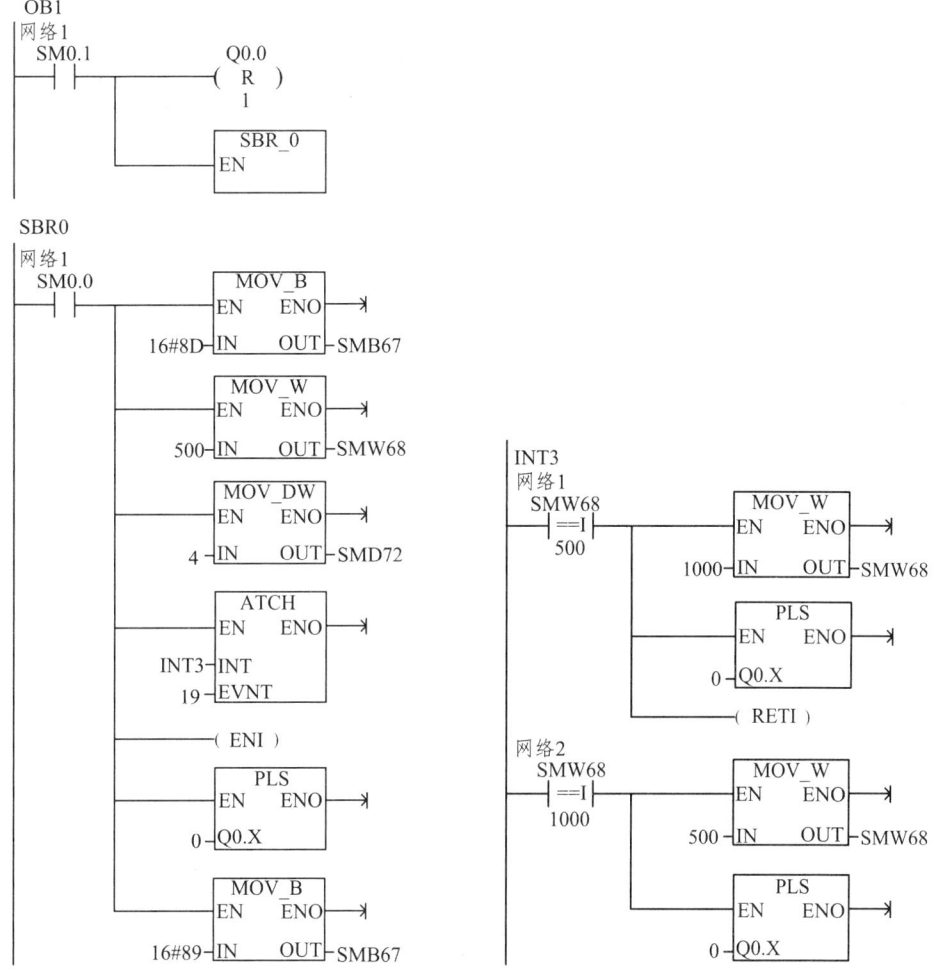

图 4-34 单段脉冲序列控制程序

1) OB1

支路 1：在 SM0.1=1 时，复位 Q0.O,

支路 2：调用子程序 SBR0。

2) SBR0

子程序 SBR0 是初始化 PTO 程序。该 PTO 功能由 Q0.0 完成。因而子程序（SBR0）中把控制字节装入与 Q0.0 相关的存储器中。

支路 1：把十六进制数 8D 装入 SMB67 中，控制字节的功能是：选择 PTO 操作选择时间基准为 1 ms、设定脉冲宽度和周期时间、允许 PTO 功能。

支路 2：把 500 装入 SMW68，设定周期时间为 500 ms。

支路 3：把 4 装入 SMD72，设定脉冲数为 4。

支路 4：中断连接指令 ATCH，把 PTO 完成引起的中断事件（中断事件 19）连接到中断程序 INT3。

支路 5：指令 ENI 允许全局中断。

支路 6：启动 PLS 指令，把 PTO 操作赋予 Q0.0。

支路 7：把十六进制数 89 装入 SMB67 中，为其周期时间的修改而预装控制字节。

3）INT3

中断程序 INT3 的功能是根据 PTO/PWM 的寄存器修改 PTO 的脉冲周期。

支路 1：SMW68 是 PTO/PWM 周期时间寄存器，当 SMW68=500 时，表明 PTO 当前周期时间是 500 ms，若满足这个条件，就把 1000 装入 SMW68 中，把周期设定改为 1000 ms，而输出脉冲数 4 未变。

支路 2：启动 PLS。

中断时序如图 4-35 所示。

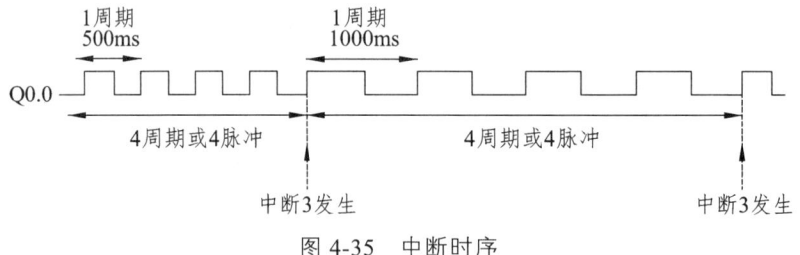

图 4-35　中断时序

【例 4-20】图 4-36 是一个用多段操作的脉冲序列输出的示例。

该程序由 3 个程序块组成，主程序 OB1、子程序 SBR0 和中断程序 INT2。

（1）主程序 OB1 的功能是利用初次扫描（SM0.1），复位映像寄存器 Q0.0 位，并调用子程序 SBR0。

（2）子程序 SBR0 的各条语句具体功能如下：

① 向 Q0.0 的 PTO 控制字节传送控制字 16#A0，设定控制字节为选择 PTO 操作、选择多段操作、选择时基为微秒、选择允许 PTO 功能。

将 500 送至 SMW168，指定包络表的起始地址为 VB500。

将 3 送至 VB500，设定包络表的段数为 3。

将 500 送至 VW501，设定第一段的初始周期为 500 μs。

将 –2 送至 VW503，设定第一段周期增量是 –2 μs。

将 200 送至 VD505，设定第一段的脉冲个数是 200。

将 100 送至 VW509，设定第二段的周期为 100 μs。

将 0 送至 VW511，设定第二段的周期增量为 0 μs。

将 3400 送至 VD513，设定第二段的脉冲数为 3400。

将 100 送至 VW517，设定第三段的初始周期为 100 μs。

将 1 送至 VW519，设定第三段的周期增量为 1 μs。

将 400 送至 VD521，设定第三段的脉冲数为 400。

定义中断程序 2 为处理 PTO（中断事件 19 为 PLSO 脉冲完成事件）完成中断。

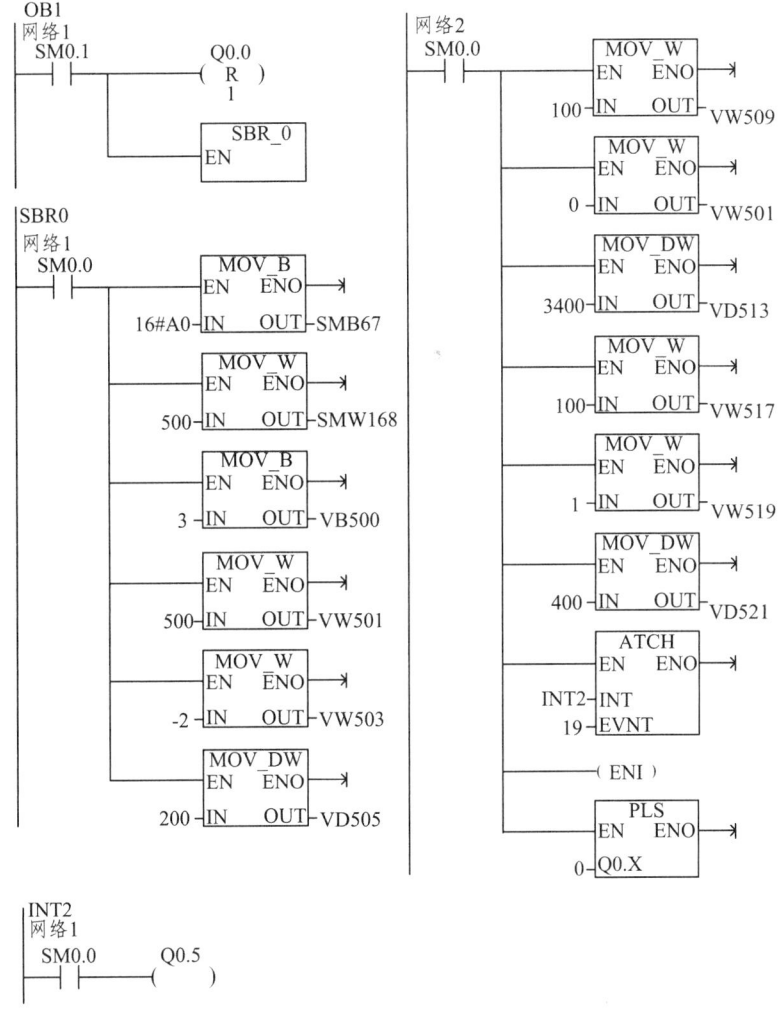

图 4-36 多段脉冲序列控制程序

允许全局中断。

启动 PTO 操作。

（3）中断程序 INT2 的功能是：当 PTO 输出包络完成时接通 Q0.5。

4.5 PID 指令

PID 调节是传统自动控制中使用最多的调节方式。S7-200 CPIJ 提供 PID 回路指令（比例、积分、微分），进行 PID 计算，完成对模拟量的调整。PID 回路的操作取决于存储在 36 字节回路表内的 9 个参数。

4.5.1 PID 控制器

1. PID 算法

PID 控制器管理输出数值，以便使偏差（e）为零，系统达到稳定状态。偏差是给定值 SP 和过程变量 PV 的差。PID 控制原则以下列公式为基础，其中将输出 $M(t)$ 表示成比例项、积分项和微分项的函数，即

$$M(t) = K_p e + K_i \int_0^t e \, dt + K_d \frac{de}{dt} + M_{initial} \tag{4-4}$$

式中，$M(t)$——PID 运算的输出，是时间的函数；
K_p——PID 回路的比例系数；
K_i——PID 回路的积分系数；
K_d——PID 回路的微分系数；
e——PID 回路的偏差（给定值和过程变量之差）；
$M_{initial}$——PID 回路输出的初始值。

为了在计算机内运行此控制函数，必须将连续函数化成为偏差值的间断采样。计算机使用下列相应公式为基础的离散化 PID 运算模式。

$$M_n = K_p e_n + K_i \sum_{l=1}^{n} e_l + M_{initial} + K_d (e_n - e_{n-1}) \tag{4-5}$$

式中，$M(t)$——采样时刻，n 的 PID 运算输出值；
e_n——采样时刻，n 的 PID 回路的偏差；
e_{n-1}——采样时刻 $n-1$ 的 PID 回路的偏差；
e_l——采样时刻 n 的 PID 回路的偏差。

在式（4-5）中，第一项叫比例项；第二项由两项的和构成，叫积分项；最后一项叫微分项。比例项是当前采样的函数；积分项是从第一采样至当前采样的函数；微分项是当前采样及前一采样的函数。在计算机内，既不可能也没有必要存储全部偏差项的采样。因为从第一次采样开始，每次对偏差采样时都必须计算其输出数值，因此，只需要存储前一次的偏差值及前一次的积分项数值。利用计算机处理的重复性，可对上述计算公式进行简化。简化后的公式为

$$M_n = K_p e_n + (K_i e_n + MX) + K_d (e_n - e_{n-1}) \tag{4-6}$$

式中，MX——积分项前值。

计算回路输出值时，CPU 实际使用对上述简化公式略微修改后的格式。修改后公式为

$$M_n = MP_n + MI_n + MD_n \tag{4-7}$$

式中，MP_n——采样时刻 n 的回路输出比例项值；

MI_n——采样时刻 n 的回路输出积分项值；

MD_n——采样时刻 n 的回路输出微分项值。

（1）比例项。比例项 MP 是 PID 回路的比例系数 K_p 及偏差 e 的乘积，其中比例系数控制输出计算机的敏感性，而偏差为采样时刻设定值 SP 及过程变量 PV 之间的差。为了方便计算取可 $K_p=K_c$。CPU 采用的计算比例项的公式为

$$MP_n = K_c(SP_n - PV_n) \tag{4-8}$$

式中，K_c——回路的增益；

SP_n——采样时刻 n 的设定值；

PV_n——采样时刻 n 的过程变量值。

（2）积分项 MI 与偏差成正比例。为了方便计算取 $K_i = K_c T_s / T_i$。CPU 采用的积分项公式为

$$MI_n = K_c T_n / T_i (SP_n - PV_n) + MX \tag{4-9}$$

式中，MX——采样时刻 $n-1$ 的积分项（又称为积分项的前值）；

T_s——采样时间；

T_i——积分时间。

积分项 MX 是积分项全部先前数值的和，每次计算出 MI_n 以后，都要用 MI_n 去更新 MX。其中 MI_n 可以被调整和锁定。MX 的初值通常在第一次计算出之前被置为 $M_{initial}$（初值）。其他几个常量也是积分项的一部分，如增益、采样时刻（PID 循环重新计算出数值的循环时间），以及积分时间（用于控制积分项对输出计算影响时间）。

（3）微分项。微分项 MD 与偏差的改变成比例，为方便计算，取 $K_d = K_c T_d / T_s$。计算微分项的公式为

$$MD_n = K_c \frac{T_d}{T_s}[(SP_n - PV_n) - (SP_{n-1} - PV_{n-1})] \tag{4-10}$$

为了避免步骤改变或由于对设定值求到而带来的输出变化，对此公式进行修改，假定设定值为常量（$SP_n = SP_{n-1}$），因此将计算过程变量的改变，而不计算偏差的改变，计算公式可以改进为

$$MD_n = K_c \frac{T_d}{T_s}(SP_n - PV_n - SP_{n-1} + PV_{n-1}) \tag{4-11}$$

或

$$MD_n = K_c \frac{T_d}{T_s}(PV_{n-1} - PV_n) \tag{4-12}$$

式中，T_d——微分时间；

SP_{n-1}——采样时刻 n-1 的设定值；

PV_{n-1}——采样时刻 n-1 的过程变量值。

为了下一次计算微分项的值，必须保持过程变量而非偏差项。第一次采样时刻：

$$PV_{n-1} = PV_n \tag{4-13}$$

2. 回路控制选择

1）控制类型

在许多控制系统内，可能有必要只采用一种或两种回路控制方法。例如，可能只要求比例控制或比例与积分控制。通过设定常量参数的数值对回路控制类型进行选择。

如果在 PID 计算中不需要积分运算，则应将积分时间 T_i 指定为无限大，由于积分和 MX 的初始值即使没有积分运算，积分项的数值也可能不为零。这时积分系数 $K_i = 0.0$，如果不需要求导运算（即在 PID 计算中不需要微分运算），则应将求导时间 T_d 指定为零。这时微分系数 $K_d = 0.0$。

如果不需要比例运算（即在 PID 计算中不需要比例运算），而需要积分（I）或积分微分（ID）控制，则应将回路增益数值指定为 0.0，这时比例系数 $K_p = 0.0$。因为回路增益 K_c 是计算积分及微分项公式内的系数，把回路增益设定为 0.0，将影响积分及微分项的计算。因而，当回路增益取为 0.0 时，在 PID 算法中，系统自动把在积分和微分运算中的回路增益取为 1.0，此时

$$K_i = T_s / T_i \tag{4-14}$$

$$K_d = T_d / T_s \tag{4-15}$$

2）正向及反向回路

如果增益为正，即为正向回路。如果增益为负，即为反向回路（对于增益为 0 的积分或微分控制，将积分及求导时间设定为正值，将产生正向回路，对其设定为负值，将产生反向回路）。

3）变量及范围

过程变量及设定值是 PID 计算的输入值，因此 PID 只能读取而不改变这些变量的回路表字段。输出值是由 PID 计算生成的，因此每次 PID 计算完成后，需要更新回路表内的输出值字段。输出值被固定在 0.0~1.0。从手动控制方式转变到 PID 指令自动方式时，用户可将输出值字段用作输入指定初始输出值。

如果使用积分控制，积分项前值要根据 PID 运算结果更新，而且更新后的数值被用作下一 PID 计算的输入。当计算输出值超出范围时（输出小于 0.0 或大于 1.0），将根据下列公式调节偏差：

$$MX = 1.0 - (MP_n + MD_n) \quad （输出值 M_n > 1.0） \tag{4-16}$$

$$\text{或} \quad MX = -(MP_n + MD_n) \quad （输出值 M_n < 0.0） \tag{4-17}$$

这样调整积分项前值，当计算输出值返回适当范围时，即可实现对系统响应能力的改善。而积分项前值也被固定在 0.0~1.0，然后每次完成 PID 计算时被写入回路表的积分项前值字段。回路表内存储的数值用于下一次 PID 计算。在执行 PID 指令之前，用户可修改回路表内的积分项前值，以便解决某些应用环境中由于积分项前值引起的问题。手工调节积分项前值时，必须格外小心，写入回路表的任何积分项前值必须是 0.0~1.0 的实数。在回路表内保存对过程变量的比较，用于 PID 计算的求导，不应改动此数值。

4）控制方式

S7-200 系列 PLC 的 PID 回路没有内装的自动和手动控制方式，只要 PID 块有效，就可以执行 PID 运算。从这种意义上说，PID 运算存在一种自动运行方式。当 PID 运算不被执行时，则可以认为是一种手动运行方式。

同其他指令相似，PID 指令有一个使能位（即允许位）。当允许位检测到某一信号出现正跳变时，PID 指令将进行一系列运算，实现从手动方式到自动方式的转变。为了顺利转变为自动方式，在转换至自动方式之前，由手动方式所设定的输出值必须作为 PID 指令的输入写入回路表。PID 指令对回路表内的数值进行下列运算，保证当检测到 0 到 1 跳变时从手动方式顺利转换成自动方式，即：

设定值 SP_n=过程变量 PV_n。

过程变量前值 PV_{n-1}=过程变量现值 PV_n。

积分项前值 MX=输出值（M_n）

4.5.2 回路输入转换及标准化

一个回路具有两个输入变量：设定值 SP 及过程变量 PV。设定值通常为固定数值，类似汽车定速控制的速度设定。过程变量是与回路输出相关的量，因此可测量回路输出对被控制系统的影响。在汽车定速驾驶的例子中，过程变量为测量轮胎转速的转速输入。

设定值及过程变量均为实际数值，它们的大小、范围及工程单位可能不同。在这些实际数值可用于 PID 指令之前，必须将其转换成标准化的浮点数表示形式。

1. 实际数值转换成实数

将实际数值从 16 位整数数值转换成浮点或实数数值，可使用下列指令序列。

```
XORD    AC0, AC0              //清除累加器
MOVW    AIW0, AC0             //在累加器内保存模拟数值
LDW>=   AC0, 0                //如果模拟数值为正或者为零
JMP     0                     //将其转换成实数
NOT                           //否则
ORD     16#FFFF0000, AC0      //对 AC0 内的数值进行符号扩展
```

```
LBL     0                     //跳转指令的入口
DTR     AC0, AC0              //将 32 位整数转换成实数
```

2. 数值标准化

将数值的实数表示转换成 0.0~1.0 的标准化数值。可采用下列公式对设定值及过程变量实现这种转换。

$$R_{norm} = (R_{raw} / S_{pan}) + Offset \tag{4-18}$$

式中，R_{norm}——实际数值的标准化的表示；

R_{raw}——实际数值的非标准化或原值表示；

$Offset$——对单极数值为 0.0，对双极数值为 0.5；

S_{pan}——值域，等于最大可能数值减去最小可能数值，对于单极性为 32 000（典型值），对于双极性为 64 000（典型值）。

下列指令说明如何对 AC0 内的双极性数值（间距为 64 000）进行标准化（是上一指令序列的继续）：

```
/R      64000.0, AC0          //对累加器内的数值进行标准化
+R      0.5, AC0              //数值距离范围 0.0~1.0 的偏移量
MOVR    AC0, VD100            //将标准化的数值存储在回路表内
```

4.5.3 输出量转换

回路输出是控制变量。例如，汽车定速驾驶控制中的调速气门的设定。回路输出是标准化的、0.0~1.0 的实数数值。在回路输出可用于驱动模拟输出之前，必须转换成 16 位的、成比例的整数数值。这一过程是将 PV 及 SP 转换成标准化数值的反过程。

利用下面给出的公式可将回路输出转换成成比例的实数：

$$R_{scal} = (M_n - Offest)S_{pan} \tag{4-19}$$

式中，R_{scal}——与回路输出成比例的实数数值；

M_n——回路输出标准化的实数数值；

$Offset$——对于单极数值为 0.0，对于双极数值为 055；

S_{pan}——值域，等于最大可能数值减去最小可能数值，对单极性为 32 000（典型值），对双极性为 64 000（典型值）。

下列指令说明如何使回路输出完成这个转换。

```
MOVR    VD108, AC0            //将回路输出移至累加器
—R      0.5, AC0              //只有在双极性数值的情况下才包括此语句
*R      64000.0, AC0          //使累加器内的数值与回路输出成比例
```

然后，代表回路输出的成比例的实数数值必须被转换成 16 位整数。

下列指令序列说明如何进行此转换。
ROUND   AC0，AC0   //将实数转换成32位整数
MOVW   AC0，AQW0   //将16位整数数值写入模拟输出

4.5.4 PID 指令

基于上述的讨论，提取离散化的 PID 运算公式中的必要参数，并设置 PID 运算回路表，即可实现计算机的 PID 运算功能。表 4-61 为 PID 指令的表达形式及操作数。其中 TABLE 是回路表的起始地址；LOOP 是回路号，可以是 0~7 的整数。也就是说，在程序中最多可以用 8 条 PID 指令。如果两个或两个以上的 PID 指令用了同一个回路号，那么即使这些指令的回路表不同，这些 PID 运算之间也会相互干涉，产生不可预料的结果。

表 4-61 PID 指令

指令的表达形式	操作数的含义及范围
PID EN ENO TBL LOOP PID TBL，LOOP	TABLE：VB LOOP：常数（0~7）

使 ENO=0（指令错误）的条件：间接寻址（0006）、溢出（SM1.1）。受影响的 SM 标志位：溢出（SM1.1）。

PID 指令的回路表如表 4-62，表中包含 9 个参数，用来控制和监视 PID 运算。这些参数分别是过程变量当前值（PV_n）、过程变量前值（PV_{n-1}）、给定值（SP_n）、输出值（M_n）、增益（K_c）、采样时间（T_s）、积分时间（T_i）、微分时间（T_d）和积分项前值（MX）。

PID 指令根据表（TBL）内的输入输出配置信息对引用回路（LOOP）执行 PID 计算。PID 指令有两个操作数：表示循环表起始地址的 TBL 地址，以及回路号 LOOP，回路号是 0~7 的常量。程序内可使用 8 条 PID 指令。如果两个或多个 PID 指令使用相同回路号（即使它们的表地址不同），PID 计算将互相干扰，结果难以预料。循环表存储 9 个参数，用于控制及监控循环操作，包括过程变量、设定值、输出、增益、采样时间、积分时间、微分时间、积分前项，以及过程变量前值。在 PID 指令块内输入的表（TBL）起始位置开始为回路表分配 36 个字节的空间。

欲按所需采样速率进行 PID 计算，必须按定时器控制的速率从定时中断程序或从主程序执行 PID 指令。采样时间必须通过回路表作为 PID 指令输入提供。

表 4-62 PID 回路表

偏移地址	域	格式	类型	说明
0	过程变量 PV_n	双字—实数	输入	过程变量，0.0~1.0
4	设定值 SP_n	双字—实数	输入	设定值．0.0~1.0
8	输出 M_n	双字—实数	输入/输出	输出，0.0~1.0
12	增益 K_c	双字—实数	输入	增益，可为正数或负数
16	采样时间 T_s	双字—实数	输入	采样时间，以秒为单位，必须为正数
20	积分时间 T_i	双字—实数	输入	积分时间，以分钟为单位，必须为正数
24	微分时间 T_d	双字—实数	输入	微分时间，以分钟为单位，必须为正数
28	积分前项 MX	双字—实数	输入/输出	积分项前值，0.0~1.0
32	过程变量前值 PV_{n-1}	双字—实数	输入/输出	最近一次 PID 运算的过程变量

注：表中的偏移地址是相对于表（TBL）的首地址的偏移量。

4.5.5 回路表

1. 设定回路输入及输出选项

（1）回路输入选项。循环进程变量可指定为字地址或已经定义的符号。在回路计算之前，应选好缩放比例。

（2）回路输出选项。确定 PID 回路输出变量是数字量还是模拟量。

如果是模拟量输出，可指定为字地址或已经定义的符号。如果是数字量输出，可指定为位地址或已经定义的符号。在循环计算之后，应选好缩放比例。

2. 设定回路参数

在 PID 指令中，必须指定内存区内的 36 个字节参数表的首地址。其中，要选定过程变量、设定值、回路增益、采样时间、积分时间和微分时间，并转换成标准值存入回路表中。

不建议为参数表地址创建符号名。PID 向导生成的代码使用此参数表地址创建操作数，作为参数表内的相对偏移量。如果为参数表地址创建符号名，然后改变为该符号指定的地址，由 PID 向导生成的代码将不能正确执行。

3. 设定循环警报选项

（1）若需要设定低数值警报，可以为警报设定地址，输入位地址或已经定义符号，并指定低警报限制值。

（2）若需要设定位表示模拟输入模块内的错误，可以为错误指示器设定输入位地址或已定义符号,而且必须输入模块在何处加在 PLC 上。

5. 指定 PID 运算数据存储区

PID 计算需要一定的存储空间存储暂时结果,需要指定此计算区域的起始 V 内存字节地址。

6. 指定初始化子程序及中断程序

应该为 PID 运算指定初始化子程序及执行 PID 运算的定时中断程序。

7. 生成 PID 程序及中断程序

【例 4-21】图 4-37 是一个 PID 控制的例子。水箱需要维持一定的水位,该水箱里的水以变化的速度从水箱的出水管中流出。因而需要有一个水泵以不同的速度通过水箱的进水管向水箱供水,以维持水位不变。

该供水系统的设定值是水箱满水位的 75%,过程变量由漂浮在水面的水位测量仪给出。输出值是进水泵的速度,可以为允许最大值的 0%~100%。设定值可以预先设定后直接输入回路表中,过程变量来自水位表的单极性模拟量,回路输出值也是一个单极性模拟量,用来控制水泵速度。这个模拟量的范围是 0.0~1.0,分辨率为 1/32 000(标准化)。

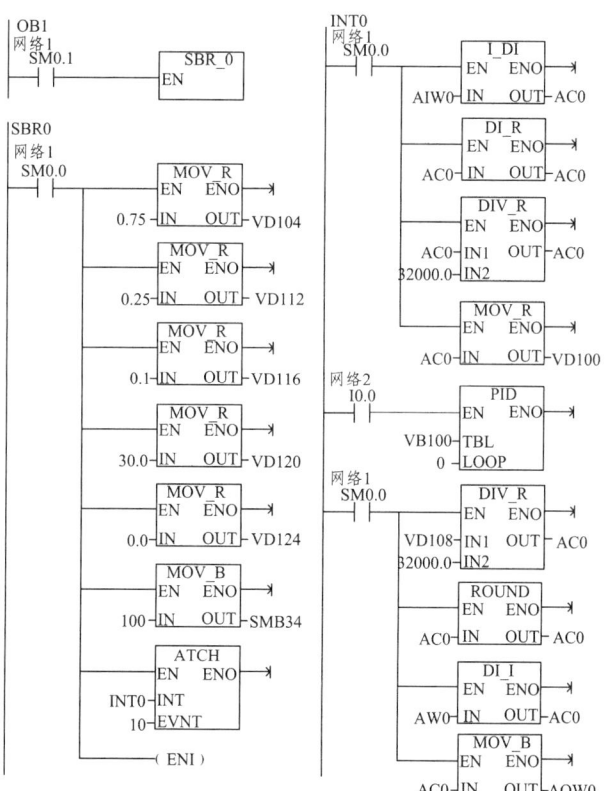

图 4-37 水箱水位 PID 控制梯形图

该工程的特点是：系统中水泵的机械惯性比较大，故仅采用比例和积分控制。其增益和时间常数可以通过工程计算初步确定。实际应用时，还需要进一步调整，以达到最优控制效果。初步确定的增益和时间常数为：K_c=0.25；T_s=0.1 s；T_i=30 min。

系统启动时，关闭出水口，手动控制进水泵速度，使水位达到满水位的75%，然后打开出水口，同时水泵控制由手动方式切换到自动方式。I0.0 位控制手动到自动方式的切换，0 代表手动，1 代表自动。当工作在手动方式下，可以把水泵的速度（0.0～1.0 的实数）直接写入回路表中的输出寄存器（VD108）。

应用 PID 指令控制系统时，要注意积分作用引起的超调问题。为了避免这一现象，可以加一些保护。比如当过程变量达到甚至超过设定值时，可以限制输出值在某一定范围之内。

本例中的程序仅有自动控制方式的设计。其中主程序 OB1 的功能是 PLC 首次运行时利用 SM0.1 调用初始化程序 SBR0。

子程序 SBR0 的功能是形成 PID 的回路表，建立 100 ms 的定时中断，并且开中断。中断程序 INT0 的功能是输入水箱的水面高度 AIW0 的值。并送入回路表。

I0.0=1 时进行 PID"自动"控制，把 PID 运算的输出值送到 AQW0 中，从而控制进水泵的速度，以保持水箱的水面高度。

4.6 特殊功能指令编程实例

4.6.1 高速计数器

本例描述了 SIMATIC S7-200 的高速计数器（HSC）的一种组态功能。对来自传感器（如编码器）信号的处理，高速计数器可采用多种不同的组态功能。

本例用脉冲输出（PLS）为 HSC 产生高速计数信号，PLS 可以产生脉冲串和脉宽调制信号。产生的脉冲串或脉宽调制信号在许多应用中非常有用，如用于控制伺服电机和步进电动机等（见图 4-38）。

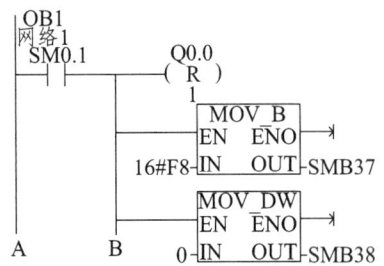

在主程序中，首先将输出 Q0.0 置 0，因为这是脉冲输出功能的需要

初始化高速计数器 HSC0，HSC0 启动后具有下列特性：可更新 CV 和 PV 值，增计数

当脉冲输出值达到 SMD42 中规定的数后，程序就终止

设置初始值为 0

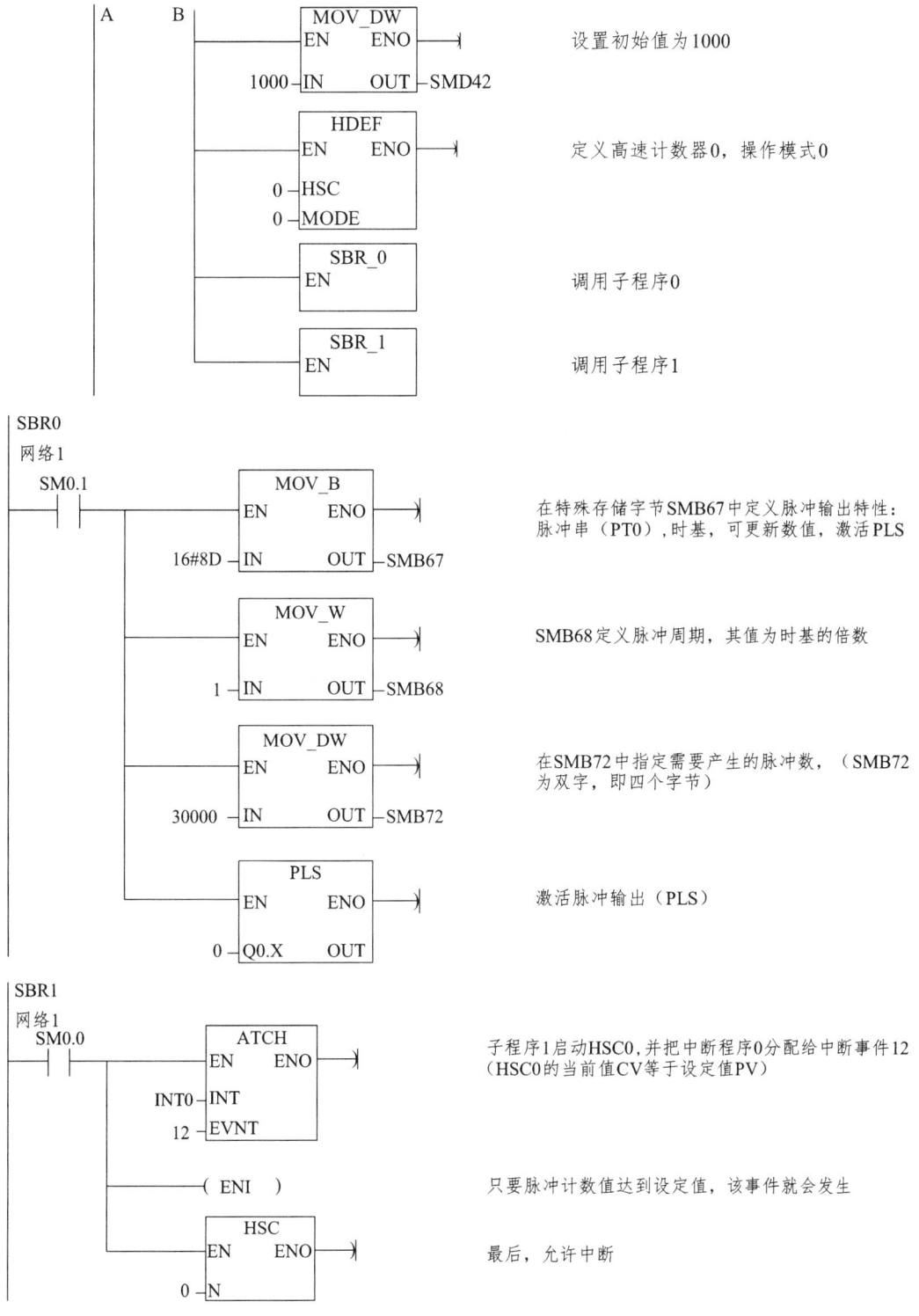

PLC 在地铁设备中的应用

```
INT0
网络1
  SM0.0                Q0.1
───┤ ├──────┬──────────( S )
           │             1
           │         ┌─MOV_B──┐
           │         ┤EN   ENO├
           │         │        │
           │  16#A8──┤IN   OUT├─SMB37
           │         └────────┘
           │         ┌─MOV_DW─┐
           │         ┤EN   ENO├
           │         │        │
  C     D  │   1500──┤IN   OUT├─SMB42
           │         └────────┘

  C     D      ┌─ATCH───┐
───┤ ├────────┤EN    ENO├
              │          │
        INT1──┤INT       │
          12──┤EVNT      │
              └──────────┘
              ────( ENI )
              ┌─HSC────┐
              ┤EN   ENO├
            0─┤N       │
              └────────┘

INT1
网络1
  SM0.0                Q0.2
───┤ ├──────┬──────────( S )
           │             1
           │         ┌─MOV_B──┐
           │         ┤EN   ENO├
           │  16#B0──┤IN   OUT├─SMB37
           │         └────────┘
           │         ┌─MOV_DW─┐
           │         ┤EN   ENO├
           │   1000──┤IN   OUT├─SMB42
           │         └────────┘
           │         ┌─ATCH───┐
           │         ┤EN   ENO├
           │   INT2──┤INT     │
           │     12──┤EVNT    │
           │         └────────┘
           │         ────( ENI )
           │         ┌─HSC────┐
           │         ┤EN   ENO├
           │       0─┤N       │
           │         └────────┘
```

当HSC0的计数脉冲达到第一设定值1000时，调用中断程序0，输出端Q0.1置位（Q0.1=1）

更改控制字以写入新的预置值

为HSC0设置新的设定值1500（第二设定值）

用中断程序1取代中断程序0，分配给中断事件12（HSC0的CV=PV）

当HSC0的计数脉冲达到第二设定值1500时，调用中断程序1，输出端Q0.2置位（Q0.2=1）

更改控制字以写入新的预置值，改变计数方向，HSC0改成减计数

并设置新的设定值1000（第三设定值）

用中断程序2取代中断程序1，分配给中断事件12（HSC0的CV=PV）

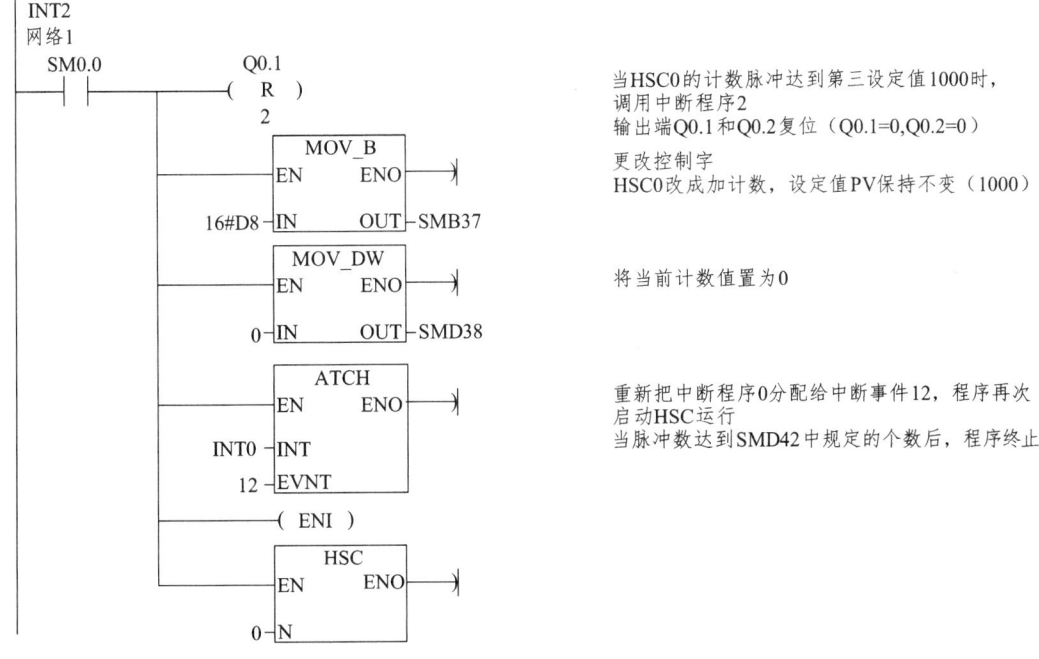

图 4-38 高速计数器应用

本示例展示了如何用 HSC 和脉冲输出构成一个简单的反馈回路,以及如何编制一个程序来实现反馈功能。

由于是用 PLS 产生的脉冲串作为高速计数器的计数输入信号,程序首先对高速计数器进行设置:允许 HSC0,可更新预设值、初始值和计数方向,1 倍速率,增计数。此时高速计数器 0 的初始值为 0,预设值为 1000。并将高速计数器 0 设置在工作模式 0。调用子程序 0 和子程序 1。子程序 0 设置脉冲串:单段 PTO,时基为 1 ms,允许更新脉冲数和周期,定义脉冲周期为 1 ms,共产生 30 000 个脉冲,并启动 PTO 操作。子程序 1 则定义了当 HSC0 的当前值等于预设值时,执行中断程序 0。

当 HSC0 的计数脉冲达到第 1 个预设值 1 000 时,调用中断程序 0。首先将 Q0.0 置 1,并重新设置高速计数器:计数方向和初始值不变,只改变预设值,并将预设值重新设置为 1500。HSC0 的当前值等于预设值时,执行中断程序 1。当 HSC0 的计数脉冲达到第 2 个预设值 1500 时,执行中断程序 1。Q0.2 置位,同时改变高速计数器计数方向,由增计数变为减计数,预设值重新设置为 1 000。用中断程序 2 取代中断程序 1,分配给中断事件 12(HSC0 的 CV=PV)。当 HSC0 的计数个数到达 1000 时,Q0.1 和 Q0.2 同时复位。HSC0 再次变为增计数,预设置不更新,初始值为 0。当满足中断条件时,重新执行中断程序 0。依次循环。

4.6.2 脉冲输出

本例为使用 S7-200 的集成高速脉冲输出指令来控制灯泡（24 V/1 W）亮度的示例。模拟电位器 0 的设置值影响输出端 Q0.0 方波信号的脉冲宽度，也就是灯泡的亮度。

在程序的每次扫描过程中，模拟电位器 0 的值通过特殊存储字节 SMB28 被复制到内存字 MW0 的低字节 MB1。电位器的值除以 8 作为脉宽，脉宽和脉冲周期的比率大致决定了灯泡的亮度（相对于最大亮度）。除以 8 会带来这样一个额外的好处，即丢弃了 SMB28 所存值的 3 个最低有效位，从而使程序更稳定。如果电位器值变化了，那么将重新初始化输出端 Q0.0 的脉宽调制，借此电位器的新值将被变换成脉宽的毫秒值。

例：SMB28=80（电位器 0 的值），80/8=10，脉宽/周期=10/25=40%（电压时间比）=40%最大亮度。灯泡亮度控制梯形图如图 4-39 所示。

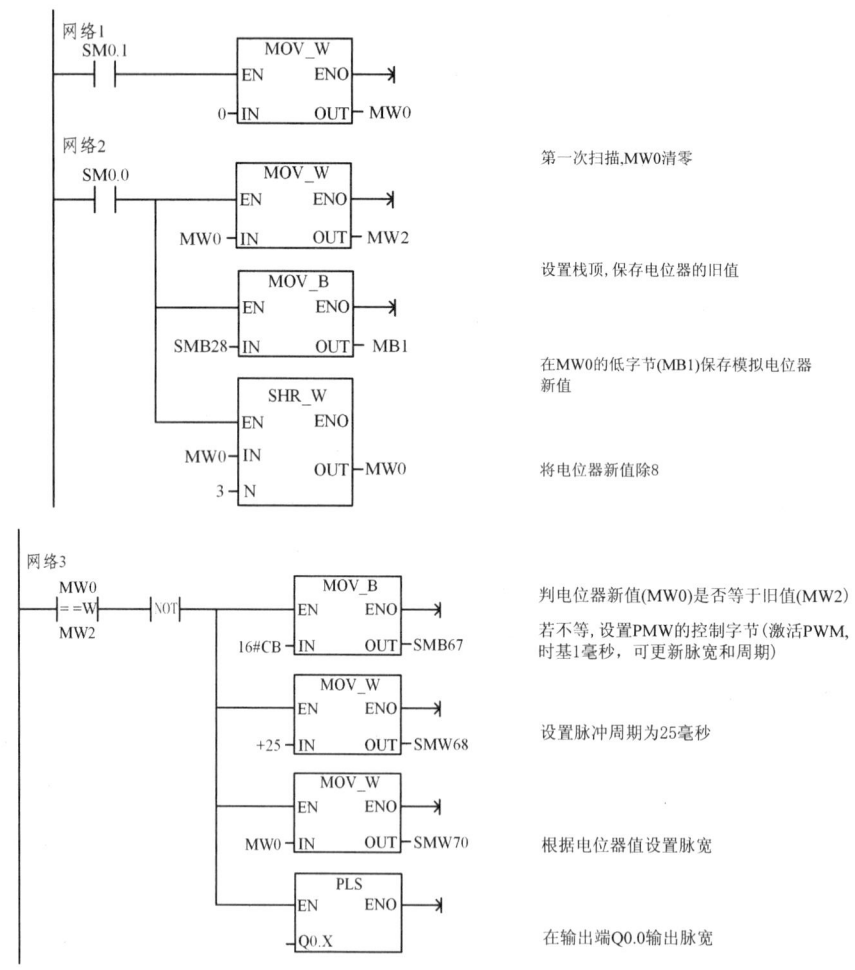

图 4-39 灯泡亮度控制梯形图

习 题

1. 写一段梯形图程序，将 VB20 开始的 100 个字节型数据送到 VB400 开始的存储区，这 100 个数据的相对位置在移动前后不发生变化。

2. 有一组数据存放在 VB300 开始的 10 个字节中，采用间接寻址方式设计一段程序，将这 10 个字节的数据存储到从 VB200 开始的存储单元中。

3. 用功能指令实现时间为 6 个月的延时，试设计梯形图程序。

4. 编写一段程序计算 $\sin 120°+\cos 10°$ 的值。

5. 试设计一个记录某台设备运行时间的程序。I0.0 为该设备工作状态输入信号，要求记录其运行时的时、分、秒，并把秒值在 QB0 上显示。

6. 用时钟指令控制路灯的定时接通和断开，5 月 15 日到 10 月 15 日，每天 20：00 开灯，6：00 关灯；10 月 16 日到 5 月 14 日，每天 18：00 开灯，7：00 关灯，并可校准 PLC 的时钟。请编写梯形图程序。

7. 3 台电动机当按下启动开关时，相隔 5 s 启动，各运行 10 s 停止，循环往复。其一个周期示意图如图 4-40 所示。试用传送比较类指令设计梯形图。

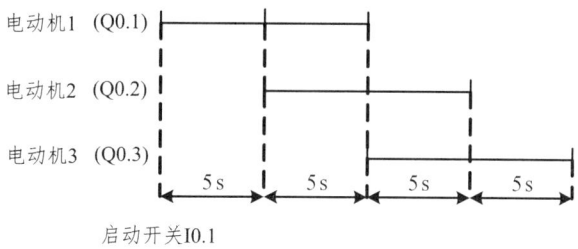

图 4-40 三台电动机工作示意图

8. 叙述 PID 回路表中的变量的意义及编程的配置方法。

9. 高速计数器和普通的计数器在使用时有哪些相同和不同点？

10. PWM 和 PTO 功能在工程中有什么意义？试叙述它们功能的配置和规划过程。

11. 对 4 点电压模拟量输入信号，要求对其进行输入采样，并加以平均，再将该值作为电压模拟量输出值予以输出；同时求得 1 号通道输入值与平均值之差，用绝对值表示后，将其放大 3 倍，作为模拟量输出。试编写梯形图程序。

12. 试设计一个计数器程序，要求如下：

（1）计数范围是 0～255。

（2）计数脉冲为 SM0.5。

（3）输入 I0.0 的状态改变时，则立即激活输入/输出中断程序。中断程序 0 和 1 分别将 M0.0 置成 1 或 0；

（4）. M0.0 为 1 时，计数器加计数；M0.0 为 0 时，计数器减计数。计数器的计数值在 PLC 输出端 QB0 显示。

13．某一过程控制系统，其中一个单极性模拟量输入参数从 AIW0 采集到 PLC 中，通过 PID 指令计算出的控制结果从 AQW0 输出到控制对象。PID 参数表起始地址为 VB100。试设计一段程序完成下列任务：

（1）每 200 ms 中断一次，执行中断程序。

（2）在中断程序中完成对 AIW0 的采集、转换及归一化处理；完成回路控制输出值的工程量标定及输出。

第 5 章　S7-200 PLC 系列网络通信及编程实例

5.1　PLC 网络通信概述

PLC 与 PLC、PLC 与计算机、PLC 与人机界面，以及 PLC 与其他智能装置间的通信，可提高 PLC 的控制能力及扩大 PLC 的控制区域，便于对系统监视与操作，使自动化从设备级发展到生产线级、车间级乃至工厂级，实现在信息化基础上的自动化（e 自动化），为实现智能化工厂（smart factory）、透明工厂（transparent factory）及全集成自动化系统提供技术支持。

将 PLC 与 PLC、PLC 与计算机、PLC 与人机界面或 PLC 与智能装置通过信道连接起来，实现相互间的通信，以构成功能更强、性能更好、信息流畅的控制系统，一般称为 PLC 联网。通过中间站点或其他网桥进行网与网互联可以组成更为复杂的网络与通信系统。若仅为两个 PLC、一个 PLC 与一个计算机或一个 PLC 与人机界面建立连接，一般不称为联网，而称为链接（link）。

5.1.1　PLC 网络通信类型

1. 按通信对象分类

按通信对象分类，分为 PLC 与 PLC、PLC 与计算机、PLC 与人机界面及 PLC 与智能装置。但这些通信的实现，在硬件上，要使用链接或网络；在软件上，要有相应的通信程序。

1）PLC 与 PLC 间联网通信

西门子 PLC 采用标准通信串口建立 PPI（点对点接口）网和 MPI（多点接口）网。它不仅可用于计算机与 PLC 联网通信，也可实现 PLC 与 PLC 联网通信。PPI 协议可通过运行程序设定，将某 S7-200 PLC 站点设为主站。此时，设为主站的 S7-200 PLC 可以通过网络读（NETR）和网络写（NETW）指令读、写其他 CPU 中的数据。此外，还可通过运行程序设定串口为自由端口模式，这时，其通信协议由用户定义。使用发送指令（XMT）和接收指令（RCV）等可以与通信对象交换数据。MPI 网还可使用全局数据设定的方法，实现 S7-300 PLC 和 S7-400 PLC 之间的通信。但最有效的方法还是使用有关通信模块，组成相应的通信网络。西门子 PLC 可组成的网络有 PROFIBUS 网和工业以太网，常用的为 PROFIBUS 网。

三菱 PLC 可采用 RS-485 口，在两 PLC 间建立并行链接通信，或在 N（最多为 16）台 PLC 间建立 N：N 网络链接通信，也可采用 RS-232C 口，用执行 RS 通信指令的方法，在 PLC 间进行通信。但最有效的方法还是使用有关通信模块，组成相应通信网络。三菱 PLC 可组成的网络有 MELSECNET/H、MELSECNET/10 等。MELSECNET/H 是高速网络，传送速度为 25/10 Mb/s。传输介质可采用光缆或同轴电缆，网络结构可选择双环网或总线网。可在两个或多个远程 PLC 间进行高速、大容量的数据通信。一个大型网络最多可接 239 个网区，每个网区可具有一个主站及 64 个从站。网络距离可达 30 km。此外，还提供浮动主站及网络监控功能。

2）PLC 与计算机联网通信

西门子 PLC 可采用 RS-485 串口建立 PPI（点对点接口，用于 S7-200 PLC）网和 MPI（多点接口，用于 S7-300 PLC 和 S7-400 PLC）网。这两种网络都是主、从网络，计算机或 SIMATIC 编程器等为主站，PLC 为从站，可进行一对一或一对多（总站点多达 32 个站）通信。但最有效的方法还是使用有关通信模块，组成相应通信网络。西门子 PLC 可组成的网络有 PROFIBUS 网和工业以太网，比较常用的是工业以太网。

计算机可采用标准通信串口（RS-232C 口）与三菱 PLC 的编程口（RS-232C 通信接口或 RS-485 通信接口），进行 1:1 链接通信，或建立 1：N（多达 16 台）计算机链接、联网通信。在通信中，计算机为主站，PLC 为从站。但最有效的方法还是使用有关通信模块，组成相应通信网络。三菱 PLC 可组成的网络有 CC-Link 网、MELSECNET/10、MELSECNET(Ⅱ)、MELSECNET/B、MELSECNET/H、MELSEC I/O-Link、MELSECNET FX-PN 及以太网。比较常用的是以太网。

3）PLC 与智能装置间联网通信

西门子 PLC 可采用 RS-485 串口建立 PPI 网和 MPI 网，进行一对一或一对多与智能装置通信。但最有效的方法还是建立设备网，如 PROFIBUS-DP 网、AS-I 网等，其中常用的为 PROFIBUS-DP 网。

三菱 PLC 可采用标准通信串口（RS-232C 口或 RS-485 口）与智能装置进行 1：1 或 1：N 通信，在通信中 PLC 为主站。但最有效的方法是采用三菱的 CC-Link、CC-Link/LT 网。

2. 按通信方法分类

PLC 联网的目的是为了与通信对象进行通信及交换数据，其通信的方法有以下几种：① 用地址映射通信；② 用地址链接通信；③ 用通信命令通信；④ 用串口通信指令通信；⑤ 用网络通信指令通信；⑥ 用工具软件通信。

1）用地址映射通信

用地址映射进行通信多用于主、从网或设备网。对于这种通信，用户只需编写有关的数据读写程序。但是该方法所交换的数据量不大，大多只有一对输入输出通道，故只能用于较底层的网络上。

地址映射要使用相关 I/O 链接模块。链接模块上用于传送数据的 I/O 区有双重地址。在主站和从站 PLC 为其配置相对应的地址。如果在主站为输出区，则在从站则为输入区，反之亦然。通信程序的控制方法如下：

（1）主站向从站发送数据。主站要执行相关指令，将传送数据写入 I/O 链接模块的主站写区；而从站也要执行相关指令，读此从站读区。

（2）从站向主站发送数据。从站要执行相关指令，将传送数据写入 I/O 链接模块的从站写区；而主站也要执行相关指令，读此主站读区。

为安全起见，还可增加定时监控，用来监视控制命令在预定的时间内是否得到回应，如未能按时回应，可作相应显示或处理。

2）用地址链接通信

用地址链接通信又称数据链接（Data Link）通信，也是用数据单元通信，只就是参与通信的数据单元在通信各方用相同的地址。三菱称之为循环通信（cyclic communication），多用于控制网。西门子的 MPI 网称其为"全局数据包通信"。发送数据的站点用广播方式发送数据，同时被其他所有站点接收。而哪个站点成为发送站点，由"令牌"管理。谁拥有"令牌"谁就成为发送站点。这个"令牌"实质上是二进制代码，轮流在通信的各站点间传送。无论是管理网络的主站，还是被管理的从站，都同样有机会拥有这个"令牌"。链接通信交换的数据量比地址映射通信大，速度也高，是方便可靠的 PLC 通信方法。

地址链接通信与地址映射通信过程都是系统自动完成的。不同之处是，前者参与通信的数据区在各 PLC 的编址是相同的，可实现多台 PLC 链接；而后者虽然也有对应的映射地址，但只能在主从 PLC 之间映射通信。为了实现地址链接通信，前提是要做好有关地址链接组态，要确定参与数据区及其使用地址，并为参与链接的各 PLC 指定写区、读区。

3）用通信协议通信

用通信协议通信是使用网络协议规定有关命令，实现 PLC 网络通信。例如，西门子 PPI 网可用 PPI 协议，MPI 网可用 MPI 协议（虽然这些协议尚未公开，但可使用基于此协议的 API 函数、ActiveX 控件、OPC 等）。又如，三菱 FX 型机可用串口通信或编程口通信协议，Q 型机可用 MC 协议等。一般情况下，网络不同，协议也不同。

4）用 PLC 的通信指令或通信函数通信

用通信协议或用通信指令、通信函数与用地址映射、用地址链接通信不同的是，前者通信需要发送通信命令或执行通信指令（或函数）；否则就没有指令执行（或调用函数），就无任何通信。而后者用地址映射、用地址链接通信，则总是不停地进行通信。

5）用互联网技术进行通信

目前，以太网技术发展迅速，某些 PLC 以太网模块有自身的 CPU 并且内存也很大，可编辑和存储网页程序，也可设置 IP 地址。PLC 以太网模块可成为互联网的一个服务器，人们可用互联网浏览器访问这个服务器，实现远程通信，进行数据交换。所谓"透明工厂"，就是用互联网技术通信来实现的。

也可利用简单的互联网技术，如通过发送、接收电子邮件进行通信；如果有无线通信系统，也可通过发送、接收手机短信的方式进行通信；还可利用公网，如移动通信网，通过发送短信的方法通信。

3. 其他分类方法

1）按通信发起方分类

可分为 PLC 主动通信和 PLC 被动通信。计算机方发起的通信称被动通信，而 PLC 方发起的通信为主动通信。大多数 PLC 与计算机的通信为被动通信。

2）按通信的方法分类

可分为用工具软件通信、用应用程序通信（含 DDE，OPC）和用组态软件通信。用工具软件通信指用工具软件与 PLC 通信，最常用的是各种编程工具软件，可下载、上载程序和数据，控制 PLC 工作。还有一些监控工具软件（如 OPC 服务器）或其他工具软件，也都可用于计算机与 PLC 间的通信。

3）按通信的媒介分类

可分为通过普通串口（RS-232、RS-485、RS-422）通信和通过各种其他网络通信。

4）按有无通信协议分类

可分为自由通信和协议通信。主动通信多是无协议通信。PLC 的通信协议很多，有的协议还未公开。

5）按通信格式分类

可分为用 ASCII 码格式通信和用十六进制码格式通信。

5.1.2 S7-200 PLC 网络通信方式

1. 计算机与 PLC 通信

用户将带异步通信适配器的计算机与 PLC 互联通信时，通常采用两种结构形式：一种为点对点结构，即一台计算机的通信接口与 PLC 的编程器接口或其他异步通信口实现点对点链接；另一种为多点结构，即一台计算机与多台 PLC 通过一条通信总线相连接，多点结构采用主从式存取控制方法，计算机作为主站，多台 PLC 作为从站，通过周期轮询进行通信管理。

目前计算机与 PLC 互联通信方式主要有以下几种：

（1）通过 PLC 开发商提供的系统协议和网络适配器，构成特定公司产品的内部网络，其通信协议不公开。互联通信必须使用开发商提供的上位组态软件，并采用支持相应协议的外设。这种方式的显示画面和功能往往难以满足不同用户的需要。

（2）购买通用的上位组态软件，实现计算机与 PLC 的通信。这种方式除要增加系统投资外，其应用的灵活性也受到一定的局限。

（3）利用 PLC 厂商提供的标准通信口或由用户自定义的自由通信口，实现计算机与 PLC 互联通信。这种方式不需要增加投资，有较好的灵活性，特别适合于小规模控制系统。

小型 PLC 的编程器接口一般为 RS-422 或 RS-485，而计算机的串行通信接口为 RS-232C，计算机在通过编程软件与 PLC 交换信息时，需要配接专用的带转接的编程电缆或通信适配器。例如，为了在计算机上实现编程软件与 S7-200 系列 PLC 之间的程序传送，需要使用 PC/PPI 编程电缆进行 RS-232C/RS-485 转换后，再与 PLC 编程口连接。

2. PLC 与 PLC 通信

（1）两台 PLC 之间的连接。PLC 之间的通信较为简单，可以使用专用的通信协议，如 PPI 协议。两台 PLC 之间进行信息交换时，将一台 PLC 作为主站，另一台作为从站。

（2）多台 PLC 之间的网络连接。两台以上的 PLC 实现连接时，将一台 PLC 作为主站，其余的 PLC 作为从站。从站之间不直接通信，从站之间的数据交换都通过主站进行。

S7-200 支持的 PPI、MPI 和 PROFIBUS-DP 协议以 RS-485 为硬件基础。S7-200 CPU 通信接口是非隔离性的 RS-485 接口，共模抑制电压为 12 V。对于这类通信接口，它们之间的信号等电位是非常重要的，最好将它们的信号参考点连接在一起（不一定要接地）。

在 S7-200 CPU 联网时，应将所有 CPU 模块输出的传感器电源的 M 端子用导线连接起来。M 端子实际上是 A、B 线信号的 0 V 参考点。在 S7-200 CPU 与变频器通信时，应将所有变频器通信端口的 M 端子连接起来，并与 CPU 上传感器电源的 M 端子连接。

5.2 个人计算机与 PLC 通信

个人计算机（以下简称计算机）具有较强的数据处理功能，软件种类丰富，配备有多种高级语言，界面友好，操作便利，使用计算机作为可编程序控制器的编程工具也十分方便，如果选择适当的操作系统，则可提供良好的软件平台，开发各种应用系统。

PLC 与计算机的通信近年来发展很快。在 PLC 与计算机连接构成的综合系统中，计算机主要完成数据处理、修改参数、图像显示、打印报表、文字处理、系统管理、编制 PLC 程序、工作状态监视等任务。PLC 仍然直接面向现场、面向设备，进行实时控制。PLC 与计算机的连接，可以更有效地发挥各自的优势，互补应用上的不足，扩大 PLC 的处理能力。

5.2.1 计算机与 PLC 通信的方法与条件

1. 计算机与 PLC 通信的意义

通常可以通过 4 种设备实现 PLC 的人机交互功能。这 4 种设备是：编程终端、显示终端、工作站和个人计算机。编程终端主要用于编程和调试程序，其监控功能较弱。显示终端 主要用于现场显示。工作站的功能比较全，但是价格也高，主要用于配置组态软件。

把个人计算机连接到 PLC 应用系统中，具有以下 4 个方面作用：

（1）构成以计算机为上位机，以单台或多台 PLC 为下位机的小型集散系统，可用计算机实现操作站功能。由个人计算机完成 PLC 之间控制任务的协同工作。

（2）在 PLC 应用系统中，把计算机开发成简易工作站或者工业监控终端，通过开发相应功能的个人计算机软件，与 PLC 进行通信，可实现多个 PLC 信息的集中显示、集中报警等监控功能。

（3）把计算机开发成网间连接器，进行协议转换，可方便地实现 PLC 与其他计算机网络之间的互联。例如，可把下层的控制网络接入上层的管理网络。

（4）把计算机开发成 PLC 编程终端，可通过编程器接口接入 PLC，方便地进行编程、调试及监控。

2. 计算机与 PLC 实现通信的方法

把计算机连入 PLC 应用系统是为了向用户提供工艺流程图显示、动态数据面显示、报表编写、趋势图生成、窗口技术，以及生产管理等多种功能，为 PLC 应用系统提供良好的人机界面和管理能力。但这对用户的要求较高，用户必须做较多的开发工作，才能实现计算机与 PLC 的通信，一般主要包括以下几个方面：

（1）确定计算机上配置的通信口是否与要连的 PLC 匹配。如果不匹配，就需要增加通信模板。

（2）要清楚 PLC 的通信协议，按照协议的规定及帧格式编写计算机的通信程序。PLC 中配有通信机制，一般无须用户编程，若 PLC 厂家有 PLC 与计算机通信的专用软件，则此项任务较容易完成。

（3）选择适当的操作系统提供的软件平台，利用与 PLC 交换的数据编程实现用户要求的画面。

（4）如果需要远程传送，可通过 Modem 接入电话网。采用计算机进行编程时，应配置相应的编程软件。

3. 计算机与 PLC 实现通信的条件

从原则上讲，计算机连入 PLC 网络并没有什么困难，只要为计算机配备该种 PLC 网专用的通信卡及通信软件，按要求对通信卡进行初始化，并编写用户程序即可。用这种方法把计算机连入 PLC 网络存在的唯一问题是价格问题。如果在计算机中配有 PLC 制造厂生产的专用通信卡及专用通信软件，常会使计算机的价格大幅度增加。

由于计算机中已普遍配有异步串行通信适配器（RS-232C），这就为计算机与 PLC 的通信提供了方便。但是，带异步通信适配器的计算机要与 PLC 实现通信，还要满足如下条件：

（1）只有带有异步通信接口的 PLC 及采用异步方式通信的 PLC 网络才有可能与带异步通信适配器的计算机互联。同时还要求双方采用的总线标准一致（都是 RS-232C、都是 RS-422 或都是 RS-485），否则，要通过转换器转接以后才可以互联。

（2）异步通信接口相连的双方要进行相应的初始化工作，设置相同的波特率、数据位数、停止位数、奇偶校验等参数。

（3）用户必须熟悉互连的 PLC 采用的通信协议，严格按照协议的规定为计算机编写通信程序（大多数情况下不需要为 PLC 编写通信程序）。

满足上述 3 个条件，计算机就可以与 PLC 互联通信。

如果计算机无法使用异步通信接口与 PLC 通信，则应使用与之相配的专用通信部件和专用的通信软件实现互联。

5.2.2 计算机与 PLC 的通信内容

PLC 与计算机通信有两种情况，即被动通信与主动通信。被动通信由计算机发起，按照通信协议，PLC 响应计算机的请求；主动通信由 PLC 发起，按照编程约定，令计算机做出相应响应。被动通信时，PLC 与计算机的通信内容包括了三个方面：① 数据读写；② 状态读写；③ 通信测试。

1. 数据读写

数据读写就是指计算机向 PLC 的某个数据区写数据，或计算机从 PLC 的某个数据区读数据。读写不同的数据区，用的命令也不同。数据读写是 PLC 与计算机通信最常用、最主要的内容。

通信过程一般总是计算机先给 PLC 发送有关命令，接着 PLC 予以回应。例如，读数命令，PLC 会回应相应数据；写数命令，PLC 被写成功后回应计算机已写成功的信息。如果计算机发出的读写命令不当，PLC 无法执行或未执行，PLC 会按照命令不当的类型作相应回应，即返回错码信息。

有的 PLC 协议在读写过程中应答烦琐，例如：西门子 PPI 协议，读命令发出后，PLC 先应答，然后计算机回应，最后 PLC 才把数据传送给计算机；三菱的 RS-232 串口通信协议，当收到所读数据后，计算机还需发送一个已收到数据的回应信息。

2. 状态读写

计算机通过通信命令读或写 PLC 的状态，如运行状态、监控状态或编程状态。状态读写实际是计算机对 PLC 的操作与控制。计算机可使 PLC 程序运行或停止运行。

3. 通信测试

计算机向 PLC 发送通信测试命令，以测试通信系统是否正常，在搜索通信口状态的设定时常用到它。通信取消命令用以取消所发的通信命令。

当 PLC 主动通信时，PLC 可通过串口或网络接口向计算机发送数据，计算机收到数据后要进行处理，PLC 与计算机都要编写和执行相应用户程序。

当 PLC 被动通信时，PLC 对计算机通信命令的应答都是由 PLC 操作系统处理，无须执行任何用户程序。

5.2.3 计算机与 PLC 通信的程序设计

1. 计算机程序设计要点与方法

PLC 主动通信时，总是 PLC 先向算机发送数据，随后计算机再做相应的应答。主动通信时，计算机与 PLC 双方都须按事先约定编写程序。计算机的程序内容与被动通信基本相同。首先打开通信口，再读数据，然后按约定处理数据，最后才发相应的"回应数据"给 PLC。

PLC 被动通信时，编程工作主要在计算机。所用的编程语言可以是 VB、VC++ Delphi 及 C++ Builder 等。

1）通信程序设计要点

（1）通信口设定及打开、关闭。

通信如果使用普通串口，首先要选用通信接口，然后需要确定有关通信参数，如波特率等。这些参数应与 PLC 所设定的参数完全相同。而对于 PLC，这些参数一般可用相应软件来设定。

通信口管理的程序仅与计算机配置、计算机操作系统及语言选用有关，除通信参数要与 PLC 一致外，其他与 PLC 没有关系。

计算机与 PLC 通信不正常，往往与通信参数设定不当有关。此外，在通信前，应打开通信口；当通信完毕时，最好将通信口关闭。

如果使用其他网络通信，一般只要做好相关组态，设置好网络参数，激活网络，即可进行通信。

（2）发送通信命令。发送通信命令与采用哪种网络及 PLC 的通信协议有关。

（3）接收数据。接收数据也与采用哪种网络及 PLC 的通信协议有关。

（4）处理数据。

计算机从 PLC 读取的数据需要进行处理。数据处理包括以下几方面：① 数据变换；② 数据显示；③ 数据存储；④ 数据打印。

（5）人机交互界面。

如果要通过计算机对 PLC 所控制的系统进行远程操作，还应在计算机上设计相应的人机交互界面。在这个界面上应设有按钮、指示灯、输入数据窗口、选择键等，以方便人机对话。

上述几个要点是相互关联的，且有相应时序的配合。从打开通信口、发送通信命令到接收数据应有等待时间。因为计算机命令传送、PLC 处理命令及 PLC 返回数据传送都需要相应时间。为此，不能执行发送命令后，立即就去接收数据。那样，肯定会出现通信失败。而对单工的通信口，如 RS-485，还要考虑到接收与发送状态的转换时间，需要等待。

如不用通信协议进行通信，必须掌握计算机的程序及 PLC 的有关通信指令，编写相应接收数据、发送数据的 PLC 程序。而且双方都要运行相应程序才能实现通信。

2）通信程序设计方法

目前，计算机应用程序多采用可视化软件编程，常用的编程方法如下：

（1）用通信控件编程。

（2）用 PLC 厂家开发的通信控件（ActiveX 控件）编程。

（3）用 Windows 的 API 函数编程。

（4）用 PLC 生产厂家提供的 API 函数编程。

（5）用 PLC 厂家开发的 OPC 编程。

（6）通过 MODEM 通信编程。

（7）通过无线 MODEM 通信编程。

（8）使用互联网技术通信编程。

2. PLC 通信程序设计要点与方法

如为被动通信或协议通信，PLC 方基本上可不用编写程序。但为了提高程序效率与性能，多数还是要编写一些准备数据及使用数据程序。如为主动通信或无协议通信，PLC 方必需编写相应程序。

1）数据准备程序

最好把上位机要读的数据集中在若干连续的字中。这样，当上位机读取数据时，可一次性读取。如果数据分布较分散，则要用多个命令，分多次读取。这样既增加了通信时间，又增加了上位机编程的工作量。

如果 PLC 与上位机通信，只能用指定的数据区时，则必须建立一个通信用的数据块，将要与上位机交换的数据与这个数据块中的数据相互映射，以做到上位机读写这个数据块时，就相当于读写与其有关数据。

2) 数据使用程序设计

一般讲，为使上位机写给 PLC 的数据发挥作用，PLC 还要有相应的程序，包括数据执行程序及数据复原程序。

主动通信是 PLC 发起的。PLC 根据控制状态或采集到的数据情况，主动给上位机发送数据，等待计算机回应。上位机接收到数据后，按约定向 PLC 发送数据回应命令，PLC 再对回应进行判断，以进行下一步处理。PLC 如果用串口与计算机主动通信，则要用串口通信指令。如果用其他网络接口与计算机主动通信，则要用网络通信指令或函数。

5.3 西门子 S7-200 PLC 通信及编程

在数据传输过程中，为了可靠发送、接收数据，通信双方必须有规定的数据格式、同步方式、传输速率、纠错方式、控制字符等，即需要专门的通信协议。严格地说任何通信均需要通信协议，只是在有些情况下要求相对较低且实现较简单而已。在 PLC 控制系统中，习惯上将仅需要对传输的数据格式、传输速率等参数进行简单设定即可实现数据交换的通信，称为"无协议通信"，而将需要安装专用通信工具软件，通过工具软件中的程序对数据进行专门处理的通信，称为"专用协议通信"。

5.3.1 S7-200 PLC 的通信协议

西门子 S7-200 系列 PLC 是一种小型整体结构形式的 PLC，内部集成的 PPI 接口为用户提供了强大的通信功能。其 PPI 接口（即编程口）的物理特性为 RS-485，根据不同的协议，通过此接口与不同的设备进行通信或组成网络。

S7-200 支持多种通信协议，如表 5-1 所示。点对点接口（PPI）、多点接口（MPI）和 PROFIBUS 协议基于 7 层开放系统互连模型（OSI），通过一个令牌环网来实现。它们都是基于字符的异步通信协议，带有起始位、8 位数据、奇偶校验位和一个停止位。通信帧由起始字符和结束字符、源和目的站地址、帧长度和校验和组成。只要波特率相同，3 个协议可以在一个 RS-485 网络中同时运行，不会相互干扰。PPI、MPI 和 S7 协议没有公开，其他通信协议是公开的。

表 5-1 S7-200 支持的通信协议简表

协议类型	端口位置	接口类型	传输介质	通信速率/(b/s)	备注
PPI	EM241 模块	RJ11	模拟电话线	33.6 k	
MPI	CPU 口 0/1	DB-9 针	RS-485	9.6 k、19.2 k、187.5 k	主、从站
				19.2 k、187.5 k	仅作从站
PR0FIBUS-DP	EM227 模块	DB-9 针	RS-485	19.2 k～12 M	通信速率自适应
				9.6 k、12 M	仅作从站
S7	CP243-1 /CP243-1 IT	RJ45	以太网	L0 M、100 M 循环周期 5/10 ms	通信速率自适应
AS-i	CP 243-2	接线端子	AS-i		主站
USS	CPU 口 0	DB-9 针	RS -485	1200～115.2 k	主站，自由端口库指令
					主/从站，自由端口指令
ModbUS RTU	EM241 模块	RJ11	模拟电话线	33.6 k	
自由端口	CPU 口 0/1	DB-9 针	RS-485	1200～115.2 k	

协议定义了主站和从站，网络中的主站向网络中的从站发出请求，从站只能对主站发出的请求做出响应，自己不能发出请求。主站也可以对网络中的其他主站的请求做出响应。从站不能访问其他从站。安装了 STEP 7-Micro/WIN 和 HMI（人机界面）的计算机是通信主站，与 S7-200 通信的 S7-300/400 往往也作为主站。在多数情况下，S7-200 在通信网络中作为从站。

协议支持一个网络中的 127 个地址（0~126），最多可以有 32 个主站，网络中各设备的地址不能重叠。运行 STEP7 –Micro/WIN 的计算机的默认地址为 0，操作员面板的默认地址为 1，PLC 的默认地址为 2。

S7-200 PLC CPU224XP、CPU226 和 CPU226XP 有两个通信口，它们可以在不同的模式和通信速率下工作。

下面简要介绍 S7-200 PLC 支持的通信协议。

1. 点对点接口协议（PPI）

PPI（Point to Point Interface）是主/从协议，网络中的 S7–200 CPU 均为从站，其他 CPU、编程用的计算机或文本显示器为主站。

PPI 协议用于 S7-200 CPU 与编程计算机之间、S7-200 CPU 之间、S7-200 CPU 与 HMI（人机界面）之间的通信。

如果在用户程序中使用了 PPI 主站模式，某些 S7-200 CPU 在 RUN 模式下可以作主站，它们可以用网络读（NETR）和网络写（NETW）指令读写其他 CPU 中的数据。

S7-200 CPU 作 PPI 主站时，还可以作为从站响应来自其他主站的通信申请。

如果选择了 PPI 高级协议，允许建立设备之间的连接，S7-200 CPU 的每个通信口支持 4 个连接，EM277 仅支持 PPI 高级协议，每个模块支持 6 个连接。

2. 多点接口协议（MPI）

MPI（Multi Point Interface）是集成在西门子公司的 PLC 和操作员界面上的通信协议，用于建立小型的通信网络。MPI 网络最多可以有 32 个站，一个网段的最长通信距离为 50 m，可以通过 RS-485 中继器扩展通信距离。

MPI 的通信速率为 19.2 k～12 M b/S，连接 S7-200 CPU 通信口时，MPI 网络的最高速率为 187.5 kb/S。如果要求速率高于 187.5 kb/s，S7-200 PLC 必须使用 EM277 通信模块连接网络，计算机必须通过通信处理器卡（CP）来连接网络。

MPI 允许主/主通信和主/从通信，S7-200 CPU 只能做 MPI 从站，S7-300/400 CPU 作为网络的主站，可以用 XGCT/XPUT 指令来读写 S7-200 的 V 存储区，通信数据包最大为 64 B。S7-200 CPU 不需要编写通信程序，它通过指定的 V 存储区与 S7-300/400 CPU 交换数据。

在编程软件中设置 PPI 协议时，应选中"多主网络"和"高级 PPI"复选框。如果使用的是 PPI 多主站电缆，可以忽略这两个复选框。

3. PROFIBUS 协议

PROFIBUS-DP 协议通信主要用于分布式 I/O 设备（远程 I/O）的高速通信。许多厂家生产类型众多的 PROFIBUS 设备，例如 I/O 模块、电机控制器和 PLC。

S7-200 CPU 需要通过 EM277 PROFTBUS-DP 模块接入 PROFIBUS 网络，网络通常有一个主站和几个 I/O 从站。主站初始化网络并核对网络中的从站设备是否与设置相符。主站周期性地将输出数据写到从站并读取从站的数据。

4. TCP/IP 协议

S7-200 PLC 配备了以太网模块 CP-243-1 或互联网模块 CP-243-1IT 后，支持 TCP/IP 以太网通信协议，计算机应安装以太网网卡。安装了 STEP7-Micro/WIN 之后，计算机上会有一个标准的浏览器，可以用它来访问 CP-243-1IT 模块的主页。

5. 用户自定义协议（自由端口模式）

自由端口模式为计算机或其他有串行通信接口的设备与 S7-200 CPU 之间的通信提供了一种廉价且灵活的方法。在自由端口模式，通过建立接收中断、发送中断和字符中断等中断程序，以及编写发送指令（XMT）和接收指令（RCV），来实现 S7-200 CPU 通信口与其他设备的通信。

计算机与 PLC 通信时，为了避免通信中的各方争用通信线，一般采用主从方式，即计算机为主站，PLC为从站。只有主站才有权主动发送请求报文，从站收到信息后返回响应报文。

在自由端口模式，由用户自定义与其他串行通信设备通信的协议。Modbus RTU通信及USS通信就是建立在自由端口模式基础上的通信协议。

5.3.2　S7-200 PLC的通信种类

1. 西门子PLC之间的通信

西门子PLC之间的通信方式如表5-2和表5-3所示。

表5-2　S7-200 CPU之间的通信方式

通信方式	介质	本地需用设备	通信协议	数据量	编程方法	特点
PPI	RS-485	RS-485网络部件	PPI	较少	编程向导	简单可靠经济
Modem	音频模拟电话网	EM241扩展模块、模拟音频电话线（RJ11接口）	PPI	大	编程向导	距离远
Ethernet	以太网	CP243扩展模块(RJ45接口)	S7	大	编程向导	速度高
无线电	无线电波	无线电台	自由端口	中等	自由端口编程	多站时编程复杂

表5-3　S7-200与S7-300/400之间的通信方式

通信方式	介质	本地需用设备	通信协议	数据量	本地需做工作	远端需做工作	远端需用设备	特点
DP	RS-485	EM227和RS-485接口	DP	中等	无	配置或编程	DP模块或带DP口的CPU	可靠、速度快、从站
MPI	RS-485	RS-485硬件	MPI	较少	无	编程	CPU上的MPI口	仅作从站
Ethernet	以太网	CP 243-1, RJ45接口	S7	大	编程向导配置编程	配置和编程	以太网模块/带以太网接口的CPU	速度快
RUT	RS-485	RS-485硬件	RTU	大	指令库	编程	串行通信模块和Modbus选件	仅作从站
无线电	RS-485/无线电转换	无线电台	自由端口	中等	自由端口编程	串行编程	串行通信模块	仅作从站
			RTU	大	指令库	指令库编程	串行模块、无线电台、Modbus选件	

注：① 无线电通信速率为1200～115 200b/s；
　　② Modbus RTU简称为RTU, PROFIBUS-DP简称为DP。

2. S7-200 PLC 与西门子驱动装置之间的通信

S7-200 PLC 与西门子 MicroMaster 系列变频器（如 MM440、MM420、MM430、MM3 系列以及新型 SINAMICS G110、G120）之间使用指令库中的 USS 通信指令，可以简单方便地实现通信。

3. S7-200 PLC 与第三方 HMI/SCADA 软件间的通信

S7-200 PLC 与第三方 HMI（人机界面）之间，以及与上位机 SCADA（数据采集和监控）软件之间主要有以下几种通信方式：① OPC 方式；② PROFIBUS-DP；③ Modbus RTU，可以直接连接到 CPU 通信接口上，或者连接到 EM241 模块上，后者需要 Modem 拨号功能。

4. S7-200 PLC 与第三方 PLC 之间的通信

（1）如果对方可作 PROFIBUS-DP 主站，建议采用 PROFIBUS-DP 协议通信，这种方式最为方便可靠。

（2）如果对方可作 Modbus RTU 主站，可以使用 Modbus RTU 从站协议通信。

（3）在自由端口模式，使用自定义协议通信。

5. S7-200 PLC 与第三方 HMI（人机界面）之间的通信

如果第三方厂商的人机界面支持 PPI、PROFIBUS-DP、MPI、Modbus RTU 等 S7-200 PLC 支持的通信方式，就可以和 S7-200 PLC 通信。

6. S7-200 PLC 与第三方变频器之间的通信

S7-200 PLC 如果和第三方变频器通信，需要按照对方的通信协议，在本地用自由端口编程。如果对方支持 Modbus 协议，S7-200 PLC 则可以使用 Modbus RTU 主站协议。

7. S7-200 PLC 与其他串行通信设备之间的通信

S7-200 PLC 可以与其他支持串行通信的设备，如串行打印机、仪表等通信。如果对方为 RS-485 接口，可以直接连接；如果对方为 RS-232 接口，则需要用硬件转换。

这类通信需要按照对方的通信协议，使用自由端口模式编程。

8. S7-200 PLC 的编程通信方式

安装了 STEP7-Micro/WIN 的计算机可以通过下列方式与 S7-200 CPU 通信：

（1）通过 PC/PPI 电缆，与单个 CPU 或者网络中的 CPU 通信接口（或 EM277 模块）通信。

（2）通过计算机上的通信处理器（CP 卡），与单个 CPU 或者网络中的 CPU 通信接口（或 EM277 模块）通信。

（3）通过本地计算机上安装的 Modem（调制解调器），经过公用或者内部电话网，与安装了 EM241 模块的 CPU 通信。

（4）通过本地计算机上的以太网卡，经以太网与安装了 CP243-1 以太网模块的 CPU 通信。

（5）通过 PC Adapter USB（S7-300/400 的 USB 编程电缆），与 CPU 通信接口或 EM277 模块的通信接口通信。

（6）通过本地计算机上安装的 GSM Modem，与远程安装了 GSM Modem（如 TC35T）的 CPU 通信，须申请并开通相应 SIM 卡的数据传输服务。

用于 S7-300/400 PLC 编程的带 RS-232 接口的 PC/MPI 适配器不能用于 S7-200 PLC 编程通信。

5.4　S7-200 PLC 通信协议及通信指令

5.4.1　通信协议

通过 SMB30 或 SMB130 选择通信协议，可以将通信端口设置为自由端口模式。处于该模式时，PLC 不能与编程设备通信。当选择代码 mm = 10（PPI 主站）时，CPU 成为网络中的一个主站，可以执行 NETR 和 NETW 指令，在 PPI 模式下忽略 2~7 位。

只有当 CPU 处于 RUN 模式时，才能使用自由端口模式。CPU 处于 STOP 模式时，自由端口模式被禁止，自动转入 PPI 模式，此时可以与编程设备通信。如果调试时需要在自由端口模式与 PPI 模式之间切换，可以用 SM0.7 的状态决定通信口的模式，而 SM0.7 的状态反映的是 CPU 模式选择开关的位置，在 RUN 模式时 SM0.7 为 1，在 TERM 模式和 STOP 模式时 SM0.7 为 0。

发送指令（XMTT）启动自由端口模式下数据缓冲区（TBL）的数据发送，通过指定的通信端口（PORT），发送存储在数据缓冲区中的数据。最多可以发送 255 个字符，发送结束时可以产生中断事件。

接收指令（RCV）初始化或中止接收信息的服务，最多可以接收 255 个字符，通过指定的通信端口（PORT），接收信息并存储在数据缓冲区（TBL）中，在接收完最后一个字符或每接收一个字符均可以产生中断。

特殊内存字节 SMB30 控制通信口 0 的自由口通信。特殊内存字节 SMB130 控制通信口 1 的自由口通信。通过设置控制字 SMB30 和 SMB130，可以选择自由口或系统通信协议。

SMB30/SMB130 控制字节：

| MSB(7) | p | p | d | b | b | b | m | m | LSB(0) |

1. SM30.7、SM30.6/SMl30.7、SMl30.6-pp：校验选择

00：无奇偶校验；

01：偶校验；

10：无奇偶校验；

11：奇校验。

2. SM30.5/SMl30.5-d：每个字符的数据位

0：8 位/字符；

1：7 位/字符。

3. SM30.4～SM30.2/SMl30.4～SMl30.2-bbb：自由口波特率

000：38 400 b/s；

001：19 200 b/s；

010：9 600 b/s；

011：4 800 b/s；

100：2 400 b/s；

101：1 200 b/s；

110：600 b/s；

111：300 b/s。

4. SM30.1～SM30.0/SMl30.1～SMl30.0-mm：通信协议选择

00：PPI/从站模式；

01：自由口协议；

10：PPI/主站模式；

11：保留。

注意事项：选择代码 mm= 10（PPI 主站）时，CPU 成为网络上的主站，并允许执行 NETR 及 NETW 指令。在 PPI 模式下，2～7 位被忽略。

5.4.2 接收信息

特殊内存字节 SMB 86～94/SMB l86～194 用于控制口 0 和控制口 1，并从接收信息指令中读取状态。

1. 通信口 0 状态字

SMB86/SMBl86 接收信息状态字节：

| MSB(7) | n | r | e | 0 | 0 | t | c | p | LSB(0) |

n=1：由用户发出禁止命令终止接收信息；
r=1：终止接收信息，原因是输入参数有错误或缺少起始和结束条件；
e=1：收到结束字符；
t=1：终止接收信息：原因是定时器超时；
c=1：终止接收信息：原因是超过最大字符数；
P=1：终止接收信息：原因是奇偶校验错误。

2. 通信口 1 状态字

SMB87/SMB187 接收信息控制字节：

| MSB(7) | n | x | y | z | m | t | bk | 0 | LSB(0) |

n=0：关闭接收信息功能，n=1：启动接收信息功能。每次执行 RCV 指令，检查启动/关闭接收信息位；

x=0：忽略 SMB88 或 SMB188，x=1：使用 SMB88 或 SMB188 数值检测信息开始部分；

y=0：忽略 SMB89 或 SMB189，y=1 使用 SMB89 或 SMB189 数值检测信息结束部分；

z=0：忽略 SMW90 或 SMB190，z=1 使用 SMW90 数值检测空闲状态；

m=0：使用计时器作为内部字符计时器，M=1 使用定时器作为信息定时器；

t=0：忽略 SMW92 或 SMW192，t=1：如果超出 SMW92 或 SMW192 内的时间期限，终止接收；

bk=0：忽略暂停条件，bk=1：使用暂停条件作为信息检测的开始部分。

3. 接收控制字数据区

SMB88/SMB188：信息起始字符；

SMB89/SMB189：信息结束字符；

SMB90、SMB91/SMB190、SMB191：空闲行时间期限，以毫秒为单位。空闲行时间过期后接收的第一个字符是新信息的开始。SMB90 或 SMB190 为 MSB（最高位字节），SMB91 或 SMB191 为 LSB（最低位字节）。

SMB92、SMB93/SMB192、SMB193：字符间/信息间定时器超出数值，以微秒为单位。如果超过时间期限，接收信息终止。SMB92 或 SMB192 为 MSB（最高位字节），SMB93 或 SMB193 为 LSB（最低位字节）。

SMB94/SMB194：接收字符数目已达到最大值（1~255 字符）。

4. SMB2 接收字符缓冲器（自由口）

特殊内存字节 SMB2 被用作自由口接收字符缓冲器。在自由口模式下接收的每个字符均被存于此位置，易于从梯形逻辑程序存取。SMB2 字节包含在自由口通信过程中从口 0 或口 1 接收的所有字符。

5. SMB3：接收奇偶错误（自由口）

SMB3 用于自由口模式，包含在接收字符中检测到字符奇偶错误时所设定的奇偶错误位。当检测到字符奇偶错误时，丢弃信息。

SM3.0：口 0 或口 1 奇偶错误；

SM3.1 ~ SM3.7：保留位。

6. SMB4：队列溢出（中断）

特殊内存字节（SM4.0 ~ SM4.7），包含中断队列溢出位、传输器内存空闲位等。中断队列溢出位表示中断处于启动或关闭状态。中断队列溢出位表示中断发生速率比可处理速率更快，或中断被全局中断关闭指令关闭。

SM4.0：通信中断队列溢出时，此位为 1；

SM4.1：输入中断队列溢出时，此位为 1；

SM4.2：定时中断队列溢出时，此位为 1；

SM4.3：在运行中，检测到编程问题时，此位为 1；

SM4.4：此位反映全局中断启动状态，启动中断时，此位为 1；

SM4.5：当通信口 0 发生空闲时，此位为 1；

SM4.6：当通信口 1 发生空闲时，此位为 1；

SM4.7：当发生强迫置位时，此位为 1。

状态位 SM4.0、SM4.1 及 SM4.2 只在中断程序中使用。当队列为空时，这些状态位被复位，并返回主程序。

5.4.3 网络读/网络写指令

1. 网络读指令

应用网络读（NETR）通信指令，可以从指定的通信端口（PORT）从其他的 S7-200 PLC 上接收数据，并将接收到的数据存储在指定的缓冲区表（TBL）中。NETR 指令可从远程站最多读取 16 个字节信息。

2. 网络写指令

应用网络写（NETW）通信指令，可以从指定的通信端口（PORT）向其他的 S7-200 PLC 写指令指定的缓冲区表（TBL）中的数据。NETW 指令可向远程站最多写入 16 字节信息。

网络读/网络写指令的表达形式及操作数如表 5-4 所示。

表 5-4 网络读/网络写指令

指令的表达形式		操作数的含义及范围
网络读指令	网络写指令	
NETR ─EN ENO─ ─TBL ─PORT NETR TBL, PORT	NETW ─EN ENO─ ─TBL ─PORT NETW TBL, PORT	TBL：VB、MB、*VD、*AC、*LD PORT：CPU226 可为 0 或 1，其他 CPU 只能为 0

3. 关于网络读和网络写的说明

远程站地址为存取数据的 PLC 的地址。数据指针为指向 PLC 内数据的间接指针。数据长度为存取数据的字节长度（1~16）。接收或传输数据区域为 1~16 字节。对于 NETR 指令，此数据区是指执行 NETR 后存储读取数据的区域；对于 NETW 指令，此数据区是指执行 NETW 前存储发送数据的区域。

操作数 TBL 所定义的数据表共有 23 个字节，其中字节 0 为状态码，字节 1 为远程站地址（被访问的 PLC 的地址），字节 2~5 为远程站的数据指针（数据区可以为 I 区、Q 区、M 区或 V 区），字节 6 为数据长度，字节 7~22 为数据字节，如表 5-5 所示。

表 5-5 网络读写指令数据表

字节	内容	字节	内容
0	状态码（D、A、E、0、RR）	7	数据字节 0
1	远程站地址（被访问的 PLC 的地址）	8	数据字节 1
2	远程站的数据指针，数据区可以为 I 区、Q 区、M 区或 V 区	9	数据字节 2
3		10	数据字节 3
4		…	…
5		21	数据字节 14
6	数据长度 n	22	数据字节 15

其中，状态码字节 0 的分配：第 7 位用 D 表示、第 6 位用 A 表示、第 5 位用 E 表示、第 4 位用 0 表示、低 4 位为错误码，用 RR 表示。

D：完成状态（操作已完成）。D=0 时，未完成；D=1 时，完成。

A：有效状态（操作已被排队）。A=0 时，无效；A=1 时，有效。

E：错误状态（操作返回一个错误）。E=0 时，无错误；E=1 时，错误。

0：无效位。

RR=0 无错误。

RR=1 超时错误，远程站无响应。

RR=2 接收错误，回答存在奇偶、帧或校验和错误

RR=3 脱机错误，重复站地址或失败硬件，引起冲突。

RR=4 队溢出错误，多于 8 个 NETR/NETW 方框被激活。

RR=5 违反协议，未启动 SMB30 内的 PPI（主）试图执行 NETR/NETW。

RR=6 非法参数，NETR/NETW 表包含非法或无效数值。

RR=7 无资源，远程扩展忙（正在进行上装或下载操作）。

RR=8 第 7 层错误，违反应用协议。

RR=9 信息错误，数据地址错误或数据长度不正确。

4. 关于网络读/写的限制

可在程序内使用任意数目的 NETR/NETW 指令，但在任意时刻最多只能有 8 个 NETR 及 NETW 指令处于激活状态。例如，可以在给定 S7-200 内任意时刻有 4 个 NETR 及 4 个 NETW 指令，或 2 个 NETR 及 6 个 NETW 指令处于激活状态。

5. 网络读/写编程步骤

（1）建立通信网络（主站/从站）。

（2）建立网络读/写表（TBL）。

（3）编写网络读/写指令（NETR/NETW）。

5.4.4 发送/接收指令

发送指令和接收指令的表达形式及操作数如表 5-6 所示。

1. 发送指令

应用发送指令（XMT）可以将发送数据缓冲区（TBL）中的数据通过指令指定的通信端口（PORT）发送出去，发送完成时将产生一个中断事件，数据缓冲区的第一个字节指明了要发送的字节数，第二个字节及之后的数据为需要发送的数据。操作数 PORT 指定传输使用的通信口（口 0 或口 1）。XMT 指令用于在自由口通信方式下通过通信口传输数据。

XMT 指令可以方便地发送 1～255 个字符，如果有中断程序连接到发送结束事件上，在缓冲区中的最后一个字符发送完成时，端口 0 会产生中断事件 9，端口 1 会产生中断事件 26。可以监视发送完成状态位 SM4.5 和 SM4.6 的变化，而不是用中断进行发送。

表 5-6 接收和发送指令表达形式及操作数

指令的表达形式		操作数的含义及范围
发送指令	接受指令	
XMT EN ENO TBL PORT XMT TBL, PORT	RCV EN ENO TBL PORT RCV TBL, PORT	TBL: VB, IB, QB, MB, SB, SMB, *VD, *.AC PORT: CPU226、CPU226XM 可为 0 或 1,其他 CPU 只能为 0

2. 发送编程步骤

(1) 建立发送表（TBL）。
(2) 发送初始化（SMB30/130）。
(3) 编写发送指令（XMT）。

【例 1】图 5-1 为一个用发送指令编程的例子。S7-200 PLC 以自由口通信方式向个人计算机不断地发送与字符 S7-200 相对应的 ASCII 码。下面分析程序的功能。PLC 首次运行时，SM0.1 保持"ON"一个扫描周期。因此 SM0.1=1 这个条件可以作初始化用。该程序就是利用这一条件进行发送操作的初始化。

Network1 用于初始化通信口和形成发送表。将 9 传送到 SMB30 的作用是对通信口 0 进行初始化。设定为自由口方式，波特率为 9600 b/s，数据格式为 8 位数据位，无须校验位。而十六进制数 5337 是字符"S7"的 ASCII 码，2D32 是字符"-2"的 ASCII 码，3030 是字符"00"的 ASCII 码。可以看出，VW100、VW102 及 VW104 存放着字符 S7-200 的 ASCII 码。VB99 表示要发送的字符数为 6 个，可见发送数据缓冲器 TBL 为 VB99～VBl04。

Network2 的功能是发送数据。可以看出，执行发送指令 XMT 的条件是 SM0.5 的上升沿。由于 SM0.5 是系统提供的秒时钟脉冲，故发送指令是每秒钟执行一次，即每秒钟发送一次与字符 S7-200 相对应的ASCII 码。

3. 接收指令

接收指令 RCV 初始化或中止接收信息的

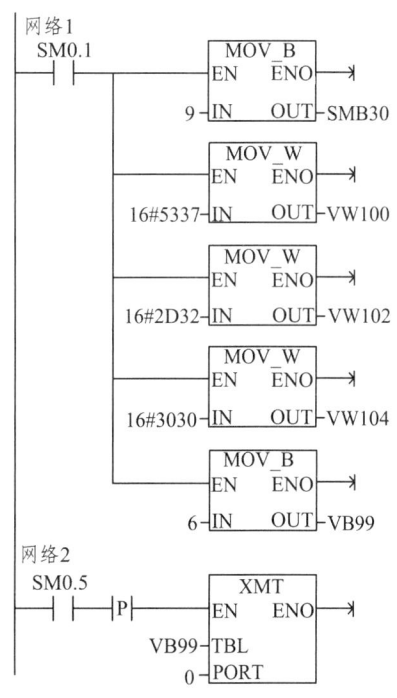

图 5-1 发送指令的编程

服务。必须指定开始或终止条件,接收指令才能进行操作。通过指定的通信端口(PORT)接收信息,存储在数据缓冲区(TBL)中。数据缓冲器第一个字节的数据指定需要接收的字节数目,第二个字节及之后的字节为数据存储区。

RCV 指令可以方便地接收一个或多个字符,最多可以接收 255 个字符。如果有中断程序连接到接收结束事件上,在缓冲区中的最后一个字符接收完成时,端口 0 产生中断事件 23,端口 1 产生中断事件 24。

可以监视 SMB86 或 SMB1S6 的变化,而不是用中断进行报文接收。SMB86 或 SMB186 非零时,表明 RCV 指令未被激活或接收已经结束,而正在接收报文时 SMB86 或 SMB186 为 0。

当超时或奇偶校验错误时,自动中止报文接收功能。必须为报文接收功能定义一个启动条件和一个结束条件。

也可以用字符中断而不是用接收指令来控制接收数据,每接收一个字符产生一个中断,在端口 0 或端口 1 接收一个字符时,分别产生中断事件 8 或中断事件 25。

在执行连接到接收字符中断事件的中断程序之前,接收到的字符存储在自由端口模式的接收字符缓冲区 SMB2 中,奇偶状态(如果允许奇偶校验的话)存储在自由端口模式的奇偶校验错误标志位 SM3.0。奇偶校验出错时应丢弃接收到的信息,或产生一个出错的返回信号。端口 0 和端口 1 共用 SMB2 和 SMB3。

4. 接收指令编程步骤

(1)设置接收初始化(SMB30/130)。

(2)设置接收控制字(SMB87/187)。

(3)设置最大字符数(SMB94/194)。

(4)设置起始符(SMB88/188)。

(5)设置结束符(SMB89/189)。

(6)设定空闲时间(SMW90/190)。

(7)建立中断连接。

(8)写接收指令(RCV)。

5.4.5 Modbus 通信

1. Modbus 协议简介

Modbus 是一种串行通信协议,是 Modicon 公司于 1979 年为使用可编程逻辑控制器(PLC)而发布的。事实上,它已经成为工业领域的通信协议标准,并且是工业电子设备之间相当常用的连接方式。

Modbus 传输协议定义了控制器可以识别和使用的信息结构，而无须考虑通信网络的拓扑结构。它定义了各种数据帧格式，描述了控制器访问另一设备的过程，规定如何做出应答响应，以及可检查和报告的错误。

Modbus 具有两种串行传输模式：ASCII 和 RTU。它们定义了数据打包、解码的不同方式。支持 Modbus 协议的设备一般都支持 RTU 格式。

Modbus 是一种单主站的主/从通信模式。Modbus 网络上只能有一个主站存在，主站在 Modbus 网络上没有地址，从站的地址范围为 0～247，其中 0 为广播地址，从站的实际地址范围为 1～247。

Modbus 通信标准协议可以通过各种传输方式传播，如 RS-232C、RS-485、光纤、无线电等。在 S7-200 CPU 通信口上实现的是 RS-485 半双工通信，使用的是 S7-200 PLC 的自由口功能。

STEP7-Micro/WIN 指令库通过包括预组态的子程序和专门设计用于 Modbus 通信的中断例行程序，使与 Modbus 主站和从站设备的通信变得更简单。Modubs 协议指令可以将 S7-200 组态作为 Modbus RTU 从站设备工作，可与 Modbus 主站设备进行通信。Modbus 主站指令可将 S7-200 组态作为 Modbus RTU 主站设备工作，并与一个或多个 Modbus 从站设备通信。可以在 STEP 7-Micro/WIN 指令树的库文件夹中安装这些 Modbus 指令。Modbus 主站协议库有两个版本，一个版本使用 CPU 的端口 0，另一个版本使用 CPU 的端口 1。端口 1 的 Modbus 指令库在 POU 名称后附加了一个 Pl(如 MBUS_CTRL_Pl)，用于指示 POU 使用 CPU 上的端口 1。两个 Modbus 主站库在其他方面均完全相同。Modbus 从站库仅支持端口 0 通信。

2. S7-200 Modbus RTU 主站指令库

Modbus RTU 主站指令库的功能是通过在用户程序中调用预先编好的程序功能块实现的，该库对 Port0 和 Port1 有效，并设置通信口工作在自由口模式下。Modbus RTU 主站指令库使用了一些用户中断功能，编写其他程序时，不能在用户程序中禁止中断。当 S7-200 CPU 端口用于 Modbus 主站协议通信时，将无法用于其他用途，包括与 STEP7-Micro/WIN 通信。

Modbus RTU 主站指令库包括主站初始化程序 MBUS_CTRL 和读/写子程序 MBUS_MSG，需要一个 284 B 的全局 V 存储区。

端口 0 的 MBUS_CTRL 指令（或端口 1 的 MBUS_CTRL_Pl 指令）用来初始化、监控或禁用 Modbus 通信。MBUS_CTRL 指令必须无错误地执行，然后才能使用 MBUS_MSG 指令。每次扫描（包括第一次扫描）都必须调用 MBUS_CTRL 指令，以便监控由 MBUS_MSG 指令启动的所有待处理信息的进程，否则 Modbus 主站协议将不能正常工作。MBUS_CTRL 的指令格式如表 5-7。

表5-7 MBUS_CTRL 指令

梯形图	输入/输出参数	数据类型	输入/输出参数含义
MBUS_CTRL -EN -Mode -Baud　Done- -Parity　Error- -Timeout	EN	BOOL	使用 SM0.0 保证每一扫描周期都被使能
	Mode	BOOL	模式。为 1 时，使能 Modbus 协议功能；为 0 时，恢复为系统 PPI 协议
	Baud	DWORD	波特率。支持的通信波特率为：1 200、2 400、4 800、9 600、19 200、38 400、57 600 和 115 200
	Parity	BYTE	校验方式选择：0=无校验，1=奇校验，2=偶校验
	Timeout	INT	主站等待从站响应的时间，以毫秒为单位，典型的设置值为 1000 ms，允许设置的范围为 1～32 767
	Done	BOOL	初始化完成，此位会自动置 1
	Error	BYTE	指令的执行结果，在 Done 为 1 时有效

端口 0 的 MBUS_MSG 指令(或端口 1 的 MBUS_MSG Pl 指令)用于启动到 Modbus 从站的请求，并处理响应。发送请求、等待响应和处理响应通常要求多个扫描周期。一次只能有一个 MBUS_MSG 指令处于活动状态。如果启用了一个以上 MBUS_MSG 指令，则将处理第一个 MBUS_MSG 指令，所有后续 MBUS_MSG 指令将被终止，并输出错误代码 6。MBUS_MSG 的指令格式如表 5-8。

表5-8 MBUS_MSG 指令

梯形图	输入/输出参数	数据类型	输入/输出参数含义
MBUS_MSG -EN -First -Slave　Done- -RW　Error- -Addr -Count -DataPrt	EN	BOOL	使能，同一时刻只能有一个读/写功能使能
	First	BOOL	读/写请求位，必须使用脉冲触发
	Slave	BYTE	从站地址，可选择的范围为 1～247
	RW	BYTE	指定读或写该消息，0=读，1=写
	Addr	DWORD	读/写从站的数据地址
	Count	INT	通信的数据个数（位或字的个数）
	DataPrt	DWORD	数据指针。如果是读指令，读回的数据放到此数据区中；如果是写指令，要写出的数据放到此数据区中
	Done	BOOL	读/写功能完成位
	Error	BYTE	指令的执行结果，在 Done 为 1 时有效

Modbus 地址通常由 5 位数字组成，包括起始的数据类型代号，以及后面的偏移地址。Modbus 主站指令库把标准的 Modbus 地址映射为 Modbus 功能号，读/写从站的数据。Modbus 主站指令库支持以下地址：

- 00001～09999：数字量输出（线圈）；
- 10001～19999：数字量输入（触点）；

- 30001~39999：输入数据寄存器（通常为模拟量输入）；
- 40001~49999：数据保持寄存器。

为了支持对 Modbus 地址的读/写，Modbus 主站指令库需要从站支持相应的功能，如表 5-9 所示。

表 5-9 Modbus 从站需支持的功能

Modbus 地址	读/写	Modbus 从站需支持的功能
00001~09999 数字量输出	读	功能 1：读取单个/多个线圈状态
	写	功能 5：写单输出点，功能 15：写多输出点
10001~19999 数字量输入	读	功能 2：读取单个/多个触点状态
	写	—
30001~39999 输入寄存器	读	功能 4：读取单个/多个输入寄存器
	写	—
40001~49999 保存寄存器	读	功能 3：读取单个/多个输入保持寄存器
	写	功能 6：写单寄存器单元，功能 16：写多寄存器单元

Modbus 保持寄存器地址与 S7-200 V 存储区地址的映射关系，如图 5-2 所示（输入参数 DataPtr 为&VB200）。位地址（0xxxx 和 1xxxx）数据总是以字节为单位打包读/写。首字节中的最低有效位对应 Modbus 地址的起始地址，如图 5-3 所示。

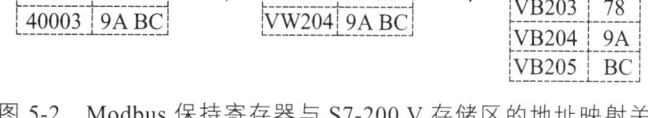

图 5-2 Modbus 保持寄存器与 S7-200 V 存储区的地址映射关系

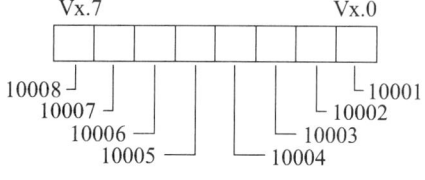

图 5-3 数字量位地址映射关系

3. S7-200 Modbus RTU 从站指令库

S7-200 CPU 上的通信口 Port0 可以支持 Modbus RTU 协议，成为 Modbus RTU 从站。此功能是通过 S7-200 的自由口通信模式实现的。Modbus RTU 从站功能是通过指令库中预先编好的程序功能块实现的。Modbus RTU 从站指令库只支持 CPU 上的通信端口 0

（Port0）。

当 S7-200 CPU 端口用于 Modbus 从站协议通信时，它无法用于其他用途，包括 STEP 7-Micro/WIN 通信。

Modbus RTU 从站指令库包括从站初始化程序 MBUS_INIT 和响应主站请求子程序 MBUS_SLAVE，需要一个 779 B 的全局 V 存储区。

从站初始化程序 MBUS_INIT 指令用于初始化或禁止 Modbus 通信。MBUS_INIT 指令必须无错误地执行，然后才能使用 MBUS_SLAVE 指令。在继续执行下一条指令前，MBUS_INIT 指令必须执行完并且 Done 位被立即置位。MBUS_INIT 子程序可以用 SM0.1 调用，在第一个循环周期内执行一次，其指令格式如表 5-10 所示。

表 5-10 MBUS_INIT 指令

梯形图	输入/输出参数	数据类型	输入/输出参数含义
MBUS_INIT EN Mode Done Addr Error Baud Parity Delay MaxIQ MaxAI MaxHold HoldStart	EN	BOOL	使用 SM0.1 保证第一个扫描周期执行一次
	Mode	BYTE	启动/停止 Modbus，1=启动；0=停止
	Addr	BYTE	Modbus 从站地址，取值为 1～247
	Baud	DWORD	波特率。支持的通信波特率为：1 200、2 400、4 800、9 600、19 200、38 400、57 600 和 115 200
	Parity	BYTE	校验方式选择：0=无校验，1=奇校验，2=偶校验
	Delay	INT	附加在字符间延时，默认值为 0
	MaxIQ	INT	参与通信的最大 I/O 点数，默认值为 128
	MaxAI	INT	参与通信的最大 AI 通道数，可为 16 或 32
	MaxHold	INT	参与通信的最大保持寄存器区（V 存储区）
	HoldStart	DWORD	保持寄存器区起始地址，以 &VBx 指定
	Done	BOOL	成功初始化后置 1
	Error	BYTE	指令的执行结果，在 Done 为 1 时有效

MBUS_SLAVE 指令用于服务来自 Modbus 主站的请求，必须在每个循环周期都执行，以便检查和响应 Modbus 请求。MBUS_SLAVE 的指令格式如表 5-11 所示。

表 5-11 MBUS_SLAVE 指令

梯形图	输入/输出参数	数据类型	输入/输出参数含义
MBUS_SLAVE EN Done Error	EN	BOOL	使用 SM0.0 保证每一扫描周期都被使能
	Done	BOOL	成功初始化后置 1
	Error	BYTE	指令的执行结果，在 Done 位为 1 时有效

Modbus 地址总是以 00001、30004 之类的形式出现。S7-200 内部的数据存储区与 Modbus 的 0、1、3、4 共 4 类地址的对应关系见表 5-12。

表 5-12 Modbus 地址对应表

Modbus 地址	S7-200 数据区
00001～00128	Q0.0～Q15.7
10001～10128	I0.0～I15.7
30001～30032	AIW0～AIW62
40001～4×××	HodlStart～HodlStart+2*(××××－1)

Modbus RTU 从站指令库支持特定的 Modbus 功能。访问使用此指令库的主站必须遵循这个指令库的要求。Modbus RTU 从站指令库支持的功能如表 5-13 所示。

表 5-13 Modbus RTU 从站功能码

功能码	主站使用相应功能码作用于此从站的效用
1	读取单个/多个线圈（离散量输出点）状态 功能 1 返回任意个数字量输出点（Q）的 ON/OFF 状态
2	读取单个/多个触点（离散量输入点）状态 功能 2 返回任意个数字量输入点（I）的 ON/OFF 状态
3	读取单个/多个保持寄存器。功能 3 返回 V 存储区的内容 在 Modbus 协议下保持寄存器都是"字"值，在一次请求中最多读取 120 个字的数据
4	读取单个/多个输入寄存器。功能 4 返回 S7-200 的模拟量输入数据值
5	写单个线圈（离散量输出点）。功能 5 用于将离散量输出点设置为指定的值。这个点不是被强制的，用户程序可以覆盖 Modbus 通信请求写入的值
6	写单个保持寄存器。功能 6 写一个值到 S7-200 的 V 存储区的保持寄存器中
15	写多个线圈（离散量输出点）。功能 15 把多个离散量输出点的值写到 S7-200 的输出映像寄存器（Q 区）中。输出点的地址必须以字节边界起始（如 Q0.0 或 Q2.0），并且输出点的数目必须是 8 的整数倍，这些点不是被强制的，用户程序可以覆盖 Modbus 通信请求写入的值
16	写多个保持寄存器。功能 16 写出多个值到 S7-200 的 V 存储区的保持寄存器中。在一次请求中最多可以写 120 个字的数据

5.4.6 USS 通信

1. USS 协议简介

USS（Universal Serial Interface，通用串行通信接口）是西门子专为驱动装置开发的通信协议，可以支持变频器与 PLC 或 PC 的通信连接，是一种基于串行总线进行数据通信的协议。

USS 协议是主/从站结构协议，规定了在 USS 总线上可以有一个主站和最多 31 个从站。总线上的每个从站都有唯一的站地址，主站依靠站地址标识各个从站。USS 的工作机制是：通信总是由主站发起，USS 主站不断循环轮询各个从站，从站根据收到的指令，决定是否及如何响应主站。从站永远不会主动发送数据。从站只有在接收到的主站报文没有错误，并且该从站在接收到的主站报文中被寻址时，才会响应主站的信息。

USS 协议的波特率最高可达 115.2 kb/s，通信字符格式为 1 位起始位、1 位停止位、1 位偶校验位和 8 位数据位。USS 通信的刷新周期与 PLC 的扫描周期是不同步的，一般完成一次 USS 通信需要几个 PLC 扫描周期，通信时间与总线上的变频器台数波特率及扫描周期有关。不同波特率下的 USS 主站轮询时间如表 5-14 所示。

表 5-14 USS 主站轮询时间

波特率（bps）	主站轮询从站的时间间隔（无参数访问指令）
2 400	130 ms×从站数
4 800	75 ms×从站数
9 600	50 ms×从站数
19 200	35 ms×从站数
38 400	30 ms×从站数
57 600	25 ms×从站数
115 200	25 ms×从站数

2. USS 指令库

USS 指令库是西门子为方便用户使用 USS 协议进行通信而专门编写的库，使用该指令库，用户不需要详细了解 USS 协议格式，通过简单的调用即可实现 USS 协议通信。USS 指令库对端口 0 和端口 1 都有效，并设置通信口工作在自由口模式下。端口 1 库在 POU 名称后附加了一个 P1（如 USS_INIT_P1），用于指示 POU 使用 CPU 上的端口 1。USS 指令库使用了一些用户中断功能，编写其他程序时，不能在用户程序中禁止中断。当 S7-200 CPU 端口用于 USS 协议通信时，它将无法用于其他用途，包括与 STEP 7-Micro/WIN 通信。

USS 指令库包括初始化指令 USS_INIT、控制指令 USS_CTRL、读无符号字参数指令 USS_RPM_W、读无符号双字参数指令 USS_RPM_D、读浮点数参数指令 USS_RPM_R、写无符号字参数指令 USS_WPM_W、写无符号双字参数指令 USS_WPM_D 和写浮点数参数指令 USS_WPM_R。

初始化指令 USS INIT 用于启用或禁止 PLC 和变频器之间的通信，在执行其他 USS 指令前，必须先成功执行一次 USS_INIT 指令。在每一次通信状态改变时也应执行一次 USS_INIT 指令。USS_INIT 指令格式如表 5-15 所示。

表 5-15 USS_INIT 指令

梯形图	输入/输出参数	数据类型	输入/输入参数含义
USS_INIT ─EN ─Mode Done─ ─Baud Error─ ─Active	EN	BOOL	使用 SM0.1 保证第一个扫描周期执行一次
	Mode	BYTE	启动/停止 USS 协议，1=启动；0=停止
	Baud	DWORD	波特率，支持的通信波特率为 1 200、2 400、4 800、9 600、19 200、57 600 和 115 200
	Active	DWORD	决定网络上的哪些 USS 从站在通信中有效
	Done	BOOL	成功初始化后置 1
	Error	BYTE	指令的执行结果，在 Done 位为 1 时有效

USS INIT 指令的 Active 参数用来表示网络上哪些 USS 从站要被主站访问，即在主站的轮询表中被激活。网络上作为 USS 从站的驱动装置每个都有不同的 USS 协议地址，主站要访问的驱动装置，其地址必须在主站的轮询表中被激活。USS INIT 指令只用一个 32 位长的双字来映射 USS 从站有效地址表。在这个 32 位的双字中，每一位的位号表示 USS 从站的地址号；要在网络中激活某地址号的驱动装置，需要把相应位号的位置设为二进制"1"，不需要激活的 USS 从站，相应的位设置为"0"。最后对此双字取无符号整数就可以得出 Active 参数的取值，如表 5-16 所示。

表 5-16 USS INIT 指令 Active 参数示例

位号	MSB31	30	29	28	…	3	2	1	LSB0
对应从站地址	31	30	29	28	…	3	2	1	0
从站激活标志	0	0	0	0		0	1	0	0
Active 取值	16#00000004									

在表 5-16 中，使用站地址为 2 的变频器，则在位号为 2 的位单元格中填入二进制"1"。其他不需要激活的地址对应的位设置为"0"。计算出的 Active 值为 16#00000004，等于十进制数 4。

控制指令 USS_CTRL 用于控制已经被 USS_INIT 激活的变频器，每台变频器只能使用 1 条控制指令。该指令将用户命令放在通信缓冲区内，如果已经在 USS_INIT 指令的激活参数中选择了驱动器，则将用户命令发送到相应驱动器中。USS_CTRL 指令格式如表 5-17 所示。

读取变频器参数指令包括读无符号字参数指令 USS_RPM_W、读无符号双字参数指令 USS_RPM_D 和读浮点数参数指令 USS_RPM_R，这 3 种指令的参数功能完全相同，只是参数 Value 的数据类型不同，指令格式如表 5-18 所示。

写变频器参数指令包括写无符号字参数指令 USS_WPM_W、写无符号双字参数指令 USS_WPM_D 和写浮点数参数指令 USS_WPM_R，这 3 种指令的参数功能完全相同，只是参数 Value 的数据类型不同，指令格式如表 5-19 所示。

表 5-17 USS_CTRL 指令

梯形图	输入/输出参数	数据类型	输入/输出参数含义

USS_CTRL
EN
RUN
OFF2
OFF3
F_ACK
DIR
Drive Resp_R
Type   Error
Speed_SP Status
       Speed
       Run_EN
       D_Dir
       Inhibit
       Fault
	EN	BOOL	使用SM0.1保证每个扫描周期执行一次

	RUN	BOOL	驱动装置启动/停止控制。0=停止,1=启动。停止是按照驱动装置中设置的斜坡减速时间使电动机停止
	OFF2	BOOL	停车信号2。此信号为"1"时,驱动装置将封锁主回路输出,电动机自由停车
	OFF3	BOOL	停车信号3。此信号为"1"时驱动装置将快速停车
	F_ACK	BOOL	故障确认
	DIR	BOOL	电动机运转方向控制
	Drive	BYTE	驱动装置在USS网络上的站地址
	Type	BYTE	指示驱动装置类型。0=MM3系列。1=MM4系列
	Speed_SP	REAL	速度设定值
	Resp_R	BOOL	从站应答确认信号
	Error	BYTE	错误代码。0=无出错
	Status	WORD	驱动装置的状态字
	Speed	REAL	驱动装置返回的实际运转速度值
	Run_EN	BOOL	运行模式反馈
	D_Dir	BOOL	驱动装置的运转方向
	Inhibit	BOOL	驱动装置禁止状态指示。0=未禁止,1=禁止状态
	Fault	BOOL	故障指示位。0=无故障,1=有故障

表 5-18 USS_RPM_W 指令

梯形图	输入/输出参数	数据类型	输入/输出参数含义
USS_RPM_W EN XMT_REQ Drive Done Param Error Index Value DB_Ptr	EN	BOOL	使能读指令
	XMT_REQ	BOOL	发送请求。必须使用边沿检测指令触发
	Drive	BYTE	驱动装置在USS网络上站地址
	Param	WORD	参数号
	Index	WORD	参数下标
	DB_Ptr	DWORD	指向16字节的数据缓冲区
	Done	BOOL	读功能完成后置1
	Error	BYTE	错误代码。0=无出错
	Value	WORD	读出的数据值

表 5-19 USS_WPM_W 指令

梯形图	输入/输出参数	数据类型	输入/输出参数含义
USS_WPM_W EN XMT_REQ EEPROM Drive Done Param Error Index Value DB_Ptr	EN	BOOL	使能读指令
	XMT_REQ	BOOL	发送请求。必须使用边沿检测指令触发
	EEPROM	BOOL	1=向驱动器EEPROM和RAM写入数值,0=仅向驱动器的RAM写入数值
	Drive	BYTE	驱动装置在USS网络上站地址
	Param	WORD	参数号
	Index	WORD	参数下标
	Value	WORD	需要向驱动器写入的参数值
	DB_Ptr	DWORD	指向16字节的数据缓冲区
	Done	BOOL	写功能完成后置1
	Error	BYTE	错误代码。0=无出错

5.5 网络通信编程实例

5.5.1 【例1】打包机通信

这是一个解释 NETR 和 NETW 如何使用的例子。打包生产线控制示意如图 5-4 所示。一条生产线正在组装仪表，并将其送到 4 台打包机中的一台上。而打包机的任务是把 8 只仪表包装到一个纸箱中，1 台分流机负责控制各个仪表流向各个打包机。此例中，4 台 S7-200 CPU221 用于控制打包机，1 台 S7-200 CPU224 用于控制分流机，另外还有 1 只通过通信接口与其连接的 TD200 操作面板。

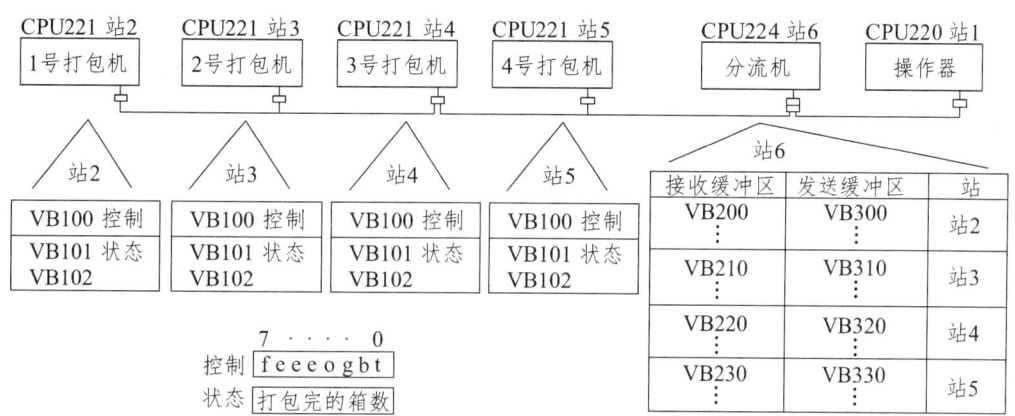

图 5-4 打包生产线控制示意图

为了完成控制任务，给系统配置了网络。其中 TD200 为站 1，1 号、2 号、3 号、4 号打包机分别为站 2、站 3、站 4、站 5，分流机为站 6。

CPU224 作为主站用 NETR 指令连续地读取 1～4 号打包机的控制和状态信息。当每个打包机包装完 100 箱时，分流机要及时地用 NETW 指令发送一条信息清除该打包机的状态字。

在 CPU224 变量存储区，为各个打包机安排了接收缓冲区和发送缓冲区，分配如下：站 2（1 号打包机）接收缓冲区为 VB200～VB209，发送缓冲区为 VB300～VB309；站 3（2 号打包机）接收缓冲区为 VB210～VB219，发送缓冲区为 VB310～VB319；站 4（3 号打包机）接收缓冲区为 VB220～VB229，发送缓冲区为 VB320～VB329；站 5（4 号打包机）接收缓冲区为 VB230～VB239，发送缓冲区为 VB330～VB339。每个接收缓冲区和发送缓冲区的具体分配如下（以站 2 为例）。

1. 接收缓冲区

VB200：状态码，字节的第 7 位为 D，第 6 位为 A，第 5 位为 E，第 4 位为 0，低 4 位为错误码 RR。

VB201：远程站地址（被访问的 PLC 的地址）。

VB202～VB205：亦即 VD202，远程站的数据指针，占用 4 个字节（数据区可以为 I 区、Q 区、M 区或 V 区）。

VB206：数据长度，为 3 字节。

VB207：控制字节。

VB208：状态字节（最高有效字节）。

VB209：状态字节（最低有效字节）。

2. 发送缓冲区

VB300：状态码，字节的第 7 位为 D，第 6 位为 A，第 5 位为 E，第 4 位为 0，低 4 位为错误码 RR。

VB301：远程站地址（被访问的 PLC 的地址）。

VB302～VB305：即 VD302，远程站的数据指针，占用 4 个字节（数据区可以为 I 区、Q 区、M 区或 V 区）。

VB306：数据长度，为 2 字节。

VB307：数据。

VB308：数据。

其他从站在各自存储区内的接收缓冲区和发送缓冲区的具体分配与之类似。

每个从站（打包机）都有各自的控制信息区和状态信息区，均占用各自的变量存储区 VB100～VB102。VB100 为控制字节，其中第 7 位为 f，第 6～4 位为 eee，第 3 位为 0，第 2 位为 g，第 1 位为 b，第 0 位为 t。

3. 控制字节的位分配

f：错误指示，f=1 为打包机检测到错误。

g：黏结剂供应慢指示，g=1 为要求 30 min 内供应黏结剂。

b：包装箱供应慢指示，b=1 为要求 30 min 内供应包装箱。

t：没有可包装的仪表指示，t=1 为没有可包装的仪表。

eee：识别出现的错误类型和错误码。

0：未用位。

VB101、VB102：各自打包完的箱数存储区。

VB101：状态字节（最高有效字节）。

VB102：状态字节（最低有效字节）。

4. 程序设计及说明

该程序仅为整个控制的一部分。首先，它仅是对 4 台打包机的一个信息的读/写操作；其次，它仅涉及控制过程中的主站和从站的信息交换。主站 CPU224 对从站 2 的网络读/网络写的编程如图 5-5 所示。

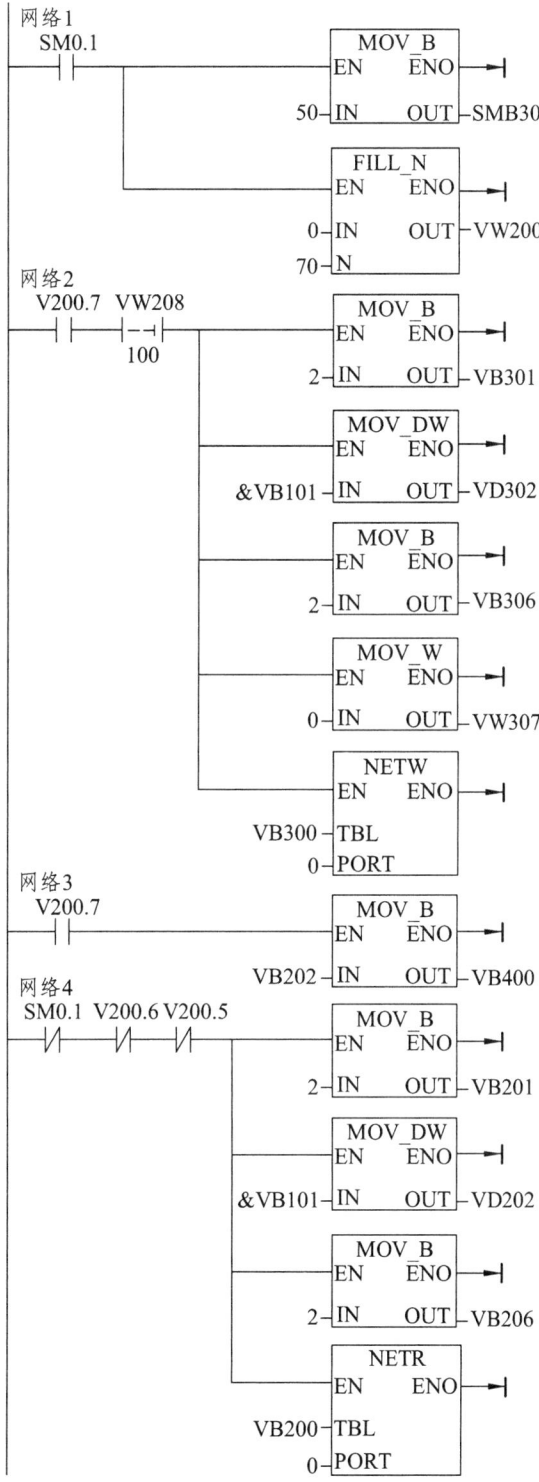

图 5-5 打包生产线控制程序

网络 1 有两个功能：一是初始化网络通信协议，由 SM30=2 完成；SM30=2 表明 CPU224 为 PPI/主站模式；二是清空所有接收和发送缓冲区，这是由向 VW200 开始共 70 个字（140 个字节）发送 0 来完成的。

网络 2 有两个功能：当从站 2 的网络读操作完成（V200.7=1），且打包完 100 箱（VW208=100）时，首先形成远程从站 2 发送缓冲区的数据表 TBL，其中远程站的地址=2，其数据指针为&VB101，数据长度=2，数据内容为 0；其次完成主站对从站的网络写操作，即把发送缓冲区的数据写入从站的 VB101、VB102 中。

网络 3 的功能有一个：当对从站 2 的网络读操作完成（V200.7=1）时，主站保存来自从站的 VB100 单元的控制信息，并存入主站的 VB400 单元中。

网络 4 有两个功能：当 PLC 运行完一个扫描周期（SM0.1=0），网络读无效（V200.6=0）且没出错（V200.5=0）时，首先形成远程从站 2 接收缓冲区的数据表 TBL，其中远程站的地址=2，其数据指针为&VB101，数据长度=3；其次，完成主站对从站的网络读操作，即把从站 2 的 VB100 开始的 3 个字节数据读入主站的接收缓冲区 VB207、VB208、VB209 中。

主站对其他从站的网络读/网络写的编程，与对站 2 的编程基本相同，仅有的区别是主站为各个从站分配的接收缓冲区和发送缓冲区的地址不同。

5.5.2 【例 2】接收和发送信息

这是个人计算机和 PLC 之间接收和发送信息的 PLC 编程的例子。此例由主程序 OB1、中断程序 INT0、INT1、INT2 组成。其中，OB1 的主要作用是初始化，INT0 的作用是接收，INT1 的作用是发送，INT2 是发送结束的再接收。控制程序如图 5-6 所示。下面详细介绍其功能。

1. OB1 程序块

OB1 程序块的启动条件是 SM0.1=1，这个条件在程序运行时只能在第一个扫描周期出现一次。把 9 送到 SMB30 是对通信口 0 初始化。选定自由口通信、波特率为 9600 b/s、数据格式为 8 位数据位，且无校验位。

十六进制数 16#B0 送到 SMB87 是对接收操作初始化。SMB87 的第 7 位是接收操作允许位，第 6 位是结束条件位，第 5 位是检查空闲时间允许位。可以看出，把 16#B0 送到 SMB87 是设定允许接收操作，要求有结束码、检查等待时间。SMB89 为结束码单元，将十六进制数 A 送到 SMB89，表明设定的结束码为 0 A（回车）。

SMW90 是通信空闲时间设定，将 5 送到 SMW90 表明设置空闲时间为 5 ms。5 ms 过后，接收到的第一个字符为新信息的开始。

SMB94 为最大字符数设定，将 100 送到 SMB94，表明设定最大字符数为 100 个字符。

事件号 23 是端口 0 接收字符完成发生的中断事件。中断连接指令把事件 23 连接到

INT0，这表明当端口 0 接收字符完成时发生中断，中断程序为 INT0。

事件号 9 是端口 0 发送字符完成发生的中断事件。中断连接指令把事件 9 连接到 INT2，这表明当端口 0 发送字符完成时发生中断，中断程序为 INT2。

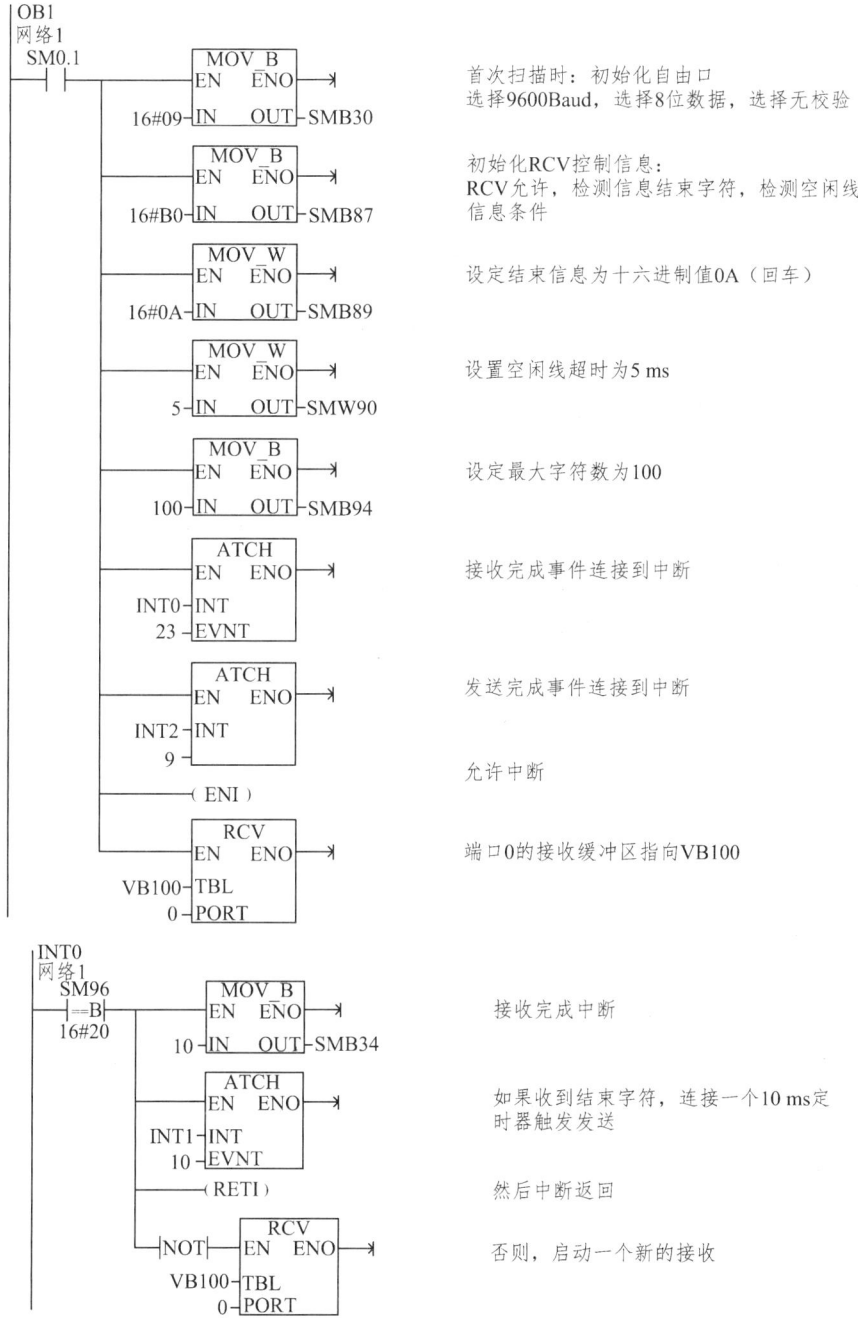

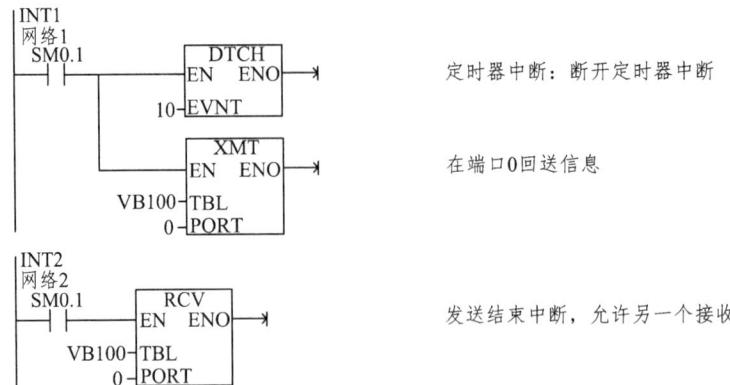

图 5-6　接收指令编程程序

ENI 指令是全局允许中断指令，只有使用了这条指令之后，上述两个中断事件发生时，CPU 才能响应中断去执行中断服务程序。

RCV 指令控制端口 0 首次接收字符，并把接收缓冲区指向 VB100。

2. INT0 程序块

当接收事件完成时，引发 INT0 中断，运行 INT0 程序块。INT0 程序块的启动条件是 SMB86 的值等于十六进制数 20。SMB86 是接收信息状态字，它的第 5 位等于 1，表明接收到结束符。这说明当收到结束符时应做如下工作：一是将 10 送到 SMB34 中，即设定定时中断 0 的定时时间为 10 ms；二是通过中断连接指令 ATCH 将事件 10 和中断 1 连接，这条指令的功能是建立 10 ms 定时中断，并将中断服务程序放到 INT1 程序块中；三是收到结束符后的中断返回；四是当 SMB86 不等于十六进制数 20（没有收到结束符）时，继续启动接收。

3. INT1 程序块

当允许中断后，每隔 10 ms 就要执行一次 INT1 中断，运行 INT1 程序块。INT1 程序块的启动是定时中断 0 引起的。SM0.0 是常 ON 继电器，这表明进入 INT1 程序块要做两件事。第一是利用 DTCH 指令关闭定时中断 0。第二是利用 XMT 指令向端口 0 发送信息。从指令中可以看到，发送数据表是从 VB100 开始的，此表恰好是接收数据的数据表。可以看出，这条指令是把刚从个人计算机接收到的数据又返回给个人计算机。

4. INT2 程序块

当接收事件完成时，执行 INT2 中断，运行 INT2 程序块。INT2 程序块的作用是启动另一次接收。

由上分析可以知道，每当接收完一次信息就要启动一次定时中断。执行定时中断后，会返回一次信息。当返回信息结束时，又会启动一次接收。整个程序就是这样循环的。

5.5.3 【例3】电动机 Modbus 通信控制

两台 S7-226 CPU 组成 Modbus 网络。一台 CPU 上接电动机控制接触器，另一台 CPU 接启动按钮和停止按钮。当按下启动按钮/停止按钮时，接在另一台 CPU 上的电动机运行/停机。

首先确定一台 CPU 作为主站，即将接有启动和停止按钮的一台 CPU 作为主站。将接有电动机的 CPU 设为从站，Modbus 站地址设为 3。S7-200CPU 之间的 Modbus 通信需要在主站侧和从站侧都编写通信程序。

S7-200 PLC 间的 Modbus 通信可通过 Profibus 电缆直接连到各 CPU 的端口 0 或端口 1，该例中用到两台 S7-226 CPU，每个 CPU 有两个端口。将两台 CPU 的端口 0 用 Profibus 电缆连接，组成一个使用 Modbus 协议的单主站网络，网络结构图如图 5-7 所示。

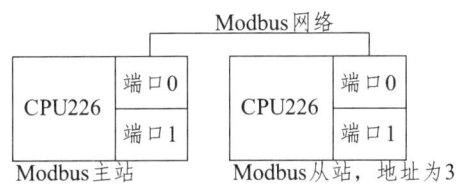

图 5-7 网络结构图

根据控制要求，编写 PLC 程序。调用 Modbus 指令库的指令后，还需要对库存储区进行分配，否则即使编写的程序没有语法错误，程序编译后也会显示很多错误。单击菜单栏上的"文件"→"库存储区（M）"命令，弹出如图 5-8 所示对话框。在对话框中单击"建议地址"按钮，系统会为 Modbus 指令库自动分配存储区，分配后的存储区在后续编程中是不能使用的。

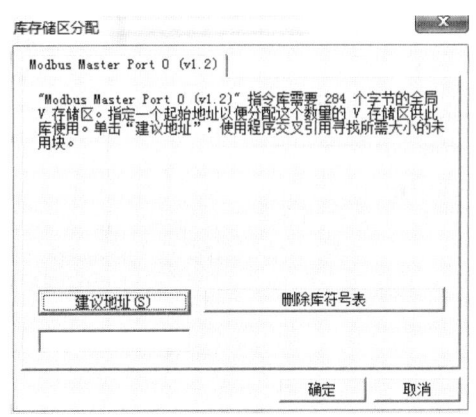

图 5-8 分配库存储区

Modbus 主站程序如图 5-9 所示。在网络 1 中，当按下启动电动机按钮时，置位通信使能位和电动机状态位。在网络 2 中，当按下停止电动机按钮时，置位通信使能位，复位电动机状态位。在网络 3 中，用 SM0.0 调用主站初始化程序 MBUS_ CTRL，在每个扫描周期都执行此程序。主站初始化程序 MBUS_CTRL 输入参数 Mode 为 1，使能 Modbus 通信协议，波特率为 9600 b/s，校验方式为无校验，主站等待从站的响应时间为 1000 ms。在网络 4 中，根据通信使能位来调用 Modbus 读/写子程序 MBUS_MSG。Modbus 读/写子程序 MBUS_MSG 的输入参数 First 采用脉冲触发新的读/写请求。从站地址为 3、RW 为 1，定义为写消息。写从站的数据地址为 00001（在程序中，前导 0 被自动省略），操作从站的数字量输出 Q0.0。通信的数据个数为 1，数据指针指向 VB0。在网络 5 中，当与 Modbus 从站通信完成时，复位通信使能标志位。

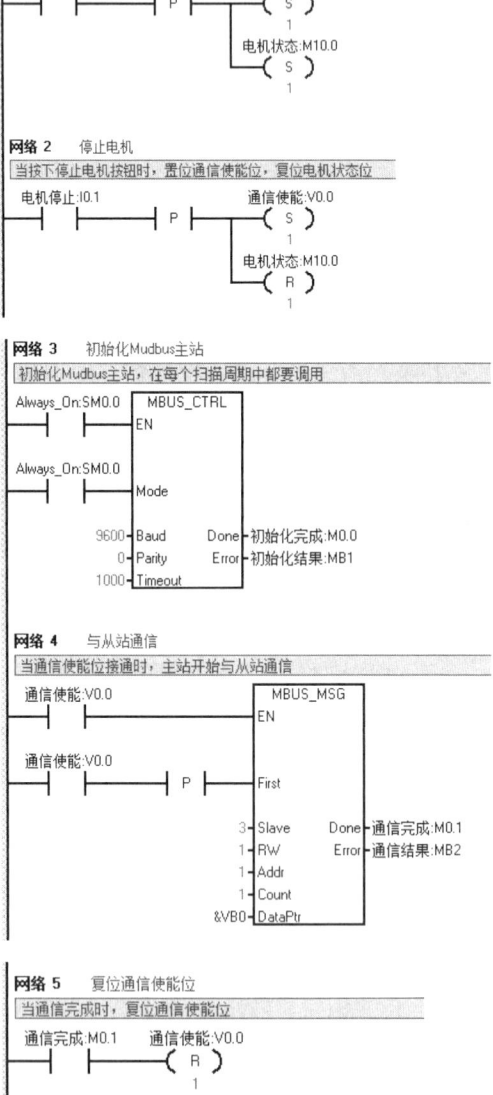

图 5-9　Modbus 主站程序

Modbus 从站程序如图 5-10 所示。MBUS_INIT 只在第 1 个扫描周期调用。在网络 1 中,用 SM0.1 调用从站初始化程序。从站初始化程序 MBUS_INIT 输入参数 Mode 为 1,启动 Modbus 通信协议,从站地址为 3,波特率为 9600 b/s,校验方式为无校验,字符间延时为 0,参与通信的最大 I/O 点数为 128,参与通信的最大 AI 通道数为 32,参与通信的最大保持寄存器数为 100,保持寄存器的起始地址为 VB1000。在网络 2 中,用 SM0.0 调用子程序 MBUS_SLAVE 来响应主站请求,每个扫描周期都需调用此子程序。MBUS_SLAVE 子程序收到 Modbus 主站的信息后,直接控制数字量输出 Q0.0,启动或停止电动机。

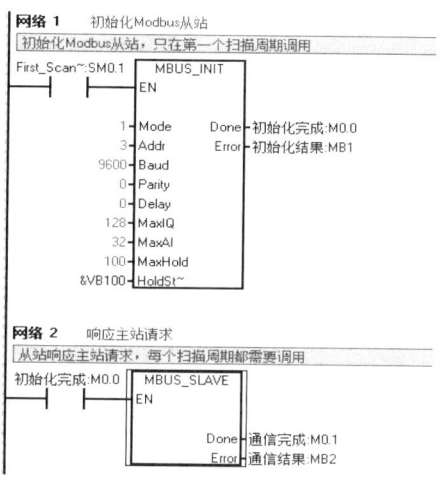

图 5-10 Modbus 从站程序

5.5.4 【例 4】电动机 USS 协议通信控制

使用 USS 通信协议对一台 MM440 变频器进行控制,使其具有调速和调整电动机运转方向的功能。当按下加速按钮时,电动机设定频率每秒增加 1 Hz;当按下减速按钮时,电动机设定频率每秒减小 1 Hz。

要想使用 USS 通信控制 MM440 变频器,需要设置变频器的相关参数,与 USS 通信相关的参数如表 5-20 所示。

表 5-20 变频器参数表

变频参数	设定值	参数说明
P0700[0]	5	控制源参数设置,控制源来自 COM Link 上的 USS 通信
P1000[0]	5	设定源参数设置,设定源来自 COM Link 上的 USS 通信
P2009	1	对 USS 通信设定值进行规格化,即设定值为绝对的频率数值
P2010	6	设置 COM Link 上的 USS 通信速率为 9600 b/s
P2011[0]	2	驱动装置 COM Link 上的 USS 通信在网络上的从站地址
P2014[0]	1000	COM Link 上的 USS 通信控制信号中断超时时间,单位为 ms

根据任务要求，确定 I/O 的个数，进行 I/O 分配。本例中需要 5 个数字量输入点、2 个数字量输出点，见表 5-21。因为所用 I/O 点数不多，采用 CPU 224XP AC/DC/继电器这一个基本模块即可。

表 5-21 PLC 的 I/O 配置

图形符号	PLC 符号	I/O 地址	功能
SA1	启/停切换	I0.0	启动/停止切换，1=启动，0=停止
SA2	正转/反转	I0.1	正转/反转切换，1=正转，0=反转
SB1	紧急停止	I0.2	快速停止电动机
SB2	加速按钮	I0.3	增大电动机速度
SB3	减速按钮	I0.4	减小电动机速度
SB4	故障复位	I0.5	复位变频器故障
HL1	运行指示	Q0.0	电动机运行指示灯
HL2	故障指示	Q0.1	变频器故障指示灯

MM440 前面板上的通信端口是 RS-485 端口，与 USS 通信有关的前面板端子有 29 和 30 两个端子，其中端子 29 是 RS-485 信号正，端子 30 是 RS-485 信号负。

根据 I/O 配置，画出如图 5-11 所示的 PLC 端子接线图。

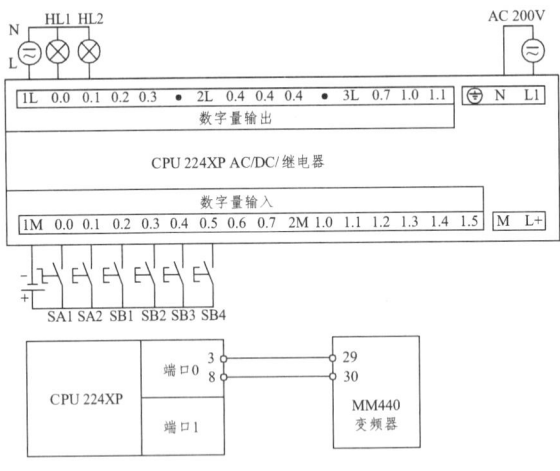

图 5-11 PLC 端子接线图

根据 I/O 配置，建立程序符号表，如图 5-12 所示。

第 5 章 S7-200 PLC 系列网络通信及编程实例

	符号	地址	注释
1	启停切换	I0.0	启动停止切换，1=启动，0=停止
2	正转反转	I0.1	正转反转切换，1=正转，0=反转
3	紧急停止	I0.2	快速停止电机
4	加速按钮	I0.3	增加电机速度
5	减速按钮	I0.4	减小电机速度
6	故障复位	I0.5	复位变频器故障
7	运行指示	Q0.0	电动机运行指示灯
8	故障指示	Q0.1	变频器故障指示灯
9	初始化完成	M0.0	USS初始化完成标志
10	从站应答	M0.1	变频器的运转方向反馈信号
11	方向反馈	M0.2	变频器的运转方向反馈信号
12	禁止状态	M0.3	变频器禁止状态指示
13	一秒脉冲	M0.4	产生一秒的脉冲
14	初始化错误	MB1	USS初始化错误代码
15	控制错误	MB2	USS控制指令错误代码
16	实际速度	MD6	变频器返回的实际运转速度值
17	变频器状态	MW4	变频器的状态字
18	设定速度	VD0	变频器设定速度

图 5-12　程序符号表

根据控制要求，编写 PLC 程序。在调用了 USS 指令库的指令后，还需要对库存储区进行分配，否则即使编写的程序没有语法错误，程序编译后也会显示很多错误。单击菜单栏上的"文件"→"库存储区（M）"命令，弹出分配库存储区对话框。在对话框中单击"建议地址"按钮，系统会为 Modbus 指令库自动分配存储区，分配后的存储区在后续编程中是不能使用的。USS 初始化程序如图 5-13 所示。在网络 1 中，用 SM0.1 调用 USS 初始化指令 USS_INIT，且只在第一个扫描周期调用。USS 初始化指令 USS_INIT 输入参数 Mode 为 1，启动 USS 通信协议，波特率为 9600 b/s，输入参数 Active 为 4（二进制数为 2#100），所以网络上激活的从站地址为 2。

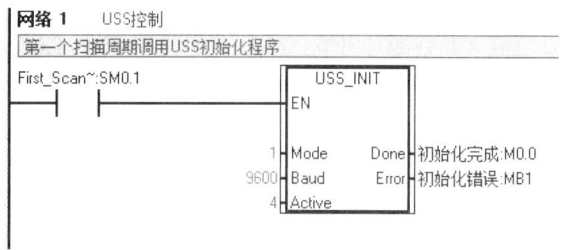

图 5-13　USS 初始化程序

USS 控制程序如图 5-14 所示。在网络 2 中，用 SM0.0 调用主站初始化程序 USS_CTRL，在每个扫描周期都执行此程序。当常开触点 I0.0 接通时，变频器启动电动机；当常开触点 I0.0 断开时，变频器根据斜坡减速时间停止电动机。当常闭触点 I0.2 接通时，变频器立刻停止电动机。当常开触点 I0.5 接通时，复位变频器故障。当常开触点 I0.1 接通时，变频器驱动电动机正转；当常开触点 I0.1 断开时，变频器驱动电动机反转。输入参数 Drive 为 2，说明变频器的 USS 从站地址为 2。输入参数 Type 为 1，说明变频器属于 MM4 系列。运行指示 Q0.0 填写在输出参数 Run EN 的位置，指示变频器的运行状态。故障指示 Q0.1 填写在输出参数 Fault 的位置，指示变频器是否有故障。

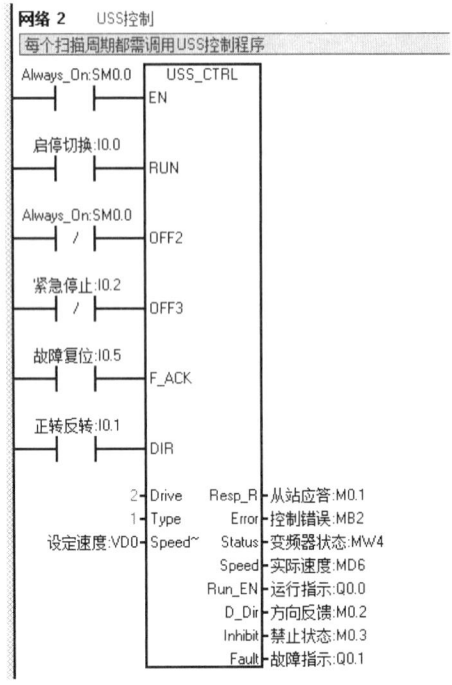

图 5-14 USS 控制程序

电动机加/减速程序如图 5-15 所示。在网络 3 中，利用 SM0.5 产生 1 s 的脉冲。在网络 4 中，当按下加速按钮时，作为设定速度的 VD0 中数值每隔 1 s 就增加 1.0，亦即给定频率增加 1.0 Hz，最大增加至 50.0 Hz。在网络 5 中，当按下减速按钮时，作为设定速度的 VD0 中数值每隔 1 s 就减小 1.0，亦即给定频率减小 1.0 Hz，最小减至 0.0 Hz。

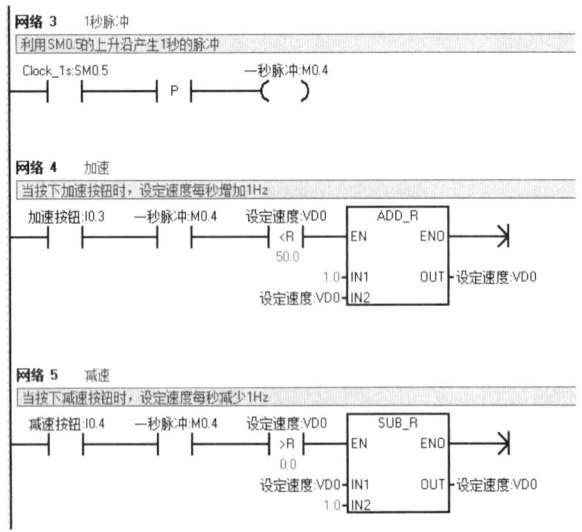

图 5-15 电动机加/减速程序

习 题

1. 如何设置 PPI 通信时 S7-200 CPU 的站地址？

2. 3 台 CPU224 组成通信网络。其中一台是主站，两台为从站，拟用主站的 I0.0～I0.7 分时控制两从站的输出口 Q0.0～Q0.7。每 10 ms 为一周期，交替切换 1 号从站和 2 号从站，试完成上述功能。

3. 如何理解自由口通信的功能？

4. 自由口通信时如何设定站地址？

5. 利用自由口通信的功能和指令，设计一个计算机与 PLC 的通信程序，要求上位计算机能够对 S7-200 PLC 中 VB100～VB107 的数据进行读写操作。（提示：在编制程序前，应首先指定通信的帧格式，包括起始符、目标地址、操作种类、数据区、停止符等的顺序和字节数；当 PLC 收到信息后，应根据指定好的帧格式进行解码分析，然后再根据要求做出响应。）

6. 简述 Modbus RTU 主站指令库包括哪些内容。

7. 设计通信程序：两台 S7-224 CPU 组成 Modbus 网络。一台 CPU 接英威腾变频器 CHV100 输入端子，另一台 CPU 接启动按钮和停止按钮。当按下启动按钮/停止按钮时，接在另一台 CPU 上的变频器运行/停机。

8. 简述 USS 指令库包括哪些内容。

9. 使用 USS 通信协议对 2 台 MM440 变频器进行控制，除了具有调速和调整运转方向功能外，还能够实现 2 台变频器的速度联动。当按下加速按钮时，2 台电动机速度同时增加；当按下减速按钮时，2 台电动机速度同时减小，即 2 号变频器的输出频率与 1 号变频器的输出频率成固定比率。

第 6 章　S7-200 PLC 编程软件

西门子公司专为 S7-200 系列 PLC 研制开发的 STEP 7-Micro/WIN V4.0 编程软件功能强大，不仅可以协助用户完成开发应用软件的任务，还能进行用户程序的文档管理和加密，也可用来设置 PLC 的工作方式和参数，实时监控用户程序的执行状态，还可在全汉化的界面下进行操作。应重点掌握使用该软件进行程序编辑的方法。

6.1　编程软件安装

6.1.1　硬件连接

利用一根 PC/PPI（个人计算机/点对点接口）电缆可建立个人计算机与 PLC 之间的通信，如图 6-1 所示。

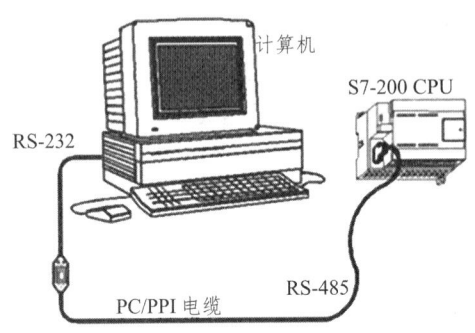

图 6-1　PLC 与计算机间的连接

6.1.2　软件安装

（1）关闭所有的应用软件，包括 Microsoft office 工具条，确认 PC 机和 CPU 间的通信电缆已连接好。

（2）双击 STEP7 的安装程序 Setup.exe，系统自动进入安装向导。

（3）在安装向导的帮助下完成软件的安装。软件安装路径可以使用默认的子目录，也可以用"浏览"按钮，在弹出的对话框中任意选择或新建一个子目录。

（4）在安装过程中，会提示用户设置 PG/PC 接口（PG/PC Interface）。PG/PC 接口是 PG/PC 和 PLC 之间进行通信连接的接口。安装完成后，通过 SIMATIC 程序组或控制面板中的 Set PG/PC Interface（设置 PG/PC 接口）随时可以更改 PG/PC 接口的设置。在安装过程中可以点击"Cancel"忽略这一步骤。

6.1.3　建立 S7-200 CPU 的通信步骤

（1）设置硬件。

PC/PPI 电缆中间有通信模块，模块外部设有波特率设置开关（见图 6-2），有 5 种支持 PPI 协议的波特率可以选择，分别为：1.2 K、2.4 K、9.6 K、19.2 K、38.4 K。系统的默认值为 9.6 Kb/s。PC/PPI 电缆波特率设置开关（DIP 开关）的位置应与软件系统设置的通信波特率相一致。DIP 开关上有 5 个扳键，1、2、3 号键用于设置波特率，4 号和 5 号键用于设置通信方式。通信速率的默认值为 9600 b/s，1、2、3 号键设置为 010，未使用调制解调器时，4、5 号键均应设置为 0。

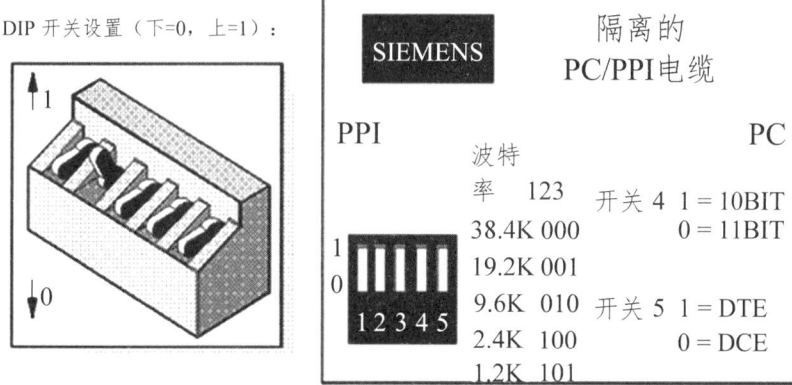

图 6-2　PC/PPI 电缆上的 DIP 开关设置

（3）通信参数的设置。
（4）建立与 S7-200 CPU 的在线联系。
（5）修改 PLC 的通信参数。

6.2　编程软件的窗口组件

6.2.1　编程软件的主界面

如图 6-3 所示为 STEP7-Micro/WIN 编程软件主界面。

PLC 在地铁设备中的应用

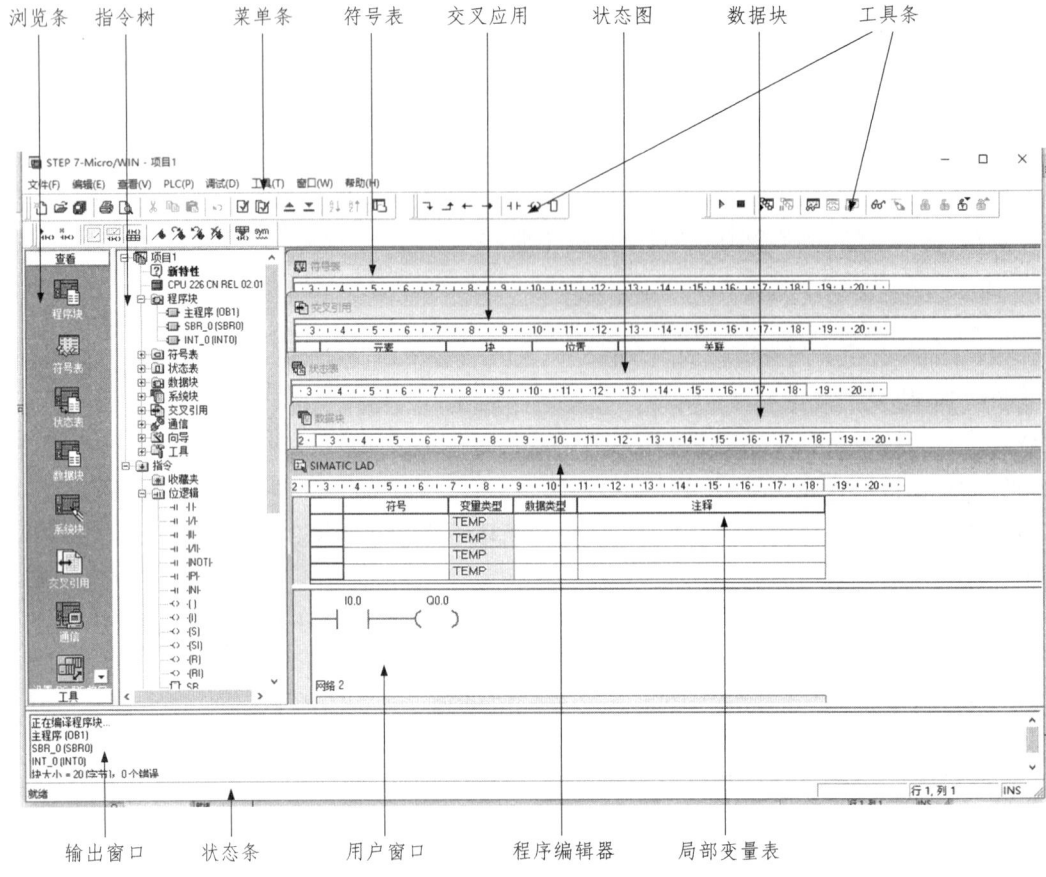

图 6-3 STEP7-Micro/WIN 编程软件主界面

6.2.2 编程软件的主菜单

1. 文件（File）

文件（File）菜单中的指令：新建（New）、打开（Open）、关闭（Close）、保存（Save）、另存（Save As）、导入（Import）、导出（Export）、上载（Upload）、下载（Download）、页面设置（Page Setup）、打印（Print）、预览、最近使用文件、退出等。

2. 编辑（Edit）

编辑菜单中的指令：撤销（Undo）、剪切（Cut）、复制（Copy）、粘贴（Paste）、全选（Select All）、插入（Insert）、删除（Delete）、查找（Find）、替换（Replace）、转至（Go To）等。

3. 查看（View）

查看（View）菜单项可以设置编程软件的开发环境，如打开和关闭其他辅助窗口（如引导窗口、指令树窗口、工具条按钮区），执行引导条窗口的所有操作项目，选择不同的程序编程器（LAD、STL 或 FBD），设置 3 种程序编辑器的风格（如字体、指令盒的大小等）。

查看菜单可以进行数据块（Data Block）、符号表（Symbol Table）、状态图表（Chart Status）、系统块（System Block）、交叉引用（Cross Reference）、通信（Communications）参数的设置。

查看菜单可以选择注解、网络注解（POU Comments）显示与否等；查看菜单的工具栏区可以选择浏览栏（Navigation Bar）、指令树（Instruction Tree）及输出视窗（Output Window）的显示与否。

4. PLC

PLC 菜单用于与 PLC 联机时的操作。

5. 调试（Debug）

调试菜单用于联机时的动态调试，有单次扫描（First Scan）、多次扫描（Multiple Scans）、程序状态（Program Status）、触发暂停（Triggered pause）、用程序状态模拟运行条件（读取、强制、取消强制和全部取消强制）等功能。

6. 工具（Tools）

工具菜单项可以调用复杂指令（如 PID 指令、NETR/NETW 指令和 HSC 指令），使编程工作简化。

7. 窗口（Windows）

略。

8. 帮助（Help）

略。

6.2.3 编程软件的工具条

（1）标准工具条，如图 6-4（a）所示。
（2）调试工具条，如图 6-4（b）所示。
（3）公用工具条，如图 6-4（c）所示。
LAD 指令工具条，如图 6-4（d）所示。

（a）标准工具条

（b）调试工具条

（c）公用工具条

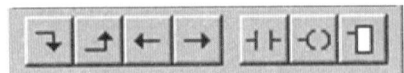

（d）LAD指令工具条

图 6-4　编程软件的工具条

6.2.4　编程软件的浏览条

如图 6-5 所示，浏览条包括如下部分：
（1）程序块（Program Block）。
（2）符号表（Symbol Table）。
（3）状态表（Status Chart）。
（4）数据块（Data Block）。
（5）系统块（System Block）。
（6）交叉引用（Cross Reference）。
（7）通信（Communications）。

1. 程序块（Program Block）

程序块由可执行的程序代码和注释组成。程序代码由主程序（OB1）、可选的子程序（SBR0）和中断程序（INT0）组成。用菜单命令"文件"→"新建"或"文件"→"打开"，打开一个项目后可建立或修改程序。

2. 符号表（Symbol Table）

符号表是程序员用符号编址的一种工具表。用来建立自定义符号与直接地址间的对应关系，并可附加注释，使用户可以使用具有实际意义的符号作为编程元件，增加程序的可读性。例如，系统的停止按钮的输入地址是 I0.0，则可以在符号表中将 I0.0 的地址定义为"启动"，这样梯形图所有地址为 I0.0 的编程元件都由"启动"代替。程序被编译后下载到可编程序控制器时，所有的符号地址被转换成绝对地址，符号表中的信息不下载到可编程序控制器。符号表如图 6-6 所示。

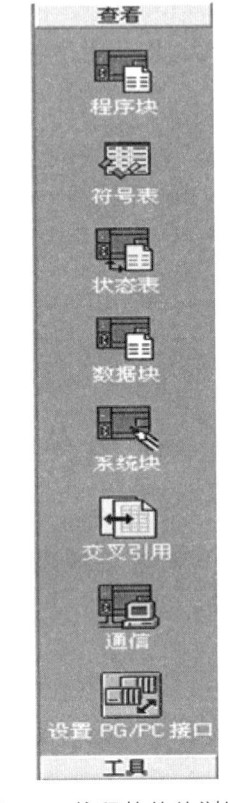

图 6-5　编程软件的浏览条

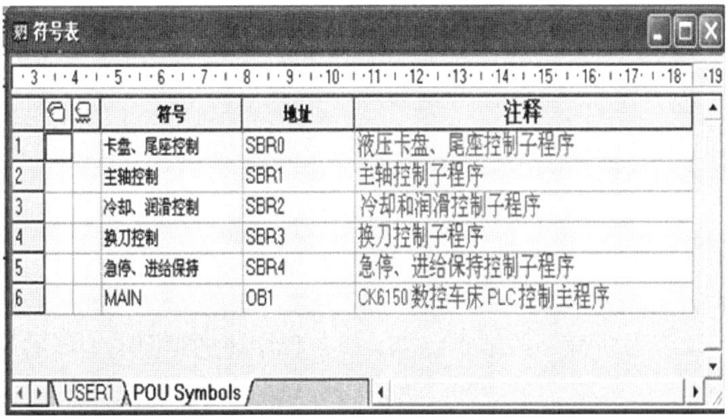

	符号	地址	注释
1	卡盘、尾座控制	SBR0	液压卡盘、尾座控制子程序
2	主轴控制	SBR1	主轴控制子程序
3	冷却、润滑控制	SBR2	冷却和润滑控制子程序
4	换刀控制	SBR3	换刀控制子程序
5	急停、进给保持	SBR4	急停、进给保持控制子程序
6	MAIN	OB1	CK6150 数控车床 PLC 控制主程序

图 6-6　符号表

3. 状态表（Status Chart）

将程序下载至 PLC 之后，可以建立一个或多个状态图表，在联机调试时，打开状态图表，监视各变量的值和状态。状态表并不下载到可编程序控制器，只是监视用户程序运行的一种工具，只需要在地址栏中写入变量地址，在数据格式栏中标明变量的类型，就可以在运行时监视这些变量的状态和当前值。

4. 数据块（Data Block）

数据块可以对变量寄存器 V 进行初始数据的赋值或修改，并加注必要的注释说明。

5. 系统块（System Block）

主要用于系统组态。系统组态主要包括设置数字量或模拟量输入滤波、设置脉冲捕捉、配置输出表、定义存储器保持范围、设置密码和通信参数等。

6. 交叉引用（Cross Reference）

交叉引用表列出在程序中使用的各操作数所在的 POU、网络或行位置，以及每次使用各操作数的语句表指令。通过交叉引用表还可以查看哪些内存区域已经被使用，是作为位还是作为字节使用，使得 PLC 资源的使用情况一目了然。在运行方式下编辑程序时，可以查看程序当前正在使用的跳变信号的地址。

交叉引用表不下载到可编程序控制器，只有在程序编辑完成后，才能看到交叉引用表的内容。在交叉引用表中双击某个操作数时，可以显示含有该操作数的那一部分程序。

7. 通　信

通信用来建立计算机与 PLC 之间的通信连接，以及通信参数的设置和修改。用菜单命令“工具”→“选项”，选择“浏览条”标签，可在浏览条中编辑字体。浏览条中的所有操作都可用“指令树（Instuction Tree）”视窗完成，或通过“查看（View）”→“组件”菜单来完成。

6.2.5 编程软件的其他组件

1. 指令树

指令树以树型结构提供编程时用到的所有命令和 PLC 指令的快捷操作,分为项目分支和指令分支。可以用视图(View)菜单的"指令树"选项来决定其是否打开。

2. 输出窗口

该窗口用来显示程序编译的结果信息,如各程序块的信息、编译结果有无错误以及错误代码和位置等。

3. 状态条

状态条也称任务栏,用来显示软件执行情况,编辑程序时显示光标所在的网络号、行号和列号,运行程序时显示运行的状态、通信波特率、远程地址等信息。

4. 程序编辑器(用户窗口)

程序编辑器可以用梯形图、语句表或功能表图程序编辑器编写和修改用户程序。

6.3 编程软件的使用

6.3.1 编程模式和编辑器的选择

S7-200 系列 PLC 支持的指令集有 SIMATIC 和 IEC1131-3 两种。SIMATIC 是专为 S7-200PLC 设计的,专用性强,采用 SIMATIC 指令编写的程序执行时间短,可以使用 LAD、STL、FBD 3 种编辑器。

1. 选择编程模式的方法

菜单命令"工具"→"选项"→"常规"标签→"编程模式"→选择 SIMATIC。

2. 选择编辑器的方法

菜单命令"查看"→LAD 或 STL。

6.3.2 编程元素及项目组件

S7-200 的 3 种程序组织单位(POU)指主程序、子程序和中断程序。STEP 7-Micro/WIN 为每个控制程序在程序编辑器窗口提供分开的制表符,主程序总是第一个制表符,后面是子程序或中断程序。

一个项目（Project）包括的基本组件有程序块、数据块、系统块、符号表、状态图表、交叉引用表。程序块、数据块、系统块须下载到 PLC，而符号表、状态图表、交叉引用表不下载到 PLC。

程序块由可执行代码和注释组成，可执行代码由一个主程序和可选子程序或中断程序组成。程序代码被编译并下载到 PLC，程序注释被忽略。

6.3.3　程序文件的操作

程序文件的来源有 3 个：新建一个程序文件、打开已有的程序文件和从 PLC 上载程序文件。

1. 建立项目（建立程序文件）

（1）创建新项目：单击"新建"快捷按钮。

在新建程序文件的初始设置中，文件以"Project1（CPU221）"命名，CPU221 是系统默认的 PLC 的 CPU 型号。在指令树中可见一个程序文件包含 7 个相关的块（程序块、符号表、状态图、数据块、系统块、交叉索引及通信），其中程序块包含一个主程序（MAIN）、一个可选的子程序（SBR0）和一个中断服务程序（INT0）。

用户可以根据实际编程的需要修改程序文件的初始设置。

（2）打开已有的项目文件。用菜单命令"文件"→"打开"。

（3）上载程序文件。

在与 PLC 建立通信的情况下，可以将存储在 PLC 中的程序和数据传送给计算机。可用"文件（File）"菜单中的"上载（Upload）"命令，或单击工具条中的"上载（Upload）"按钮来完成文件的上载。

2. 编辑程序文件步骤

（1）输入指令。

（2）上下线的操作。

（3）输入程序注释。

（4）程序的编辑。

（5）程序的编译。

程序经过编译后，方可下载到 PLC。

单击"编译"按钮或选择菜单命令"PLC"→"编译"（Compile），编译当前被激活的窗口中的程序块或数据块。

单击"全部编译"按钮或选择菜单命令"PLC"→"全部编译"（Compile All），编译全部项目元件（程序块、数据块和系统块）。使用"全部编译"，与哪一个窗口是活动窗口无关。

编译结束后，输出窗口显示编译结果。

6.4 程序的调试与监控

6.4.1 选择工作方式

程序工作方式可以选择 STOP（停止）工作方式和 RUN（运行）工作方式。

6.4.2 程序状态显示

程序状态包括启动程序状态和模拟进程程序状态（读取、强制、取消强制和全部取消强制）。

6.4.3 符号地址显示

首先打开符号表，然后进行符号表的创建和编辑，图 6-7 为显示符号地址的程序网络。

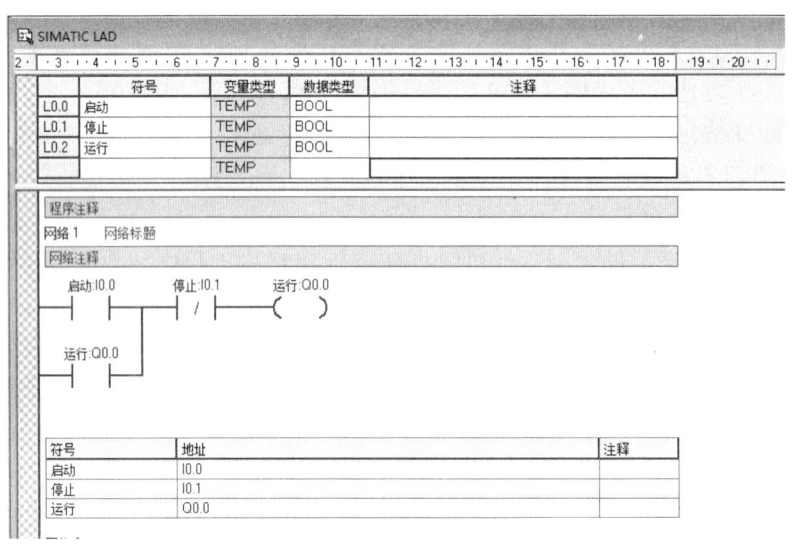

图 6-7 显示符号地址的程序网络

6.4.4 选择扫描次数

1. 首次扫描

"首次扫描"使 PLC 从 STOP 转变成 RUN，执行单次扫描，然后再转回 STOP，因此与第一次相关的状态信息不会消失。操作步骤如下：

（1）PLC 必须位于 STOP（停止）模式。如果不在 STOP（停止）模式，将 PLC 转换成停止模式。

（2）用菜单"调试"→"首次扫描"。

2. 多次扫描步骤

（1）PLC须位于STOP（停止）模式。如果不在STOP（停止）模式，将PLC转换成停止模式。

（2）用菜单"调试"→"多次扫描"→弹出"执行扫描"对话框。

（3）输入所需的扫描次数数值，单击"确定"。

6.4.5 项目管理

项目管理包括打印程序文件、复制项目、导入文件、导出文件等功能。

6.5 S7-200的出错代码

6.5.1 致命错误

致命错误会导致CPU无法执行某个功能或所有功能，停止执行用户程序。当出现致命错误时，PLC自动进入STOP方式，点亮"系统错误"和"STOP"指示灯，关闭输出。消除致命错误后，必须重新启动CPU。在CPU上可以读到的致命错误代码及其描述如表6-1所示。

表6-1 致命错误代码及其描述

代码	错误描述	代码	错误描述
0000	无致命错误	000B	存储器卡上用户程序检查错误
0001	用户程序编译错误	000C	存储器卡配置参数检查错误
0002	编译后的梯形图检查错误	000D	存储器卡强制数据检查错误
0003	扫描看门狗超时错误	000E	存储器卡默认输出表值检查错误
0004	内部EEROM错误	000F	存储器卡用户数据、DB1检查错误
0005	内部EEPROM用户程序检查错误	0010	内部软件错误
0006	内部EEPROM配置参数检查错误	0011	比较触点间接寻址错误
0007	内部EEPROM强制数据检查错误	0012	比较触点非法值错误
0008	内部EEPROM默认输出表值检查错误	0013	存储器卡空或COU不识别该卡
0009	内部EEPROM用户数据、DB1检查错误	0014	比较接口范围错误
000A	存储器卡失灵		

6.5.2 程序运行错误

在程序正常运行中，可能会产生非致命错误（如寻址错误），此时 CPU 产生的非致命错误代码及描述如表 6-2 所示。

表 6-2 非致命错误代码及其描述

错误代码	错误描述
0000	无错误
0001	执行 HDEF 前，HSC 禁止
0002	输入中断分配冲突并分配给 HSC
0003	到 HSC 的输入分配冲突，已分配给输入中断
0004	在中断程序中企图执行 ENI、DISI 或 HDEF 指令
0005	第一个 HSC/PLS 未执行完前，又企图执行同编号的第二个 HSC/PLS（中断程序中的 HSC 同主程序中的 HSC/PLS 冲突）
0006	间接寻址错误
0007	TODW（写实时时钟）或 TODR（读实时时钟）数据错误
0008	用户子程序嵌套层数超过规定
0009	在程序执行 XMT 或 RCV 时，通信口 0 又执行另一条 SMT/RCV 指令
000A	HSC 执行时，又企图用 HDEF 指令再定义该 HSC
000B	在通信口 1 上同时执行 XMT/RCV 指令
000C	时钟存储卡不存在
000D	重新定义已经使用的脉冲输出
000E	PTO 个数为 0
0091	范围错误（带地址信息）：检查操作数范围
0092	某条指令的计数域错误（带计数信息）：检查最大计数范围
0094	范围错误（带地址信息）：写无效存储器
009A	用户中断程序试图转换成自由口模式
009B	非法指令（字符串操作中起始位置指定为 0）

6.5.3 编译规则错误

当下载一个程序时，CPU 在对程序的编译过程中如果发现有违反编译规则，会停止下载程序，并生成一个非致命编译规则错误代码。非致命编译规则错误代码及描述如表 6-3 所示。

表 6-3 编译规则错误代码及其描述

错误代码	错误描述
0080	程序太大无法编译,须缩短程序
0081	堆栈溢出：必须把一个网络分成多个网络
0082	非法指令：检查指令助记符
0083	无 MEND 或主程序中有不允许的指令：加条 MEND 或删去不正确的指令
0084	保留
0085	无 FOR 指令：加上 FOR 指令或删除 NEXT 指令
0086	无 NEXT 指令：加上 NEXT 指令或删除 FOR 指令
0087	无标号（LBL、INT、SBR）：加上合适标号
0088	无 RET 或子程序中有不允许的指令：加条 RET 或删去不正确的指令
0089	无 RETI 或中断程序中有不允许的指令：加条 RETI 或删去不正确的指令
008A	保留
008B	从/向一个 SCR 段的非法跳转
008C	标号重复（LBL、INT、SBR）：重新命名标号
008D	非法标号（LBL、INT、SBR）：确保标号数在允许范围内
0090	非法参数：确认指令所允许的参数
0091	范围错误（带地址信息）：检查操作数范围
0092	指令计数域错误（带计数信息）：确认最大计数范围
0093	FOR/NEXT 嵌套层数超出范围
0095	无 LSCR 指令（装载 SCR）
0096	无 SCRE 指令（SCR 结束）或 SCRE 前面有不允许的指令
0097	用户程序包含非数字编码和数字编码的 EV/ED 指令
0098	在运行模式进行非法编辑（试图编辑非数字编码的 EV/ED 指令）
0099	隐含网络段太多（HIDE 指令）
009B	非法指针（字符串操作中起始位置定义为 0）
009C	超出指令最大长度

第7章 TIA 博途软件编程入门

本章通过使用博途软件创建项目和 I/O 变量的步骤,讲解编写程序的方法、功能指令及复杂数学运算指令的使用。简单介绍了如何在项目中添加人机界面 HMI,如何构建 PLC 与 HMI 通信网络,以及如何创建 HMI 画面及其与 PLC 变量的连接。

7.1 创建项目

使用博途软件编程非常容易,用户可以看到创建项目有多么快捷。

在"启动"(Start)栏目中,单击"创建新项目"(Create new project),输入项目名称并单击"创建"(Create)按钮,就完成了项目的创建,如图 7-1 所示。

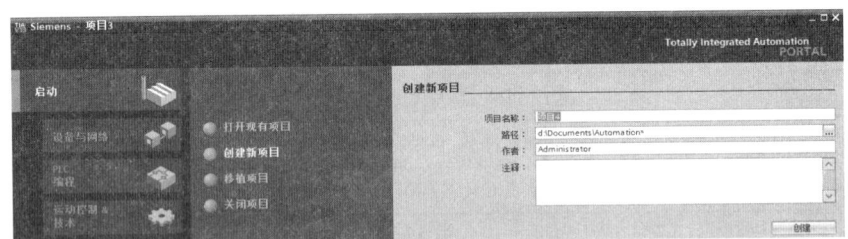

图 7-1 创建项目界面

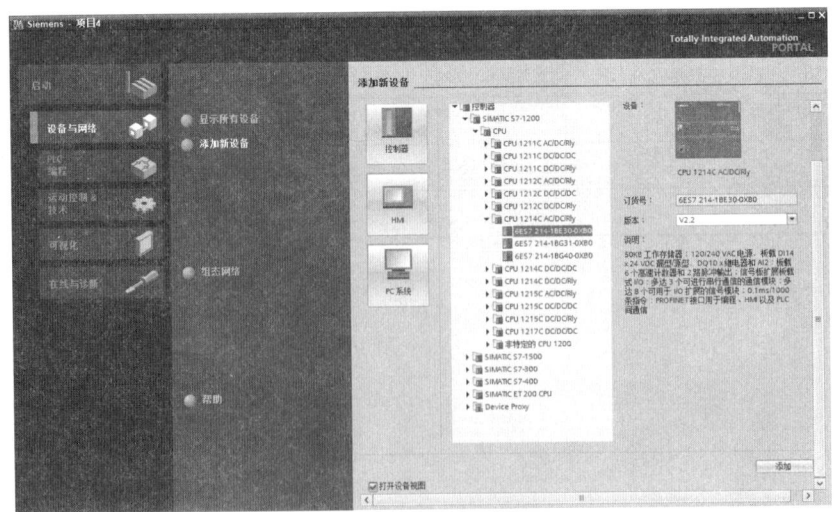

图 7-2 添加 CPU 界面

第 7 章　TIA 博途软件编程入门

创建项目后，需添加新建项目所要的设备。如图 7-2 所示，选择"设备和网络"（Devices &Networks），单击"添加新设备"（Add new device），选择要添加到项目中的 CPU。

（1）在"添加新设备"（Add new device）对话框中，单击"SIMATIC PLC"图标。

（2）从列表中选择一个 CPU。

（3）单击"添加"（Add）按钮，将所选 CPU 添加到项目中。

请注意，"打开设备视图"（Open device view）选项已被选中。在该选项被选中的情况下单击"添加"（Add）将打开项目视图的"设备配置"（Device configuration）。设备视图显示所添加的 CPU，如图 7-3 所示。

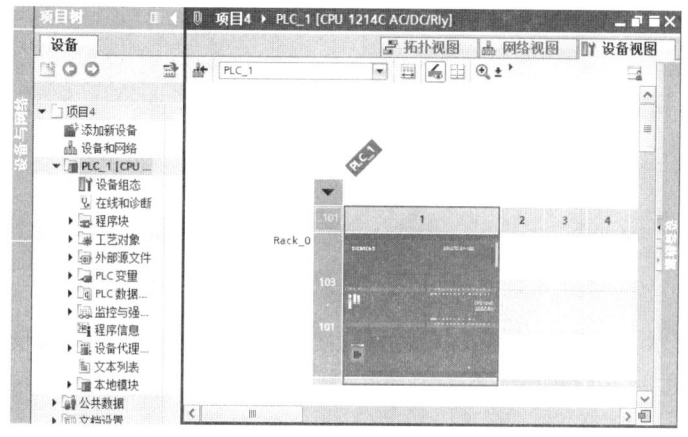

图 7-3　设备视图中的 CPU

7.2　为 CPU 的 I/O 创建变量

"PLC 变量"是 I/O 和地址的符号名称。用户创建 PLC 变量后，STEP 7 会将变量存储在变量表中。项目中的所有编辑器（如程序编辑器、设备编辑器、可视化编辑器和监视表格编辑器）均可访问该变量表。若设备编辑器已打开，请打开变量表，可在在编辑器栏中看到已打开的编辑器。

在工具栏中，单击"水平拆分编辑器空间"（Split editor space horizontally）按钮 STEP 7 将同时显示变量表和设备编辑器，如图 7-4 所示。

将设备配置放大 200%以上，以便能清楚地查看并选择 CPU 的 I/O 点。将输入和输出从 CPU 拖动到变量表：

（1）选择 I0.0 并将其拖动到变量表的第一行。

（2）将变量名称从"I0.0"更改为"Start"。

（3）将 I0.1 拖动到变量表，并将名称更改为"Stop"。

（4）将 CPU 底部的 Q0.0 拖动到变量表，并将名称更改为"Running"。

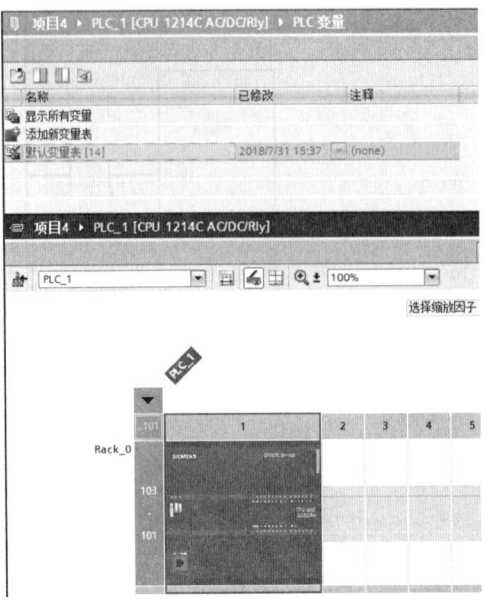

图 7-4　变量表和设备编辑器

如图 7-5 所示，将变量输入 PLC 变量表之后，即可在用户程序中使用这些变量。

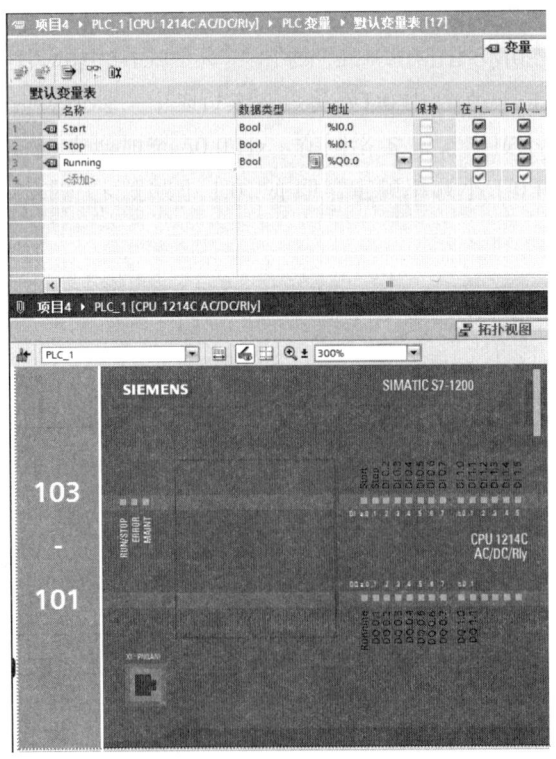

图 7-5　定义后的变量表和设备视图

7.3 在用户程序中创建一个简单程序段

程序代码由 CPU 依次执行的指令组成。在本实例中,使用梯形图(LAD)创建程序代码。LAD 程序是一系列类似梯级的程序段。

打开程序编辑器,按以下步骤操作:

(1)在项目树中展开"程序块"(Program blocks)文件夹显示"Main[OB1]"块。

(2)双击"Main[OB1]"块。程序编辑器将打开程序块(OB1),如图 7-6 所示。

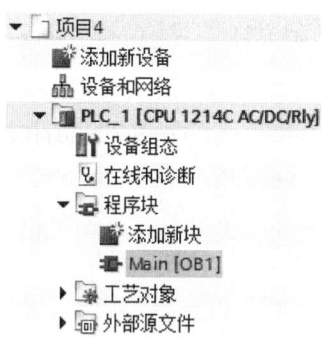

图 7-6 打开程序块(OB1)界面

使用"收藏夹"(Favorites)上的按钮将触点和线圈插入程序段中,如图 7-7 和图 7-8 所示。

(1)单击"收藏夹"(Favorites)上的"常开触点"按钮向程序段添加一个触点。

(2)在本实例中,又添加了第二个常开触点。

(3)单击"输出线圈"(Output coil)按钮插入一个线圈。

图 7-7 收藏夹中的指令

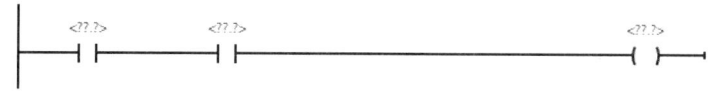

图 7-8 程序段编程 1

"收藏夹"(Favorites)还提供了用于创建分支的按钮,如图 7-9 所示的程序段编程。

(1)选择左侧的能流线,以指定分支的能流线。

(2)单击"打开分支"(Open branch)图标,向程序段的母线添加分支。

(3)在打开的分支中插入另一个常开触点。

(4)将双向箭头拖动到第一梯级上两个触点之间的一个连接点位置。

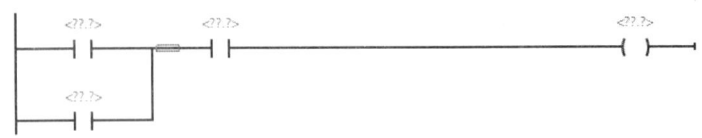

图 7-9　程序段编程 2

要保存项目,请单击工具栏中的"保存项目"(Save project)按钮。请注意,在保存前不必完成对变量的编辑。可以在之后将变量名称与指令进行关联。

7.4　使用变量表中的 PLC 变量对指令进行寻址

使用变量表,用户可以快速输入对应触点和线圈地址的 PLC 变量。
(1)双击第一个常开触点上方的默认地址 < ？？.？ >。
(2)单击地址右侧的选择器图标打开变量表中的变量。
(3)从下拉列表中,为第一个触点选择"Start"。
(4)对于第二个触点,重复上述步骤并选择变量"Stop"。
(5)对于线圈和锁存触点,选择变量"Running"。
单击选择器图标后显示的变量,如图 7-10 所示,图 7-11 所示为定义变量后的程序段。

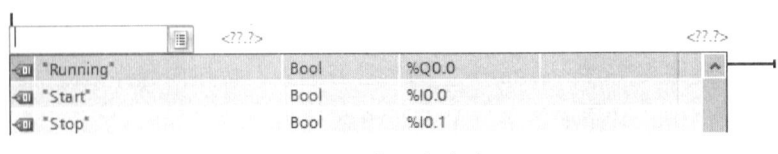

图 7-10　变量表中变量

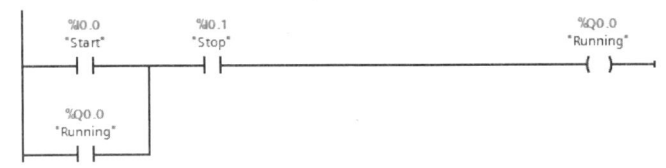

图 7-11　定义变量后的程序段

还可以直接从 CPU 中拖拽 I/O 地址。为此,需拆分项目视图的工作区,将 CPU 放大 200% 以上才能选择 I/O 点。

可以将"设备组态"(Device configuration)中 CPU 上的 I/O 拖到程序编辑器的 LAD 指令上,这样不仅会创建指令的地址,还会在 PLC 变量表中创建相应条目。

7.5　添加"功能框"指令

程序编辑器提供了一个通用"功能框"指令。插入此功能框指令之后,可从下拉列表中选择指令类型，如 ADD 指令。

图 7-12 所示为"收藏夹"（Favorites）工具栏，单击其中的通用"功能框"指令 ，显示的程序段如图 7-13 所示。

图 7-12　收藏夹工具栏

图 7-13　插入功能框指令的程序段

通用"功能框"指令 支持多种指令。在本实例中，创建一个 ADD 指令。
（1）单击功能框指令的箭头，以显示指令的下拉列表。
（2）向下滚动列表并选择 ADD 指令。
（3）单击"？"旁边的箭头，为输入和输出选择数据类型。

如图 7-14 所示，选择 ADD 指令。图 7-15 所示为插入的 ADD 功能框指令后的程序段。

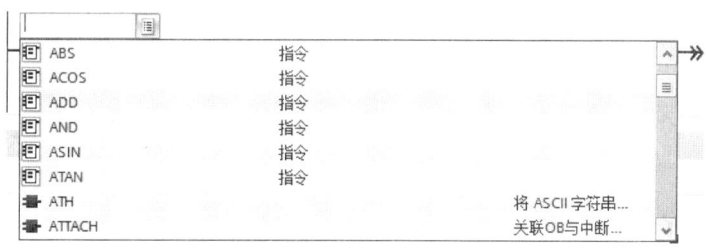

图 7-14　选择 ADD 功能框指令

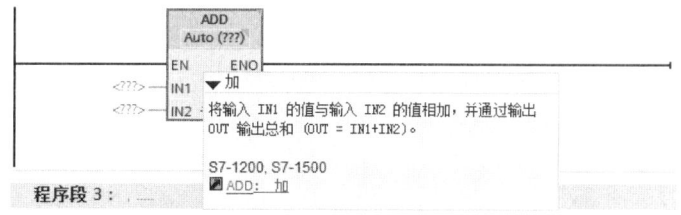

图 7-15　插入的 ADD 功能框指令

现在即可为 ADD 指令所用的值输入变量（或存储器地址）。
还可以为某些指令创建更多输入。
（1）单击框中的其中一个输入。
（2）单击右键以显示快捷菜单并选择"插入输入"（Insert input）命令。

如图 3-50 所示，选择"插入输入"（Insert input）命令，图 7-16 所示为又插入一个输入变量的 ADD 功能框指令，即 ADD 指令现在使用 3 个输入变量。

图 7-16　选择插入输入命令

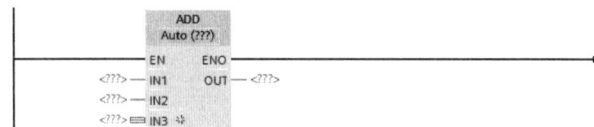

图 7-17　具有 3 个输入变量的 ADD 功能框指令。

7.6　为复杂数学等式使用 CALCULATE 指令

Calculate 指令可以根据定义的等式生成作用于多个输入参数的数学函数，从而生成结果。

在基本指令树中，展开"数学函数"（Math functions）文件夹，选择"计算"指令。如图 7-18 所示。

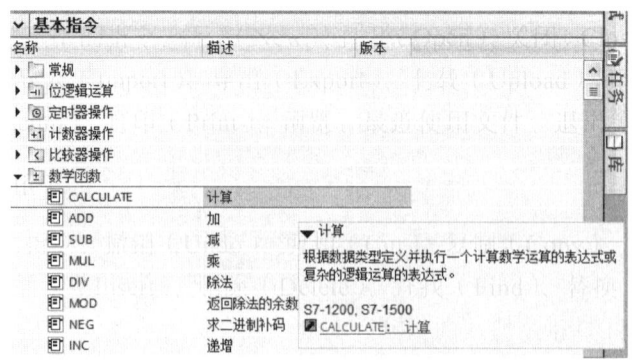

图 7-18　选择数学函数中的计算指令

双击"Calculate"指令以将该指令插入用户程序中，如图 7-19 所示。

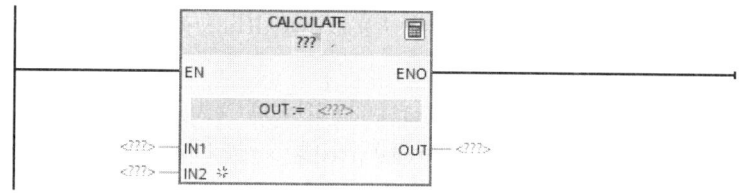

图 7-19 计算指令

未组态的 Calculate 指令提供了两个输入参数和一个输出参数。

单击"？？？"并为输入参数和输出参数选择数据类型（所有输入参数和输出参数的数据类型必须相同）。对于本示例，选择的是"Real"数据类型，如图 7-20 所示。

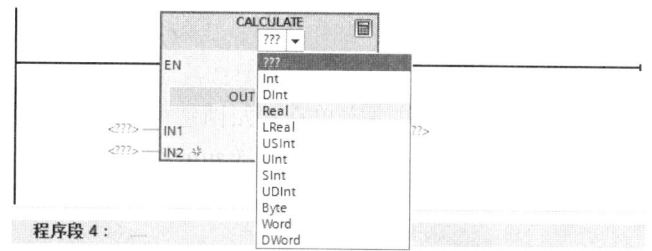

图 7-20 计算指令数据类型选择

单击"编辑等式"（Edit equation）图标，输入等式，如图 7-21 所示。

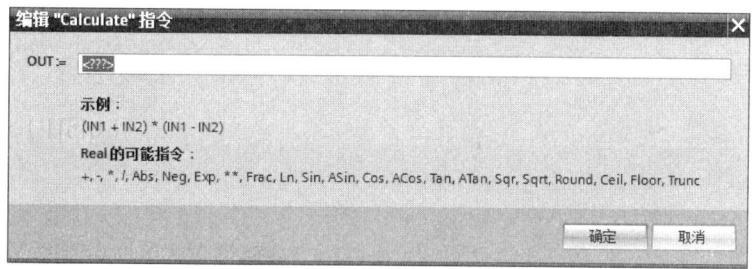

图 7-21 编辑等式窗口

对于本示例，输入以下等式来标定原有模拟值（"In"和"Out"标识对应于 Calculate 指令的参数）。

Out value =（（Out high-Out low）/（In high-In low））*（In value-In low）+ Out low；
Out =（（in4-in5）/（in2-in3））*（in1-in3）+ in5。

其中，Out value（Out）：标定的输出值；

In value（in1）：模拟量输入值；

In high（in2）：标定输入值的上限；

In low（in3）：标定输入值的下限；

Out high（in4）：标定输出值的上限；

Out low（in5）：标定输出值的下限。

如图 7-22 所示,在"编辑 Calculate"(Edit Calculate)框中,输入带有参数名称的等式:

OUT = ((in4-in5) / (in2-in3)) * (in1-in3) + in5

单击"确定"后,Calculate 指令就会生成指令所需的输入。

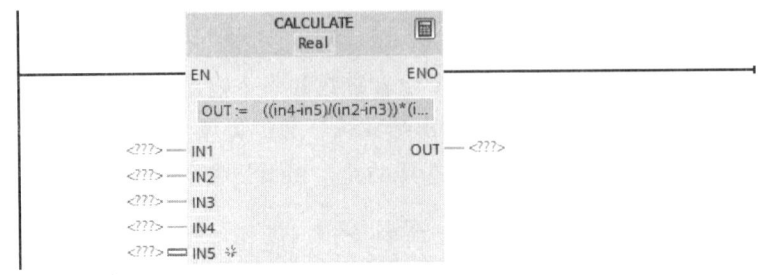

图 7-22 生成的计算功能框

输入与参数对应的值的变量名称,见图 7-23。

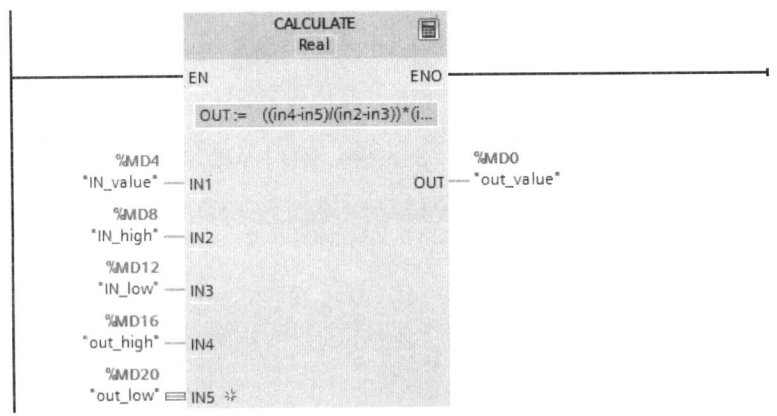

图 7-23 定义变量名称后的计算功能框

7.7 在项目中添加 HMI 设备

向项目中添加 HMI 设备非常容易,具体步骤如下:
(1)双击"添加新设备"(Add new device)图标。
(2)在"添加新设备"(Add new device)对话框中单击"SIMATIC HMI"按钮。
(3)从列表中选择特定的 HMI 设备。可以运行 HMI 向导来组态 HMI 设备的画面。
(4)单击"确定"将 HMI 设备添加到项目中。
如图 7-24 和图 7-25 所示,HMI 设备即添加到项目中。

图 7-24 添加 HMI 设备画面窗口

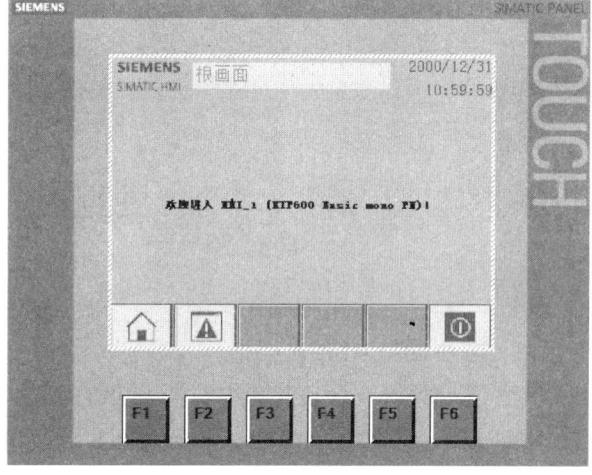

图 7-25 创建的 HMI 画面

STEP 7 提供了一个 HMI 向导，可以帮助用户组态 HMI 设备的所有画面和结构。如果未运行 HMI 向导，则 STEP 7 将创建一个简单的默认 HMI 画面。

7.8 在 CPU 和 HMI 设备之间创建网络连接

创建网络非常简单，转到"设备和网络"（Devices and Networks）并选择网络视图来显示 CPU 和 HMI 设备即可完成创建工作。

要创建 PROFINET 网络，只需从一个设备的绿色框拖出一条线连接到另一个设备的绿色框（以太网端口）。随即会为这两个设备创建一个网络连接，如图 7-26 所示。

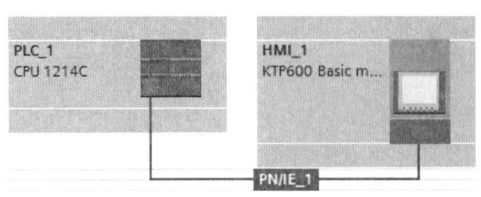

图 7-26 CPU 和 HMI 网络连接

7.9 创建 HMI 连接以共享变量

通过在两个设备之间创建 HMI 连接，用户可以轻松地在两个设备之间共享变量。选择相应的网络连接，单击"连接"（Connections）按钮并从下拉列表中选择"HMI 连接"（HMI connection）。HMI 连接会将相关的两个设备变为蓝色。选择 CPU 设备并拖出一条线连接到 HMI 设备。该 HMI 连接允许用户通过选择 PLC 变量列表对 HMI 变量进行组态。如图 7-27 所示。

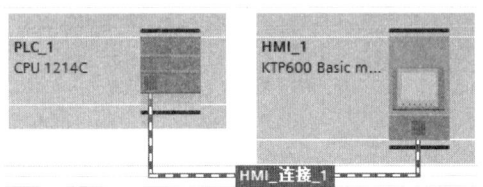

图 7-27 共享变量的 CPU 和 HMI 连接

用户可以采用下述两种方法创建 HMI 连接：

（1）从 PLC 变量表、程序编辑器或设备配置编辑器将 PLC 变量拖动至 HMI 画面编辑器，自动创建 HMI 连接。

（2）使用 HMI 向导浏览相应 PLC，自动创建 HMI 连接。

7.10 创建 HMI 画面

利用 STEP 7 提供的 HMI 向导，可以帮助用户组态 HMI 设备的所有画面和结构。

即使不利用 HMI 向导，组态 HMI 画面也很容易。STEP 7 提供了一个标准库集合，用于插入基本形状、交互元素，甚至是标准图形，如图 7-28 所示。

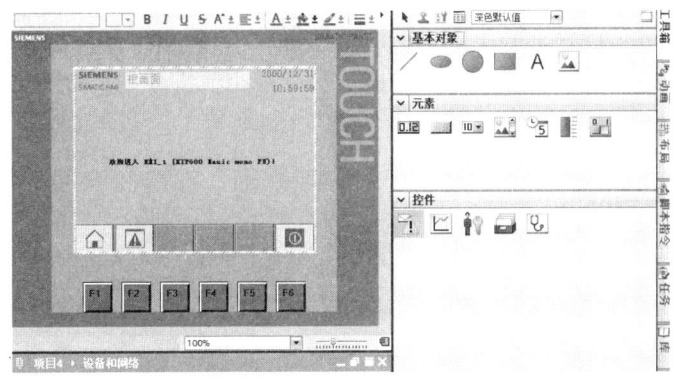

图 7-28 组态 HMI 画面的库集合

要添加元素，只需将其中一个元素拖放到画面中。使用元素的属性（在巡视窗口中）组态该元素的外观和特性。如图 7-29 所示。

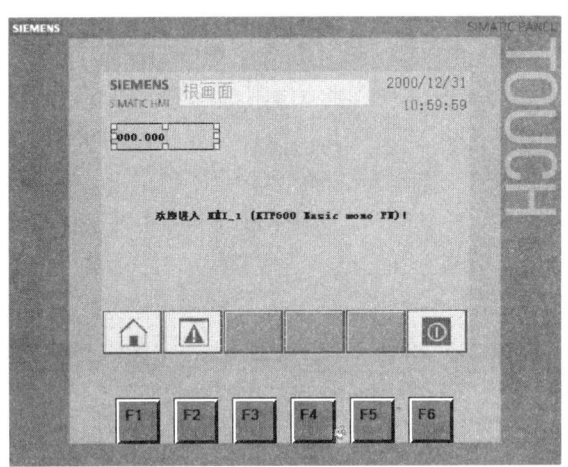

图 7-29 创建的 HMI 画面

还可以通过从项目树或程序编辑器将 PLC 变量拖放到 HMI 画面来创建画面上的元素。PLC 变量即成为画面上的元素，然后可以使用属性来更改该元素的参数，如图 7-30 所示。

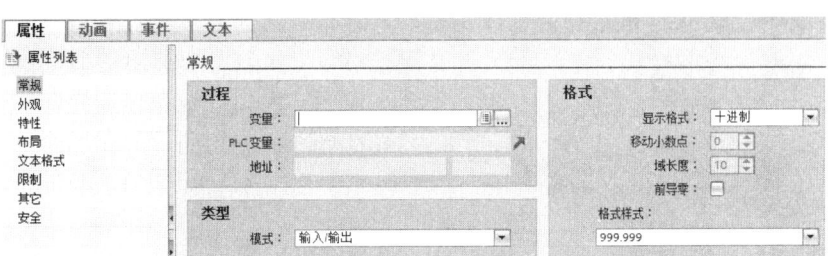

图 7-30 创建 HMI 画面元素

7.11 为 HMI 元素选择 PLC 变量

在画面上创建元素后，可使用元素的属性将 PLC 变量分配给该元素。单击变量字段旁的选择按钮来显示 CPU 的 PLC 变量。也可以在项目树中将 PLC 变量拖放到 HMI 画面中。在项目树的"详细信息"视图中显示 PLC 变量，然后将其拖放到 HMI 画面中，如图 7-31 所示。

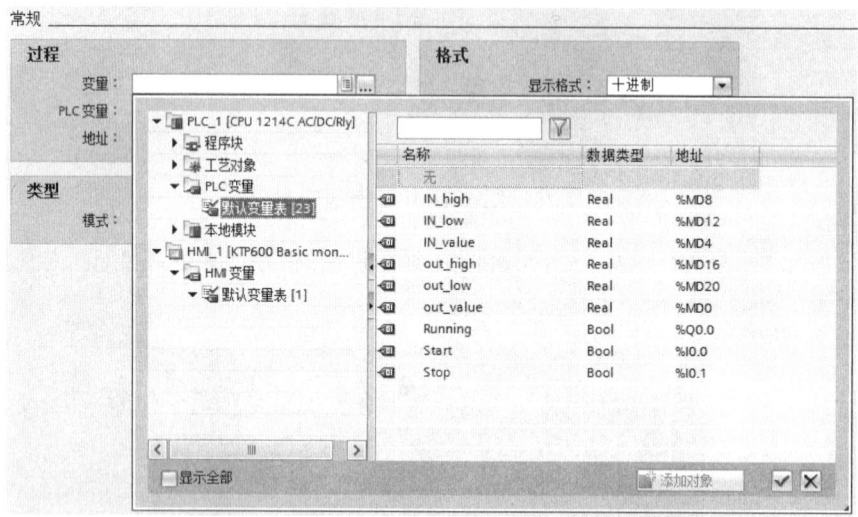

图 7-31　PLC 变量信息

习　题

1. 如何创建一个新项目？
2. 如何创建 PLC 的 I/O 变量？
3. 如何建立 PLC 与 HMI 的网络连接？
4. 如何创建 HMI 画面？
5. 如何为 HMI 元素选择 PLC 变量？
6. 使用变量表中的 PLC 变量对指令进行寻址？
7. 如何插入指令框？

第 8 章 S7-1200 PLC 介绍

8.1 S7-1200 PLC 的硬件

S7-1200 可编程序控制器是德国西门子公司新一代的模块化小型 PLC。由于它具有紧凑的设计、良好的扩展性、灵活的组态及功能强大的指令系统，提供了控制各种设备以满足自动化所需的灵活性和强大功能，使它成为控制各种应用的完美解决方案。本节主要介绍 S7-1200 的硬件结构、CPU 模块、信号板、信号模块及集成的 PROFINET 接口。

8.1.1 S7-1200 PLC 的硬件结构

S7-1200 主要由 CPU 模块、信号板、信号模块、通信模块和编程软件组成，各种模块安装在标准 DIN 导轨上。

1. CPU 模块

S7-1200 的 CPU 模块（如图 8-1 所示）将微处理器、集成电源、输入和输出电路、内置 PROFINET、高速运动控制 I/O 以及板载模拟量输入组合到一个设计紧凑的外壳中形成功能强大的控制器。

CPU 模块还提供一个 PROFINET 端口，用于网络通信。还可使用通信模块通过 RS485 或 RS232 网络通信。

CPU 模块相当于 PLC 的大脑，能根据用户程序逻辑监视输入并更改输出，用户程序可以包含布尔逻辑、计数、定时、复杂数学运算，以及与其他智能设备的通信。

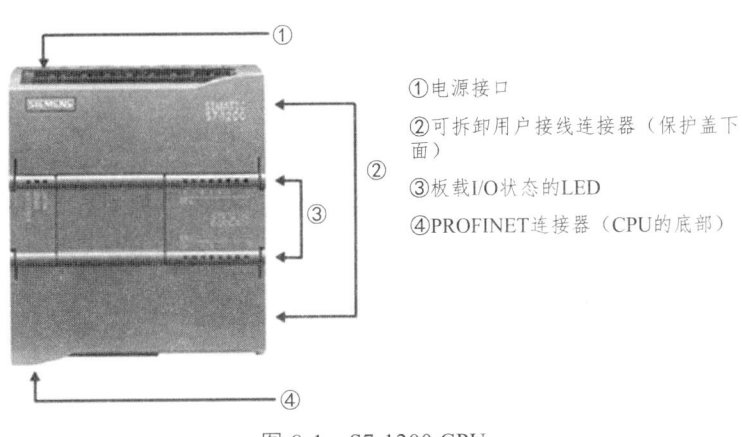

①电源接口
②可拆卸用户接线连接器（保护盖下面）
③板载I/O状态的LED
④PROFINET连接器（CPU的底部）

图 8-1 S7-1200 CPU

2. 信号板（SB）

每块 CPU 模块内可以安装一块信号板，安装后不会改变 CPU 模块的外形和体积。通过信号板（SB，Signal Board）可以给 CPU 增加 I/O。可以添加一个具有数字量或模拟量 I/O 的 SB。SB 连接在 CPU 的前端，如图 8-2 所示。

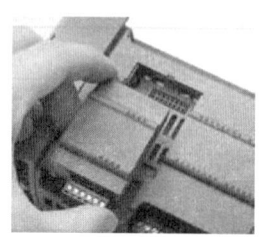

图 8-2　安装信号板

还可以扩展通信板（CB），为 CPU 增加其他通信端口。扩展电池板（BB）可提供长期的实时时钟备份。

3. 信号模块

信号模块（SM）是数字量输入模块、数字量输出模块、模拟量输入模块、模拟量输出模块的简称。数字量输入模块、数字量输出模块简称 I/O 模块或开关量模块 DI/DQ，模拟量输入模块、模拟量输出模块简称 AI/AQ 模块。

SM 连接在 CPU 右侧。可以为 CPU 增加信号的点数，最多可扩展 8 个信号模块。

信号模块是 CPU 联系外部现场设备的桥梁，输入模块用于采集接收各种输入信号，如接收从按钮、开关、继电器等来的数字量输入，以及各种变送器提供的电压、电流、热电阻、热电偶等信号。

输出模块用来控制现场的各种控制设备，如接触器、继电器、电磁阀等数字量控制设备，以及调节阀、变频器等模拟量控制设备。

CPU 模块内部工作电压一般为 DC 5 V，为防止外部的尖峰电压和干扰噪声可能损害 CPU 模块，在信号模块中，常用光电隔离或继电器等器件来隔离 PLC 内部电路与外部的输入、输出电路。

4. 通信模块

通信模块（CM）安装在 CPU 模块的左侧，最多可以连接 3 个通信模块。通信模块和通信处理器（CP）将增加 CPU 的通信选项，如 PROFIBUS 或 RS232/RS485 的连接性（适用于 PtP、Modbus 或 USS）或者 AS-i 主站。CP 可以提供其他通信类型功能，如通过 GPRS、LTE、IEC、DNP3 或 WDC 网络连接到 CPU。

5. 精简系列面板

与 S7-1200 配套的第二代精简面板主要有 4 种，分别是 4.3″、7″、9″、12″的 64 K

色高分辨率宽屏显示器，支持垂直安装，采用博途中的 WinCC 软件组态。它们有两个接口，一个是 RS-422/RS-484 接口或 RJ45 以太网接口，另一个是 USB2.0 接口。USB接口可以连接键盘、鼠标或条形码扫描仪，可用 U 盘实现数据记录。

6. 编程软件

TIA 博途是西门子自动化的全新工程设计软件平台。S7-1200 使用 TIA 博图中的 STEP 7 Basic（基本版）或 STEP 7 Professional（专业版）编程。

8.1.2 CPU 模块

1. CPU 的共性

（1）可以使用梯形图（LAD）、函数块图（FDB）和结构化控制语言（SCL）这 3 种编程语言。其布尔运算、字传送指令和浮点运算指令的执行速度分别为 0.08 μs/指令、1.7 μs/指令和 2.3 μs/指令。

（2）S7-1200 工作存储器最大为 150 KB、装载存储器最大为 4 KB、保持性存储器为 10 KB。CPU 1211C 和 CPU 1212C 的位存储器（M）为 4096 B，其他 CPU 为 8192 B。可以选用 SIMATIC 存储卡扩展存储容量，还可以用存储卡传输程序到其他 CPU。

（3）过程映像输入、过程映像输出各 1024 B。集成的数字量输入电路的输入类型为漏型/源型，电压额定值为 DC 24 V，输入电流为 4 mA。1 状态允许的最小电压/电流为 DC 15 V/2.5 mA，0 状态允许的最大电压/电流为 DC 5 V/1 mA。输入延迟时间可以组态为 0.1 μs~20 ms，有脉冲捕获功能。在过程输入信号的上升沿或下降沿可以产生快速响应的硬件中断。

继电器输出的电压范围为 DC 5 ~ 30 V 或 AC 5 ~ 250 V。最大电流 2 A，阻性负载为 DC 30 W 或 AC 200 W。DC/DC/DC 型 CPU 的 MOSFET 场效应管的 1 状态最小输出电压为 DC 20 V，0 状态最大输出为 DC 0.1 V，输出电流 0.5 A。最大阻性负载为 5 W。

脉冲输出最多 4 路，CPU 1217 支持最高 1 MHz 的脉冲输出，其他型本机最高 100 kHz，通过信号板可输出 200 kHz 的脉冲。

（4）有 2 点集成的模拟量输入（0 ~ 10 V），10 位分辨率，输入电阻不小于 100 kΩ。

（5）集成的 DC 24 V 电源可供传感器和编码器使用，也可作输入回路的电源。

（6）CPU 1215C 和 CPU 1217C 有两个带隔离的 PROFINET 以太网端口，其他 CPU 只有 1 个，传输速率为 10 /100 Mb/s。

（7）实时时钟的保存时间通常为 20 天，40℃时最少可达 12 天，最大误差为 ± 60 s/M。

2. CPU 的技术规范

S7-1200 现有 5 种型号的 CPU 模块，此外还有故障安全型 CPU。CPU 可以扩展 1

块信号板、3块通信模块（见表8-1）。

表8-1 S7-1200 CPU 技术规范

特征		CPU 1211C	CPU 1212C	CPU 1214C	CPU 1215C	CPU 1217C
物理尺寸（mm）		90×100×75	90×100×75	110×100×75	130×100×75	150×100×75
用户存储器	工作	50 KB	75 KB	100 KB	125 KB	150 KB
	负载	1 MB	1 MB	4 MB	4 MB	4 MB
	保持性	10 KB				
本地板载 I/O	数字量	6入/4出	8入/6出	14入/10出	14入/10出	14入/10出
	模拟量	2路输入	2路输入	2路输入	2点输入/2点输出	2点输入/2点输出
过程映像大小	输入（I）	1024 Byte				
	输出（Q）	1024 Byte				
位存储器（M）		4096 Byte	4096 Byte	8192 Byte	8192 Byte	8192 Byte
信号模块（SM）扩展		无	2	8	8	8
信号板（SB）、电池板（BB）或通信板（CB）		1				
通信模块（CM）（左侧扩展）		3				
高速计数器	总计	最多可组态6个使用任意内置或SB输入的高速计数器				
	1 MHz	—	—	—	—	Ib.2 到 Ib.5
	100/80 kHz	Ia.0 到 Ia.5	Ia.0 到 Ia.5	Ia.0 到 Ia.5	Ia.0 到 Ia.5	Ia.0 到 Ia.5
	30/20 kHz	—	Ia.6 到 Ia.7	Ia.6 到 Ib.5	Ia.6 到 Ib.5	Ia.6 到 Ib.1
	200 kHz					
脉冲输出	总计	最多可组态4个使用任意内置或SB输出的脉冲输出				
	1 MHz	—	—	—	—	Qa.0 到 Qa.3
	100 kHz	Qa.0 到 Qa.3	Qa.0 到 Qa.3	Qa.0 到 Qa.3	Qa.0 到 Qa.3	Qa.4 到 Qb.1
	20 kHz	—	Qa.4 到 Qa.5	Qa.4 到 Qb.	Qa.4 到 Qb.	—
存储卡		SIMATIC 存储卡（选件）				
实时时钟保持时间		通常为20天，40℃时最少为12天（免维护超级电容）				
PROFINET 以太网通信端口		1	1	1	2	2
实数数学运算执行速度		2.3 μs/指令				
布尔运算执行速度		0.08 μs/指令				

CPU模块有集成的I/O状态LED指示灯、3个运行状态指示灯。每种CPU有3种不同的电源电压输入、输出版本（见表8-2）。

表 8-2 S7-1200 CPU 的 3 种版本

版本	电源电压	DI 输入电压	DO 输出电压	DQ 输出电流
DC/DC/DC	DC 24 V	DC 24 V	DC 24 V	0.5 A，MOSFET
DC/DC/Relay	DC 24 V	DC 24 V	DC 5~30 V AC 5~250 V	DC 2 A，30 W/AC 200 W
AC/DC/Relay	AC 85-264	DC 24 V	DC 5~30 V AC 5~250 V	DC 2 A，30 W/AC 200 W

3. CPU 的外部接线图

CPU 1214C AC/DC/Rly 型的外部接线图如图 8-3 所示。输入回路一般使用图中标有①的 CPU 内置 DC 24 V 传感器电源，漏型输入时需要去除图中标有②的外接 DC 电源，将输入回路的 1M 端子与 DC 24 V 传感器电源的 M 端子连接起来，将内置的 DC 24 V 电源的 L+端子接到外部触点的公共端。源型输入时将 DC 24 V 传感器电源的 L+端子连接到 1M 端子，将内置的 DC 24 V 电源的 M 端子接到外部触点的公共端。

CPU 1214C DC/DC/Rly 型的接线图与图 8-3 的区别就在于供电电压。CPU 1214C AC/DC/Rly 型的供电电压为 AC 220 V，CPU 1214C DC/DC/Rly 型的供电电压为 DC 24 V。

CPU 1214C AC/DC/DC 型的接线图如图 8-4 所示，其电源电压、输入回路、输出回路电压均为 DC 24 V。输入回路使用外接 DC 24 V 电源，也可以使用内置的 DC 24 V 电源。

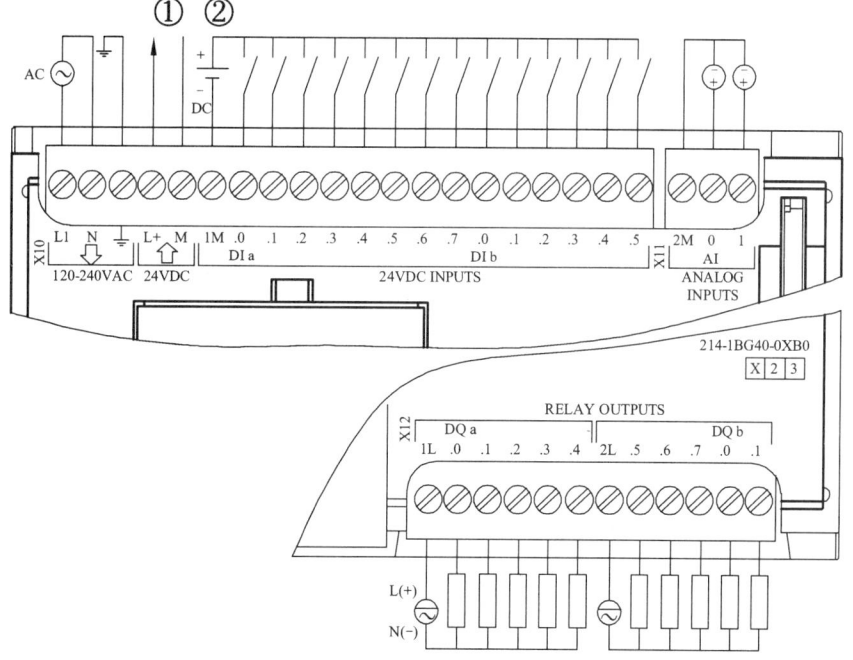

图 8-3 CPU 1214C AC/DC/Rly 型的外部接线图

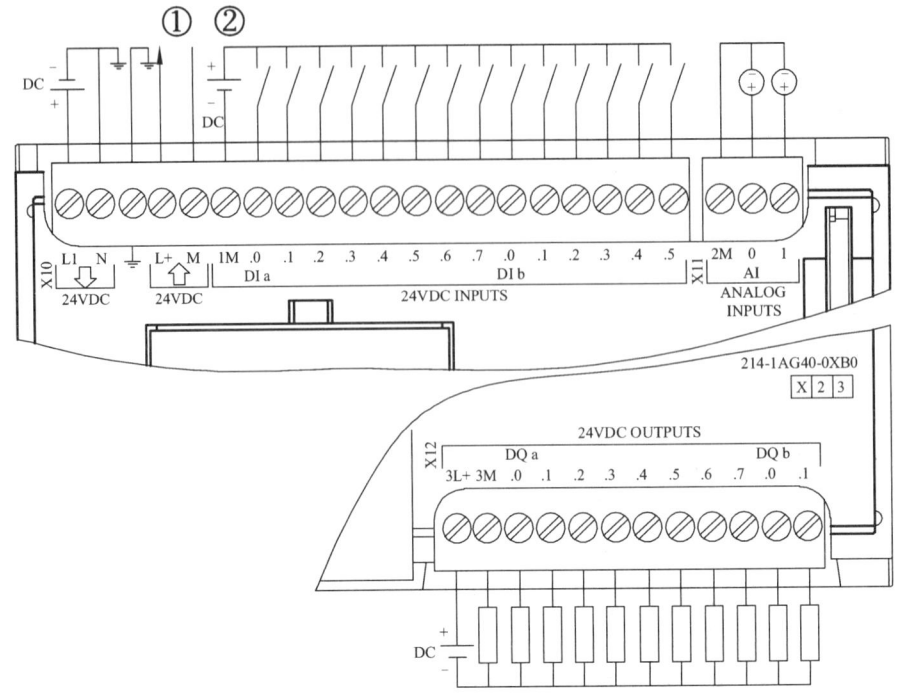

图 8-4　CPU 1214C AC/DC/DC 型的外部接线图

4. CPU 集成的工艺功能

S7-1200 集成的工艺功能包括高速计数与频率测量、高速脉冲输出、PWM 控制、运动控制和 PID 控制。

1）高速计数器

最多可组态 6 个使用 CPU 内置或信号板输入的高速计数器，CPU 1217C 有 4 点最高频率为 1 MHz 的高速计数器。其他 CPU 可组态的最高频率为 100 kHz（单项）/80 kHz（互差 90°的正交相位）或最高频率为 30 kHz（单项）/20 kHz（互差 90°的正交相位）的高速计数器（与输入点地址有关）。如果使用信号板，最高计数频率为 200 kHz（单项）/160 kHz（互差 90°的正交相位）。

2）高速输出

各种型号的 CPU 最多有 4 点高速脉冲输出（包括信号板的 DQ 输出）。CPU 1217C 的高速脉冲输出最高频率为 1 MHz，其他 CPU 为 100 kHz，信号板为 200 kHz。

3）运动控制

S7-1200 的高速输出可以用于步进电机或伺服电机的速度和位置控制。通过一个轴工艺对象和 PLCopen 运动控制指令，可以输出脉冲信号控制步进电机的速度、阀位置或加热元件的占空比。除了返回原点和点动功能以外，还支持绝对位置控制、相对位置控制和速度控制。轴工艺对象有专用的组态窗口、调试窗口和诊断窗口。

4）用于闭环控制的 PID 功能

PID 功能用于对闭环过程进行控制，建议 PID 控制回路的个数不要超过 16 个。STEP 7 中的 PID 调试窗口提供用于参数调节的形象直观的曲线图，还支持 PID 参数自整定功能，可以自动计算 PID 参数的最佳调节值。

8.1.3 信号板与信号模块

各种 CPU 的正面都可以增加一块信号板。在 CPU 的右侧可连接信号模块，以扩展信号输入、输出的点数。CPU 1211C 不能扩展信号模块。CPU 1212C 只能扩展连接两个信号模块。其他 CPU 可以连接 8 个信号模块。所有 S7-1200 CPU 都可以在其左侧安装不超过 3 个通信模块。

1. 信号板

S7-1200 所有的 CPU 模块的正面都可以安装一块信号板，并且不会增加安装的空间。有时可通过添加信号板增加所需的功能，如数字量输出信号板使继电器输出的 CPU 具有高速输出的功能。

安装时首先取下端子盖板，然后将信号板直接插入 S7-1200 CPU 正面的槽内。信号板有可拆卸的端子，因此可以很容易更换。有下列信号板和电池板：

- SB 1221 数字量输出信号板，4 点输入的最高计数频率为 200 kHz。数字量输入、输出信号板的额定电压有 DC 24 V 和 DC 5 V 两种。
- SB 1222 数字量输入信号板，4 点固态 MOSFET 输出的最高计数频率为 200 kHz。
- SB 1223 数字量输入/输出信号板，2 点输入和 2 点输出的最高计数频率为 200 kHz。
- SB 1231 热电偶信号板和 RTD（热电阻）信号板，它们可选择多种量程的传感器，分辨率为 0.1 ℃，15 位+符号位。
- SB 1231 模拟量输入信号板，有一路 12 位的输入，可测量电压和电流。
- SB 1232 模拟量输出信号板，一路输出，可输出分辨率为 12 位的电压和 11 位的电流。
- CB 1241 RS485 信号板，提供一个 RS-485 接口。
- BB 1297 电池板，适用于实时时钟的长期备份。

2. 数字量 I/O 模块

数字量输入/输出（DI/DQ）模块和模拟量输入/输出（AI/AQ）模块统称为信号模块。可选用 8 点、16 点和 32 点的输入/输出模块（见表 8-3），来满足不同的控制要求。8 点继电器输出（双态）的 DQ 模块的每一点可以通过有公共端子的一个常闭触点和一个常开触点，在输出 0 和 1 时分别控制两个负载。

所有的模块都能方便地安装在标准的 35 mm DIN 导轨上。所有的硬件都配备了可拆卸的端子板，不用重新接线，就能迅速地更换组件。

表 8-3 数字量输入/输出模块

型号	型号
SM1221，8 输入 DC 24 V	SM1222，8 继电器输出（双态），2 A
SM1221，16 输入 DC 24 V	SM1223，8 输入 DC 24 V/8 继电器输出，2 A
SM1222，8 继电器输出，2 A	SM1223，16 输入 DC 24 V/16 继电器输出，2 A
SM1222，16 继电器输出，2 A	SM1223，8 输入 DC 24 V/8 输出 DC24 V，0.5 A
SM1222，8 输出 DC 24 V，0.5 A	SM1223，16 输入 DC 24 V/16 输出 DC24 V，0.5 A
SM1222，16 输出 DC 24 V，0.5 A	SM1223，8 输入 AC 220 V/8 继电器输出，2 A

3. 模拟量 I/O 模块

在工业控制中，某些输入量（如压力、温度、流量、液位等）是模拟量，某些执行机构（如电动执行器和变频器等）要求 PLC 输出模拟量信号来控制，而 PLC 的 CPU 只能处理数字量信号。PLC 接受的模拟量信号常是传感器和变送器输出的电压或电流信号，PLC 用模拟量输入模块的 A/D 转换将其转换为数字量。模拟量输出模块的 D/A 将 PLC 中的数字量转换为模拟量的电压或电流信号，再去控制执行机构。模拟量输入/输出模块的主要任务就是实现 A/D、D/A 转换。

A/D、D/A 转换器的二进制位数反映了它们的分辨率，位数越多，分辨率就越高。模拟量输入/输出模块的另一个重要指标是转换时间。

1）SM 1231 模拟量输入模块

有 4 路、8 路的 13 位模块和 4 路 16 位模块。模拟量输入可选 ±10 V、±5 V 和 0~20 mA、4~20 mA 等多种量程。电压输入的输入电阻不小于 9 MΩ，电流输入的输入电阻为 280 Ω。双极性模拟量满量程转换后对应的数字为 -27 648~27 648，单极性模拟量转换后对应的数字为 0~27 648。

2）SM 1231 热电偶和热电阻模拟量输入模块

有 4 路、8 路的热电偶（TC）模块和有 4 路、8 路的热电阻（RTD）模块。可选多种量程的传感器，分辨率为 0.1 ℃，15 位+符号位。

3）SM 1232 模拟量输出模块

模拟量输出模块分为 2 路和 4 路，±10 V 电压输出为 14 位，最小负载阻抗为 1 kΩ。0~20 mA 或 4~20 mA 电流输出为 13 位，最大负载阻抗 600 Ω，-27 648~27 648 对应满量程电压，0~27 648 对应满量程电流。

电压输出负载为电阻时转换时间为 300 μs，负载为 1 μF 电容时转换时间为 750 μs。

电流输出负载为 1 mH 电感时转换时间为 600 μs，负载为 10 mH 电感时转换时间为 2 ms。

4）SM 1234 4 路模拟量输入/2 路模拟量输出模块

SM 1234 模块的模拟量输入和模拟量输出通道的性能指标分别与 SM 1231 AI4×13bit 模块和 SM 1232 AQ2×14bit 模块相同，相当于两种模块的组合。

5）集成的通信接口与通信模块

S7-1200 具有非常强大的通信功能，能提供下列通信选项：I-Device（智能设备）、PROFINET、PROFIBUS、远距离控制通信、点对点（PtP）通信、USS 通信、Modbus RTU、As-i 和 I/OLink MASTER。

8.1.4 集成的 PROFINET 接口

1. PROFINET 端口

S7-1200 CPU 具有一个集成的 PROFINET 端口，支持以太网和基于 TCP/IP 的通信标准。S7-1200 CPU 支持以下应用协议：

（1）传输控制协议（TCP）。

（2）ISO on TCP（RFC 1006）。

S7-1200 CPU 可以使用 TCP 通信协议与其他 S7-1200 CPU、STEP 7 Basic 编程设备、HMI 设备和非 Siemens 设备通信。有两种使用 PROFINET 通信的方法：

（1）直接连接：在连接到单个 CPU 的编程设备、HMI 或另一个 CPU 时采用直接通信。

（2）网络连接：在连接两个以上的设备（例如，CPU、HMI、编程设备和非西门子设备）时采用网络通信。

编程设备或 HMI 与 CPU 之间的直接连接不需要以太网交换机。含有两个以上的 CPU 或 HMI 设备的网络才需要以太网交换机。安装在机架上的 Siemens CSM 1277 4 端口以太网交换机可用于连接 CPU 和 HMI 设备。S7-1200 CPU 上的 PROFINET 端口不包含以太网交换设备。

CPU 上的 PROFINET 端口支持以下并发通信连接。

（1）3 个用于 HMI 与 CP 通信的连接。

（2）1 个用于编程设备（PG）与 CPU 通信的连接。

（3）8 个使用传输块（T-block）的指令（TSEND_C、TRCV_C、TCON、TDISCON、TSEN、TRCV）实现 S7-1200 程序通信的连接。

（4）3 个用于被动 S7-1200 CPU 与主动 S7 CPU 通信的连接。

主动 S7 CPU 使用 GET 和 PUT 指令（S7-300 和 S7-400）或 ETHx_XFER 指令（S7-200）。

主动 S7-1200 通信连接只能使用传输块（T-block）指令。

如果使用"TCON"指令设置并建立被动通信连接，则下列端口地址将受到限制，不应该使用：

- ISOTSAP（被动）：01.00、01.01、02.00、02.01、03.00、03.01。
- TCP 端口（被动）：5001、102、123、20、21、25、34962、34963、34964、80。

2. PROFIBUS 通信与通信模块

PROFIBUS 总线是目前国际上通用的现场总线标准之一，S7-1200 CPU 从固件版本 V2.0 开始，组态软件 STEP 7 从版本 V11.0 开始，支持 PROFIBUS-DP 通信。

通过使用 PROFIBUS-DP 主站模块 CM 1243-5，S7-1200 可以和其他 CPU、编程设备、人机界面和 PROFIBUS-DP 从站设备（如 ET 200 和 SINAMICS 驱动设备）通信，CM 1243-5 可以做 S7 通信的客户机或服务器（见图 8-7 和图 8-8）。

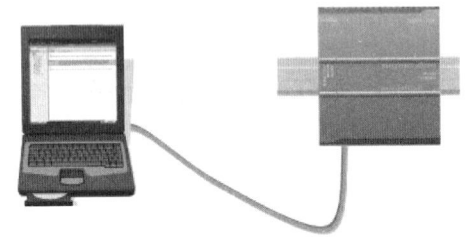
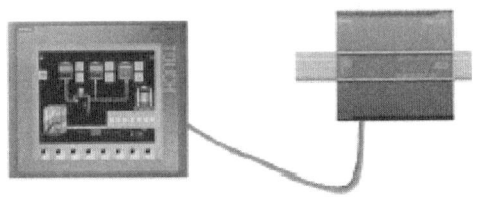

图 8-7　S7-1200 与计算机的通信　　　　图 8-8　S7-1200 与 HMI 的通信

通过使用 PROFIBUS-DP 从站模块 CM 1243-5，S7-1200 可以作为一个智能 DP 从站设备与 PROFIBUS-DP 主站设备通信。

3. 点对点（PtP）通信与通信模块

通过点对点通信，S7-1200 可以直接发送信息到外部设备（如打印机）；从其他设备（如条形码阅读器、射频识别读写器和视觉系统）接收信息；可以与 GPRS 装置、无线电调制解调器等设备交换信息。

CM 1241 是点对点高速串口通信模块，可执行的协议有 ASCⅡ、USS 驱动协议、Modbus RTU 主站协议和从站协议，可以装载其他协议。3 种模块分别有 RS-232、RS-485 和 RS-422/485 通信接口。

通过 CM 1241 RS485 通信模块或者 CB 1241 RS485 通信板，可以支持 Modbus RTU 协议和 USS 协议的设备进行通信。S7-1200 可以作为 Modbus 主站或从站。

4. AS-i 通信与通信模块

AS-i 是执行器传感器接口的缩写，它是用于现场自动化设备的双向数据通信网络，位于工厂自动化网络的最底层。AS-i 已被列入 IEC62026 标准。

AS-i 是单主站主从式网络，支持总线供电，即两根电缆同时作信号线和电源线。

S7-1200 的 AS-i 主站模块为 CB 1243-2，其主站协议版本为 V3.0，可配置 31 个标准开关量/模拟量从站或 62 个 A/B 类开关量/模拟量从站。

5. 远程控制通信与通信模块

通过使用 GPRS 通信处理器 CP 1242-7，S7-1200 CPU 可以与下列设备进行无线通信：中央控制站、其他远程站、移动设备（GSM 短消息）、编程设备（远程服务）和使用开放式用户通信（UDP）的其他通信设备。通过 GPRS 可以实现简单的远程监控。

6. IO-Link 通信与通信模块

IO-Link 是 IEC61131-9 中定义的用于传感器/执行器领域的点对点通信接口，使用非屏蔽的 3 线制标准电缆。IO-Link 主站模块 SM 1278 用于连接 S7-1200 CPU 和 IO-Link 设备，它有 4 个 IO-Link 端口，同时具有信号模块功能和通信模块功能。

8.2 S7-1200 PLC 的编程语言

STEP 7 为 S7-1200 提供 LAD（梯形图逻辑）、FBD（功能块图）、SCL（结构化控制语言）等标准编程语言。创建代码块时，应选择该块要使用的编程语言。用户程序可以使用由任意或所有编程语言创建的代码块。

1. PLC 编程语言的国际标准

IEC 61131 是 IEC(国际电工委员会)制定的 PLC 标准，其中的第三部分 IEC 61131-3 是 PLC 的编程语言的标准。

STEP 7 为 S7-1200 提供以下标准编程语言：
- LAD（梯形图逻辑）是一种图形编程语言。它使用基于电路图的表示法。
- FBD（功能块图）是基于布尔代数中使用的图形逻辑符号的编程语言。
- SCL（结构化控制语言）是一种基于文本的高级编程语言。

创建代码块时，应选择该块要使用的编程语言。用户程序可以使用由任意或所有编程语言创建的代码块。

2. 梯形图

梯形图（LAD）是使用最多的图形编程语言。梯形图与继电器电路图很相似，具有直观易懂的优点，很容易被熟悉继电器控制的电气人员掌握，特别适合数字量逻辑控制。有时把梯形图称为电路或程序。

电路图的元件（如常闭触点、常开触点和线圈）相互连接构成程序段。要创建复杂运算逻辑，可插入分支以创建并行电路的逻辑。并行分支向下打开或直接连接到电源线。用户可向上终止分支。

LAD 向多种功能（如数学、定时器、计数器和移动）提供"功能框"指令。STEP 7 不限制 LAD 程序段中的指令（行和列）数。

说明：每个 LAD 程序段都必须使用线圈或功能框指令来终止。

创建 LAD 程序段时请注意以下规则：
- 不能创建可能导致反向能流的分支。
- 不能创建可能导致短路的分支。

3. 函数块图（FBD）

与 LAD 一样，FBD 也是一种图形编程语言。逻辑表示法以布尔代数中使用的图形逻辑符号为基础。要创建复杂运算的逻辑，在功能框之间插入并行分支。算术功能和其他复杂功能可直接结合逻辑框表示。STEP 7 不限制 FBD 程序段中的指令（行和列）数。

4. SCL

结构化控制语言（SCL，Structured Control Language）是用于 SIMATIC S7 CPU 的基于 PASCAL 的高级编程语言。SCL 支持 STEP 7 的块结构。

5. 编程语言的切换

用鼠标右键单击项目树中的"程序块"文件夹中的某个代码块，选中快捷菜单中的"切换编程语言"，LAD 和 FBD 语言可以互相切换。只能在"添加新块"对话框中选择 SCL 语言。

8.3 PLC 的工作原理与逻辑运算

S7-1200 PLC 操作系统与逻辑运算，CPU 的工作模式及工作模式的切换，冷启动与暖启动的作用，RUN 模式 CPU 的操作等，这些是必须掌握的知识重点。

8.3.1 PLC 的工作原理

1. 操作系统与用户程序

CPU 的操作系统用来实现与具体的控制任务无关的 PLC 的基本功能。操作系统的任务包括处理暖启动，刷新过程映像输入/输出，调用用户程序，检测中断事件和调用中断组织块，检测和处理错误，管理存储器，以及处理通信任务等。

用户程序包含处理具体的自动化任务必需的所有功能。用户程序由用户编写并下载到 PLC，用户程序的任务包括：
- 检查是否满足暖启动需要的条件，如限位开关是否在正确位置。
- 处理过程数据，例如用数字量信号来控制数字量输出信号，读取和处理模拟量输入信号，输出模拟量控制信号。

- 用组织块（OB）中的程序对中断事件做出反应。例如，在诊断错误中断组织块 OB82 中发出报警信号，以及编写处理错误的程序。

2. CPU 的工作模式

CPU 有以下 3 种工作模式：STOP 模式、STARTUP 模式和 RUN 模式。CPU 前面的状态 LED 指示当前工作模式。

- 在 STOP 模式下，CPU 不执行程序，但可以下载项目。
- 在 STARTUP 模式下，执行一次启动 OB（如果存在）。在启动模式下，CPU 不会处理中断事件。
- 在 RUN 模式，程序循环 OB 重复执行。可能发生中断事件，并在 RUN 模式中的任意点执行相应的中断事件 OB。可在 RUN 模式下下载项目的某些部分。

CPU 支持通过暖启动进入 RUN 模式。暖启动不包括储存器复位。执行暖启动时，CPU 会初始化所有的非保持性系统和用户数据，并保留所有保持性用户数据值。存储器复位将清除所有工作存储器、保持性及非保持性存储区，将装载存储器复制到工作存储器并将输出设置为组态的"对 CPU STOP 的响应"（Reaction to CPUSTOP）。存储器复位不会清除诊断缓冲区，也不会清除永久保存的 IP 地址值。

可组态 CPU 中"上电后启动"（startup after POWER ON）设置如图 8-9 所示。该组态项出现在 CPU "设备组态"（Device Configuration）的"启动"（Startup）栏下。通电后，CPU 将执行一系列上电诊断检查和系统初始化操作。在系统初始化过程中，CPU 将删除所有非保持性位（M）存储器，并将所有非保持性 DB 的内容复位为装载存储器的初始值。CPU 将保留保持性位（M）存储器和保持性 DB 的内容，然后进入相应的工作模式。检测到的某些错误会阻止 CPU 进入 RUN 模式。CPU 支持以下组态选项：

- 不重新启动（保持为 STOP 模式）。
- 暖启动-RUN 模式。
- 暖启动-断电前的模式。

图 8-9　CPU 上电启动设置

注意：CPU 因可修复故障或临时故障可能会进入 STOP 模式，前者如可替换信号模块故障，后者如电力线干扰或不稳定上电事件。这种情况可导致财产损失。如果已将 CPU 组态为"暖启动-断电前的模式"（Warm restart-mode prior to POWEROFF），CPU 则进入掉电或发生故障前的工作模式。如果在发生掉电或故障时，CPU 处于 STOP 模式，则 CPU 将在上电时进入 STOP 模式并保持 STOP 模式，直至收到进入 RUN 模式的命令。

如果在发生掉电或故障时，CPU 处于 RUN 模式，则在未检测到可禁止 CPU 进入 RUN 模式的条件下，CPU 将在下次上电时进入 RUN 模式。

要使 CPU 在下一次循环上电时返回到 RUN 模式，可将欲独立于 STEP 7 连接而运行的 CPU 组态为"暖启动-RUN"（Warm restart-RUN）。

（1）在 STOP 模式下，CPU 处理所有通信请求（如果适用）并执行自诊断。CPU 不执行用户程序，过程映像也不会自动更新。

（2）在 STARTUP 和 RUN 模式下，CPU 执行图 8-10 所示的任务。

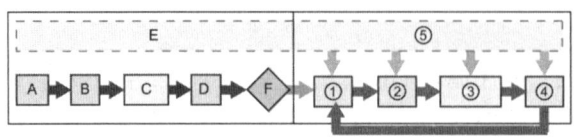

图 8-10　启动与运行过程示意图

STARTUP 和 RUN 模式：
- 清除 I（映像）存储区。
- 根据组态情况将 Q 输出（映像）存储区初始化为零、上一值或替换值，并将 PB、PN 和 AS-i 输出设为零。
- 将非保持性 M 存储器和数据块初始化为其初始值，并启用组态的循环中断事件和时钟事件，执行启动 OB。
- 将物理输入的状态复制到 I 存储器。
- 将所有中断事件存储到要在进入 RUN 模式后处理的队列中。
- 启用 Q 存储器到物理输出的写入操作。

RUN 模式：
- 将 Q 存储器写入物理输出。
- 将物理输入的状态复制到 I 存储器。
- 执行程序循环 OB。
- 执行自检诊断。
- 在扫描周期的任何阶段处理中断和通信。

3. 工作模式的切换

可以使用编程软件在线工具中的"STOP"或"RUN"命令更改当前工作模式。也可在程序中包含 STP 指令，以使 CPU 切换到 STOP 模式。这样就可以根据程序逻辑停止程序的执行。

4. 冷启动与暖启动

下载了用户程序的块和硬件组态后，下一次切换到 RUN 模式时，CPU 执行冷启动。冷启动时复位输入，初始化输出；复位存储器，即清除工作存储器、非保持性存储区和保持性存储区,并将装载存储器的内容复制到工作存储器。存储器复位不会清除诊断缓冲区,也不会清除永久保存的 IP 地址。

冷启动之后,在下一次下载之前的 STOP 到 RUN 模式的切换均为暖启动。暖启动时所有非保持的系统数据和用户数据被初始化,不会清除保持性存储区。

暖启动不对存储器复位,可以用在线与诊断视图的"CPU 操作面板"上的"MRES"按钮来复位存储器。

S7-1200 CPU 之间通过开放式用户通信进行的数据交换只能在 RUN 模式下进行。

移除或插入中央模块将导致 CPU 进入 STOP 模式。

5. RUN 模式 CPU 的操作

在 RUN 模式下,每个扫描周期,CPU 都会写入输出、读取输入、执行用户程序、更新通信模块,以及响应用户中断事件和通信请求。在扫描期间会定期处理通信请求。以上操作(用户中断事件除外)按先后顺序定期进行处理。对于已启用的用户中断事件,将根据优先级按其发生顺序进行处理。对于中断事件,如果适用的话,CPU 将读取输入、执行 OB,然后使用关联的过程映像分区(PIP)写入输出。

1) 写外设输出

在每个扫描周期初始,从过程映像重新获取数字量及模拟量输出的当前值,然后将其写入 CPU、SB 和 SM 模块上组态为自动 I/O 更新(默认组态)的物理输出。通过指令访问物理输出时,输出过程映像和物理输出本身都将被更新。

2) 读外设输入

随后在该扫描周期中,将读取 CPU、SB 和 SM 模块上组态为自动 I/O 更新(默认组态)的数字量及模拟量输入的当前值,然后将这些值写入过程映像。通过指令访问物理输入时,指令将访问物理输入的值,但输入过程映像不会更新。

3) 执行用户程序

读取输入后,系统将从第一条指令开始执行用户程序,一直执行到最后一条指令。其中包括所有的程序循环 OB 及其所有关联的 FC 和 FB。程序循环 OB 根据 OB 编号依次执行,OB 编号最小的先执行。

4) 通信处理与自诊断

在扫描循环的通信处理和自诊断阶段处理接收到的报文,在适当的时候将报文发送给通信的请求方。此外还要周期性地检查固件、用户程序和 I/O 模块的状态。

5) 中断处理

事件驱动的中断可以在扫描循环的任意阶段发生。在有事件出现时,CPU 中断扫描循环,通过调用组态给该事件的 OB。OB 处理完事件后,CPU 在中断点恢复用户程序的执行。中断功能可以提高 PLC 对事件的响应速度。

8.3.2 逻辑运算

在数字量（或称开关量）控制系统中，变量仅有两种相反的工作状态，例如：高电平和低电平、继电器线圈的通电或断电，可以分别用逻辑代数中的 1 和 0 表示这些状态，在波形图中，用高电平表示 1 状态，用低电平表示 0 状态。

使用数字电路或 PLC 的梯形图都可以实现数字量逻辑运算。用继电器或梯形图可以实现基本的逻辑运算，触点的串联可以实现"与"运算，触点的并联可以实现"或"运算，用常闭触点控制线圈可以实现"非"运算。多个触点的串、并联电路可以实现复杂的逻辑运算。如图 8-11 所示，其中的 I0.0~I0.4 为数字量输入变量，Q0.0~Q0.2 为数字量输出变量。

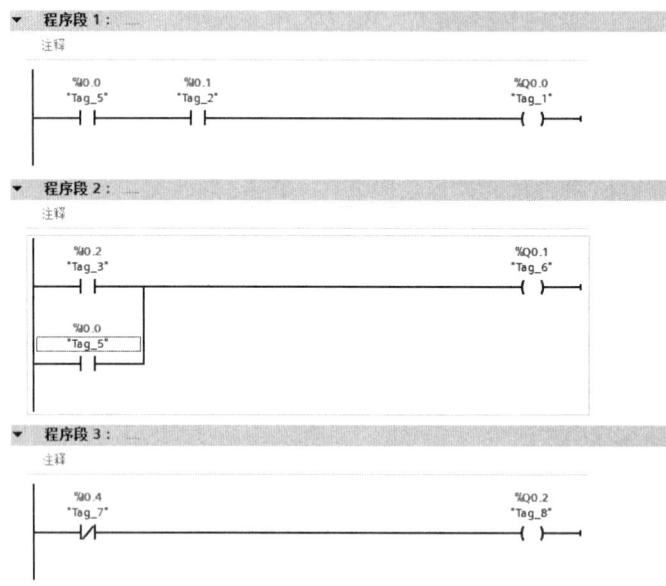

图 8-11 基本逻辑运算

图 8-11 所示的"或""与""非"逻辑运算关系如表 8-4 所示。表中的 0 和 1 分别表示输入点的常开触点的断开和接通，输出点线圈的断电与通电。

表 8-4 逻辑运算关系表

与			或			非	
Q0.0=I0.0·I0.1			Q0.1=I0.2+I0.3			$Q0.2=\overline{I0.4}$	
I0.0	I0.1	Q0.0	I0.2	I0.3	Q0.1	I0.4	Q0.2
0	0	0	0	0	0	0	1
0	1	0	0	1	1	1	0
1	0	0	1	0	1		
1	1	1	1	1	1		

采用基本逻辑运算，PLC 既可以实现电动机的连续运行，又能点动控制，PLC 的梯形图如图 8-12 所示。

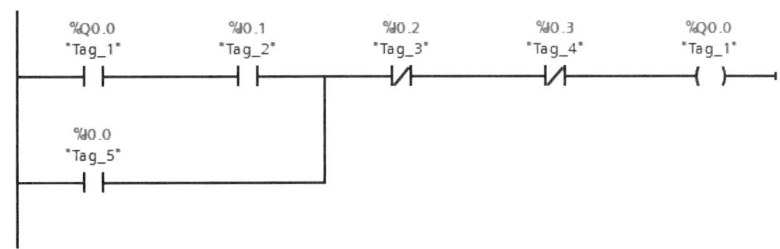

图 8-12　实现连续运行与点动控制的 PLC 梯形图

图中，I0.0 为启动按钮，I0.1 为连续/点动运行开关，I0.2 为停止按钮，I0.3 为热继电器常闭触点，Q0.0 为电动机运行控制。当需要点动控制时，断开连续运行开关，按下启动按钮，输出 Q0.0 为"1"状态，电机运行，松开按钮，输出 Q0.0 为"0"状态，电机停止运行；当需要连续运行时，闭合连续运行开关，按下启动按钮，Q0.0 为"1"状态，其常开触点闭合，实现自锁，电机连续运行，直到按下停止按钮（I0.2）。当电机过热时，为保护电机断开输出 Q0.0，电机停止运行。

8.4　数据类型与系统存储区

数据类型用于指定数据元素的大小，以及解释数据。每个指令参数至少支持一种数据类型，而有些参数支持多种数据类型。PLC 在运行时需要处理的数据和功能种类众多，这些不同类型的数据被存放在不同的存储空间，从而形成不同的数据区。因此，需要掌握 S7-1200 PLC 的存储器区域的编排方法。

8.4.1　CPU 的存储器

CPU 提供了以下用于存储用户程序、数据和组态的存储区：

（1）装载存储器，用于非易失性地存储用户程序、数据和组态。将项目下载到 CPU 后，CPU 会先将程序存储在装载存储区中。该存储区位于存储卡（如存在）或 CPU 中。CPU 能够在断电后继续保持该非易失性存储区。存储卡支持的存储空间比 CPU 内置的存储空间更大。

（2）工作存储器是易失性存储器，用于在执行用户程序时存储用户项目的某些内容。CPU 会将一些项目内容从装载存储器复制到工作存储器中。该易失性存储区将在断电后丢失，而在恢复供电时由 CPU 恢复。

（3）保持性存储器，用于非易失性地存储限量的工作存储器值。断电过程中，CPU使用保持性存储区存储所选用户存储单元的值。如果发生断电或掉电，CPU将在上电时恢复这些保持性值。

要显示编译程序块的存储器使用情况，请右键单击STEP 7项目树中"程序块"（Program blocks）文件夹中的块，然后从上下文菜单中选择"资源"（Resources）。"编译属性"（Compiliationproperties）显示了编译块的装载存储器和工作存储器。要显示在线CPU的存储器使用情况，请双击STEP 7中的"在线和诊断"（Online and diagnostics），展开"诊断"（Diagnostics），然后选择"存储器"（Memory）。

CPU仅支持预格式化的SIMATIC存储卡。将存储卡用作传送卡或程序卡，复制到存储卡中的任何程序均包括所有代码块和数据块、所有工艺对象和设备配置。复制的程序不包含强制值。强制值不是程序的一部分，但强制值可存储在装载存储器，即CPU的内部装载存储器或外部装载存储器（程序卡）中。如果在CPU中插入程序卡，则STEP 7仅会将强制值应用到程序卡上的外部装载存储器上。

8.4.2 数据与数据类型

1. 数　制

1）二进制数

二进制数的位（bit）只能取0和1这两个不同的值，可以用来表示开关量的两个不同的状态。如果该位为1，则表示梯形图中对应的位编程元件（例如位存储器M和过程映像输出位Q）的线圈"通电"，其常开触点接通，常闭触点断开，也可称编程元件为TRUE或1状态。如果该位为0，则对应的编程元件的线圈和触点的状态与上述的相反，称编程元件为FALSE或0状态。

2）多位二进制整数

计算机和PLC用多位二进制数来表示数字。表8-5给出不同进制数的表示方法。

表8-5 不同进制数的表示方法

十进制数	十六进制数	二进制数	BCD码	十进制数	十六进制数	二进制数	BCD码
0	0	00000	0000 0000	9	9	01001	0001 0001
1	1	00001	0000 0001	10	A	01010	0001 0000
2	2	00010	0000 0010	11	B	01011	0001 0001
3	3	00011	0000 0011	12	C	01100	0001 0010
4	4	00100	0000 0100	13	D	01101	0001 0011
5	5	00101	0000 0101	14	E	01110	0001 0100
6	6	00110	0000 0110	15	F	01111	0001 0101
7	7	00111	0000 0111	16	10	10000	0001 0110
8	8	01000	0000 1000	17	11	10001	0001 0111

3）十六进制数

多位二进制数的书写和阅读很不方便，可以用十六进制数来代替二进制数。每个十六进制数对应于4位二进制数。在数字后面加"H"表示十六进制，PLC常用在十六进制数前面加"16#"。

2. 数据类型

数据类型用于指定数据元素的大小，以及解释数据。每个指令参数至少支持一种数据类型，而有些参数支持多种数据类型。将光标停在指令的参数域上方，便可看到给定参数所支持的数据类型。

表8-6给出了基本数据类型的属性，其他数据类型将在后面陆续介绍。

表8-6 基本数据类型

数据类型	位大小	数值范围	常量输入实例
Bool	1	0~1	TRUE，FALSE，0，1
Byte	8	16#00 ~ 16#FF	16#12，16#AB
Word	16	16#0000 ~ 16#FFFF	16#ABCD，16#0001
DWord	32	16#00000000 ~ 16#FFFFFFFF	16#02468 ACE
Char	8	16#00 ~ 16#FF	'A', 't', '@'
SInt	8	-128 ~ 127	123，-123
Int	16	-32 768 ~ 32 767	123，-123
DInt	32	-2 147 483 648 ~ 2 147 483 647	123，-123
USInt	8	0 ~ 255	123
UInt	16	0 ~ 65 535	123
UDInt	32	0 ~ 4 294 967 295	123
Real	32	$+/-1.18 \times 10^{-38}$ ~ $+/-3.40 \times 10^{38}$	123.456、-3.4、-1.2E12、3.4E-3
LReal	64	$+/-2.23 \times 10^{-308}$ ~ $+/-1.79 \times 10^{308}$	12 345.123 456 789、-1.2E40
Time	32	T#-24d_20h_31 m_23 s_648 ms~T#24d_20h_31 m_23 s_647 ms 存储形式：-2 147 483 648 ~ +2 147 483 647 ms	T#5 m_30 s T#1d_2h_15 m_30x_45 ms
String	可变	0~254 字节字符	'ABC'
DTL	12字节	最小：DTL#1970-01-01-00：00：00.0 最大：DTL#2554-12-31-23：59：59.999 999 999	DTL#2008-12-16-20：30：20.250

3. 位

数字系统内的最小信息单位为"位"(对于"二进制数")。一个位只能可以存储一种状态,即"0"(假或非真)或"1"(真)。灯开关是只有两种状态的"二进制"系统示例。灯开关决定是"点亮"还是"熄灭"状态,并且该"值"可存储为一位。灯开关的数字值回答了以下问题:"灯是点亮的吗?"如果灯点亮("真"),则该值为1;如果灯熄灭("假"),则该值为0。

如图8-13中,CPU将8位数据位编成组。称为一个字节(如图中②)。组中的每一位(如图中①)都通过自身的单独地址来精确定义,即每一位都具有一个字节地址以及0到7的位地址。

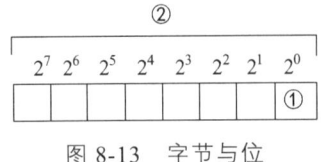

图 8-13 字节与位

4. Bool、Byte、Word 和 DWord 数据类型

位和位序列的数据类型如表8-7所示。

表 8-7 位和位序列数据类型

数据类型	位大小	数值类型	数值范围	常数示例	地址示例
Bool	1	布尔运算	FALSE 或 TRUE	TRUE	I1.0 Q0.1 M50.7 DB1.DBX2.3 Tag_name
		二进制	2#0 或 2#1	2#0	
		无符号整数	0 或 1	1	
		八进制	8#0 或 8#1	8#1	
		十六进制	16#0 或 16#1	16#1	
Byte	8	二进制	2#0 ~ 2#1111_1111	2#1000_1001	IB2 MB10 DB1.DBB4 Tag_name
		无符号整数	0 ~ 255	15	
		有符号整数	-128 ~ 127	-63	
		八进制	8#0 ~ 8#377	8#17	
		十六进制	B#16#0 ~ B#16#FF, 16#0 ~ 16#FF	B#16#F、16#F	
Word	16	二进制	2#0 ~ 2#1111_1111_1111_1111	2#1101_0010_1001_0110	MW10 DB1.DBW2 Tag_name
		无符号整数	0 ~ 65 535	61680	
		有符号整数	-32 768 ~ 32 767	72	
		八进制	8#0 ~ 8#177_777	8#170_362	
		十六进制	W#16#0 ~ W#16#FFFF、16#0 ~ 16#FFFF	W#16#F1C0、16#A67 B	
DWord	32	二进制	2#0 ~ 2#1111_1111_1111_1111_1111_1111_1111_1111	2#1101_0100_1111_1110_1000_1100	MD10 DB1.DBD8 Tag_name
		无符号整数*	0 ~ 4 294 967 295	15_793_935	
		有符号整数*	-2 147 483 648 ~ 2 147 483 647	-400000	
		八进制	8#0 ~ 8#37_777_777_777	8#74_177_417	
		十六进制	DW#16#0000_0000~DW#16#FFFF_FFFF 16#0000_0000~16#FFFF_FFFF	DW#16#20_F30 A、16#B_01F6	

5. 整 数

整数数据类型共有 6 种：有符号短整数类型（SInt）、无符号短整数类型（USInt）、有符号整数类型（Int）、无符号整数类型（UInt）、有符号双整数类型（DInt）、无符号双整数类型（UDInt）。如表 8-8 所示。

表 8-8　整型数据类型（U=无符号，S=短，D=双）

数据类型	位大小	数值范围	常数示例	地址示例
USInt	8	0～255	78，2#01001110	MB0、DB1.DBB4、
SInt	8	－128～127	+50，16#50	Tag_name
UInt	16	0～65 535	65 295，0	MW2、DB1.DBW2、
Int	16	－32 768～32 767	30 000，+30 000	Tag_name
UDInt	32	0～4 294，967 295	4 042 322 160	MD6、DB1.DBD8、
DInt	32	－2 147 483 648～2 147 483 647	－2 131 754 992	Tag_name

6. 浮点数

如 ANSI/IEEE 754-1985 标准所述，实（或浮点）数以 32 位单精度数（Real）或 64 位双精度数（LReal）表示。单精度浮点数的精度最高为 6 位有效数字，而双精度浮点数的精度最高为 15 位有效数字。在输入浮点常数时，最多可以指定 6 位（Real）或 15 位（LReal）有效数字来保持精度。

7. 时间与日期

TIME 数据作为有符号双整数存储，单位为毫秒。编辑器可以使用日期（d）、小时（h）、分钟（m）、秒（s）和毫秒（ms）等单位。例如，T#5h10 s 和 500h 均有效。所有指定单位的组合值不能超过以毫秒表示的时间日期类型的上限或下限（－2 147 483 648 ms 到 +2 147 483 647 ms）。

DATE 数据作为无符号整数值存储，被解释为添加到基础日期 1990 年 1 月 1 日的天数，用以获取指定日期。编辑器的格式要求必须指定年、月和日。

8. 字　符

每个字符（Char）占一个字节，Char 数据类型以 ASCⅡ格式存储。WChar（宽字符）占两个字节，可以存储汉字和中文的标点符号。字符常量用英文的单引号来表示，如 'A'。

8.4.3　全局数据块与其他数据类型

1. 生成全局数据块

在项目"新建项目"中，单击项目树 PLC 的"程序块"文件夹中的"添加新块"，在打开的对话框中（见图 8-14）单击"数据块（DB）"图标，生成一个数据块，可以修改其名称或采用默认的名称，其类型为默认的"全局 DB"，生成数据块编号的方式默认为"自动"。如果在单选框中选中"手动"，可以修改块的编号。

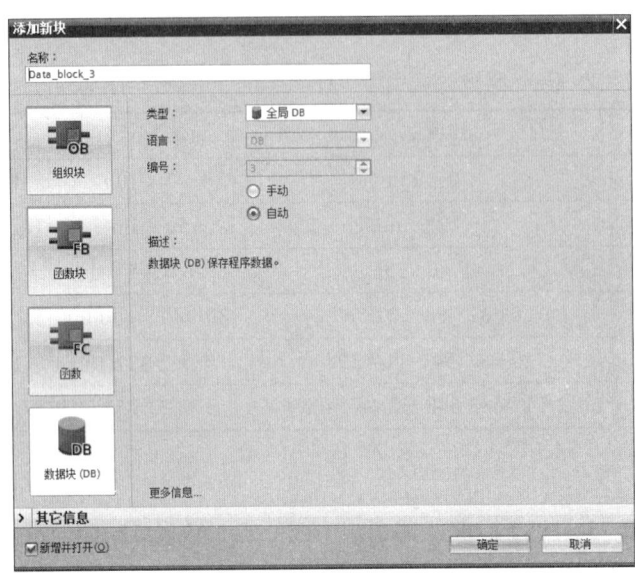

图 8-14　添加数据块

单击"确定"按钮后自动生成数据块。选中下面复选框的"新增并打开"，将生成新的块并自动打开它。右键单击项目树中新生成的"数据块 1"，执行快捷菜单命令"属性"，选中打开的对话框左边窗口中的"属性"（见图 8-15），如果勾选右边窗口中的复选框"优化的块访问"，则只能用符号地址访问生成的块中变量，不能使用绝对地址。这种访问方式可以提高存储器的利用率。

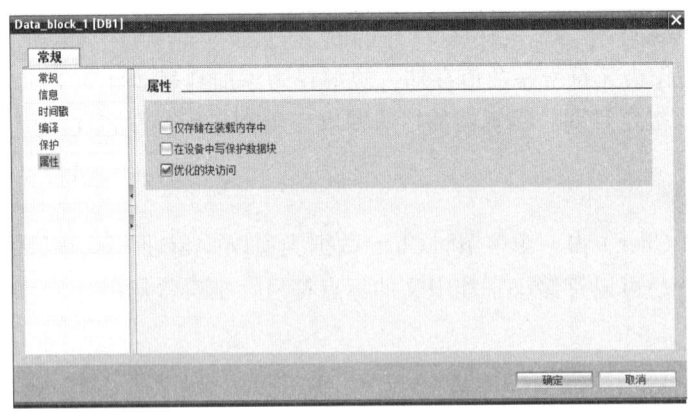

图 8-15　设置数据块的属性

只有在未勾选复选框"优化的块访问"时，才能使用绝对地址访问数据块中的变量，数据块才会显示"偏移量"列中的偏移量。

2. 字符串

数据类型 String（字符串）是字符组成的一维数组，每个字节存放 1 个字符。第一个字节是字符串的最大字符长度，第二个字是当前有效字符的个数，字符从第三个字节开始存放，1 个字符串最多有 254 个字符。

数据类型 WSting（宽字符串）存储多个数据类型为 WChar 的 Unicode 字符（长度为 16 位的宽字符，包括汉字）。第一个字是最大字符个数，默认的长度为 254 个宽字符，最多 16382 个 WChar 字符，第二个字是当前的总字符个数。

可以在代码块的接口区和全局数据块中创建字符串、数组和结构。

在"数据块 1"的第二行的"名称"列（见图 8-16）输入字符串的名称"电机运行状态"，单击"数据类型"列中的按钮，选中下拉列表中的数据类型"String"，其启动值（初始字符）为"运行"。

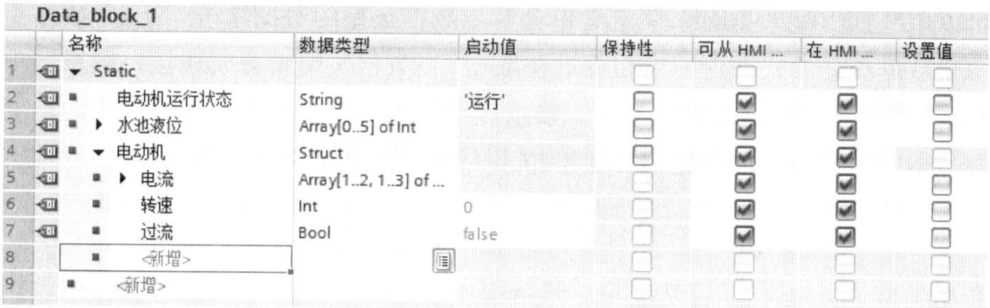

图 8-16 生成数据块中的变量

3. 数 组

数组（Array）是由固定数目的同一种数据类型元素组成的数据结构，允许使用除了 Array 之外的所有数据类型作为数组的元素，数组的维数最多为 6 维。图 8-17 给出了一个名为"电流"的二维数组 Array（1..2，1..3）of Byte 的内部结构，它共有 6 个字节型元素。

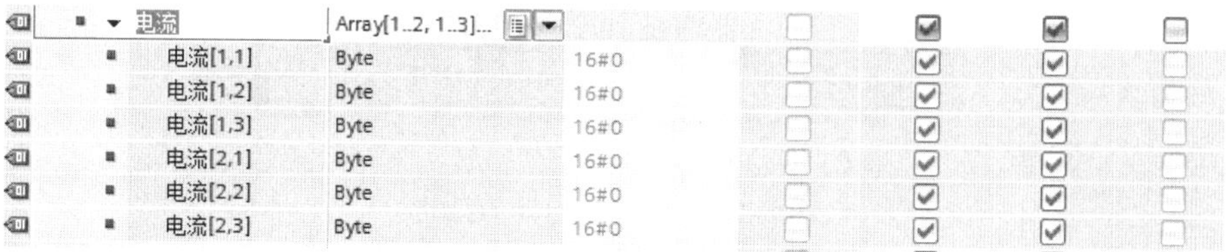

图 8-17 二维数组的结构

第一维的下标 1、2 是电动机的编号，第二维的下标 1 ~ 3 是三相电流的序号。数组元素"电流（1，2）"是一号电动机的第 B 相电流。

在数据块的第二行的"名称"列输入数组的名称"水池液位"，单击数据类型列中的按钮，选中下拉式列表中的数据类型"Array[lo..hi}of type"。其中的"lo"（low）和

"hi"(high)分别是数组元素的编号(下标)的下限值和上限值,它们用两个小数点隔开,可以是任意的整数(-32 768~32 767),下限值应小于等于上限值。方括号中各维的参数用逗号隔开,type 是数组元素的数据类型。

将"Array[lo..hi}of type"修改为"Array[0..5}of lnt",其元素的数据类型为 lnt,元素的下标为 0~5。

在用户程序中可以用符号地址"数据块 1","水池液位{2}或绝对地址 DBI.DBW36 访问数组"水池液位"中下标为 2 的元素。

单击"水池液位"左边的▶按钮,它变为▼,将会显示数组的各个元素,可以监控它们的启动值和监控值。单击"功率"左边的▼按钮,它变为▶,数组的元素被隐藏起来。

4. 结 构

可以用数据类型"Struct"来定义包含其他数据类型的数据结构。Struct 数据类型可以以单个数据单元方式处理一组相关过程数据。在数据块编辑器或块接口编辑器中命名 Struct 数据类型并声明内部数据结构。数组和结构还可以集中到更大结构中。一套结构可嵌套 8 层。例如,可以创建包含数组的多个结构组成的结构。

5. Pointer 指针

数据类型 Pointer 指向特殊变量,其结构如图 8-18 所示。它会在存储器中占用 6 个字节(48 位),可能包含以下信息:

- DB 编号或 0(如果该数据未存储在 DB 中)。
- CPU 中的存储区。
- 变量地址。

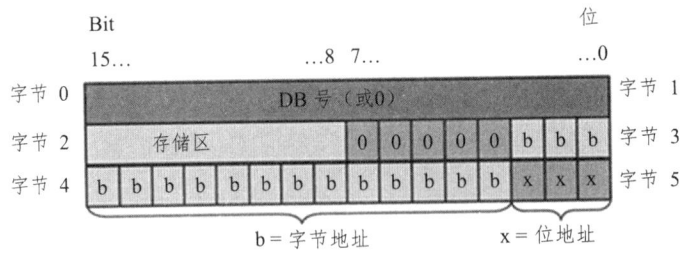

图 8-18 Pointer 指针的结构

可以使用指令声明以下 3 种类型的指针:

- 区域内部的指针:包含变量的地址数据。
- 跨区域指针:包含存储区中数据以及变量地址数据。
- DB 指针:包含数据块编号及变量地址。

可以输入没有前缀(P#)的 Pointer 类型的参数,将自动转换为指针格式。存储区的编码如表 8-9 所示。

表 8-9 Pointer 指针中存储区编码

十六进制代码	存储区	说明
b#16#81	I	输入存储区
b#16#82	Q	输出存储区
b#16#83	M	标记存储区
b#16#84	DBX	数据块
b#16#85	DIX	背景数据块
b#16#86	L	本地数据
b#16#87	V	上一本地数据

6. Any 指针

指针数据类型 ANY（"Any"）指向数据区的起始位置，并指定其长度。它结构如图 8-19 所示，表 8-10 给出了具体格式和实例。ANY 指针的数据类型编码如表 8-11 所示，存储区编码如表 8-12 所示。ANY 指针使用存储器中的 10 个字节，可能包含以下信息：

- 数据类型：数据元素的数据类型。
- 重复因子：数据元素数目。
- DB 号：存储数据元素的数据块。
- 存储区：CPU 中存储数据元素的存储区。
- 起始地址：数据的 "Byte.Bit" 起始地址。

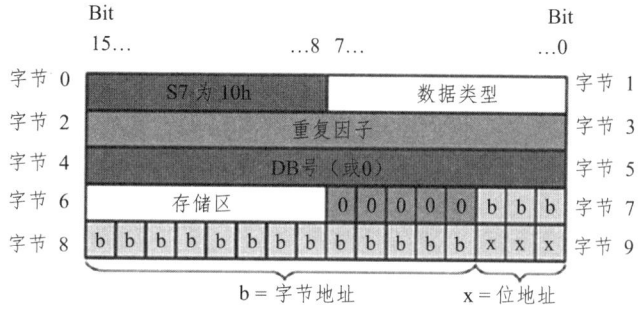

图 8-19 Any 指针的结构

指针无法检测 ANY 结构。只能将其分配给局部变量。

表 8-10 ANY 指针的格式和示例

格式	条目示例	说明
P#Data_block.Memory_area Data_address 类型 号	P#DB11.DBX20.0 INT 10	全局 DB11 中从 DBB20.0 开始的 10 个字
P#Memory_area Data_address 类型 号	P#M 20.0 BYTE 10	从 MB20.0 开始的 10 个字节
	P#I 1.0 BOOL 1	输入 I1.0

表 8-11 ANY 指针中的数据类型编码

十六进制代码	数据类型	说明
b#16#00	Null Null	指针
b#16#01	Bool	位
b#16#02	Byte	字节，8 位
b#16#03	Char	8 位字符
b#16#04	Word	16 位字
b#16#05	Int	16 位整数
b#16#37	SInt	8 位整数
b#16#35	UInt	16 位无符号整数
b#16#34	USInt	8 位无符号整数
b#16#06	DWord	32 位双字
b#16#07	DInt	32 位双整数
b#16#36	UDInt	32 位无符号双整数
b#16#08	Real	32 位浮点数
b#16#0 B	Time	Time
b#16#13	String	字符串

表 8-12 ANY 指针中的存储区编码

十六进制代码	存储区	说明
b#16#81	I	输入存储区
b#16#82	Q	输出存储区
b#16#83	M	标记存储区
b#16#84	DBX	数据块
b#16#85	DIX	背景数据块
b#16#86	L	本地数据
b#16#87	V	上一本地数据

7. Variant 指针

Variant 数据类型可以指向不同数据类型的变量或参数。Variant 指针可以指向结构和单独的结构元素，它不会占用存储器的任何空间，其属性如表 8-13 所示。

表 8-13 Variant 指针的属性

长度（字节）	表示方式	格式	示例输入
0	符号	操作数	MyTag
		DB_name.Struct_name.element_name	MyDB.Struct1.pressure1
	绝对	操作数	%MW10
		DB_number.Operand Type Length	P#DB10.DBX10.0 INT12

8. PLC 数据类型

PLC 数据类型用来定义可以在程序中多次使用的数据结构。打开项目树的"PLC 数据类型"分支并双击"添加新数据类型"项，可创建 PLC 数据类型。在新创建的 PLC 数据类型项上，两次单击可对其重新命名（修改默认名称），双击则会打开 PLC 数据类型编辑器。可使用在数据块编辑器中的相同编辑方法创建自定义 PLC 数据类型结构，为任何必要的数据类型添加新的行。

如果创建新的 PLC 数据类型，则新类型的名称将出现在 DB 编辑器和代码块接口编辑器的数据类型选择器下拉列表中。PLC 数据类型的可能应用包括：

- 可将 PLC 数据类型直接用作代码块接口或数据块中的数据类型。
- PLC 数据类型可用作模板，以创建多个使用相同数据结构的全局数据块。

例如，PLC 数据类型可能是混合颜色的配方。用户可以将该 PLC 数据类型分配给多个数据块。之后，每个数据块都会调节变量，以创建特定颜色。

9. 使用符号方式访问非结构数据类型变量的"片段"

可以根据大小按位、字节或字的级别访问 PLC 变量和数据块变量。访问此类数据片段的语法如下所示：

- "<PLC 变量名称>".xn（按位访问）。
- "<PLC 变量名称>".bn（按字节访问）。
- "<PLC 变量名称>".wn（按字访问）。
- "<数据块名称>".<变量名称>.xn（按访问）。
- "<数据块名称>".<变量名称>.bn（按字节访问）。
- "<数据块名称>".<变量名称>.wn（按字访问）。

双字大小的变量可按位 0~31、字节 0~3、字 0 或 1 访问。一个字大小的变量可按位 0~15、字节 0~1 或字 0 访问。字节大小的变量则可按位 0~7 或字节 0 访问。当预期操作数为位、字节或字时，可使用位、字节和字片段访问方式。双字节中的字、字节和位的结构如图 8-20 所示。

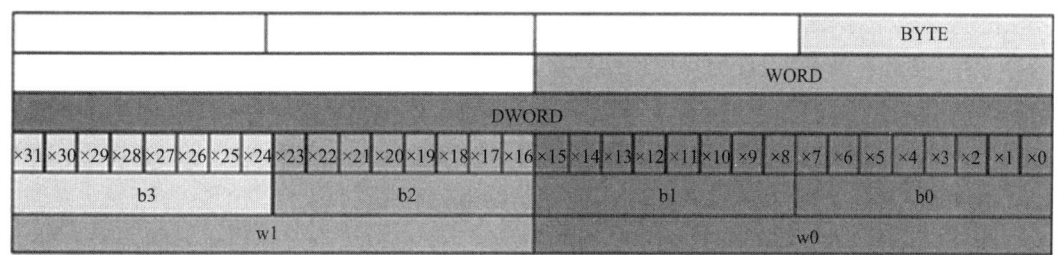

图 8-20 双字节中的字、字节和位

10. 访问带有一个 AT 覆盖的变量

借助 AT 变量覆盖，可通过一个不同数据类型的覆盖声明访问标准访问块中已声明的变量。例如，可以通过 Array of Bool 寻址数据类型为 Byte、Word 或 DWord 变量的各个位。

要覆盖一个参数，可以在待覆盖的参数后直接声明一个附加参数，然后选择数据类型"AT"。编辑器随即创建该覆盖，然后选择将用于该覆盖的数据类型、结构或数组。图 8-21 为一个标准访问 FB 的输入参数。字节变量 B1 将由一个布尔型数组覆盖。

B1		Byte	0.0
▼ OV	AT"B1"	Array[0..7] of Bool	0.0
OV[0]		Bool	0.0
OV[1]		Bool	0.1
OV[2]		Bool	0.2
OV[3]		Bool	0.3
OV[4]		Bool	0.4
OV[5]		Bool	0.5
OV[6]		Bool	0.6
OV[7]		Bool	0.7

图 8-21 字节变量 B1 将由一个布尔型数组覆盖

AT 覆盖的注意事项：
- 只能覆盖可标准（未优化）访问的 FB 和 FC 块中的变量。
- 可以覆盖所有类型和所有声明部分的变量。
- 可以同使用其他块参数一样使用覆盖后的参数。
- 不能覆盖 VARIANT 类型的参数。
- 覆盖参数的大小必须小于等于被覆盖的参数。
- 必须在覆盖变量并选择关键字"AT"作为初始数据类型后立即声明覆盖变量。

8.4.4 系统存储区

STEP 7 简化了符号编程。用户为数据地址创建符号名称或"变量"，作为与存储器地址和 I/O 点相关的 PLC 变量或在代码块中使用的局部变量。要在用户程序中使用这些变量，只需输入指令参数的变量名称，系统的存储区如表 8-14 所示。

为了更好地理解 CPU 的存储区结构及其寻址方式，以下段落将对 PLC 变量所引用的"绝对"寻址进行说明。CPU 提供了以下几个选项，用于在执行用户程序期间存储数据：

（1）全局储存器：CPU 提供了各种专用存储区，其中包括输入（I）、输出（Q）和位存储器（M）。所有代码块可以无限制地访问该储存器。

（2）PLC 变量表：在 STEP 7 PLC 变量表中，可以输入特定存储单元的符号名称。这些变量在 STEP 7 程序中为全局变量，并允许用户使用应用程序中有具体含义的名称进行命名。

（3）数据块（DB）：可在用户程序中加入 DB 以存储代码块的数据。从相关代码块开始执行一直到结束，存储的数据始终存在。"全局"DB 存储所有代码块均可使用的数据，而背景 DB 存储特定 FB 的数据并且由 FB 的参数进行构造。

（4）临时存储器：只要调用代码块，CPU 的操作系统就会分配要在执行块期间使用的临时或本地存储器（L）。代码块执行完成后，CPU 将重新分配本地存储器，以用于执行其他代码块。

每个存储单元都有唯一的地址。用户程序利用这些地址访问存储单元中的信息。对输入（I）或输出（Q）存储区（如 I0.3 或 Q1.7）的引用会访问过程映像。要立即访问物理输入或输出，请在引用后面添加"：P"（例如：I0.3：P、Q1.7：P 或"Stop：P"）。

表 8-14 系统存储区

存储区	说明	强制	保持性
I 过程映像输入	在扫描周期开始时从物理输入复制	无	无
I：P1（物理输入）	立即读取 CPU、SB 和 SM 上的物理输入点	支持	无
Q 过程映像输出	在扫描周期开始时复制到物理输出	无	无
Q：P1（物理输出）	立即写入 CPU、SB 和 SM 上的物理输出点	支持	无
M 位存储器	控制和数据存储器	无	支持（可选）
L 临时存储器	存储块的临时数据，这些数据仅在该块的本地范围内有效	无	无
DB 数据块	数据存储器，同时也是 FB 的参数存储器	无	是（可选）

绝对地址由以下元素组成：
- 存储区标识符（如 I、Q 或 M）。
- 要访问的数据的大小（"B"表示 Byte，"W"表示 Word，"D"表示 DWord）。
- 数据的起始地址（如字节 3 或字 3）。

访问布尔值地址中的位时，仅需输入数据的存储区、字节位置和位位置（如 I0.0、Q0.1 或 M3.4），不要输入大小的助记符号。

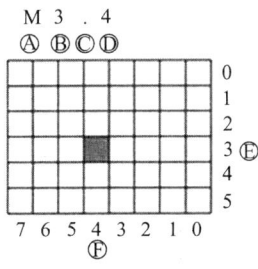

图 8-22 位寻址图

本示例中，存储区和字节地址（M 代表位存储区，3 代表 Byte3）通过后面的句点（"."）与位地址（位 4）分隔。

1. 过程映像输入/输出

CPU 仅在每个扫描周期的循环 OB 执行之前对外围（物理）输入点进行采样，并将这些值写入输入过程映像。可以按位、字节、字或双字访问输入过程映像。允许对过程映像输入进行读写访问，但过程映像输入通常为只读。

通过在地址后面添加":P"，可以立即读取 CPU、SB、SM 或分布式模块的数字量和模拟量输入。使用 I_:P 访问与使用 I 访问的区别是：前者直接从被访问点而非输入过程映像获得数据。这种 I_:P 访问称为"立即读"访问，因为数据是直接从源而非副本获取的，这里的副本是指在上次更新输入过程映像时建立的副本。因为物理输入点直接从与其连接的现场设备接收值，所以不允许对这些点进行写访问。即与可读或可写的 I 访问不同的是：I_:P 访问为只读访问。I_:P 访问也仅限于单个 CPU、SB 或 SM 所支持的输入大小（向上取整到最接近的字节）。例如，如果 2 DI/2 DQ SB 的输入被组态为从 I4.0 开始，则可按 I4.0:P 和 I4.1:P 形式或者按 IB4:P 形式访问输入点。此时不会拒绝 I4.2:P 到 I4.7:P 的访问形式，但这种访问没有任何意义，因为这些点未使用；不允许 IW4:P 和 ID4:P 的访问形式，因为它们超出了与该 SB 相关的字节偏移量。使用 I_:P 访问不会影响存储在输入过程映像中的相应值。

CPU 将存储在输出过程映像中的值复制到物理输出点。可以按位、字节、字或双字访问输出过程映像。过程映像输出允许读访问和写访问。

通过在地址后面添加":P"，可以立即写入 CPU、SB、SM 或分布式模块的物理数字量和模拟量输出。使用 Q_:P 访问与使用 Q 访问的区别是：前者除了将数据写入输出过程映像外还直接将数据写入被访问点（写入两个位置）。这种 Q_:P 访问有时称为"立即写"访问，因为数据是被直接发送到目标点；而目标点不必等待输出过程映像的下一次更新。因为物理输出点直接控制与其连接的现场设备，所以不允许对这些点进行读访问。即与可读或可写的 Q 访问不同的是：Q_:P 访问为只写访问。Q_:P 访问也仅限于单个 CPU、SB 或 SM 所支持的输出大小（向上取整到最接近的字节）。例如，如果 2 DI/2 DQ SB 的输出被组态为从 Q4.0 开始，则可按 Q4.0:P 和 Q4.1:P 形式或者按 QB4:P 形式访问输出点。此时不会拒绝 Q4.2:P 到 Q4.7:P 的访问形式，但这种访问没有任何意义，因为这些点未使用；不允许 QW4:P 和 QD4:P 的访问形式，因为它们超出了与该 SB 相关的字节偏移量。

使用 Q_:P 访问既影响物理输出，也影响存储在输出过程映像中的相应值。

2. 位存储器区

针对控制继电器及数据的位存储区（M 存储器）用于存储操作的中间状态或其他控制信息。可以按位、字节、字或双字访问位存储区。M 存储器允许读访问和写访问。

3. 数据块

数据块（Data Block）简称 DB，用来存储代码块使用的各种类型的数据，包括中间操作状态或 FB 的其他控制信息参数，以及某些指令（如定时器、计数器指令）需要的数据结构。

数据块可以按位（如 DB1.DBX3.5）、字节（如 DBB）、字（如 DBW）、双字（如 DBD）来访问。在访问数据块中的数据时，应指明数据块的名称，如 DB1.DBW20。

如果启用了块属性"优化的块访问"，不能用绝对地址访问数据块和代码块的接口区中的临时局部数据。

4. 临时存储器

CPU 根据需要分配临时存储器。启动代码块（对于 OB）或调用代码块（对于 FC 或 FB）时，CPU 将为代码块分配临时存储器并将存储单元初始化为 0。

临时存储器与 M 存储器类似，但有一个主要的区别：M 存储器在"全局"范围内有效，而临时存储器在"局部"范围内有效。

M 存储器：任何 OB、FC 或 FB 都可以访问 M 存储器中的数据，也就是说这些数据可以全局性地用于用户程序中的所有元素。

临时存储器：CPU 限定只有创建或声明了临时存储单元的 OB、FC 或 FB 才可以访问临时存储器中的数据。临时存储单元是局部有效的，并且其他代码块不会共享临时存储器，即使在代码块调用其他代码块时也是如此。例如：当 OB 调用 FC 时，FC 无法访问对其进行调用的 OB 的临时存储器。

习 题

1. CPU 1214C 最多可以扩展多少个信号模块？多少个通信模块？信号模块、通信模块都安装在 CPU 的哪一侧？
2. S7-1200 的硬件主要由哪些部件组成？
3. 信号模块是哪些模块的总称？
4. S7-1200 有哪些数据类型？
5. S7-1200 可以使用哪些编程语言？
6. 数组元素的下标的下限值和上限值分别为 0 和 10，数组元素的数据类型为 Word，试写出其数据类型表达式。

第9章 PLC控制系统设计与应用实例

9.1 PLC控制系统设计原则与流程

9.1.1 设计原则

任何一种电气控制系统都是以实现被控对象的要求、提高生产效率和产品质量为目的。PLC的系统设计也应该把这个问题放到首位，设计时应当遵循以下原则。

1. 满足要求

最大限度地满足被控对象的控制要求，是设计控制系统的首要前提，也是设计中最重要的一条原则。这就要求设计人员在设计前深入现场进行调查研究，收集控制现场的资料，收集控制过程中有效的控制经验，收集与本控制系统有关的先进的国内、国外资料，进行系统设计。同时要注意和现场的工程管理人员、工程技术人员、现场工程操作人员紧密配合，拟定控制方案，共同解决设计中的重点问题和疑难问题。

2. 安全可靠

设计者要考虑控制系统长期运行时是否安全、可靠、稳定，这是设计控制系统的重要原则。为了达到这一点，要求在系统设计、器件选择、软件编程上全面考虑。比如：在硬件和软件的设计上，应该保证PLC程序不仅在正常条件下能正确运行，而且在一些非正常情况（如突然掉电再上电，按钮按错）下，也能正常工作。程序能接受并且只能接受合法操作，对非法操作，程序能予以拒绝等。

3. 经济实用

经济运行也是系统设计的一项重要原则。一个新的控制工程固然能提高产品的质量，提高产品的数量，从而为工程带来巨大的经济效益和社会效益。但是，新工程的投入、技术的培训、设备的维护也会导致工程的投入和运行资金的增加。在满足控制要求的前提下，一方面要注意不断地扩大工程的效益，另一方面也要注意不断地降低工程的使用和维护成本。

4. 适应发展

社会在不断地前进，控制系统的要求也在不断提高、不断完善。因此，在控制系统的设计时要考虑到今后的发展需求。这就要求在选择 PLC 机型和输入/输出模块时，要适当留有裕量。

9.1.2 设计流程

1. 设计内容

（1）根据生产工艺过程，分析控制要求并设计任务书，确定控制方案。

（2）选择输入设备（如按钮、开关、传感器等）和输出设备（如继电器、接触器、指示灯等执行机构）。

（3）选定 PLC 的型号（包括机型、容量、I/O 模块和电源等）。

（4）分配 PLC 的 I/O 点，绘制 PLC 的 I/O 硬件接线图。

（5）编写程序并调试。

（6）设计控制系统的操作台、电气控制柜及安装接线图。

（7）编写设计说明书和使用说明书。

PLC 系统设计流程如图 9-1 所示。

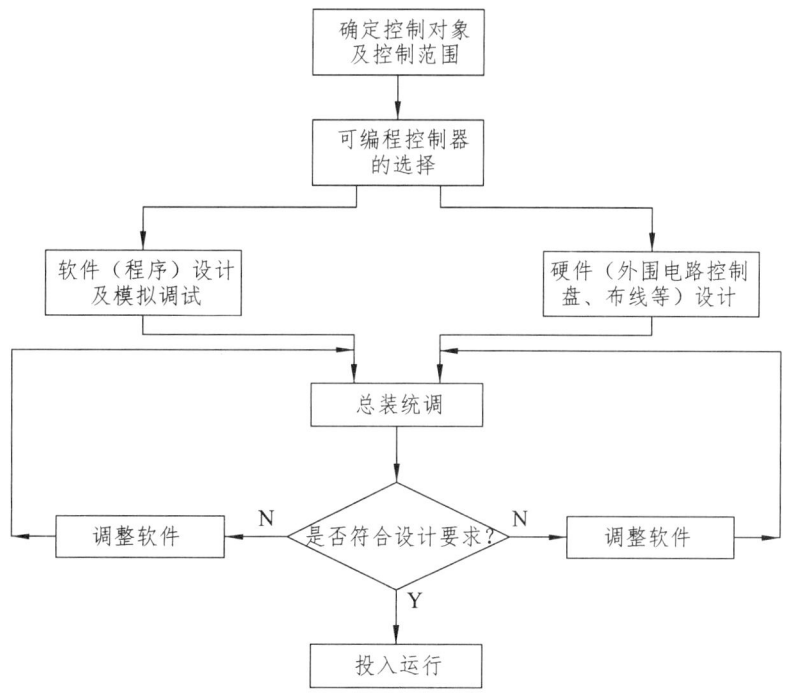

图 9-1　PLC 系统设计流程图

2. 设计步骤

1）工艺分析

深入了解控制对象的工艺过程、工作特点、控制要求，并划分控制的各个阶段，归纳各个阶段的特点和各阶段之间的转换条件，画出控制流程图或功能流程图。

2）选择合适的 PLC 类型

在选择 PLC 机型时，主要考虑下面几点：

（1）功能的选择。对于小型的 PLC 主要考虑 I/O 扩展模块、A/D 与 D/A 模块，以及指令功能（如中断、PID 等）。

（2）I/O 点数的确定。统计被控制系统的开关量、模拟量的 I/O 点数，并考虑以后的扩充（一般加上 10%~20% 的备用量），从而选择 PLC 的 I/O 点数和输出规格。

（3）内存的估算。用户程序所需的内存容量主要与系统的 I/O 点数、控制要求、程序结构长短等因素有关。一般可按下式估算：存储容量=开关量输入点数×10+开关量输出点数×8+模拟通道数×100+定时器/计数器数量×2+通信接口个数×300+备用量。

3）分配 I/O 点并绘制 I/O 硬件接线图

分配 PLC 的输入/输出点，编写输入/输出分配表并画出输入/输出端子的接线图。进行 PLC 程序设计，同时进行控制柜或操作台的设计和现场施工。

4）程序设计

对于较复杂的控制系统，根据生产工艺要求，画出控制流程图或功能流程图，然后设计控制程序，并对程序进行模拟调试和修改，直到满足控制要求为止。

5）控制柜或操作台的设计和现场施工

设计控制柜及操作台的电器布置图及安装接线图；根据图纸进行现场接线并检查。

6）PLC 控制系统整体调试

如果控制系统由几个部分组成，则应先作局部调试，然后再进行整体调试；如果控制程序的步序较多，则可先进行分段调试，然后连接起来总调。

7）编制技术文件

技术文件分两大部分：设计说明书和使用说明书。具体包括可编程序控制器的外部接线图、电器布置图、电器元件明细表、顺序功能图、带注释的梯形图和说明、用户手册等。

9.1.3 控制对象和范围的确定

首先要详细分析被控对象、控制过程与要求，熟悉了解工艺流程后列出控制系统的所有功能和指标要求，对 PLC 控制系统、继电器控制系统和工业控制计算机进行比较后加以选择。

如果控制对象的工业环境较差，而安全性、可靠性要求特别高，系统工艺复杂，输入输出以开关量为多，而用常规的继电器、接触器难以实现，现场控制对象及工艺流程又要经常变动，那么，用PLC进行控制是合理的。

根据控制对象特点，PLC的控制范围也要进一步明确。一般而言，能够反映生产过程的运行情况、能用传感器进行直接测量的参数，用人工进行控制工作量大、操作容易出错或者操作过于频繁、人工不容易满足工艺要求的操作，往往由PLC控制。其他如紧急停车等，是由PLC控制还是手动控制，取决于硬件设计与编程的关系。

9.2 PLC控制系统总体设计

9.2.1 PLC控制系统硬件设计

PLC硬件设计包括：PLC及外围线路的设计、电气线路的设计和抗干扰措施的设计等。

选定PLC的机型和分配I/O点后，硬件设计的主要内容就是电气控制系统原理图的设计，电气控制元器件的选择和控制柜的设计。电气控制系统的原理图包括主电路和控制电路。控制电路中包括PLC的I/O接线和自动、手动部分的详细连接等。电器元件的选择主要是根据控制要求选择按钮、开关、传感器、保护电器、接触器、指示灯、电磁阀等。

9.2.2 PLC控制系统软件设计

软件设计包括系统初始化程序、主程序、子程序、中断程序、故障应急措施和辅助程序的设计，小型开关量控制一般只有主程序。首先应根据总体要求和控制系统的具体情况，确定程序的基本结构，画出控制流程图或功能流程图，简单的可以用经验法设计，复杂的系统一般用顺序控制设计法设计。

9.2.3 PLC控制系统调试

1. 模拟调试

软件设计好后一般先作模拟调试。模拟调试可以通过仿真软件来代替PLC硬件在计算机上调试程序。如果有PLC硬件，可以用小开关和按钮模拟PLC的实际输入信号（如启动、停止信号）或反馈信号（如限位开关的接通或断开），再通过输出模块上各输出位对应的指示灯，观察输出信号是否满足控制要求。需要模拟量信号I/O时，可用电位器和信号发生器配合进行。在编程软件中可以用状态图或状态图表监视程序的运行或强制某些编程元件。

硬件部分的模拟调试主要是对控制柜或操作台的接线进行测试。可在操作台的接线端子上模拟 PLC 外部的开关量输入信号，观察对应 PLC 输入点的状态。用编程软件将输出点强制 ON/OFF，观察对应的控制柜内 PLC 负载（指示灯、继电器、接触器等）的动作是否正常，以及对应的接线端子上的输出信号的状态变化是否正确。

2. 联机调试

把编制好的程序下载到现场的 PLC 中。调试时，一定要断开主电路电源，只对控制电路进行联机调试。通过现场联机调试，会发现新的问题或对某些控制功能的改进需求。

这种方法对简单的控制系统是可行的，操作起来也比较方便，但对较复杂的控制电路就不适用了。

9.3　PLC 程序设计方法

PLC 程序设计常用的方法主要有经验设计法、继电器控制电路转换为梯形图法、逻辑流程图设计法、步进顺控设计法等。

9.3.1　经验设计法

经验设计法即在一些典型的控制电路程序的基础上，根据被控制对象的具体要求，运用自己的或别人的经验进行选择组合。多数是设计前先选择与自己工艺要求相近的程序，把这些程序看成是自己的"试验程序"。结合自己工程的情况，对这些"试验程序"逐一修改，使之适合自己的工程要求。这里所说的经验，有的来自自己的经验总结，有的可能是别人的设计经验，有的也可能是来自其他资料的典型程序。要想使自己有更多的经验，就需要日积月累，善于总结。这种方法无规律可循，设计所用的时间和设计质量与设计者的经验有很大的关系，所以称为经验设计法。

9.3.2　继电器控制电路转换为梯形图法

继电器控制系统经过长期的使用，已有一套能完成系统要求的控制功能并经过验证的控制电路图，而 PLC 控制的梯形图和继电器控制电路图很相似，因此可以直接将经过验证的继电器控制电路图转换成梯形图。主要步骤如下：

（1）熟悉现有的继电器控制线路。

（2）对照 PLC 的 I/O 端子接线图，将继电器电路图上的被控器件（如接触器线圈、指示灯、电磁阀等）换成接线图上对应的输出点的编号，将电路图上的输入器件（如传感器、按钮开关、行程开关等）触点都换成对应的输入点的编号。

(3）将继电器电路图中的中间继电器、定时器用 PLC 的辅助继电器、定时器来代替。
(4）画出全部梯形图，并予以简化和修改。

这种方法对简单的控制系统是可行的，且比较方便，但对较复杂的控制电路就不适合。

9.3.3 逻辑流程图设计法

这种设计法是用逻辑框图表示 PLC 程序的执行过程，反应输入与输出的关系。逻辑流程图设计法是把系统的工艺流程用逻辑框图表示出来形成系统的逻辑流程图。这种方法编制的 PLC 控制程序逻辑思路清晰、输入与输出的因果关系及联锁条件明确。逻辑流程图会使整个程序脉络清楚，便于分析控制程序、查找故障点、调试程序和维修程序。有时对一个复杂的程序，直接用语句表和梯形图编程可能觉得难以下手，则可以先画出逻辑流程图，再为逻辑流程图的各个部分用语句表和梯形图编制 PLC 应用程序。

9.3.4 步进顺控设计法

步进顺控设计法是在顺控指令配合下设计复杂的控制程序。一般比较复杂的程序都可以分成若干个功能简单的程序段，一个程序段可以看成整个控制过程中的一步。从这个角度来看，一个复杂系统的控制过程是由这样的若干步组成的。系统控制的任务实际上可以认为是在不同时刻或者在不同进程中去完成对各个步的控制。为此，不少 PLC 生产厂家在自己的 PLC 中增加了步进顺控指令。在画完各个步进的状态流程图之后，可以利用步进顺控指令方便地编写出控制程序。

9.4 PLC 控制系统应用实例

9.4.1 S7-200 PLC 与 FX2N-32 MR PLC 自由口通信实例

1. 控制要求

有两套装置，装置 1 的控制器是西门子 S7-200 CPU226CN，装置 2 的控制器是三菱 FX2N-32 MR，两者通过自由口通信实现控制。当装置 1 接在西门子 S7-200 CPU226CN 输入端子 I0.0 上的启动按钮按下时，装置 2 接在三菱 FX2N-32 MR 输出端子 Y0 上的 KA1 线圈通电，继而由其间接控制电动机运转；当装置 1 接在西门子 S7-200 CPU226CN 输入端子 I0.1 上的停止按钮按下时，装置 2 接在三菱 FX2N-32 MR 输出端子 Y0 的上

KA1 线圈失电，则由其控制的电动机停转。

硬件配置如下：1 台 CPU 226CN 和 1 台 FX2N -32 MR，1 根屏蔽双绞电缆（含 1 个网络总线连接器），1 台 FX2N -485 –DB，每台 PLC 各有编程电缆 1 根。

2. 电路设计

S7-200 PLC 与 FX2N-32 MR 的电路接线如图 9-2 所示。

网络接线方法具体说明如下。

（1）CPU226CN 的 PORT0 口可以进行自由口通信，其 9 针的接头中，1 号管脚接地，3 号管脚为 RXD+/TXD +（接收+/发送+）公用，8 号管脚为 RXD-/TXD-（接收-/发送-）公用。

（2）FX2N-32 MR 的编程口不能进行自由口通信，因此，另外配置了一块 FX2N-485-BD 模块，此模块可以进行双向 RS-485 通信（可以与两对双绞线相连），但由于 CPU 226CN 只能与一对双绞线相连，因此，FX2N -485-BD 模块的 RDA（接收+ ）和 SDA（发送+）短接，SDB（接收-）和 RDB（发送-）短接。

（3）由于采用的是 RS-485 通信，所以当传送距离较远时，两端需要接终端电阻，均为 110 Ω，CPU 226CN 端未画出（和 PORT0 相连的西门子网络连接器自带终端电阻）。

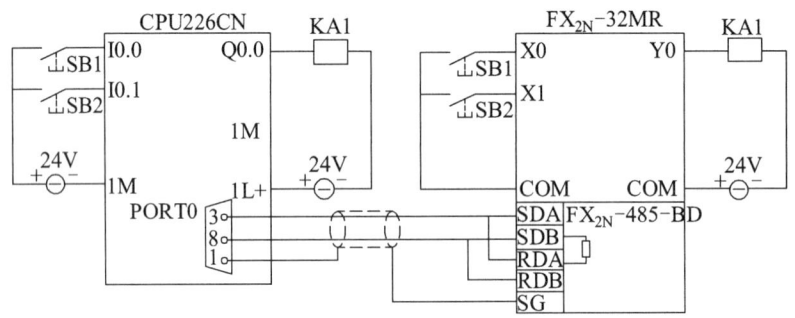

图 9-2　S7-200 PLC 与 FX2N-32 MR 的电路接线

3. 编写控制程序

1）西门子 S7-200 控制程序

CPU 226CN 中的主程序如图 9-3 所示，子程如图 9-4 所示，中断程序如图 9-5 所示。

第9章 PLC控制系统设计与应用实例

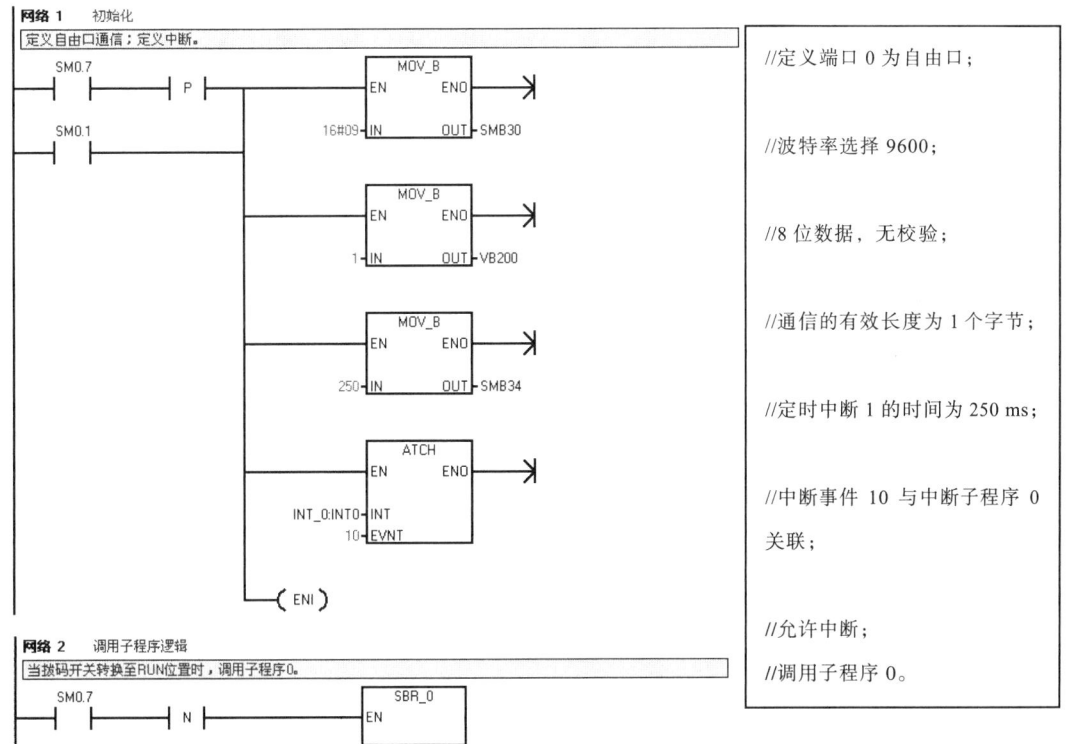

图 9-3 CPU 226CN 主程序

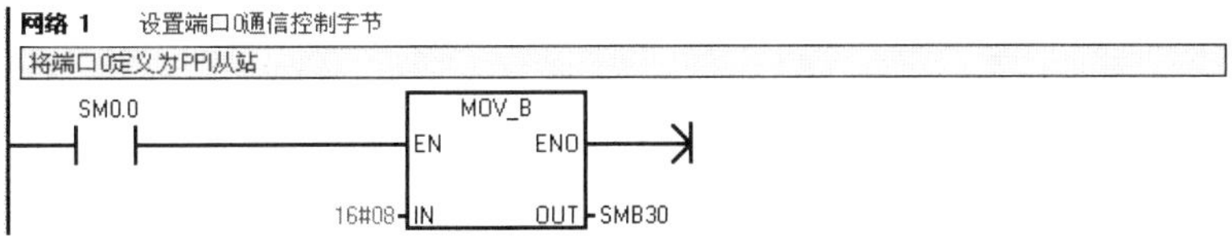

图 9-4 CPU226CN 子程序

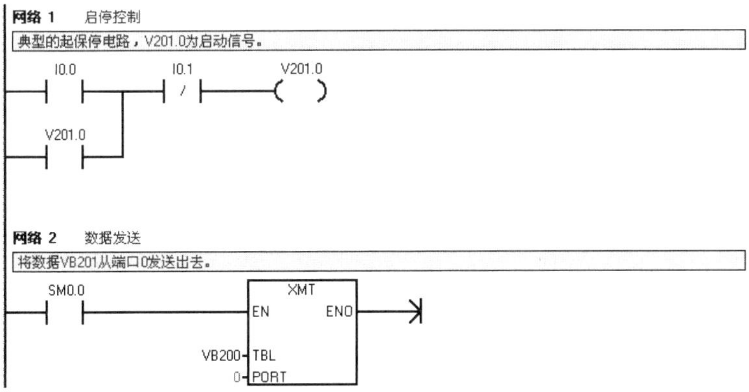

图 9-5 CPU226CN 中断子程序

自由口通信每次发送的信息最少是一个字节，本例中将启停信息存储区 VB201 的 VB201.0 位发送出去。VB200 存放的是发送有效数据的字节数。

2）三菱 FX2N-32 MR 控制程序。

（1）无协议通信简介。

RS 指令格式如图 9-6 所示。其中：S 为发送数据的起始地址；m 为发送数据的个数；D 为接收数据的起始地址；n 为接收数据的个数。

[RS　　　D100　　　D0　　　D200　　　D1　　　]

　　　　　　　　　　m　　　　　D　　　n

图 9-6　RS 指令格式

无协议通信中用到的软元件如表 9-1 所示。

表 9-1　无协议通信中软元件作用

元件编号	名称	内容	属性
M8122	发送请求	置位后开始发送	读/写
M8123	接收结束标志	接收结束后置位，此时不能再接收数据，需人工复位	读/写
M8161	8 位处理模式	在 16 位和 8 位数据之间切换接收和发送数据，为 ON 时为 8 位模式；为 OFF 时为 16 位模式	写

D8120 的通信格式如表 9-2 所示。

表 9-2　D8120 的通信格式

位编号	名称	内容	
		0（位 OFF）	1（位 ON）
b0	数据长度	7 位	8 位
b1b2	奇偶校验位	b2，b1 （0，0）：无 （0，1）：奇校验（ODD） （1，1）：偶校验（EVEN）	
b3	停止位	1 位	2 位
b4b5b6b7	波特率（bps）	b7，b6，b5，b4 （0，0，1，1）：300 （0，1，0，0）：600 （0，1，0，1）：1200 （0，1，1，0）：2400	b7，b6，b5，b4 （0，1，1，1）：4800 （1，0，0，0）：9600 （1，0，0，1）：19200
b8	报头	无	有
b9	报尾	无	有
b10b11b12	控制接口	无协议 计算机链接	b12，b11，b10 （0，0，0）：无<RS-232C 接口> （0，0，1）：普通模式<RS-232C 接口> （0，1，0）：相互链接模式<RS-232C 接口> （0，1，1）：调制解调器模式<RS-232C 接口> （1，1，1）：RS-485 通信<RS-485/RS-422 接口>
b13	和校验	不附加	附加
b14	协议	无协议	专用协议
b15	控制顺序（CR、LF）	不使用 CR，LF（格式 1）	使用 CR，LF（格式 4）

（2）编写程序。

FX2N-32 MR 控制程序如图 9-7 所示。程序单向传递数据，即数据只从 CPU 226CN 传向 FX2N-32 MR，因此该程序相对而言比较简单。若要数据双向传递，则必须注意 RS-485 通信是半双工的，编写程序时要保证在同一时刻同一个站点只能接收或者发送数据。

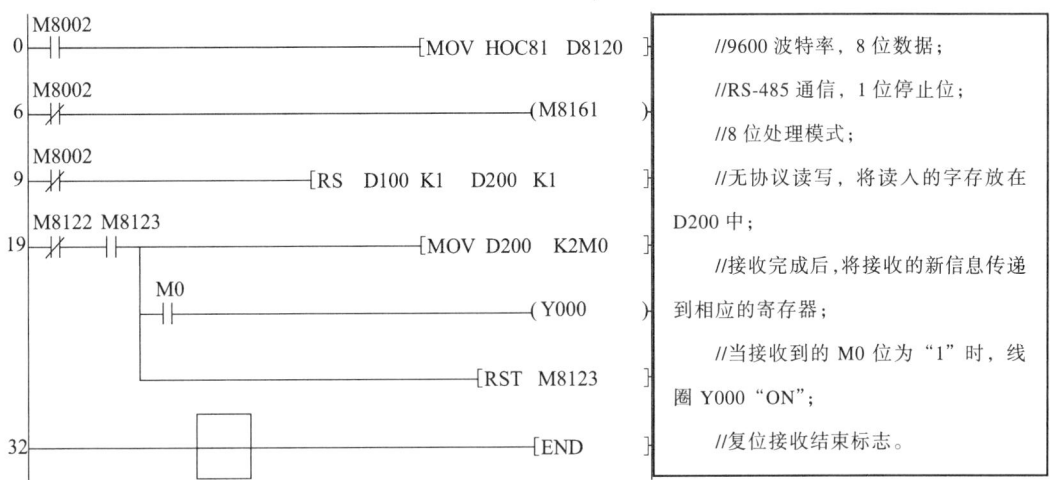

图 9-7 FX2N-32 MR 控制程序

实现不同品牌之间的 PLC 通信，要求读者对两种品牌的 PLC 都比较熟悉。其中有两个关键点：一是通信线连接一定要正确；二是必须清楚与自由口（无协议）通信的相关指令，否则通信是很难建立的。

9.4.2 S7-200 PLC 之间的 PPI 通信

1. PPI 通信简介

PPI 是一种主-从协议。PPI 网络可以有多个主站，它并不限制与任意一个从站通信的主站数量，但是在一个网段中，通信站不能超过 32 个。

S7-200 上集成的通信口支持 PPI 通信，不隔离的 CPU 通信口支持的标准 PPI 通信距离为 50 m，如果使用一对 RS-485 中继器，最远通信距离可以达到 1100 m。PPI 支持的通信速为 9.6 kb/s、19.2 kb/s 和 187.5 kb/s。

运行编程软件 STEP 7-Micro/WIM 的计算机也是一个 PPI 主站。要获得 187.5 kb/s 的 PPI 通信速率，必须有 RS-232/PPI 多主站电缆或 USB/PPI 多主站电缆作为编程接口，或者使用西门子的编程卡（CP 卡）。

PPI 通信还是最容易实现的 S7-200 CPU 之间的网络数据通信。只需要编程设置主站通信端口的工作模式，就可以用网络读/写指令（NETR/NETW）读/写从站的数据。

2. 控制要求

现有 2 台 S7-200 系列 PLC，两者之间通过 RS-485 电缆组成一个使用 PPI 协议的通信网络，通过通信网络实现两台 PLC 之间的数据交换。

具体控制要求：将主站的 I0.0～I0.7 的状态映射到从站的 Q0.0～Q0.7，将从站的 I0.0～I0.7 的状态映射到主站的 Q0.0～Q0.7。

硬件和软件平台：S7-200 PLC 2 台（CPU226）；RS-485 通信电缆 1 条，用于网络连接；PC/PPI 编程电缆 1 条，用于程序下载；1 台带 RS-232 串口的 PC 机，在该 PC 上安装 Micro/WIN 软件。

3. 硬件设计

S7-200 PLC 的 PPI 网络连接如图 9-8 所示。通信电缆可以使用专门的串口通信线，或者使用 PROFIBUS-DP 总线连接器。如果 DP 总线连接器带编程接口，还可以把 PC 机连接到该 PPI 通信网络中。PPI 主站 PLC 的 Port0 口与从站 PLC 的 Port 0 口相连接。两台 PLC 的 PPI 通信线进行连接时，Port0 口和 Port1 口虽然可以任意选定，但必须与系统块配置中的端口设置一致。

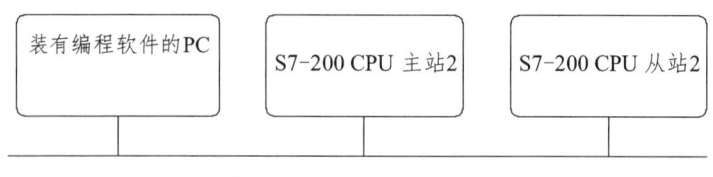

图 9-8　PLC 的 PPI 网络

3. 网络通信配置和编程

在 Micro/WIN 编程环境中，单击浏览条下的系统块，在"系统块"对话框中，对两台 PLC 进行系统配置。通过系统块将主站端口 0 地址设置为 2；而将从站端口 0 的地址设置为 3，如图 9-9 所示。注意主站和从站的地址不能冲突，且各站的通信速率必须相同。

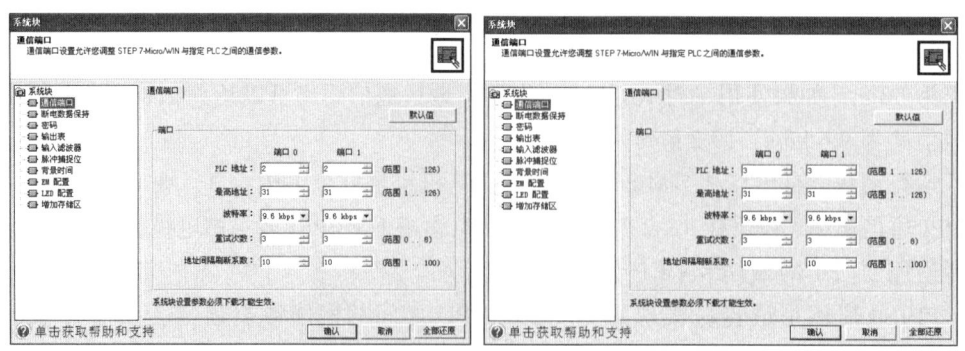

图 9-9　主站和从站通信端口配置

对主站 PLC 进行网络通信配置和编程的方法如下。

在 Micro/Win 编程环境下,双击左侧指令树"向导"中的 NETR/NETW(网络读/网络写)。对主站进行通信组态,如图 9-10 所示。

在这个窗口中确定通信过程读写操作的项目数,因为需要网络读和网络写各一次,故需要 2 次操作。单击"下一步"按钮会弹出如图 9-11 所示的端口及子程序配置窗口。

PLC 端口配置应该与图 9-9 中的主站端口一致。单击"下一步"按钮会弹出如图 9-12 所示的配置窗口。该窗口对操作类型、数据大小、远程 PLC 地址和数据地址进行定义和配置。将从站的 I0.0 ~ I0.7 的状态映射到主站的 Q0.0 ~ Q0.7,对主站来说,是执行读操作(NETR)。单击"下一项操作",将主站的 I0.0 ~ I0.7 的状态映射到从站的 Q0.0 ~ Q0.7,对主站来说,应该是执行写操作(NETW)。数据均为 1 字节,远程 PLC(即从站 PLC)地址为 3,数据存取位置分别为 QB0 和 IB0。

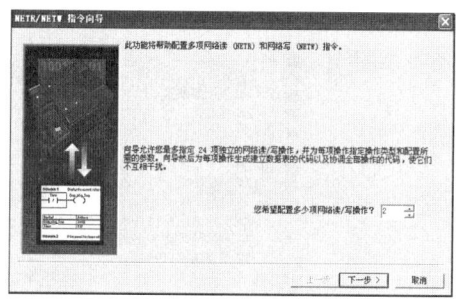
图 9-10 读/写操作项配置

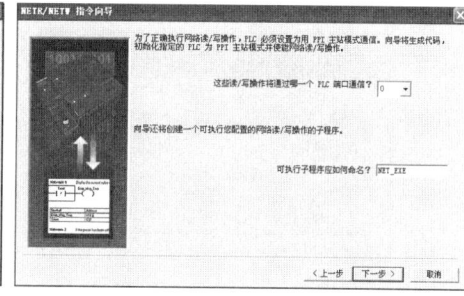
图 9-11 PLC 通信口配置

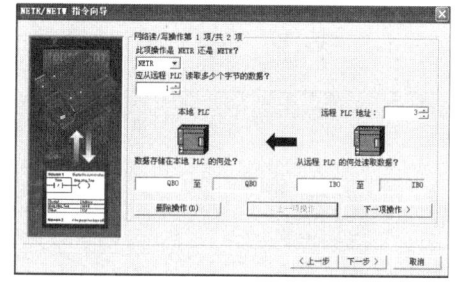
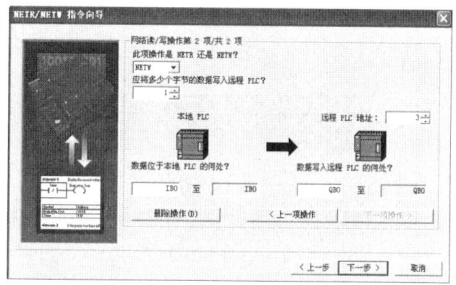
图 9-12 网络读写操作数据配置

单击"下一步"按钮会弹出如图 9-13 所示的存储区配置窗口。在 S7-200 PLC 中实现远程读/写是通过 NETW/NETR 指令完成,这两个指令都需要一个参数列表,在参数列表中会详细包含地方的 PPI 地址、发送读/写数据量及地址单元等,在向导中需要对这个参数列表分配一个地址范围。可以通过"建议地址"按钮改变存储区范围的配置。

单击"下一步"按钮会弹出如图 9-14 所示的配置窗口。该窗口不需要更改,向导会自动生成一个子程序和全局符号表,这个子程序和全局符号表属于加密状态,用户无法阅读到具体内容,但是可以在程序块和符号表中找到该子程序和符号表,在以后的编程中需要调用子程序。

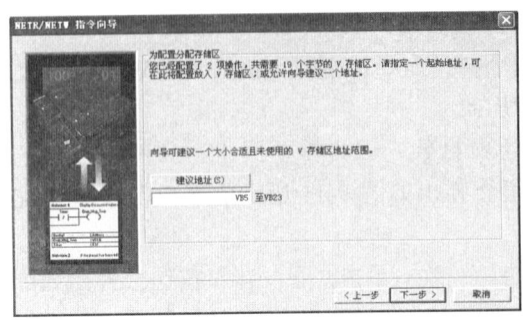 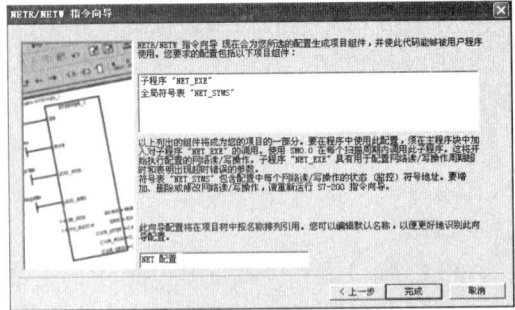

图 9-13 存储区配置　　　　　图 9-14 子程序和全局符号表配置窗口

单击"完成"按钮，弹出完成向导配置确定窗口，如图 9-14 所示。单击"是"按钮则完成 NETH/NEW 通信组态。左侧指令树 NETR/NETW 的下一级菜单会出现"NET 配置"，如图 9-15 所示，可以通过双击重新配置"起始地址""网络读写操作""通信端口"。

 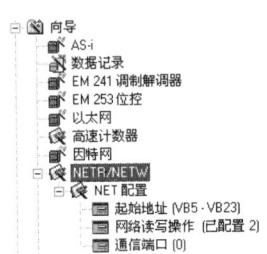

图 9-14 完成向导配置　　　　　图 9-15 NET 配置子菜单

主站 NETR/NETW 通信组态到此已全部完成，还需要编写主程序。打开组态时自动生成子程序"NET_EXE"，如图 9-16 所示，包括子程序、变量声明表及注释。

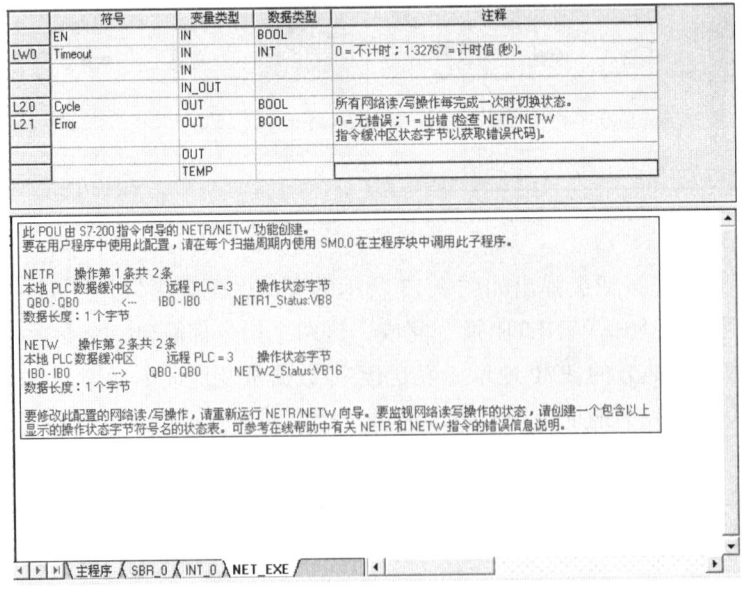

图 9-16 子程序及其变量声明表注释

仔细阅读子程序及其变量声明表,了解配置状态及各个参数的具体含义。在主程序中编写程序,并通过 PC/PPI 电缆将该项目下载到主站 PLC 中。主程序如图 9-17 所示。

正常通信时,Cycle 会不断变化,而 Error 位始终保持为 0。注意所分配的地址 V2.1、V2.2 不能与组态过程中分配的 V 存储区地址范围重叠。

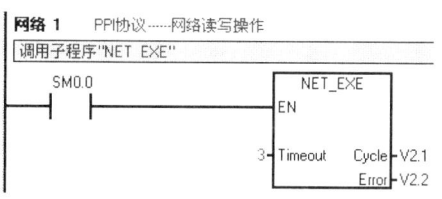

图 9-17 主站主程序

3. 调　试

调试主要是检测网络配置是否正确,数据传输是否符合要求,从而对网络参数和程序进行不断优化和调整。调试步骤如下。

(1) 在线监控 PLC 运行状态。

(2) 测试主站向从站传送数据,即网络写操作是否正常。将主站 PLC 输入端子的 I0.0、I0.1、…、I0.7 分别接通,应能观察到其对应输入点指示灯为 ON。

(3) 观察从站 PLC 输出端子上对应的 Q0.0、Q0.1、…、Q0.7 的指示灯状态。若网络配置及控制程序正确,从站 Q0.0、Q0.1、…、Q0.7 输出状态应为 ON。

(4) 由从站向主站传送测试数据,观察网络读操作是否正常。将从站 PLC 输入端子的 I0.0、I0.1、…、I0.7 分别接通,应能观察到其对应输入点指示灯为 ON。

(5) 观察主站 PLC 输出端子上对应的 Q0.0、Q0.1、…、Q0.7 的指示灯状态。若网络配置及控制程序正确,主站 Q0.0、Q0.1、…、Q0.7 输出状态应为 ON。

在调试过程中,若出现通信异常现象,应重点排查通信线连接是否正确,以及 PLC 通信端口配置是否正确,例如:各站的地址设置是否冲突,通信波特率是否相同,以及主站主程序中"Cycle"和"Error"变量分配的地址是否与通信组态过程中自动分配的 V 存储区地址范围重叠等。

9.4.3　烘干箱 PID 温度控制

1. S7-200 PLC PID 功能简介

PID 是闭环控制系统的比例—积分—微分控制算法。PID 控制器根据设定值(给定)与被控对象的实际值(反馈)的差值,按照 PID 算法计算出控制器的输出量,控制执行机构去调整被控对象状态。PID 控制是负反馈闭环控制,能够抑制系统闭环内各种因素所引起的扰动,使反馈跟随给定变化。S7-200 CPU 最多可以支持 8 个 PID 控制回路(8 个 PID 指令功能块)。在 S7-200 中,PID 功能是通过 PID 指令功能块实现的。通过定时(按照采样时间)执行 PID 功能块,按照 PID 运算规律,根据当时的给定、反馈、比例—积分—微分数据,计算出控制量。

2. 控制要求

有一台烘干箱采用电阻丝加热，通过接触器控制电阻丝通断时间比例，达到控制烘干箱温度的目的。要求将烘干箱的温度控制在一定的范围内，当温度过高或过低时，报警指示灯亮。当将温度控制切换到自动状态时，由 PLC 根据温度设定值对烘干箱温度进行控制；当将温度控制切换至手动状态时，由数据面板 TDC400C 或者通过转换开关来选择设定值，实现手动控制电阻丝通电时间比例。烘干箱的温度传感器采用热电阻或热电偶，经变送器转换后，将温度信号转换为 0~10 V 的电压信号。接触器线圈由数字量输出控制，通过时间比例方式，实现 PWM 脉宽控制，进而达到烘干箱恒温控制。

3. PLC I/O 配置及硬件接线图

1）PLC I/O 配置

根据控制要求，首先确定 I/O 点数，进行 I/O 分配。需要 2 个数字量输入点、3 个数字量输出点和 1 个模拟量输入通道，如表 9-3 所示。因为要用到模拟量输入，故采用 CPU 224XP AC/DC/继电器的一个基本模块即可。另外，还需将通信电缆连接到 TDC400C 数据面板，进行温度设定控制。

表 9-3　PLC 的 I/O 配置

图形符号	PLC 符号	I/地址	功能
SA1	手/自动切换	I0.0	手/自动切换，1 = 自动
SA2	接通_断开	I0.1	手动接通或断开晶闸管
ST	温度输入	AIW0	电炉温度输入信号
KA	温度控制	Q0.0	控制晶闸管通/断
HL1	温度低报警	Q0.1	温度低报警指示
HL2	温度高报警	Q0.2	温度高报警指示

2）硬件接线图

根据 I/O 配置，可以画出如图 9-18 所示的端子接线图。

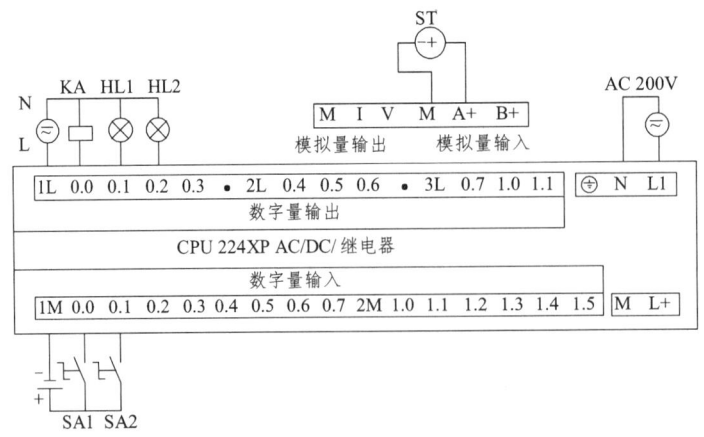

图 9-18　PLC 端子接线图

4. PID 指令向导

有两种方法可以使用 S7-200 的 PID 功能:一种是通过 S7-200 提供的 PID 回路指令;另一种是通过指令向导生成 PID 子程序,利用 PID 子程序实现 PID 功能。

使用 PID 回路指令进行 PID 控制比较麻烦,特别是回路表不容易填写,在使用上易出错,这里不做详细介绍。为了方便用户使用,STEP 7-Mirco/Win 软件中提供了 PID 指令向导,利用 PID 指令向导可以很容易地编写 PID 控制程序。下面就利用 PID 指令向导生成 PID 子程序,完成对任务要求的程序编写。

(1)选择 PID 回路。在 Micro/Win 编程环境下,双击左侧指令树"向导"中的"PID",弹出如图 9-19 所示画面,进行 PID 回路配置,选择回路号为"0",然后单击"下一步"按钮。

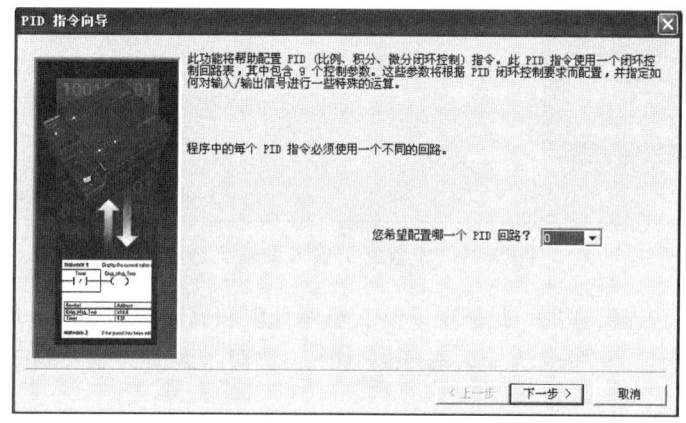

图 9-19 配置 PID 回路号

(2)设置回路参数。如图 9-20 所示,给定值范围的低限和高限默认值为 0.0 和 100.0,表示给定值的取值范围占过程反馈量程的百分比。此例中给定值范围的低限为 10.0,高限为 90.0,比例增益为 5.0,积分时间为 1.00 min,微分时间为 0.10 min,采样时间为 5 s。然后单击"下一步"按钮。

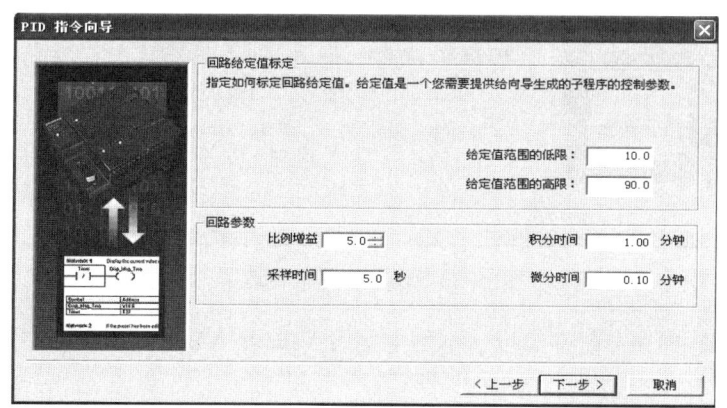

图 9-20 设置回路参数

（3）设置回路输入及输出选项。如图 9-21 所示，在此例中，温度信号为 0～10 V，所以选择单极性，过程变量低限为 0，高限为 32000。回路输出类型为数字量，占空比周期为 8 s，由于 PLC 选用的输出器件类型为继电器输出，而主电路器件为接触器，故其动作频率不高，不能频繁通电或断电切换，占空比周期时间就不能太短，以免出现控制异常和器件使用寿命缩短的现象。然后单击"下一步"按钮。

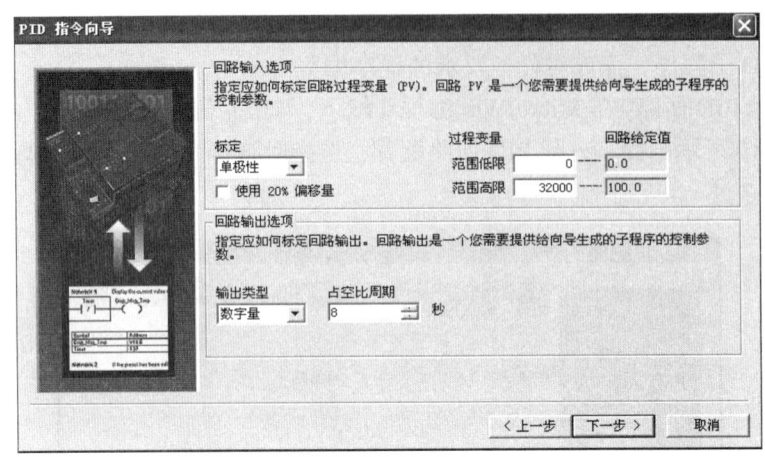

图 9-21　设置回路输入及输出选项

（4）设置回路报警选项。此例中需要有温度低限和高限报警，所以使能低限报警和高限报警选项，低限报警值为输入温度的 10%，高限报警值为输入温度的 90%，如图 9-22 所示。

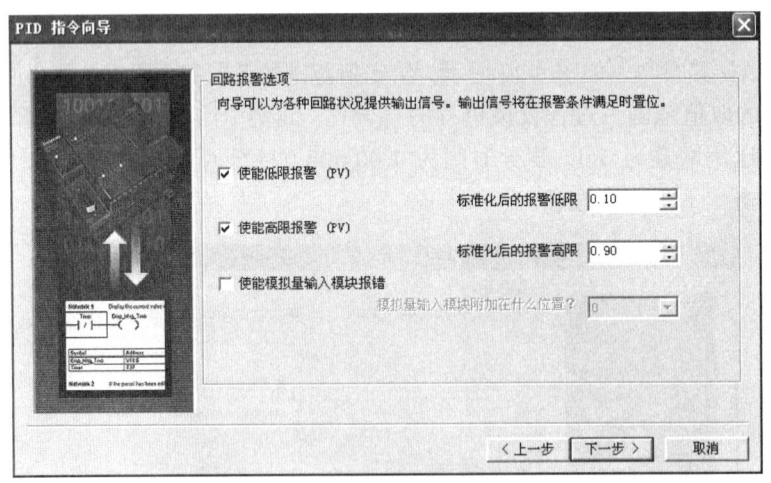

图 9-22　设置回路报警选项

（5）为 PID 回路分配存储区。本例中使用 VB0 至 VB119 的 V 存储区，如图 9-23 所示。

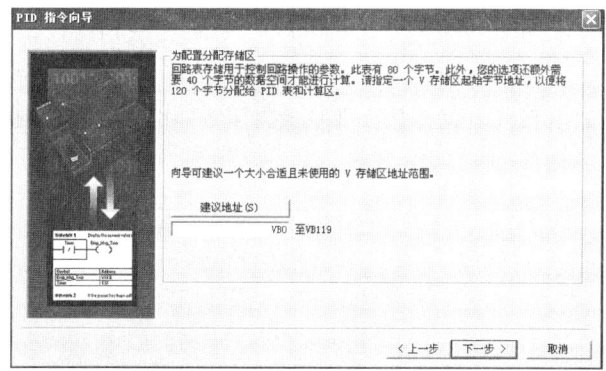

图 9-23 为 PID 回路分配存储区

（6）PID 子程序命名。在向导中，可以为 PID 子程序和中断程序修改名称，默认名称为 PID0 INIT 和 PID0 EXE。此例中需要用到 PID 手动控制功能，因此选择"增加 PID 手动控制"复选框，如图 9-24 所示。

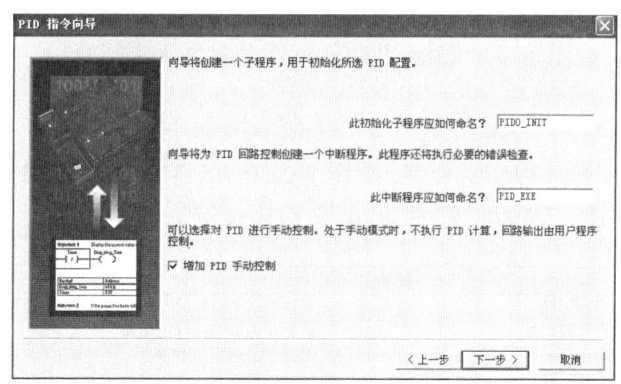

图 9-24 PID 子程序命名

（7）生成 PID 代码。如图 9-25 所示，设置完成后单击"完成"按钮，向导自动生成 PID 子程序。

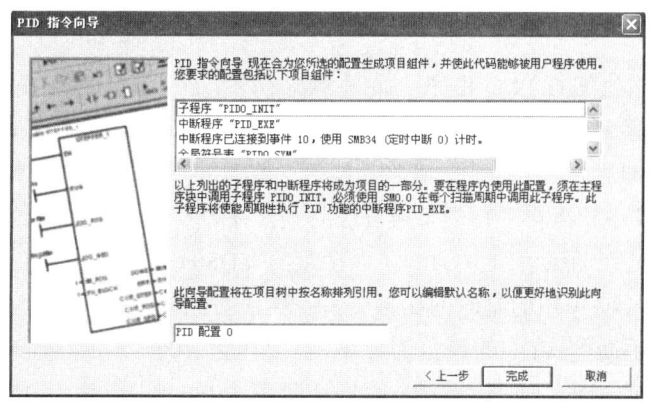

图 9-25 生成 PID 代码

通过PID指令向导,生成子程序PID0-INIT和中断程序PID-EXE。子程序PID0-INIT根据在PID向导中设置的输入和输出选项执行PID功能,每次扫描均需调用该子程序。中断程序PID—EXE由系统自动调用,不必在主程序中调用。自动创建的子程序PID0—INIT的参数声明及注释如图9-26所示。

	符号	变量类型	数据类型	注释
	EN	IN	BOOL	
LW0	PV_I	IN	INT	过程变量输入:范围从0至32000
LD2	Setpoint_R	IN	REAL	给定值输入:范围从0.0至100.0
L6.0	Auto_Manual	IN	BOOL	自动/手动模式(0=手动模式,1=自动模式)
LD7	ManualOutput	IN	REAL	手动模式时回路输出期望值:范围从0.0至1.0
		IN		
		IN_OUT		
L11.0	Output	OUT	BOOL	PWM输出:周期以秒为单位(在配置时设置)
L11.1	HighAlarm	OUT	BOOL	过程变量(PV)>报警高限(0.90)
L11.2	LowAlarm	OUT	BOOL	过程变量(PV)<报警低限(0.10)
		OUT		
LD12	Tmp_DI	TEMP	DWORD	
LD16	Tmp_R	TEMP	REAL	
		TEMP		

此POU由S7-200指令向导的PID功能创建。
要在用户程序中使用此配置,请在每扫描周期内使用SM0.0在主程序块中调用此子程序。此代码配置PID 0。在DB1中可以找到从VB0开始的PID回路变量表。此子程序初始化PID控制逻辑使用的变量,并启动PID中断程序"PID_EXE"。PID中断程序会根据PID采样时间被周期性调用。有关PID指令的完整说明,请参见《S7-200系统手册》。注意:当PID位于手动模式时,输出应该通过写入一个标准化的数值(0.00至1.00)至手动输出参数来控制,而不是直接改动输出。这将使PID返回至自动模式时保持输出无扰动。

图9-26 子程序PID0 INIT的参数声明及注释

5. 编写程序

根据I/O配置,建立程序符号表,如图9-27所示。VD800为PID的设定值,VD804为PID的手动给定值,VD808为TD400C数据面板设定值。

			符号	地址	注释
1			手动自动切换	I0.0	转换开关,1=自动
2			手控设定值切换	I0.1	转换开关,选择设定值
3			面板给定使能	M10.0	数据面板设定值有效
4			加热通断控制	Q0.0	接触器控制
5			温度下限报警	Q0.1	温度超下限报警指示
6			温度上限报警	Q0.2	温度超上限报警指示
7			自控设定值	VD800	PID设定值
8			手控设定值	VD804	手动控制输出值
9			面板设定值	VD808	数据面板设定值
10			温度检测	AIW0	烘干箱温度值

图9-27 程序符号表

根据控制要求,编写PLC程序,如图9-28所示。在网络1中,每个扫描周期都必须调用PID子程序PID0_INIT。在网络2中,当将切换开关切换至手动接通时,将1.0手动赋值给VD804。在网络3中,当将切换开关切换至手动断开时,将0.0手动赋值给VD804。在网络4中,当将手自动切换开关切换至手动,且数据面板给定值使能位有效时,将面板设定值手动赋值给VD804。手动赋给VD804的值,只有在PID切换至手动模式时才有效。PLC采用的是时间比例(占空比)方式控制烘干箱温度。当PID在手动模式时,如果手动给VD804赋值为1.0,占空比为100%,加热通断控制Q0.0常为ON,即接触器一直通电;如果手动给VD804赋值为0.0,占空比为0%,加热通断控制Q0.0常为OFF,即接触器一直断电。

第 9 章 PLC 控制系统设计与应用实例

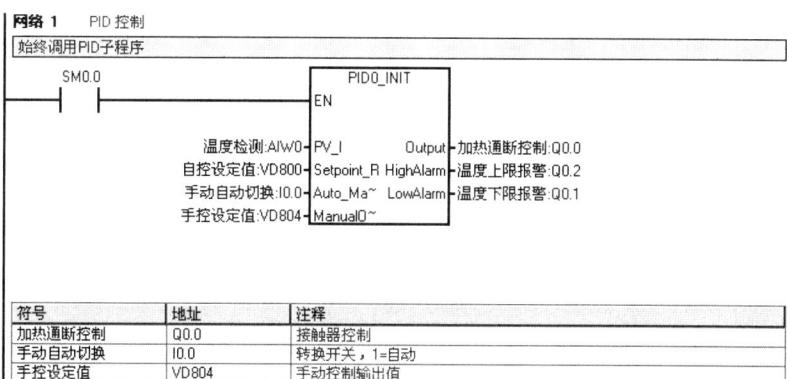

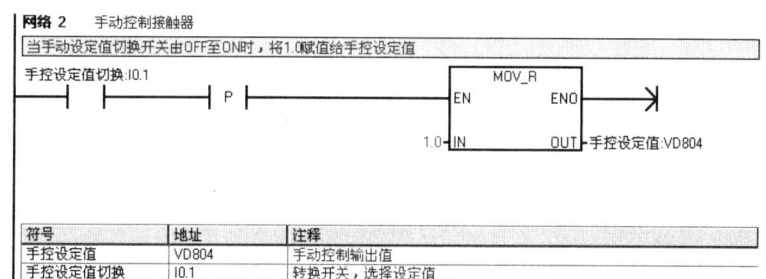

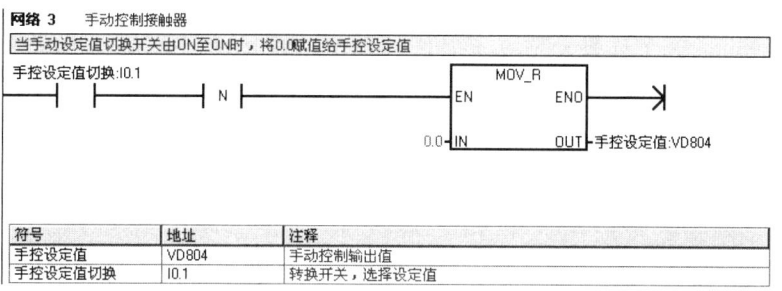

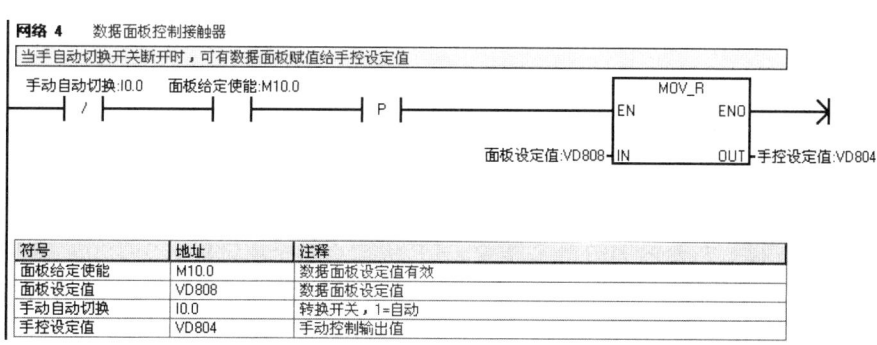

图 9-28 烘干箱 PID 控制程序

9.4.4 变频恒压供水控制

1. 控制要求

变频恒压供水控制系统通过监测管网压力，控制变频器的输出频率，实现管网的恒压供水。当系统开始工作时，如果管网压力低于设定值，PLC 启动一台泵，并通过程序控制变频器的运行频率，使其逐渐上升，当管网压力升至设定值时，水泵在此频率下稳定运行，保持水压恒定；若水泵频率达到电网工频时，水压还未达到设定值，则控制系统自动将此泵切换至工频电网，然后启动第二台水泵，并调速至水压达到设定值，使水压恒定。第三台泵一般作为备用泵。当用水量变化（如夜间用水量很低），水压超过设定值时，PLC 控制变频器，逐渐降低输出频率，当变频器输出频率降低至频率下限时，PLC 关闭此台泵，将另一台工频运行的水泵切换到变频运行，调节水压至设定值。

2. 设计方案

变频恒压供水控制系统采用一台变频器控制三台水泵，首先用变频器启动一台水泵，当水泵达到工频时，将水泵切换至工频运行，然后用变频器启动下一台水泵。当变频器输出为下限频率时，停止水泵，然后将工频运行的水泵切换至变频运行，由变频器控制。水管压力设定值由文本显示器 TD400C 设定。

水泵由变频切换至工频时，采用先切后投的控制方式，即先停止变频器，使水泵自由停车，然后断开变频器与水泵间的接触器，再接通水泵与工频间的接触器，完成变频到工频的切换。水泵由工频切换至变频时，也采取先切后投的方式，即先断开水泵与工频间的接触器，使电动机处于自由停车状态，然后接通水泵与变频器间的接触器。使用变频器的捕捉再启动功能，使变频器可以跟踪电动机转速，直至变频器输出频率与电动机转速同步，再将电动机调节至设定速度。

变频器选用西门子 MM430 水泵、风机专用变频器。PLC 通过数字量输入、输出和模拟量输入、输出控制变频器的启动、停止和调速。因为 PLC 需要控制变频器的启/停及调速，变频器中除了设置电动机参数外，还需设置以下几个参数：

（1）将 P0700[0]设为 2，即命令源来自外端子输入。
（2）将 P0701[0]设为 1，即由数字量输入端子 1 控制变频器的启动和停止。
（3）将 P0702[0]设为 9，即由数字量输入端子 2 复位变频器故障。
（4）将 P0703[0]设为 3，即由数字量输入端子 3 控制变频器自由停车。
（5）将 P0731[0]设为 52.3，即由数字量输出端子 1 输出变频器故障信号。
（6）将 I/O 板上左侧的 DIP 开关拨至 OFF 状态，即模拟量输入 1 为 0~10 V 信号。
（7）将 P0756[0]设为 0，即模拟量输入 1 为 0~10 V 信号。
（8）将 P1000[0]设为 2，即频率值由模拟量输入 1 给定。
（9）将 P2000[0]设为 50，即基准频率为 50 Hz。

根据任务要求，首先确定 I/O 的个数，进行 I/O 分配。此例中需要 11 个数字量输入点、16个数字量输出点、1个模拟量输入和1个模拟量输出,如表9-4所示。因为所用I/O点数较多,采用CPU 224XP DC/DC/DC和EM222的8点输出24 V DC两个基本模块。水管压力传感器采用0~10 V信号,量程为0~5 MPa。

表9-4 PLC I/O 配置

图形符号	PLC 符号	I/O 地址	功 能
SA1	手/自动切换	I0.0	手/自动切换旋钮,ON=自动,OFF=手动
SA2	一号泵启/停	I0.1	一号泵手动启/停旋钮,ON=启动,OFF=停止
SA3	二号泵启/停	I0.2	二号泵手动启/停旋钮,ON=启动,OFF=停止
SA4	三号泵启/停	I0.3	三号泵手动启/停旋钮,ON=启动,OFF=停止
KH1	一号泵故障	I0.4	一号泵故障信号
KH1	二号泵故障	I0.5	二号泵故障信号
KH3	三号泵故障	I0.6	三号泵故障信号
SF	变频器故障	I0.7	变频器故障信号
SB1	故障复位	I1.0	故障复位信号
SB2	自动启动	I1.1	在自动时,启动供水系统
SB3	自动停止	I1.2	在自动时,停止供水系统
SP	管道压力	AIW0	管道压力信号
KM1	一号泵变频	Q0.0	一号泵变频运行
KM2	一号泵工频	Q0.1	一号泵工频运行
KM3	二号泵变频	Q0.2	二号泵变频运行
KM4	二号泵工频	Q0.3	二号泵工频运行
KM5	三号泵变频	Q0.4	三号泵变频运行
KM6	三号泵工频	Q0.5	三号泵工频运行
HL1	一号泵运行灯	Q0.6	一号泵运行指示灯
HL2	二号泵运行灯	Q0.7	二号泵运行指示灯
HL3	三号泵运行灯	Q1.0	三号泵运行指示灯
HL4	一号泵故障灯	Q1.1	一号泵故障指示灯
HL5	二号泵故障灯	Q2.0	二号泵故障指示灯
HL6	三号泵故障灯	Q2.1	三号泵故障指示灯
HL7	变频器故障灯	Q2.2	变频器故障指示灯
KA1	变频器启动	Q2.3	ON=变频器启动,OFF=变频器停止
KA2	变频器故障复位	Q2.4	复位变频器故障
KA3	水泵自由停车	Q2.5	停止变频器输出,使水泵自动停车
SQ	变频器频率	AQW0	变频器频率设定值

3. 电路设计

变频恒压供水系统的电气主电路原理如图 9-29 所示，CPU 224XP DC/DC/DC 模块端子接线如图 9-30 所示，EM222 的 8 点输出 24 V DC 模块端子接线如图 9-31 所示，MM430 变频器端子接线如图 9-32 所示。

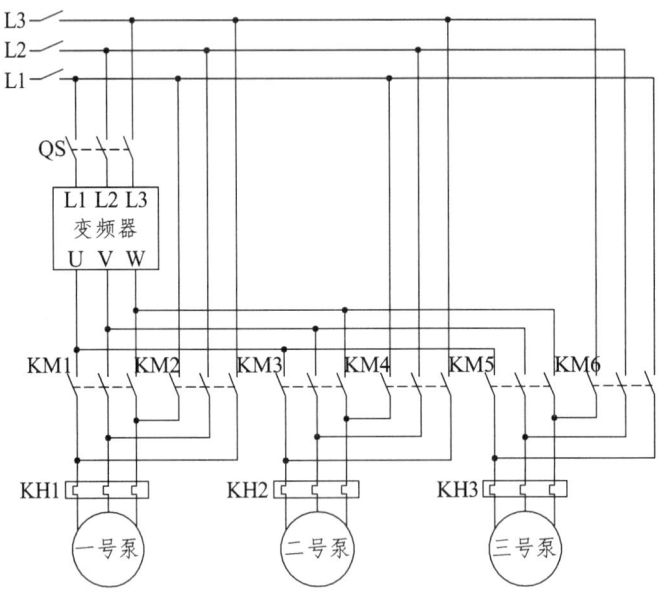

图 9-29　变频恒压供水主电路

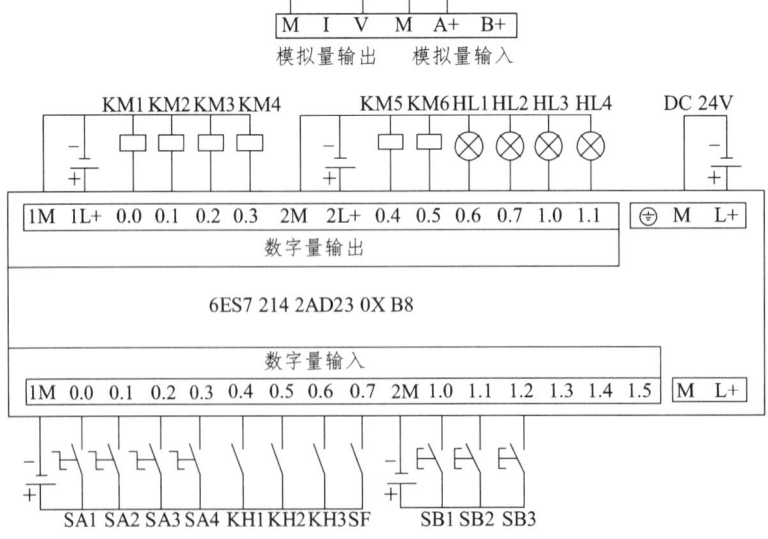

图 9-30　CPU 224XP DC/DC/DC 模块端子接线

第 9 章 PLC 控制系统设计与应用实例

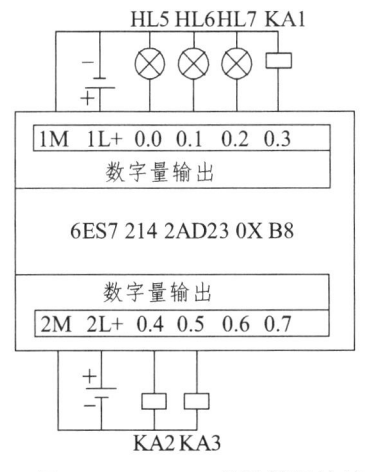

图 9-31 EM222 模块端子接线

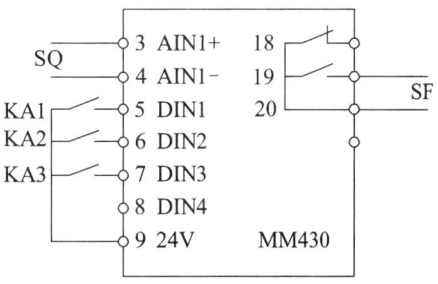

图 9-32 MM430 变频器端子接线

4. 编写程序

根据 I/O 配置和任务要求,程序中除了用到表 9-4 所示的 I/O 点外,还需用到一些变量,VD120 是管道压力设定值,由文本显示器 TD400C 设定。VD124 为 PID 手动输入值,当 PID 为手动时,用 VD124 控制 PID 的输出。V128.0 是 PID 的手动和自动切换标志,当 V128.0 为 1 时,PID 为自动控制;当 V128.0 为 0 时,PID 为手动控制。VD130 为当前管道压力值,显示在文本显示器 TD400C 上。MB0 为当前泵号,分别用 1、2、3 代表三台泵。T37 为断开变频延时定时器,用于在水泵自由停车后,延时断开变频器与水泵间的接触器。T38 为接通工频延时定时器,用于在水泵断开变频后,延时接通工频接触器。T39 为自由停车延时定时器,用于当变频器达到 50 Hz 时,延时停止水泵,防止水泵误动作。T40 为断开工频延时定时器,用于延时断开水泵与工频间的接触器。T41 为接通变频延时定时器,用于在水泵断开工频后,延时接通变频器。T42 为停泵延时定时器,用于在变频器输出为 0 时,延时停止水泵,防止水泵误动作。

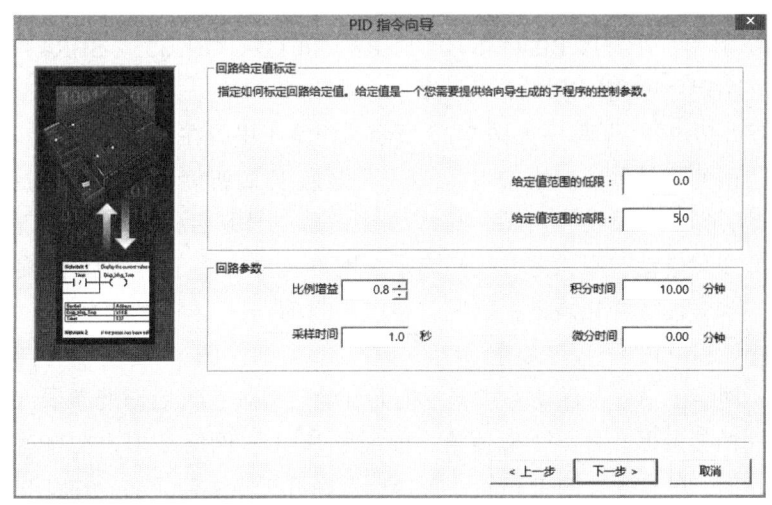

图 9-33 PID 回路给定值和回路参数

根据控制要求，编写 PLC 程序。首先利用指令向导功能，生成 PID 子程序。PID 回路给定值和回路参数如图 9-33 所示。因为压力传感器的量程为 0 ~ 5 MPa，所以 PID 给定值范围的低限为 0.0，高限为 5.0。PID 的采样时间为 1.0 s，比例增益为 0.8，积分时间为 10 min，微分时间为 0，即不使用微分。PID 回路的输入参数和输出参数如图 9-34 所示。PID 指令向导为 PID 子程序指定存储区，本例中使用 VB0 ~ VB119 的存储区，在用户程序中不能再次使用此存储区。

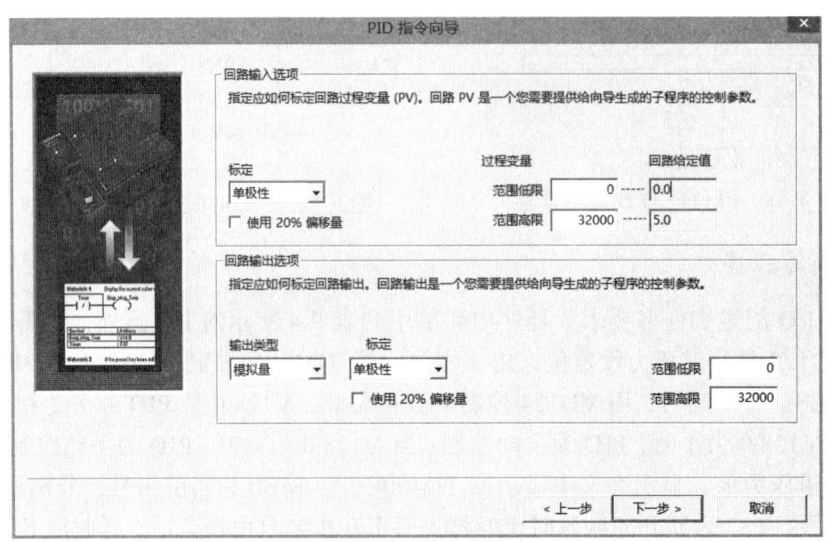

图 9-34 PID 回路的输入参数和输出参数

因为管道当前压力需在文本显示器 TD400C 上显示，管道设定压力也需在 TD400C 上设定，所以利用文本显示向导配置文本显示器 TD400C，操作步骤从略。

PLC 程序由 1 个主程序和 5 个子程序组成。5 个子程序分别是手动程序（SBR0）、自动程序（SBR1）、运行及故障指示灯程序（SBR2）、PID0_INIT（SBR3）和 TD CTRL 325（SBR4），其中，子程序 PID0 INIT（SBR3）和 TD CTRL 325（SBR4）是由向导自动生成的。在主程序中调用这 5 个子程序。

手动程序（SBR0）子程序如图 9-35 所示。网络 1 中，在手动方式下，断开变频器与所有电动机间的接触器。网络 2 中，若一号泵启/停旋钮旋至启动位置，并且一号泵没有变频启动，则一号泵工频启动。网络 3 中，若二号泵启/停旋钮旋至启动位置，并且二号泵没有变频启动，则二号泵工频启动。网络 4 中，若三号泵启/停旋钮旋至启动位置，并且三号泵没有变频启动，则三号泵工频启动。

自动程序（SBR1）子程序如图 9-36 ~ 图 9-40 所示。图 9-36 所示为自动启动和自动停止程序。网络 1 中，在自动方式下，按下自动启动按钮时启动变频器，吸合变频器与一号水泵间的接触器，并将 1 赋值给当前泵号 MB0。网络 2 中，在自动方式下按下自动停止按钮时，所有水泵的工频和变频接触器断开，停止变频器，并将 0 赋值给当前泵号 MB0。

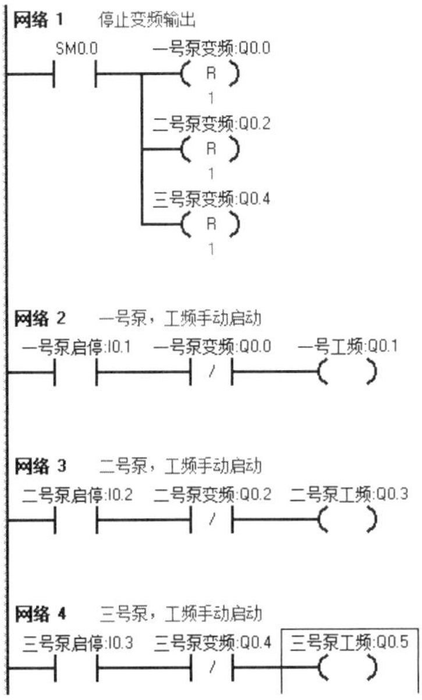

图 9-35 手动程序（SBR0）子程序

图 9-37 所示为变频向工频切换准备程序。网络 3 中，当 PID 输出为 100%，即变频器的频率达到 50 Hz，且当前泵号小于等于 2 时，启动自由停车延时 T39。网络 4 中，如果变频器的频率达到 50 Hz 持续超过 1 s，则自由停车延时定时器 T39 计时到，置位水泵自由停车输出。此时，变频器不输出电流，水泵处于自由停车状态。网络 5 中，水泵自由停车后，启动断开变频延时定时器 T37。

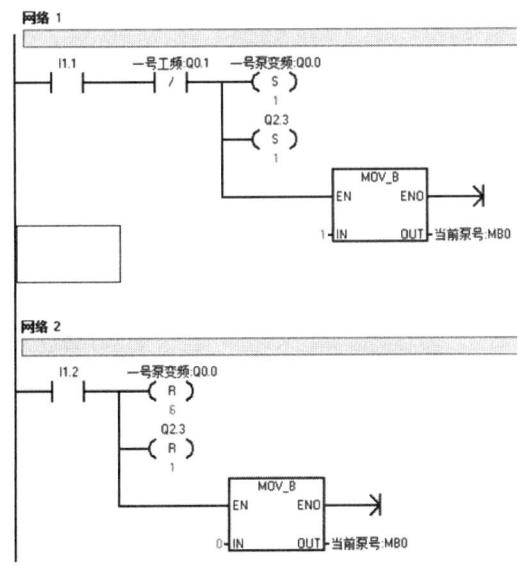

图 9-36 自动启动和停止程序

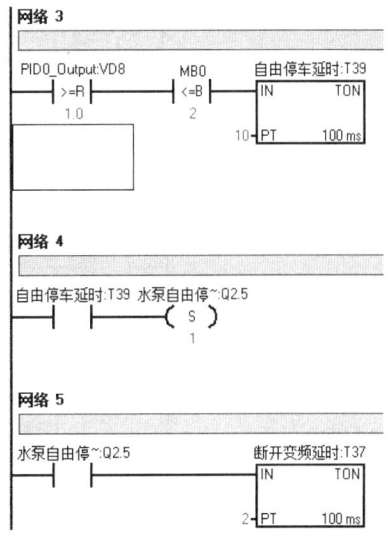

图 9-37 变频向工频切换准备程序

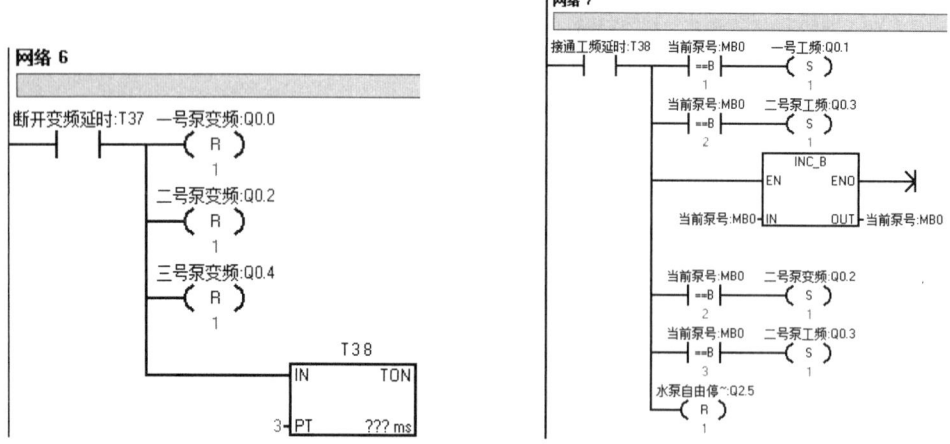

图 9-38 变频向工频切换完成程序

图 9-38 所示为变频向工频切换完成程序。网络 6 中,当断开变频延时定时器 T37 计时到时,断开变频器与所有水泵间的接触器,并启动接通工频延时定时器 T38。网络 7 中,当接通工频延时定时器 T38 计时到时,接通当前水泵的工频接触器,并将当前泵号 MB0 加 1,然后接通下一台水泵的变频接触器,并复位水泵自由停车输出。

图 9-39 所示为工频向变频切换准备程序。网络 8 中,当 PID 输出为 0.0%,即变频器的频率为 0,且当前泵号大于等于 2 时,启动停泵延时定时器 T42。网络 9 中,当停泵延时定时器 T42 计时到时,置位水泵自由停车输出,断开变频器与所有水泵间的接触器,并将当前泵号 MB0 减 1。

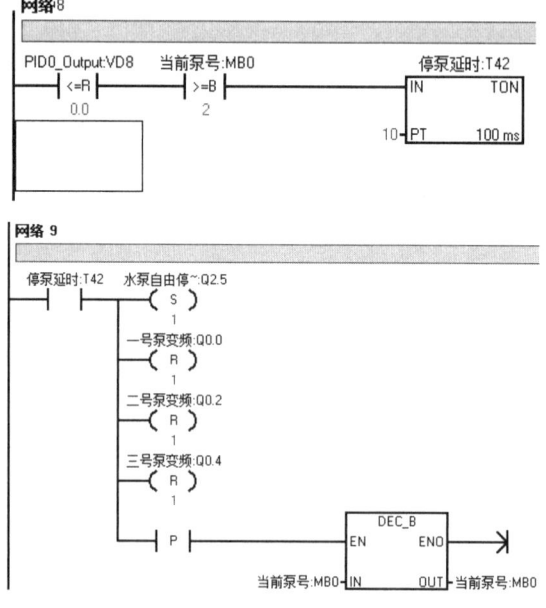

图 9-39 工频向变频切换准备程序

图 9-40 是工频向变频切换完成程序。网络 10 中，当水泵停止后，启动断开工频延时定时器 T40。网络 11 中，当断开工频延时定时器 T40 计时到时，断开相应水泵的工频接触器，并启动接通变频延时定时器 T41。网络 12 中，当接通变频延时定时器 T41 计时到时，接通相应水泵的变频接触器，并复位水泵自由停车输出。

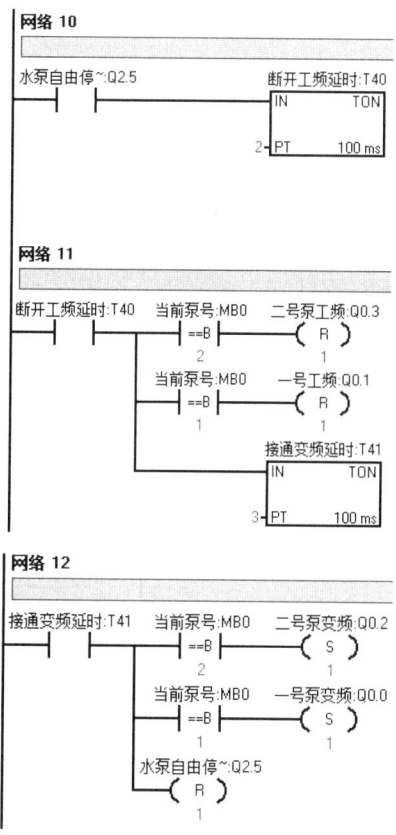

图 9-40 工频向变频切换完成程序

运行及故障指示灯（SBR2）子程序如图 9-41～图 9-43 所示。图 9-41 是 3 台水泵运行指示灯程序。网络 1 中，当一号水泵变频运行或工频运行时，一号水泵运行指示灯亮。网络 2 中，当二号水泵变频运行或工频运行时，二号水泵运行指示灯亮。网络 3 中，当三号水泵变频运行或工频运行时，三号水泵运行指示灯亮。

图 9-42 是水泵及变频器故障程序。网络 4 中，当一号水泵有故障时，一号水泵故障指示灯亮。网络 5 中，当二号水泵有故障时，二号水泵故障指示灯亮。网络 6 中，当三号水泵有故障时，三号水泵故障指示灯亮。网络 7 中，当变频器有故障时，变频器故障指示灯亮。

图 9-43 为故障复位程序。网络 8 中，当一号水泵有故障时，断开一号水泵的变频和工频接触器。网络 9 中，当二号水泵有故障时，断开二号水泵的变频和工频接触器。网络 10 中，当三号水泵有故障时，断开三号水泵的变频和工频接触器。网络 11 中，复

位 3 台水泵和变频器的故障指示灯，如果变频器有故障，同时复位变频器故障。

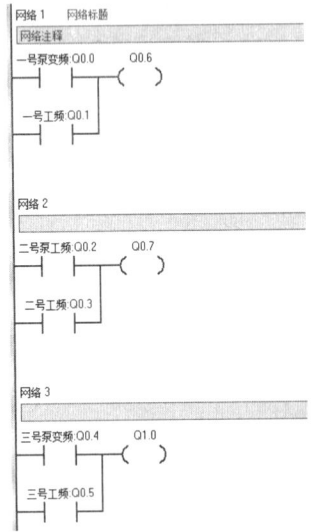

图 9-41　3 台水泵运行指示灯程序　　　　图 9-42　水泵及变频器故障程序

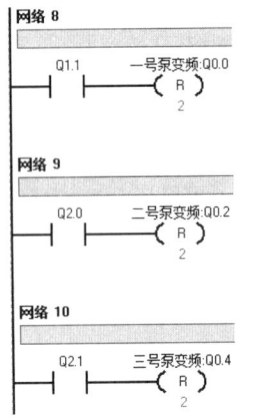

图 9-43　故障复位程序

主程序如图 9-44～图 9-46 所示。图 9-44 所示为调用手动和自动程序。网络 1 中，当手/自动切换旋钮切换至手动时，执行手动程序。网络 2 中，当手/自动切换旋钮切换至自动时，执行自动程序。

图 9-45 所示为调用 PID 调节程序。网络 3 中，当手/自动切换旋钮切换至自动，且没有水泵自由停车输出时，PID 调节为自动方式，否则 PID 调节为手动方式。网络 4 中，当 PID 为手动方式，由变频转为工频时，将 0 赋值给 PID 手动输入。从变频切换至工频，在切换完成时，上一台水泵变为工频运行，变频器需从 0 Hz 开始启动下一台水泵；由工频转为变频时，将 50 赋值给 PID 手动输入，因为在切换时，水泵是以工频运行的，切换到变频后，水泵仍有很高的转速，所以需使变频器从 50 Hz 开始调节水泵转速，达到设定的管道压力。网络 5 中，每个扫描周期都需调用 PID 调节子程序 PID0-INIT。

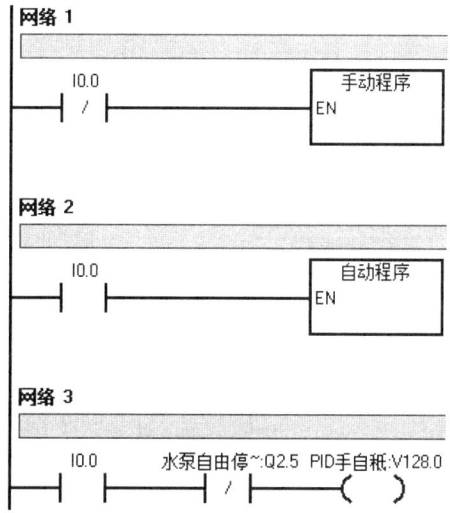

图 9-44 调用手动和自动程序

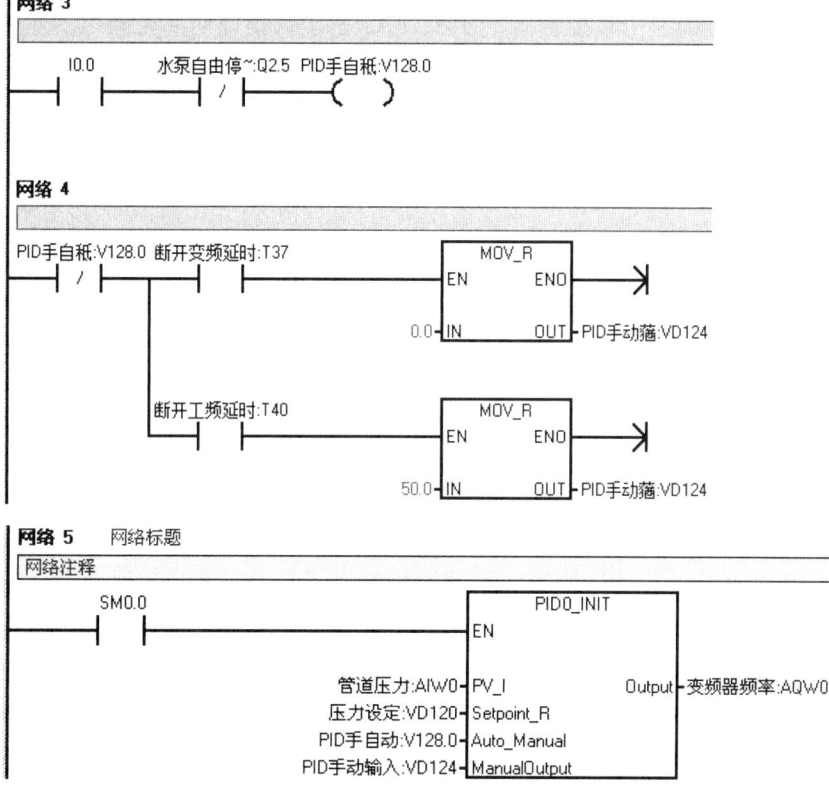

图 9-45 调用 PID 调节程序

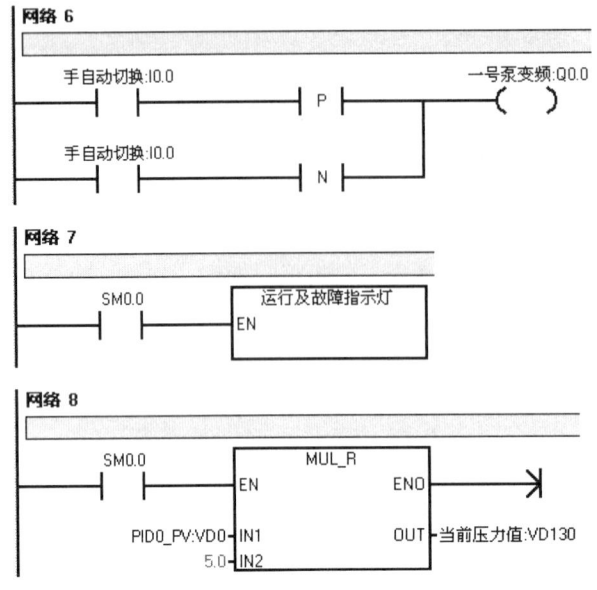

图 9-46 指示灯程序

图 9-46 所示为指示灯程序。网络 6 中，在手动切换为自动或自动切换为手动时，断开 3 台水泵的变频及工频接触器。网络 7 中，每个扫描周期都要调用"运行及故障指示灯"子程序。网络 8 中，计算管道的当前压力值，在文本显示器中显示。

9.4.5 液体混合搅拌控制

1. 控制要求

液体混合搅拌系统如图 9-47 所示。系统有 3 个液面传感器，H 为液体 B 液面检测传感器、I 为液体 A 液面检测传感器、L 为最低液面检测传感器。当液面达到传感器的位置后，传感器送出 ON 信号，低于传感器位置时，传感器为 OFF 状态。

系统有 3 个电磁阀，X1 为液体 A 输入电磁阀，X2 为液体 B 输入电磁阀，X3 为混合液体输出电磁阀。电磁阀为 ON 状态时阀门打开，X1、X2 分别送入液体 A 与液体 B，X3 放出搅拌好的混合液。电磁阀为 OFF 状态时，阀门关闭。M 为搅拌电动机，M=OFF 时，搅拌电动机停止；M=ON 时，搅拌电动机运行。

起动搅拌器之前，容器是空的，各阀门关闭（X1=X2=X3=OFF），传感器 H=I=L=OFF，搅拌电动机 M=OFF。搅拌器开始工作时，先按下启动按钮，阀门 X1 打开，开始放入液体 A。当液面经过传感器 L 时使 L=ON，并继续注入液体 A，直至液面达到 I 时，I=ON，使 X1=OFF，X2=ON，即关闭阀门 X1，停送液体 A，打开阀门 X2，开始送入液体 B。当液面达到 H 时，关闭阀门 X2，启动搅拌电动机 M，即 X2=OFF，M=0N。搅拌 60 s，搅拌均匀后，停止搅拌，即 M=OFF，打开阀门 X3，即 X3=ON，开始放出混合液体，当液面低于传感器 L，即 L=OFF，经延时 10 s，容器中的液体放空，关闭阀门 X3，即

X3=OFF，自动开始下一个操作循环。若在工作中按下停止按钮，搅拌器不立即停止工作，只有当前混合操作处理完毕后，才停止操作，即停在初始状态上。

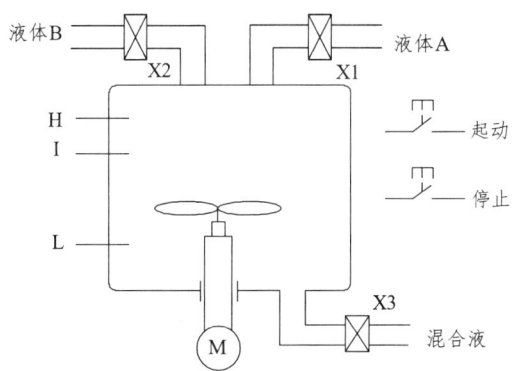

图 9-47 搅拌控制系统示意图

2. 硬件设计

这是一个单机控制的小系统，没有特殊的控制要求，开关量输入点有 5 个（起动、停止和 H、I、L），开关量输出点有 4 个（X1、X2、X3 与 M），输入输出点数共 9 个。粗估内存容量约为 90 个地址单元（$9 \times 10=90$）。据此，可以选用一般中小型控制器 S7-200（CPU221~CPU226）。现选用 S7-200 的 CPU222，输入/输出点总数为 14 个，其中输入点 8 个，输出点 6 个，图 9-48 所示为搅拌系统 PLC 接线图。I/O 及内存变量分配如表 9-5 所示。

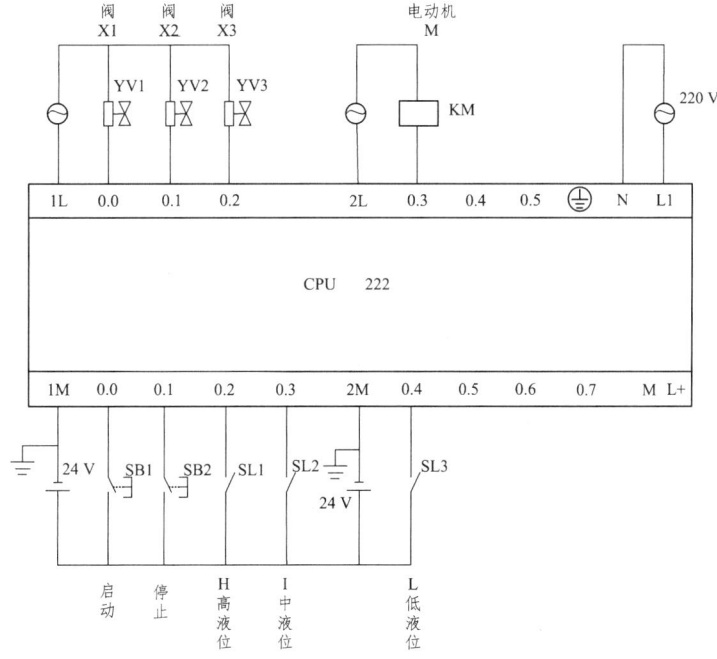

图 9-48 搅拌系统 PLC 接线图

表 9-5 I/O 及内存变量分配表

序号	名 称	地址	注释
1	启动	I0.0	上升沿有效
2	停止	I0.1	上升沿有效
3	H 检测	I0.2	上升沿有效
4	I 检测	I0.3	上升沿有效
5	L 检测	I0.4	下降沿有效
6	阀 X1	Q0.0	"1" 有效
7	阀 X2	Q0.1	"1" 有效
8	阀 X3	Q0.2	"1" 有效
9	电动机 M	Q0.3	"1" 有效
10	（搅拌计时器）	T101	时基=100 ms，TON 定时器
11	（排空延时器）	T102	时基=100 ms，TON 定时器
12	（原始标志）	M0.0	"1" 有效
13	（液位最低标志）	M0.1	"1" 有效

3. 控制流程图

控制流程如图 9-49 所示，在此程序设计中没有涉及手动控制部分，只考虑自控部分。

此控制的原始条件是搅拌器内没有液体（L=0），所有阀门均为关闭状态（X1=X2=X3=0），搅拌电动机为停止状态（M=0）。

这时如果按下启动按钮（I0.0=1），系统被启动，执行控制任务 1，输入液体 A 到搅拌器（打开阀门 X1=1）。

当液体 A 的液位达到 l 时（I=1），执行控制任务 2，液体 A 停止输入，开始输入液体 B（X1=0，X2=1）。

当液体 B 的液位达到 H 时（H=1），执行控制任务 3，液体 B 停止输入、启动搅拌电动机，启动搅拌定时器（X2=0，M=1，起动 T101）。

当搅拌时间到，执行控制任务 4，停止搅拌电动机，输出混合液（M=0，X3=1）。

当液面低于 L 时，执行控制任务 5，启动输出延时定时器（起动 T102）。

当输出延时时间到，执行控制任务 6，关闭输出电磁阀，等待再一次启动（X3=0）。

为了便于编制、便于阅读程序，可以采用 S7-200 符号表进行程序设计。符号表的作用是建立输入输出变量的符号名称与变量地址的对应关系。有了符号表，就可以用符号表的名称代替变量的实际地址进行编程。符号表中的名称可以是英文，也可以是中文。实际中，用英文书写比较快捷。此程序中，为了便于读者阅读，采用中文建立符号表（见表 9-5）。

第9章 PLC控制系统设计与应用实例

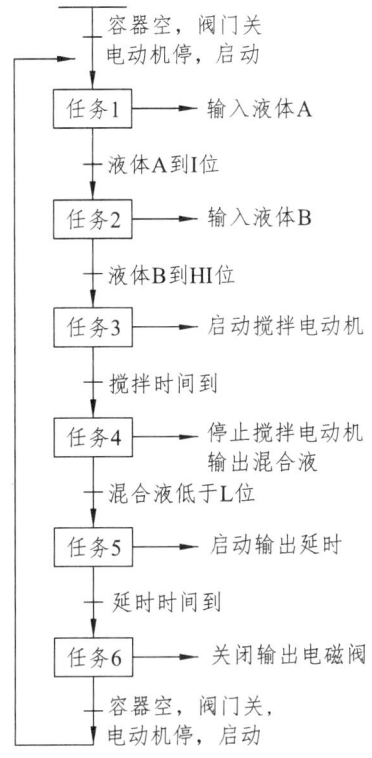

图 9-49 搅拌控制状态流程图

表 9-5 中用括号标明的名称，没有写入 PLC 的符号表，在编程时应该使用元件的实际地址。为了便于阅读程序，此程序采用语句表和梯形图两种语言表示。事实上，用编程软件编写程序，在一般情况下，可以利用编程软件实现各种编程语言之间的转换。

4. 程序设计

1) 语句表程序

·OB1·

Network	1	//搅拌器没液体（L=0），阀门关闭，搅拌机停止。
LDN	L 检测	//L 检测=I0.4。
AN	阀 X1	//阀 X1=Q0.0。
AN	阀 X2	//阀 X2=Q0.1。
AN	阀 X3	//阀 X3=Q0.2。
AN	电动机 M	//电动机 M=Q0.3。
=	M0.0	//原始标志=M0.0。
Network	2	//执行控制任务 1，输入液体 A 到搅拌器（X1=1）。

LD		M0.0	//原始标志=M0.0。
A		启动	//启动=I0.0。
AN		停止	//停止=I0.1。
EU			//上升沿有效。
S		阀X1，1	//阀X1=Q0.0。

Network 3　　　　　//执行控制任务2，液体A停止、输入液体B（X1=0，X2=1）。

LD		阀X1	//阀X1=Q0.0，输入液体A，Q0.0=1。
A		I检测	//I检测=I0.3，液体A到位，I0.3=1。
EU			//上升沿有效。
R		阀X1，1	//阀X1=Q0.0，停止输入液体A，Q0.0=0。
S		阀X2，1	//阀X2=Q0.1，输入液体B，Q0.1=1。

Network 4　　　　　//执行控制任务3，停止输入液体B，启动搅拌电动机（X2=0 M=1）。

LD		阀X2	//阀X2=Q0.1，输入液体B，Q0.1=1。
A		H检测	//H检测=I0.2，液体B到位，I0.2=1。
EU			//上升沿有效。
R		阀X2，1	//阀X2=Q0.1，停止输入液体B，Q0.1=0。
S		电动机M，1	//电动机M=Q0.3，启动搅拌电动机Q0.3=1。

Network 5　　　　　//启动搅拌定时器（启动T101）。

LD		电动机M	//电动机M=Q0.3，搅拌电动机运行Q0.3=1。
TON		T101，+600	//搅拌计时=T101，启动搅拌定时器。

Network 6　　　　　//执行控制任务4，停止搅拌电动机、输出混合液（M=0，X3=1）。

LD		T101	//搅拌计时=T101，搅拌定时到，T101=1。
EU			//上升沿有效。
R		电动机M，1	//电动机M=Q0.3，停止搅拌，Q0.3=0。
S		阀X3，1	//阀X3=Q0.2，打开输出阀，Q0.2=1。

Network 7　　　　　//检测液位低于L，置标志M0.1（M0.1=1）。

LD		阀X3	//阀X3=Q0.2，输出混合液，Q0.2=1。
A		L检测	//L检测=I0.4，混合液全部输出，I0.4=0。

ED		//下降沿有效。
S	M0.1, 1	//液位最低标志=M0.1。
Network 8		//执行控制任务 5，启动输出延时定时器（起动 T102）。
LD	M0.1	//液位最低标志=M0.1，液位最低，M0.1=1。
TON	T102, +100	//液体排空计时=T102。
Network 9		//执行控制任务 6，关闭输出电磁阀等待 再一次启动（X3=0）。
LD	T102	//液体排空计时=T102，液体排空，T102=1。
R	阀 X3, 1	//关闭阀 X3=Q0.2。
R	M0.1, 1	//清除液位最低标志=M0.1。
Network 10		//执行停止操作。
LD	停止	//停止按钮=I0.1，按下停止按钮，I0.1=1。
EU		//上升沿有效。
R	阀 X1, 4	//复位输出阀 X1=Q0.0。
Network 11		//错误处理。
LD	启动	//启动和停止按钮同时按下的错误。
A	停止	
LD	阀 X1	//阀 X1 和阀 X2 同时打开的错误。
A	阀 X2	
OLD		
LD	阀 X1	//阀 X1 和阀 X3 同时打开的错误。
A	阀 X3	
OLD		
LD	阀 X2	//阀 X2 和阀 X3 同时打开的错误。
A	阀 X3	
OLD		
STOP		//系统停止。

2）梯形图程序

梯形图程序如图 9-50 所示，其中输入元件和输出元件地址，使用了符号表的名称。

PLC 在地铁设备中的应用

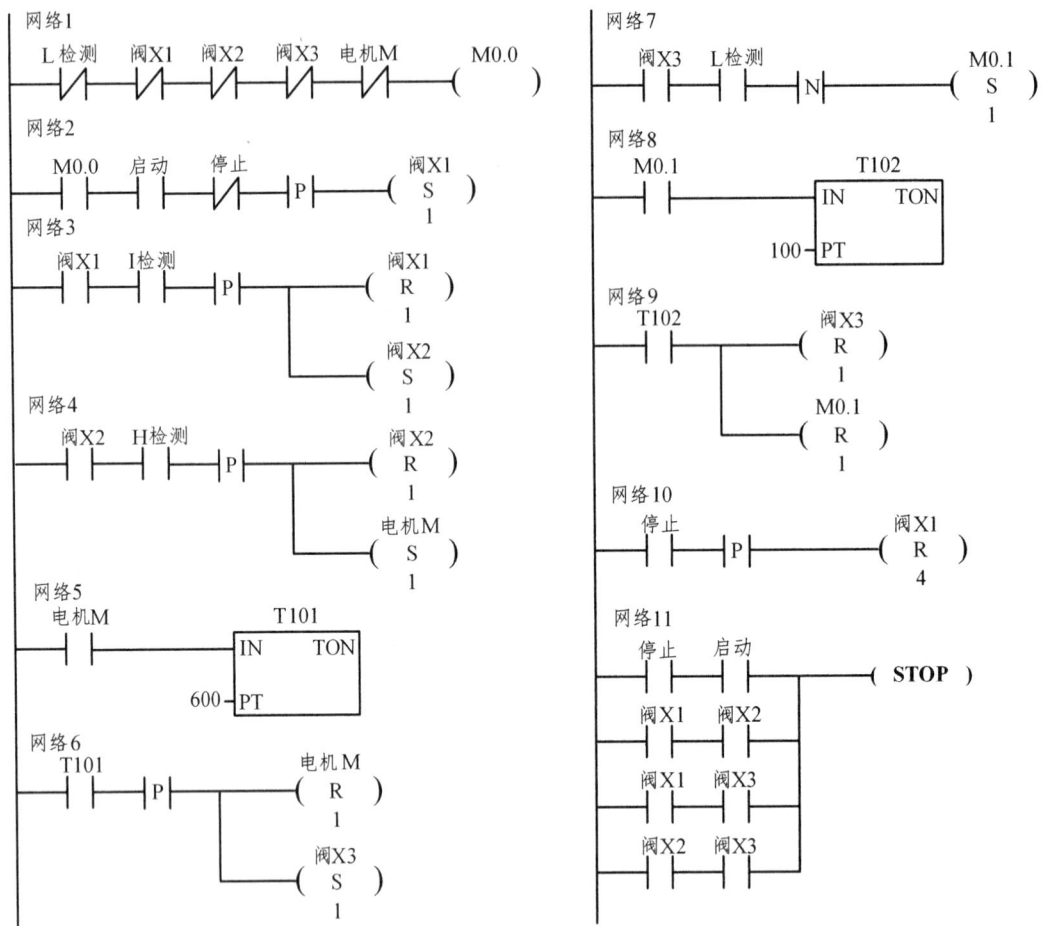

图 9-50 混合液体控制梯形图

第10章 PLC在地铁车站中的应用实例

10.1 基于PLC的地铁自动售票机控制系统

10.1.1 自动售票系统的工作原理

自动售票机的工作原理相对比较简单，主要包括站点的选择、票务的购买、余额的找零等。乘客首先需要选择自己想去的站点，系统会根据站点的距离给出相应的价格，乘客需要投入足够的钱币系统才会出票。多余的钱会以一元硬币的形式退还给乘客。当投入的现金不足时，系统会提示金额不足，不能完成出票，乘客此时可以选择继续投币，当满足所需金额时，系统出票。若乘客取消本次交易，系统会退还之前所投钱币。售票系统的货币识别器可以检测辨别1元的硬币和和纸币、5元纸币、10元纸币，该售票系统的工作流程图如图10-1所示。

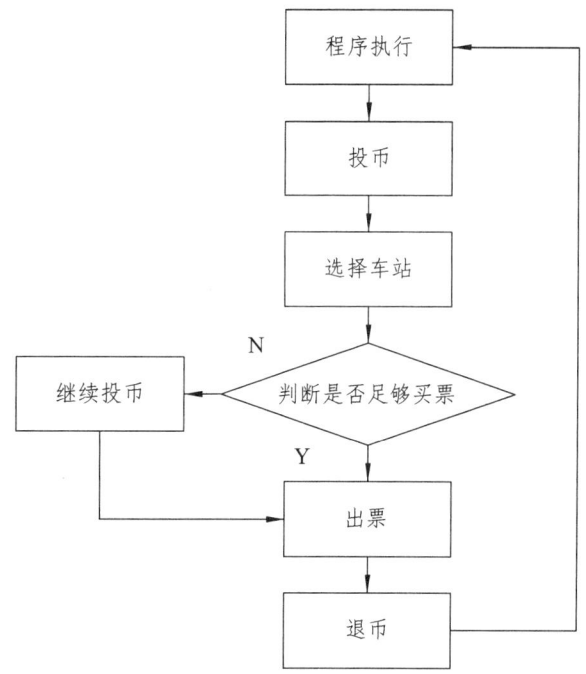

图 10-1 工作流程示意图

由于售票机有多个模块共同工作,各模有自己的执行任务。因此,采取从主体到局部的设计思路更加便于对整个系统的掌握,并且可以对每一个模块进行单独设计,提高其性能,以此来提高整个系统的设计效率。也可以采取由上到下的研究方式,这样可以更加有序地进行分析。因为系统里的各个模块之间互不干涉,所以当对单一模块做出调整时不会影响其他不相干的模块,整体系统也会变得更加稳定。

10.1.2 自动售票系统的硬件设置

1. 硬件的基本结构

自动售票系统是基于自动售票机实现的,自动售票机是该系统不可或缺的一个部分,是其所必需的操作执行机器。自动售票机的作用是无须人工服务实现乘客自主买票,它是各大城市地铁车站的服务设备,如图10-2所示。

图 10-2 地铁自动售票机

1)模块功能

自动售票机主要功能如下:

(1)标准功能:现金支付、车票发售、硬币找零、语音教程、后台监视。

(2)可选功能:商业广告、月卡充值、手机购票、纸币找零。

2)功能结构

自动售票系统的一般结构按功能分为以下3种:完全集中式、分级集中式、区域式。自动售票系统能够实现的功能包括以下几方面:

(1)能够辨识乘客的输入数据,按照乘客的意愿进行出票。

(2)按乘客所购车票进行车票的发放。

(3)根据程序已有的各种付费方式,向乘客反馈不能接受的付费方式。

(4)对乘客投入的钱币进行识别计算,并对多余的钱币进行找零退币。

(5)监视自动售票机的运行情况,并将实时信息传输到中央PC端,以方便工作人员实时了解售票机的运行情况,如有意外能够及时解决。

3）工作流程

自动售票机的大体工作流程如下：

（1）对乘客所选具体地点进行识别，计算出所需购票金额并显示。

（2）由乘客按照自身的想法挑选买票形式，售票系统将识别的指令传递给付款模块，若为现金支付，机器会对投入的金额进行辨识计算，并呈现给乘客。

2. 硬件模块及其功能

1）LED 显示器

LED 显示器位于自动售票机顶端，作用是呈现自动售票机实时的运行状态，为了能够让队伍后面的旅客也能够了解到屏幕所呈现的操作状态，一般设置在乘客在 15 m 内能看清屏幕显示的位置。

2）纸币模块

纸币模块由纸币识别器、存钱箱、纸币接收装置、纸币存储器构成，其作用是对乘客投入机器的纸币进行辨认和计算，这一功能由识别装置来实现，即将收到的纸币进行辨认处理，退回不能够识别的钱，将可接受的纸币放入存钱箱。简而言之，纸币模块就是用来接受纸质钱币并判断其金额的。

3）硬币模块

硬币模块的构成主要有：硬币机芯、存钱箱、硬币存储器、出币器等。当乘客进行购票时，乘客向售票机投入硬币，识别器开始辨别硬币真伪，随后系统将会根据钱币的真伪给出接收命令或退币命令，最后在计算投入现金总额和所需现金后进行找零退币。

4）不间断电源

不间断电源的作用是维持自动售票机系统中的模块的运行和模块之间的信息传递，当总电源意外切断时，其能够对数据进行备份，从而使自动售票机可以维持运行状态一段时间。

5）车票发售模块

车票发售模块根据乘客所选路程而发售相应车票。

6）主控单元

主控单元的作用是对售票系统的各个模块的运行状态进行实时监督调整，并且管理各个模块之间的运行规则，保证各模块的安全运行，从而使系统可以有序运转。

3. 货币识别器

售票机的货币识别器是不可缺少的一部分，没有货币识别器就无法实现收取现金及找零的功能。货币识别器由 3 部分组成：投币、进币和退币。由于现今市场上流动的货币包括硬币和纸币两种,所以货币识别器分为硬币识别器和纸币识别器。两种识别器由于其作用对象的不同分开独立工作,硬币识别器只能作用于硬币,而纸币识别器只能作用于纸币。

1) 硬币的识别

普通的硬币识别器能够根据硬币通过传感器时产生的电容电感不同,识别不同硬币的面额及真伪。这种识别方式的识别器造价便宜,工作原理相对简单。更加高级的识别器有复合式识别器,它是由电容传感器、电感传感器、检测电路、单片机控制电路构成。不同材料不同厚度的硬币在通过投币口的传感器时,识别器的电容传感器和电阻传感器会感应到来自投入硬币的不同参数,因此可以辨别硬币的面额和真伪。

当非硬币的其他金属或者伪硬币通过电感线圈时,传感器会感受到异样的电感变化,该电感的变化量由交流电桥转变成电压信号,然后由接收电路放大,从而可以使微弱的信号加强输出。要放大电压信号,需要有一个单相桥式整流滤波电路,该电路的作用是屏蔽额外的干扰信号。由于识别器是基于单片机实现的,所以还需要将无法辨别的交流信号转换为直流信号才能被辨别。转变后的直流信号再经 AD 转换器转换才能实现电路控制。相应面额的硬币会被分配到相应的储币箱内进行分类。需要实现找零功能时,系统会接收相应的信号,按照信号提示进行操作,以便正确找零。整个过程的实时信息都会被传送给 PLC。

2) 纸币的识别

由于纸币的假币较多,且容易损坏,因此和硬币识别相比,纸币的识别相对更加烦琐复杂。纸币的识别过程需要系统对实时接收到的信号参数与系统内事先保存的参数对比,这一过程格外复杂困难,需要很高的分辨率。因此纸币识别的主要内容是识别纸币的真假,如果对比后发现相差较大,自动售票机会从投币口退出纸币。

纸币识别的原理为:当纸币塞入投币口时,投币口处的红光被挡住,此时相当于接收器开关断开,发出相应信号,电机接收到信号后开始正转,皮带开始工作,将纸币送入售票机。售票机接收到纸币后,系统里的纸币真伪鉴别软件会实时对纸币进行精准的识别和对比,如果经比较后发现相差较大,电机开始反转,纸币则会通过皮带原路退回,若比较结果一致,纸币会直接进入纸币存钱箱。

纸币的真伪鉴别方式一般包括 4 种方式:激光检测、磁性检测、红外穿透检测,以及荧光检测。激光检测的原理是用特定波长的激光照射在钱币上,根据其产生的波长来鉴定钱币的真伪;磁性检测的原理是根据一组磁头对钱币磁性的检测来辨别钱币的真伪;红外穿透检测是根据红外照射到纸币时,其对红外的接受能力的不同来辨别纸币的真伪;荧光检测的原理是真钞在一定波长的紫外线照射下不会产生荧光反应,而假币会产生荧光反应,因为人民币的组成含 85% 的优质棉花,而假币是由经漂白处理的普通纸制造的。

10.1.3 自动售票机控制系统设计方案

1. PLC 的程序设计

PLC 的程序设计是实现整个系统设计必不可少的一环。系统全部功能都是靠 PLC 实现的。因此，在开始编写 PLC 程序之前，要保证编号的程序可以实现售票系统的所有功能，并且尽可能地使操作界面简单方便，乘客能够对其功能一目了然，方便购票。最后，还要考虑到站点的后期扩充，给系统预留扩充能力。

在进行程序编写前要先制定 I/O 分配表，然后参照之前设计的自动售票系统工作流程图，在编程软件上进行梯形图语言编程。

2. 自动售票系统控制流程图

自动售票系统的控制流程如下：首先，需要乘客进行投币操作，选择想要去的车站；然后，系统会根据乘客选择的车站给出相应的价钱，并判断乘客投币金额是否足够，如果金额满足则完成出票，如果金额不足则需要乘客继续投币直到满足金额才能完成出票操作；最后，系统将多余的钱币退还给乘客。具体的系统控制流程如图 10-3 所示。

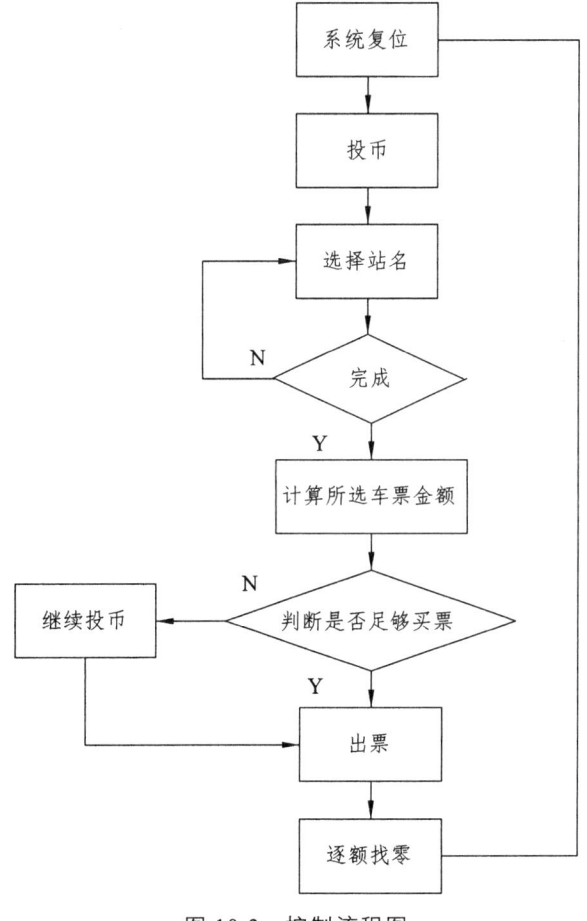

图 10-3 控制流程图

3. PLC 输入输出分配

在进行 PLC 的程序编写前，首先需要根据自动售票机的硬件设置确定自动售票机控制系统的 I/O 分配。I/O 分配表是进行程序的编写的重要依据。根据自动售票机控制系统的要求，设置好其 I/O 分配情况，其中 I0.0～I0.7 为输入，Q0.0～Q0.2 为输出，具体的输入输出分配情况如表 10-1 所示。

表 10-1　PLC 输入输出分配表

序号	I/O 地址	I/O 地址名称
1	I0.0	一元投币
2	I0.1	五元投币
3	I0.2	十元投币
4	I0.3	投币确认
5	I0.4	地址选择
6	I0.5	选址确认
7	I0.6	交易结束
8	I0.7	复位
9	Q0.0	出票
10	Q0.1	退币
11	Q0.2	报警

4. PLC 控制路线设计流程图

在确定 I/O 分配之后，设计 PLC 控制路线设计流程图，流程图的大概结构为：首先进行投币，然后系统会计算投入的总金额，接着选择要乘坐的站数，系统会根据选择的车站计算出所需要支付的总金额，随后乘客需要确认购票，当金额足够时系统会继续出票，如果金额不够，则需要乘客继续投币直到满足所需金额才能完成出票，出票结束后系统会将多余的钱币退还给乘客，完成所有操作后系统复位。流程图如图 10-4 所示。

第 10 章 PLC 在地铁车站中的应用实例

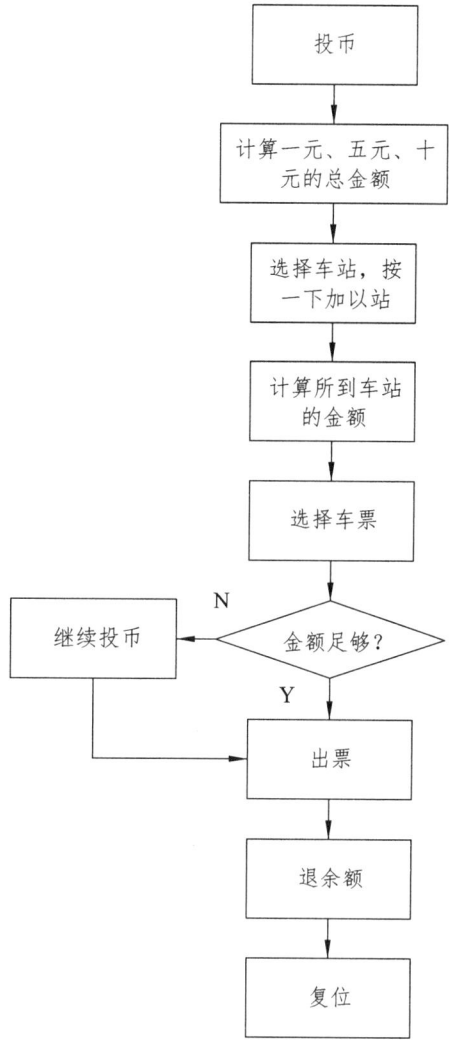

图 10-4 控制路线图

10.1.4 控制程序

控制程序主要包括投币程序、选址程序、扣钱程序、金额比较程序、扣钱程序、报警程序、出票程序、退币程序等。

投币程序如图 10-5 所示,由顺控程序网络 8~14、启动状态器 S0.1、执行顺控指令来实现。其中,变量存储器 VW0 为投入的货币金额,由一元、五元和十元面值组成。自动选票转到状态器 S0.2,执行选址程序。

PLC 在地铁设备中的应用

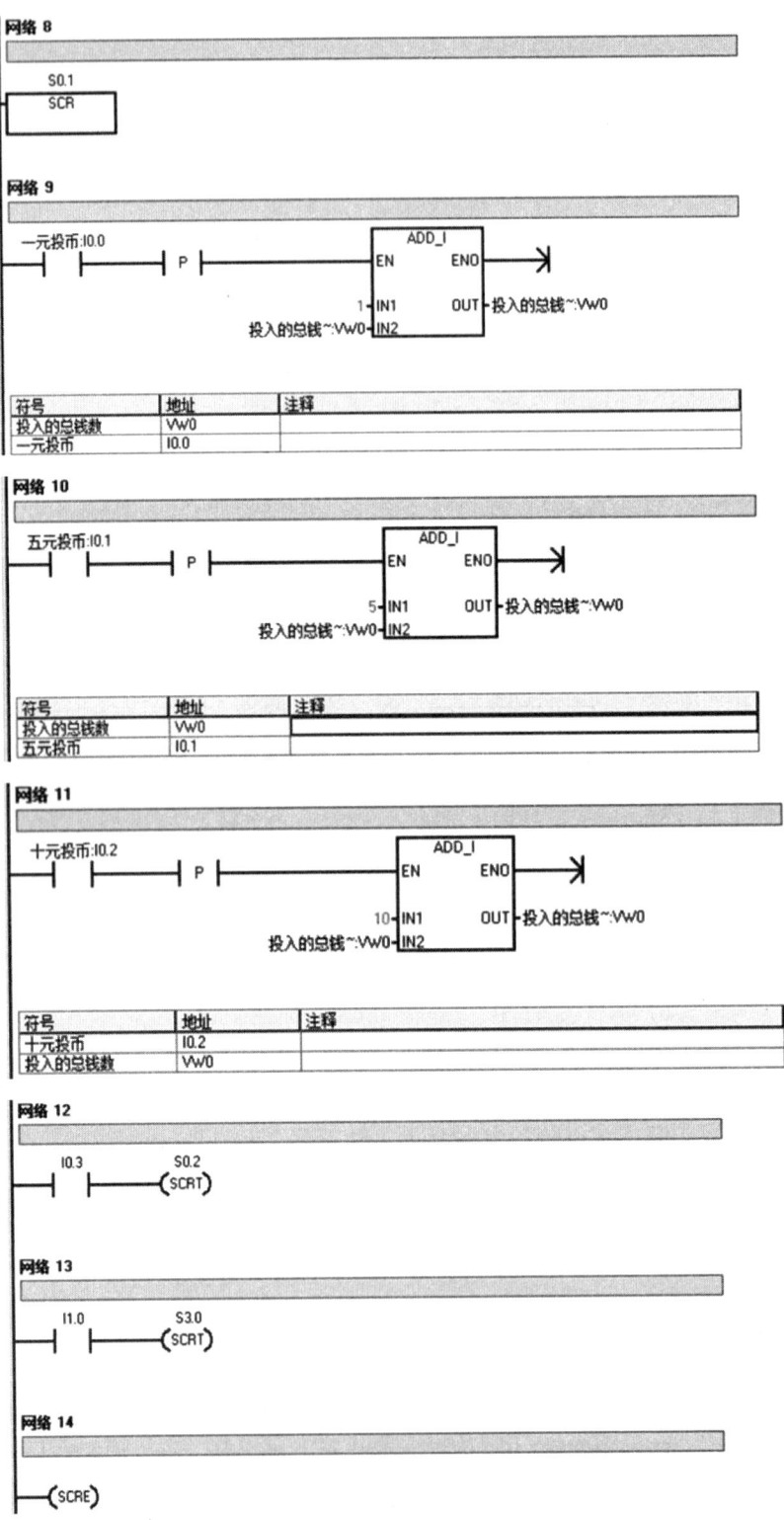

图 10-5　投币程序

选址程序如图 10-6 所示，由顺控程序网络 15～19、启动状态器 S0.2、执行顺控指令来实现。其中，变量存储器 VW10 是乘客选择的总站数，确认转到状态器 S0.3，执行票额计算程序，选址程序如图 10-6 所示。

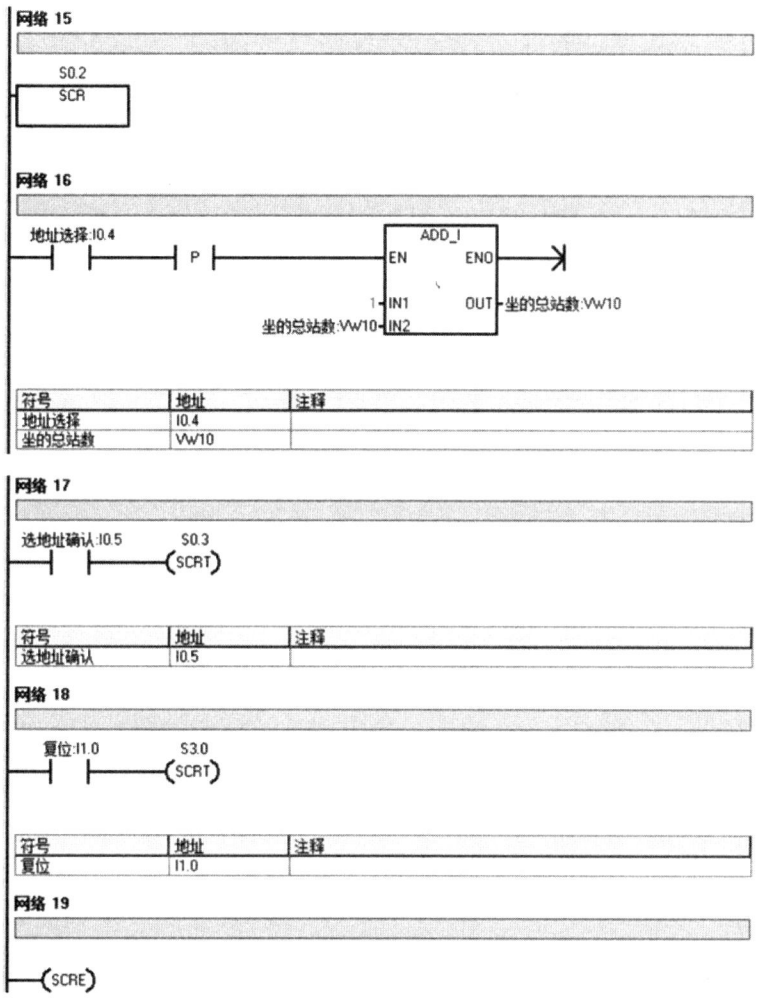

图 10-6 选址程序

当坐的站数大于 3 站，说明收费不是 2 元，其扣钱程序如图 10-7 所示，由顺控程序网络 29～34、启动状态器 S0.4、执行顺控指令来实现，其中 VW20 为所坐站数计算出对应的钱数，然后执行比较程序。

PLC 在地铁设备中的应用

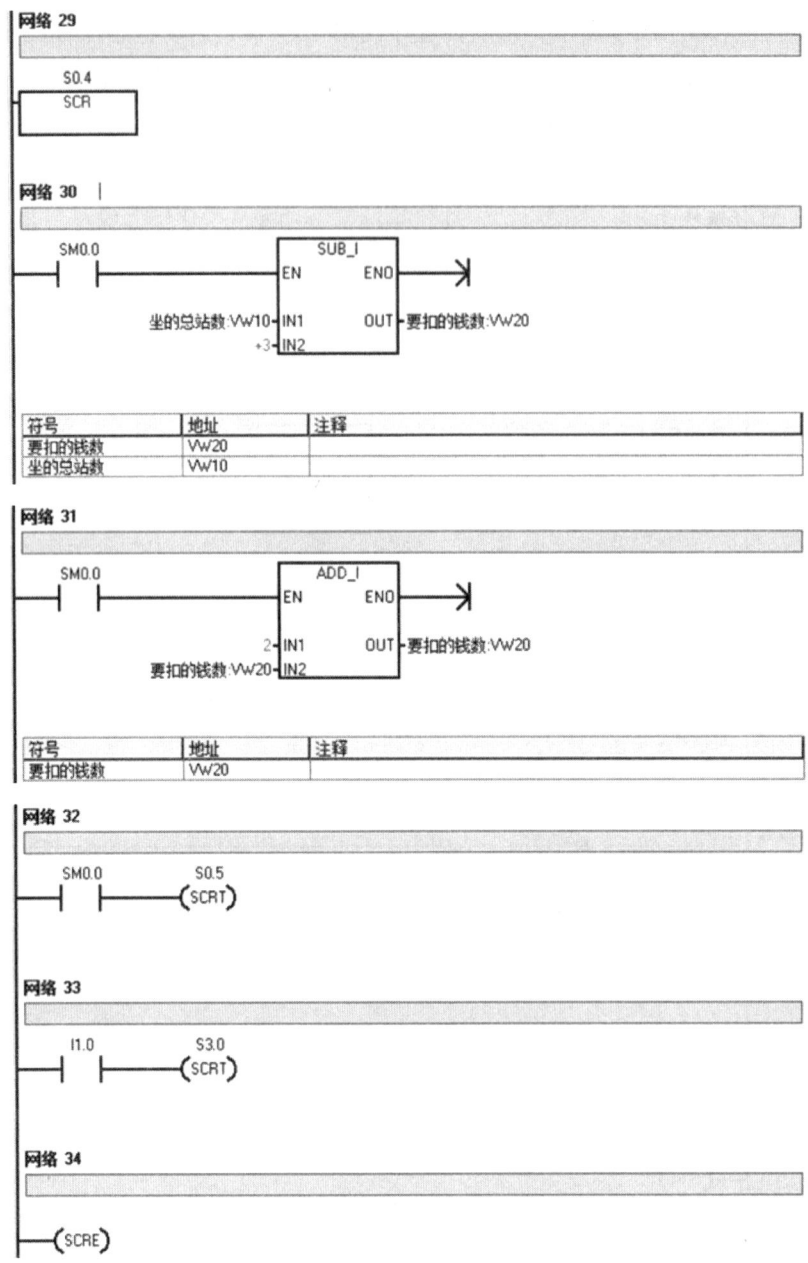

图 10-7 扣钱程序

金额比较程序如图 10-8 所示，由顺控程序网络 35～42、启动状态器 S0.5、执行顺控指令来实现。用投入的总钱数和要扣的钱数进行比较，结果是大于或等于则执行出票程序 S0.7 顺控程序段，如图 10-10 所示；小于则执行报警程序 S0.6 顺控程序段，如图 10-9 所示。当投入的总钱数不够的，系统会进行报警提示，3 s 后可以继续投币，执行 S0.1 顺控段。

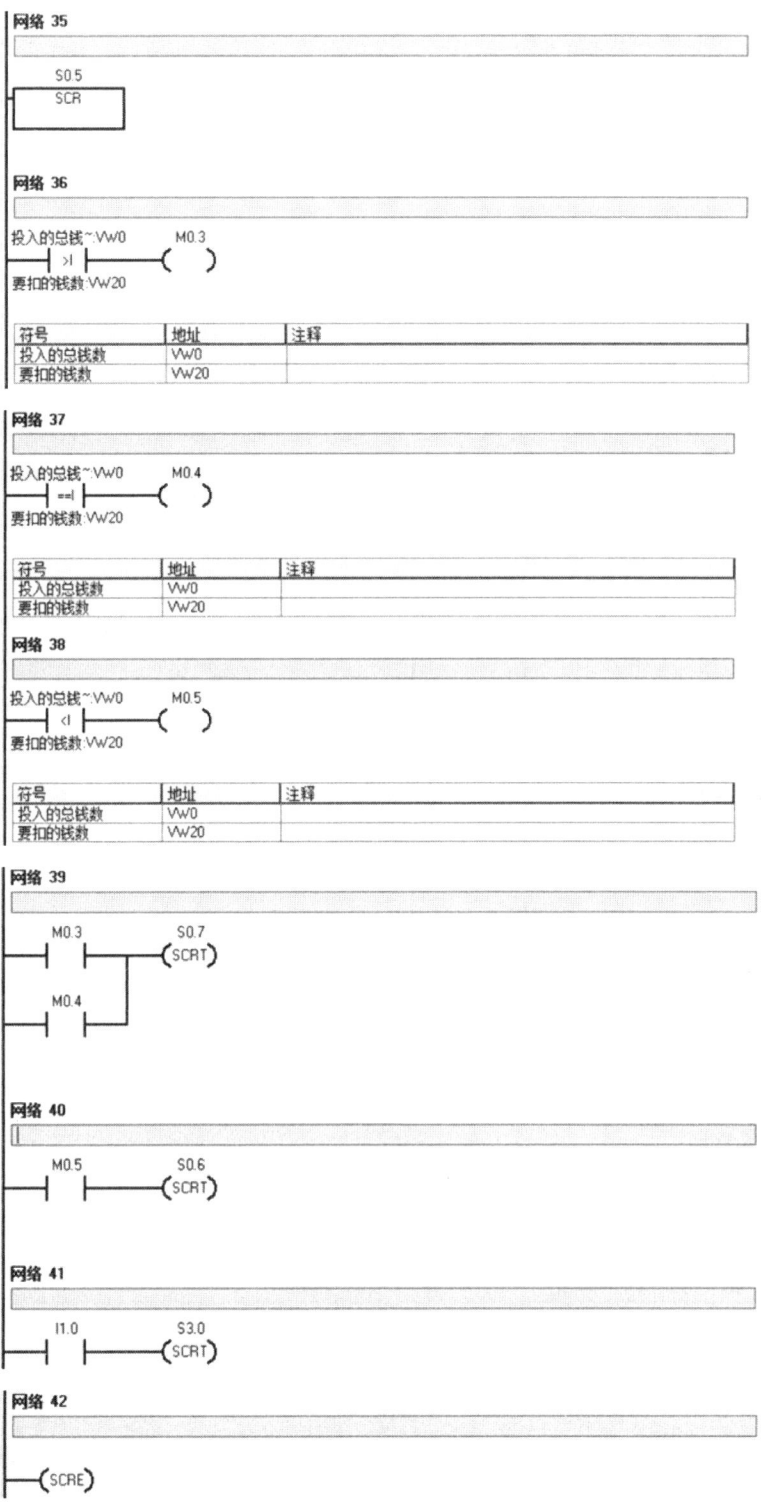

图 10-8 金额比较程序

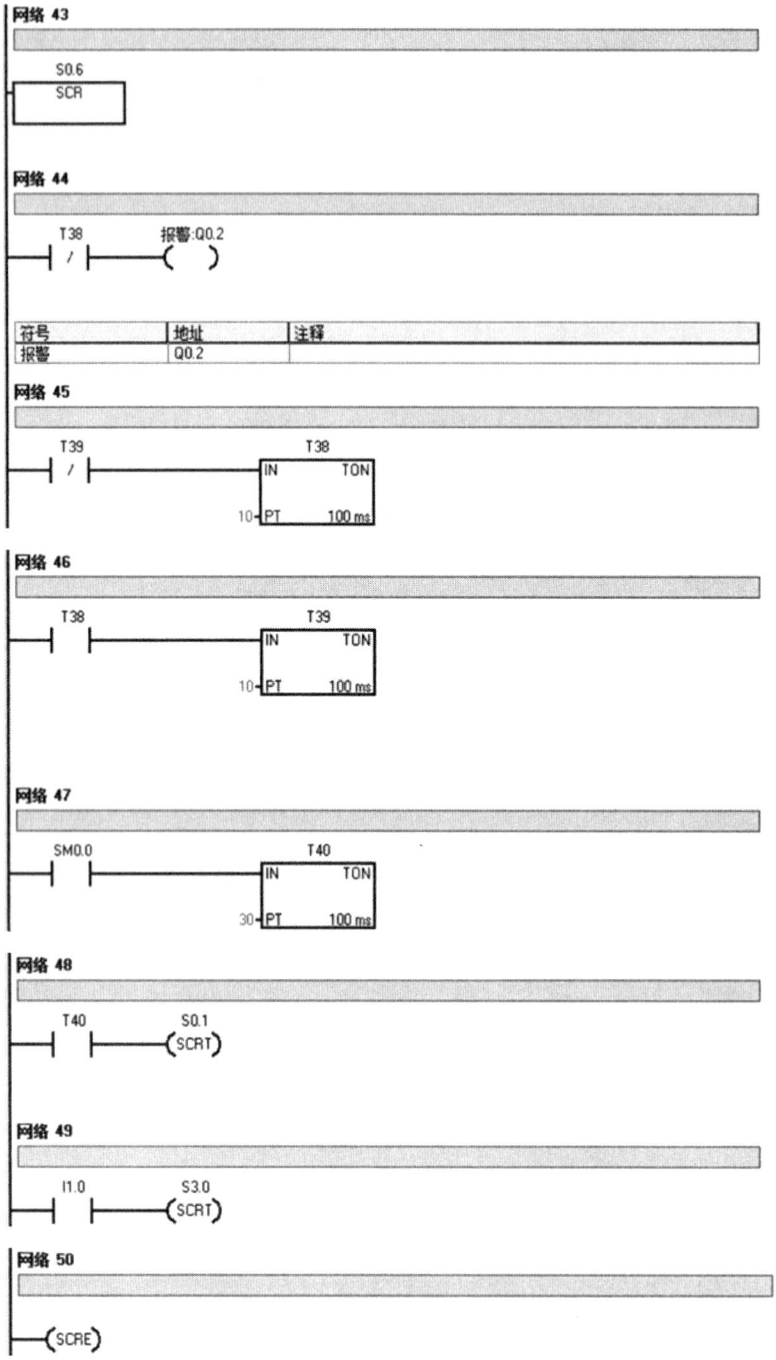

PLC 在地铁设备中的应用

```
网络 43

    S0.6
    SCR

网络 44

    T38        报警:Q0.2
    —/—        —( )—

    符号    地址    注释
    报警    Q0.2

网络 45

    T39                    T38
    —/—               IN       TON
                   10—PT    100 ms

网络 46

    T38                    T39
    —| |—             IN       TON
                   10—PT    100 ms

网络 47

    SM0.0                  T40
    —| |—             IN       TON
                   30—PT    100 ms

网络 48

    T40    S0.1
    —| |——( SCRT )

网络 49

    I1.0    S3.0
    —| |——( SCRT )

网络 50

    —( SCRE )
```

图 10-9　报警程序

当乘客投入的总钱数大于或等于系统要扣的钱数，则系统会进行出票操作，3 s 后执行退币程序 S1.0 顺控程序段。系统出票程序如图 10-10 所示。出票完成后会进行退币处理，系统退币程序如图 10-11 所示。3 s 后执行 S1.1，退币完成后确认交易结束，

- 310 -

交易结束程序如图 10-12 所示。

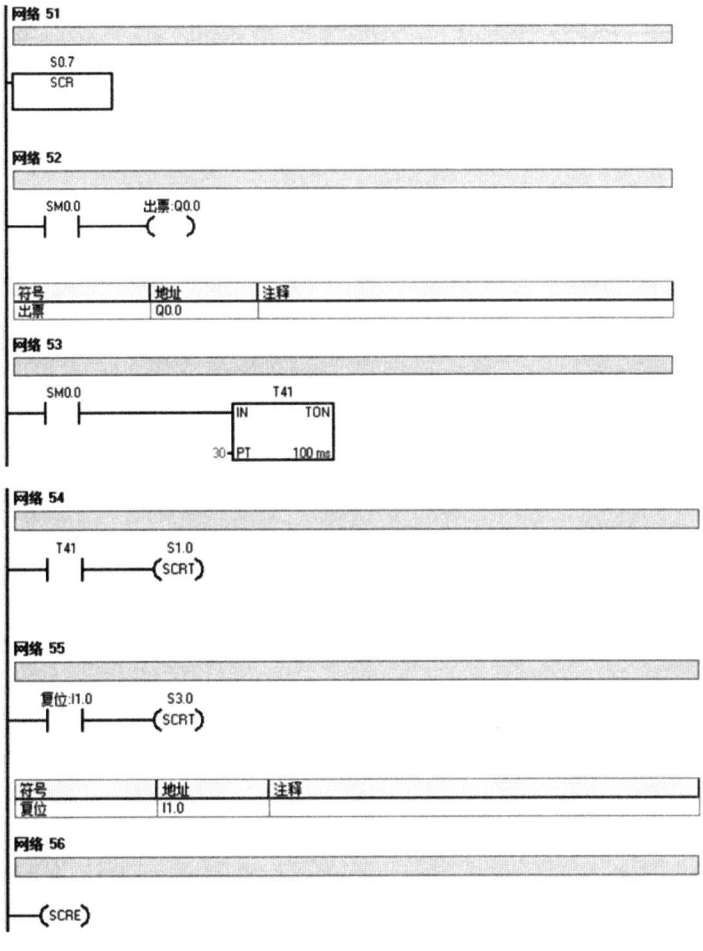

图 10-10 出票程序

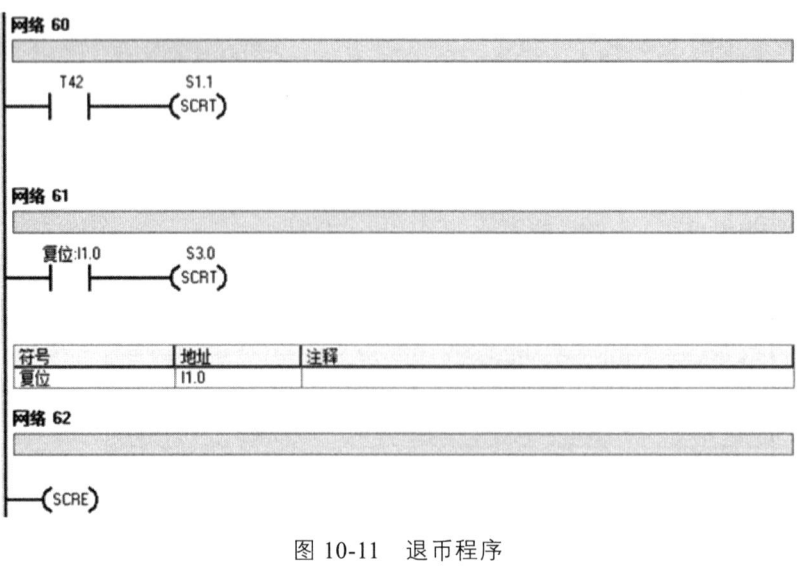

图 10-11 退币程序

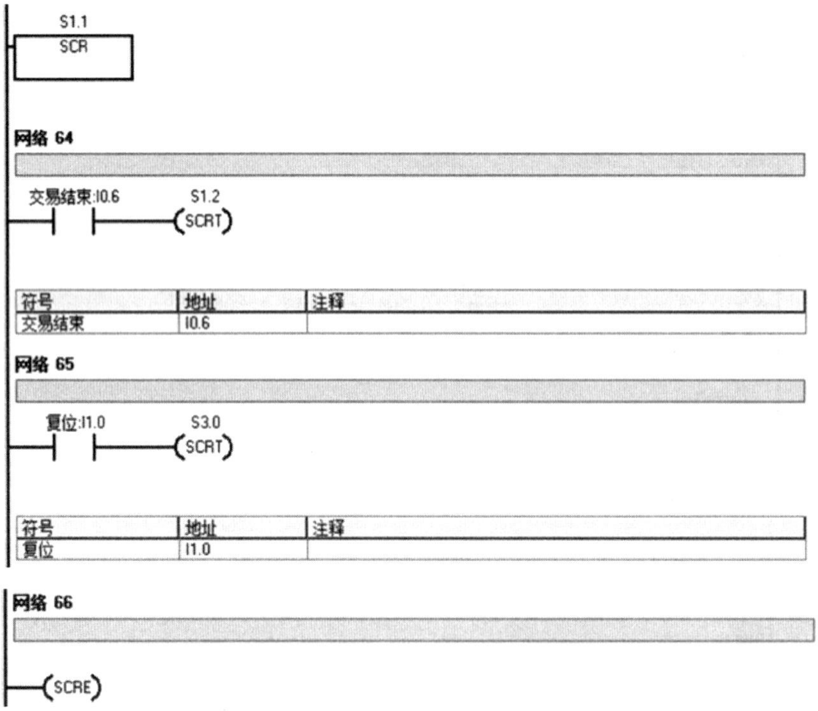

图 10-12 交易结束程序

10.1.5 人机界面与仿真调试

调试过程是系统研发过程中不可或缺的一环,在整个工程开发过程中所需的工作量占比也极其庞大。

程序设计编写完成后,对程序的调试仿真过程是必不可少的。经过反复调试,可以发现问题并及时改正，大大减少程序后期调试的工作量，直观地展现出整个系统的设计情况，使系统更加完善。

1. **人机界面设计**

触摸屏采用维纶通 TK8071iP 产品，根据自动售票机操控系统的要求，在创建画面之前需要先设计触摸屏界面，以此进入自动售票机的售票操作。然后，需要设置所使用的人机界面、所连接的可编程序控制器的类型，以及画面标题等。

（1）首先，需要插入相应的文本说明，调整页面切换按钮的尺寸，使其在界面中大小合适，并加文字说明此按钮的功能。

（2）各按钮开关的设计是主界面设计的关键，决定着整个触摸屏操控系统能否达到预期要求。

（3）在设计操作界面时，尽量使用户按照屏幕上简单的语言提示就能正确完成操作。

（4）设计时尽量添加指示灯，通过指示灯来提示用户目前系统的运行情况，便于进行下一步的操作。

（5）主界面设计时主要插入的元件是开关和指示灯，其中软元件的设置和动作设置是最重要的，它决定着触摸屏是否能够正确操控系统。软元件的设计需要与梯形图连接对应，跟实际的按钮开关接线一样，控制一个梯形图的软元件动作。

2. **仿真界面**

自动售票机控制系统的组成包括 3 个指示灯，分别为出票提示灯、退币提示灯和投币不足报警提示灯；一块显示区域显示寄存器的计数，分别为投入的总钱数、选择的总站数和要扣的总钱数；右上角显示时间和日期，方便站务人员调度；触控屏下方有 7 个按钮，分别为一元投币、五元投币、十元投币、投币确认、地址选择、选址确认、交易结束，以及复位按钮。如图 10-13 所示仿真界面满足自动售票机系统的控制设计，可点击进入自动售票机控制系统的主界面。

图 10-13　仿真主界面图

自动售票机系统界面仿真如下：根据自身条件按下不同投币按钮，选择投入相应金额的钱币，系统会计算投入的总金额并显示出来，如图 10-14 所示。

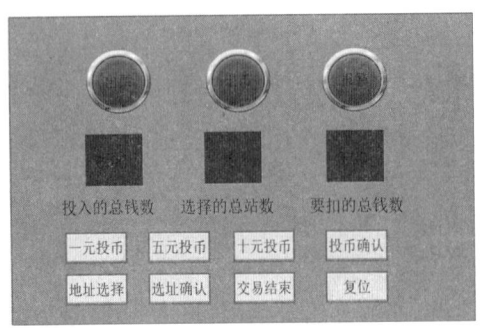

图 10-14　投币界面仿真图

选择要乘坐的总站数，点击"地址选择"按钮，每点一次加一站，系统会计算乘客选择的总站数，根据乘客选择的站数计算所需支付总额，并显示给乘客。选站界面仿真图如图 10-15 所示，扣钱界面仿真图如图 10-16 所示。

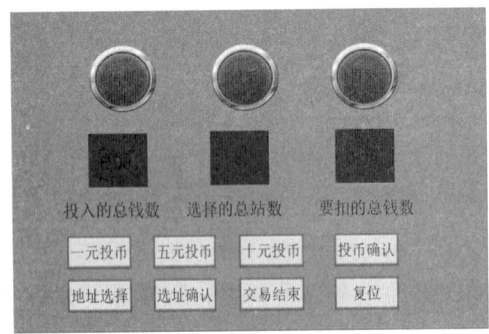 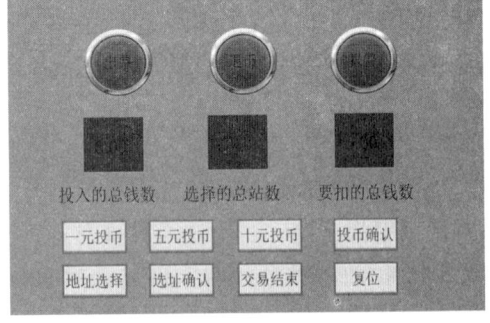

图 10-15　选站界面仿真图　　　　　图 10-16　扣钱界面仿真图

若乘客投入的总钱数足够支付车票总额，系统会出票；若乘客所投钱币的总额不足以购买乘客所选车票，系统会报警闪灯，提示乘客需要继续投币直到满足所需金额才能完成出票。出票界面仿真图如图 10-17 所示，投币不足报警界面仿真图如图 10-18 所示：

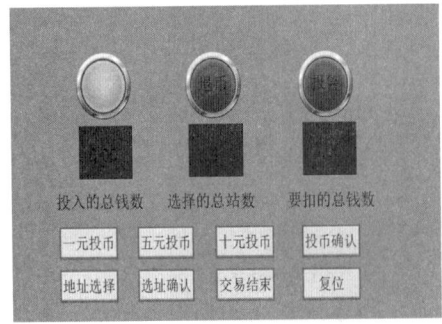 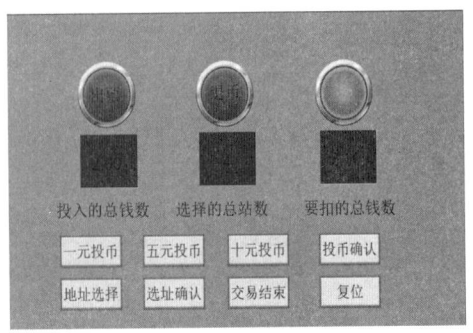

图 10-17　出票界面仿真图　　　　　图 10-18　投币不足报警界面仿真图

乘客购票完成后点击"交易结束"按钮，系统会将购票剩余的钱币退还给乘客，如图 10-19 所示。

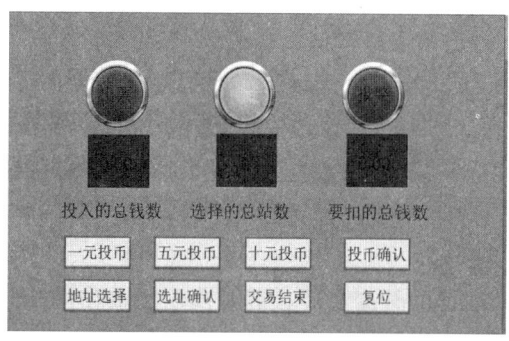

图 10-19　退币界面仿真图

3．调试方法

（1）该自动售票系统可以识别接受一元的纸币和硬币、五元的纸币、十元的纸币。乘客选择要去的站点，系统可以根据选择的站点给出相应的价钱。随后，乘客可以投入现金，当投入的金额大于等于所需金额时，点击"确认"按钮，系统就会给出相应的车票。多余的钱会以一元硬币退给乘客。

（2）乘客可以在投币后点击"取消"按钮取消本次购票。若在投币后取消本次购票，售票机会将之前乘客投入的钱全数退还。

（3）乘客的每次操作只能选择一个目标站点，系统会根据乘客所选站点的站数计算并给出所需金额。当站数小于等于 3 站时，票价为固定 2 元；当站数大于 3 站时，总站数减 3 加 2 就是所需票价。

（4）程序上电后，先通过 SM0.1 将状态器 S 复位，只执行一个扫描周期，随后回到状态器 S0，将输出 Q 和 M 复位，置位 S1。

10.2　基于 PLC 的地铁自动扶梯控制系统

10.2.1　自动扶梯的基本组成和工作原理

1．自动扶梯的概述

1）自动扶梯的定义

自动扶梯一般呈斜线放置。乘客在自动扶梯的一端站上自动行走的梯级，站在梯级上不动就能被传送到自动扶梯的另一端。扶梯在两旁设置了与自动扶梯同步移动的扶手带，供使乘客扶握，提供了安全保障。根据时间、人流和地理环境等因素，管理人员控制自动扶梯上行或者下行。一般会放置两台自动扶梯，一台上行，一台下行，这样即方便乘客，也不需要经常调整方向。

2）自动扶梯的基本结构

自动扶梯的主要部件有梯级、牵引链条及链轮、导轨系统、主传动系统驱动主轴、梯路张紧装置、扶手系统、梳板、扶梯骨架和电气系统等。梯级在自动扶梯一端入口处做水平运动，然后逐渐形成阶梯。当运动到自动扶梯另一端时，梯级会变回水平状态，做水平运动，而在另一端做水平运动的梯级则会逐渐形成梯级。

（1）主机系统。
- 控制屏：对自动扶梯的开启和停止起到决定性的作用，并对驱动单元供电。
- 驱动单元：让自动扶梯系统运行的单元，包含电机、V型带、链轮和其他部件。
- 驱动链条：起到连接驱动单元和驱动轮的作用，传递驱动力。
- 链轮：安装在顶部和底部用于驱动链轮的驱动轮的总称。

（2）扶手驱动系统。

扶手驱动系统为驱动扶手带运动的装置。

（3）桁架。

桁架为支撑自动扶梯的钢结构。

（4）梯路系统。
- 主轨：供主轮导向的导轨。
- 辅轨：供辅轮导向的导轨。

（5）张紧装置。

张紧装置在自动扶梯运行之前，给自动扶梯的牵引链条一个张力，以免在运行时断掉。如果在运转过程中链条增长，可以给予相应的补偿。该装置在梯路的引导方面也起着很重要的作用，是牵引链条和梯级由工作转向返回作用的重要部件

（6）梯级。

梯级即自动扶梯的乘客站立的移动平台。

（7）扶手装置。

扶手装置包括围裙板、护壁板、盖板和移动扶手带。对于乘客来说起到了保护安全的作用。

3）自动扶梯的分类

自动扶梯一般分为轻型自动扶梯的和重型的自动扶梯两类。

（1）按每小时输送乘客的能力并且结合自动扶梯的摆放方式，如抬升高度或者倾斜高度进行划分。

（2）按驱动位置的不同划分为端部驱动的自动扶梯和中间驱动的自动扶梯。

（3）按功能不同，可以分为载人的自动扶梯和供手推车等运输工具运行的自动扶梯。

（4）按运行频率是否变化分为等频运转的自动扶梯和频率变化的自动扶梯。

4）自动扶梯的主要参数

主要参数：
- 额定速度（V）：梯级在空载情况下的运行速度（m/s）。一般为 0.5 m/s、0.65 m/s 及 0.75 m/s。
- 倾角（α）：梯级与水平面之间的最大角度，通常为 30°或 35°。
- 提升高度（H）：扶梯的上基点与下基点的垂直高度差（m）。
- 梯级宽度（B）：梯级名义宽度（mm）。
- 梯级水平段（L）：扶梯进口处水平运行的距离（mm）。

当 $v=0.50$ m/s 时，$L \geqslant 800$ mm。

当 $v \leqslant 0.65$ m/s 时，$L \geqslant 1200$ mm。

当 $v \leqslant 0.75$ m/s 时，$L \geqslant 1600$ mm。

2. 自动扶梯动作原理

自动扶梯运动的关键是两根链条绕着两个齿轮进行循环转动，这和自行车的链条绕着两个齿轮运行一样。在扶梯的顶端，通过一台电动机带动齿轮，然后由齿轮带动链圈，即通过电机、齿轮、链条形成传动。传统的自动扶梯都是使用的 100 hp（马力，1 hp = 745.699 872 W）的发动机。发电机和链条系统都安装在两个楼层间延伸的金属结构上。

与自行车链条带动车轮类似，链条带动的是一组梯级。自动扶梯的移动方式让人不禁感叹前人的智慧。自动扶梯启动时，在一端，梯级会由一个平台转变成一个台阶，当到达另一端时又会变成原来的状态，台阶彼此折叠，形成一个平台。这样使上、下自动扶梯比较容易。节约了乘客的时间和移动距离。

为了使每个台阶保持水平，两条轨道被分开放置于自动扶梯的顶部和底部，并且呈水平位置。为了使得每个台阶在展平的过程中与前后台阶连接在一起，台阶的内部被设置了一连串的凹槽。

自动扶梯的移动扶手带也是通过自动扶梯中的电机转动的。这条连续循环运转的带子其实就是一条橡胶输送带。由于都是由电机带动，所以通过精密的操控，移动扶手带的速度很容易与台阶的速度保持一致。这样既保证了乘客的安全，也让乘客感到舒适和沉稳。

与电梯不同的是，自动扶梯提供的是一层楼与一层楼之间的运输，而不像电梯那样能够在几十层楼之间随意上下。这样就涉及一个满员的问题。自动扶梯，一般都是单向运行的，到达扶梯另一端时，会有人下扶梯，为其他人腾出位置，这就体现了自动扶梯的高负载率，这是传统电梯所做不到的。电梯满员后，必须等电梯里的人到达目的地，才会为其他人腾出空间，这样就使在这些楼层之间的人不能乘坐电梯而耽误了时间，并且还会影响乘客的舒适感。

在自动扶梯运行时，安装在梯级上的绿色 LED 灯会依次点亮，这样可以使乘客在登梯时获得便利，乘坐时也更为舒心。为了提醒乘客注意，还特意安装了蜂鸣器，在扶梯启动时，蜂鸣器会发出响声。

自动扶梯的工作原理如图 10-20 所示。自动扶梯的正常运行是由钥匙开启的，各个继电器吸合从而启动电机，在确认自动扶梯运行速度正常的情况下，电机才会正常运行。当自动扶梯遇到故障时，通过钥匙无法启动自动扶梯，而会获得自动扶梯的故障显示。自动扶梯遇到故障时，检修人员通过检修手柄将自动扶梯调至检修状态。

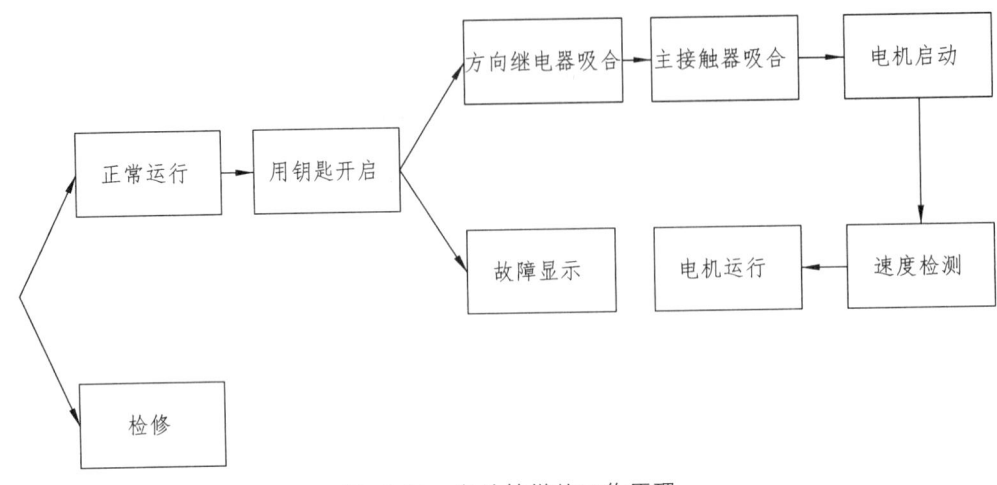

图 10-20　自动扶梯的工作原理

3. 自动扶梯运行状态控制

考虑到自动扶梯在安全运营状态、紧急状态、检修状态和减小劳动量等方面的需求，这里主要为自动扶梯设置了三种运行状态：自动运行、手动运行、检修运行。当自动扶梯安全运营时，处于全自动的运行状态，无人工干预；当发生某些突发状况（如急停、反向等），扶梯处于外部人为指定的运行状态；当自动扶梯检修时，其在检修人员的手动操作下进入检修状态。

（1）自动运行功能是自动扶梯完全脱离外部工作人员的手动操作，进入自主运行的状态。此功能是在正常情况下，为了减少扶梯操作人员的劳动量而设计的。

（2）手动运行功能是在发生突发状态时，由外部工作人员停止自动运行状态，进入外部手动信号操作。它是人为指定的扶梯运行状态。

（3）检修运行功能是检修人员对系统进行检修时，把检修手柄插入检修盒，对自动扶梯进行电动运行，查看自动扶梯运行时是否存在问题，如果有则及时检修。

10.2.2　自动扶梯的 PLC 控制思路

1. PLC 的控制原则

通过 PLC 控制自动扶梯运行的关键在于对大量逻辑信号的处理。自动扶梯的各个部件能否正确地运行，自动扶梯能否完整地发挥它的功能，重点在于对众多逻辑信号的处理。在自动扶梯实际运行的过程中，安全方面首先考虑的是安全回路是否存在故障；运行方面则要考虑润滑、逆转判断、速度偏差判断等问题；还有检修方面的问题。在运行过程中，如果发现故障，PLC 会立刻停止自动扶梯并报警，然后显示故障状态，同时对该故障进行记录，提示专业维修人员检修。在故障未解决之前，自动扶梯都无法启动。例如，当自动扶梯速度出现偏差时，PLC 会对信号进行处理，断开相关的信号，自动扶梯就会停止，蜂鸣器会鸣响一段时间，显示器显示此故障代码，这时维修人员会对相关部位进行检测，这样极大地缩小了维修时间，使扶梯能尽快恢复运行。

2. PLC 的工作程序

硬件程序搭建好之后，需要精心编制 PLC 的控制程序。要保证自动扶梯安全运行，PLC 首先要处理的信号就是安全回路检测信号，这个信号顾名思义就是用来查看自动扶梯的安全回路是否存在故障，同时通过故障显示系统反馈故障所在的位置并启动蜂鸣器，通知检修人员立即到现场维修。由于 PLC 遵循顺序控制的原则，在处理完安全回路检测信号后，需要对自动扶梯的检修、润滑等信号进行处理。PLC 通过对梯形图程序的处理，给出相应的运行状态显示和其他信号灯。PLC 通过对这些程序和信号的正确判断，以及恰当的处理，实现整个自动扶梯的正常运行。

根据地铁自动扶梯的特点及所需要实现的功能，编写如图 10-21 所示的梯形图，主要实现的功能为能够控制自动扶梯的开启与停止，能够判断自动扶梯是否存在故障，并实时地显示出来，同时使蜂鸣器报警。

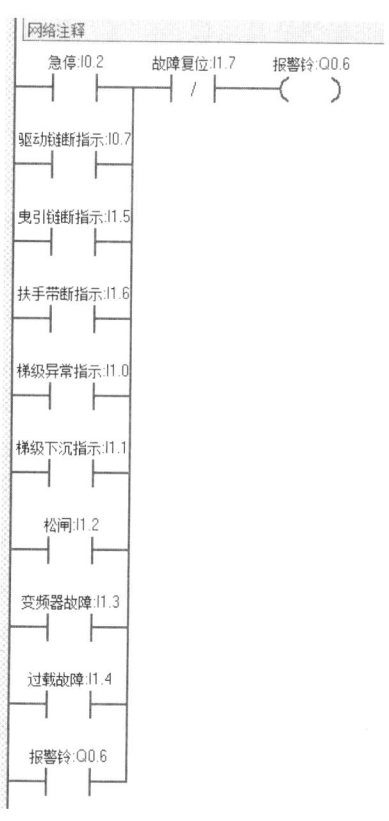

图 10-21　自动扶梯故障报警梯形程图

10.2.3 自动扶梯控制系统实现的主要功能

基于西门子 PLC 的地铁自动扶梯根据现实的需求，每台自动扶梯都存在 3 种状态，包括自动运行状态、手动运行状态和检修运行状态。

1. 扶梯的运行与停止功能

PLC 通过对用户程序的执行，控制输入、输出信号，从而实现对于电机的控制，用电机的停止和启动来实现自动扶梯的运行。在启动自动扶梯之前，PLC 首先会对安全回路信号进行检测，当检测完毕后，在没有故障信号回馈之后，才会允许自动扶梯进入正常的工作状态。

2. 扶梯的故障处理功能

当自动扶梯在运行过程中，出现速度偏差、安全回路等方面的故障时，PLC 会立即使自动扶梯停止，并且将故障代码传送回监控系统，同时启动蜂鸣器，提醒检修人员及时维修。在故障未解决之前，自动扶梯都无法正常启动。比如，当自动扶梯速度出现偏差时，PLC 会对信号进行处理，断开相关的信号，自动扶梯就会停止，蜂鸣器同时鸣响一段时间，显示器会显示此故障代码，这时维修人员会对相关部位进行检测。这样极大地缩小了维修时间，使扶梯能尽快恢复运行。

3. 扶梯的自动切换运行速度功能

扶梯的自动切换运行速度功能主要出于节能发面的考虑，通过红外线传感器感应电梯上是否有乘客。当电梯上有乘客时，自动扶梯高速运行；当自动扶梯上没有乘客时，自动扶梯切换到低速运行；当自动扶梯检修需要点动控制时，自动扶梯切换到中速运行。

4. 对影响扶梯运行因素自检的功能

首先考虑到自动扶梯所处的外部环境，对自动扶梯运行时的温度和湿度进行实时监控。比如在烈日炎炎的夏天，自动扶梯在运行过程中温度不断上升，该温度大于限定温度时，系统会自动报警，提醒工作人员给自动扶梯降温。其次就是考虑自动扶梯运行时，对其运行过程中的速度、电流、振动等因素进行监控。比如，在运行过程中速度过高时，也就是大于限定速度时，系统会自动报警，提醒工作人员去检修。

10.2.4 自动扶梯 PLC 控制系统设计

1. 设计思路

1）工作步骤

结合自动扶梯控制要求和梯形图程序的特点，首先画出程序的流程图，然后根据流程图编写符合要求的子程序，再写出子程序和子程序返回语句，最后对这些程序进行整合，完成程序设计任务。

2）关键技术

（1）初始化程序的实现。

为了保证各个资源都保持初始化状态，不影响用户程序的执行过程，需要进行各个程序的初始化操作。也有可能只需要执行一次初始化程序，通过系统特殊存储器位 SM0.1 来实现。

（2）循环的实现。

可以利用主程序的循环扫描，不断地对子程序进行调用，这样就能实现程序的循环操作。

（3）子程序嵌套的实现。

子程序的嵌套主要依靠子程序和子程序返回语句来实现。

2. I/O 点分配

在编写程序过程中，需要对输出/输入点进行分配，如表 10-2 所示。

表 10-2 I/O 分配表

名称	地址	名称	地址
上行按钮	I0.0	上行	Q0.0
下行按钮	I0.1	下行	Q0.1
自动	I0.3	变频器故障复位	Q0.2
检修	I0.4	高速 50 Hz 运行	Q0.3
红外传感器 1	I0.5	中速 25 Hz 运行	Q0.4
红外传感器 2	I0.6	低速 10 Hz 运行	Q0.5
驱动链断指示	I0.7	报警铃	Q0.6
曳引链断指示	I1.5	驱动链断显示	Q0.7
扶手带断指示	I1.6	曳引链断显示	Q1.3
梯级异常指示	I1.0	扶手带断显示	Q1.4
梯级下沉指示	I1.1	梯级异常显示	Q1.0
松闸	I1.2	梯级下沉显示	Q1.1
变频器故障	I1.3	松闸显示	Q1.2
过载故障	I1.4	高速 50 Hz 运行	M0.0
中速 25 Hz 运行	M0.1	上行运行标志	M10.0
低速 10 Hz 运行	M0.2	下行运行标志	M10.1
温度大于报警上限	M1.0	检修上行运行标志	M10.2

续表

名称	地址	名称	地址
温度等于报警上限	M1.1	检修下行运行标志	M10.3
温度低于报警上限	M1.2	故障复位	I1.7
湿度大于报警上限	M2.0	变频器故障指示	Q1.5
湿度等于报警上限	M2.1	温度读入	AIW0
湿度小于报警上限	M2.2	湿度读入	AIW2
电流大于报警上限	M3.0	电流读入	AIW4
速度读入	AIW6	振动读入	AIW8
温度读取浮点数	VD18	速度读取浮点数	VD58
湿度读取浮点数	VD28	振动读取浮点数	VD68
电流读取浮点数	VD48	温度报警上限设定	VD100
湿度报警上限设定	VD104	电流报警上限设定	VD108
速度报警上限设定	VD112	振动报警上限设定	VD116
温度上限报警	VD220	湿度报警上限设定	VD224
温度测量范围上限设定	VD226	温度测量范围下限设定	VD230
温度下限	VD300	温度上限	VD304
湿度下限	VD400	湿度上限	VD404
速度下限	VD600	速度上限	VD604
振动下限	VD700	振动上限	VD704
电流下限	VD500	电流上限	VD504
温度高报警	T42	湿度高报警	T43
速度高报警	T40	振动高报警	T41
电流高报警	T39	电流等于报警上限	M3.1
电流小于报警上限	M3.2	速度大于报警上限	M4.0
速度等于报警上限	M4.1	速度小于报警上限	M4.2
振动大于报警上限	M5.0	振动等于报警上限	M5.1
振动小于报警上限	M5.2	温度高报警	M5.3
湿度高报警	M5.4	电流高报警	M5.5
速度高报警	M5.6	振动高报警	M5.7

3. 控制程序

(1) 编写关于故障报警的梯形图程序。当程序运行时，判断是否存在故障，如果有故障存在，对该故障进行显示，此时报警铃会发出响声。比如，当出现急停的状况时，急停开关和报警铃开关会同时保持通路状态，并且故障复位开关保持常闭状态，这时报警铃就会报警。在检修人员检修完毕确认没有故障之后，故障复位断路，恢复正常运行，如图 10-21 所示。

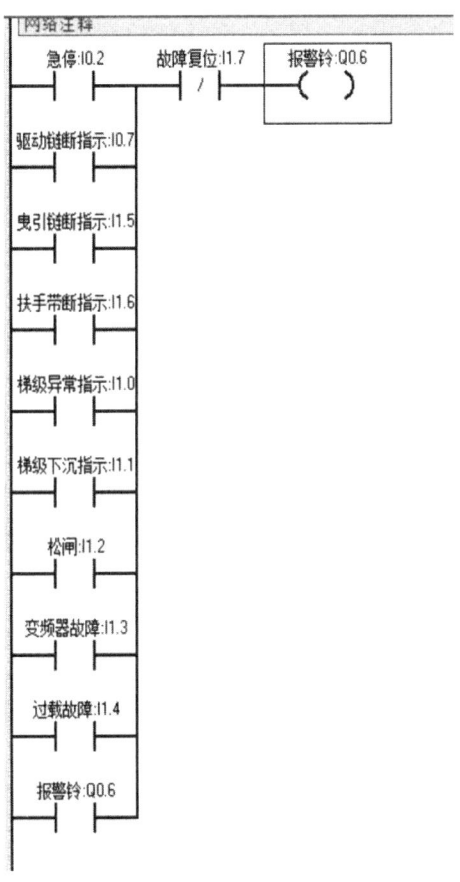

图 10-21 故障报警梯形图

(2) 编写上行和下行运行时的标志位。当需要改变运行状态或者遇到故障及检修的情况时，可以通过相应的按钮改变状态。当自动扶梯需要上行时，启动上行按钮，这时的下行、报警铃、检修按钮都保持常闭状态，保持自动扶梯自动上行状态；当自动扶梯需要下行时，上行、报警铃、检修按钮都保持常闭的状态，使自动扶梯保持自动下行状态；当自动扶梯出现故障后，报警铃会启动；当需要检修时，可以通过检修按钮，手动控制自动扶梯的运行，如图 10-22 所示。

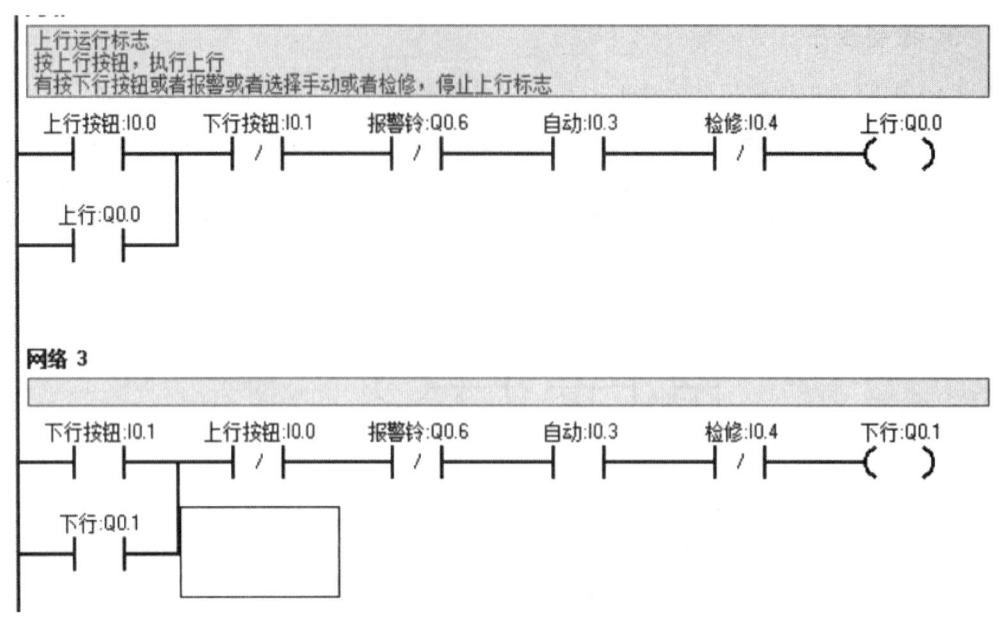

图 10-22 扶梯上行和下行运行梯形图

（3）为了起到节能和降低设备磨损、提高使用寿命的作用，当扶梯上有乘客时会启动高速运行，当扶梯上没有乘客时会切换到低速运行状态。自动扶梯上行时，当红外线传感器感应到人时，自动扶梯会自动切换到高速；当红外线传感器感应不到人时，自动扶梯会自动复位到中速，再经过 2 min 的定时，如果 2 min 内都没有感应到人，自动扶梯会切换至低速，以起到节能的作用，如图 10-23 和 10-24 所示。

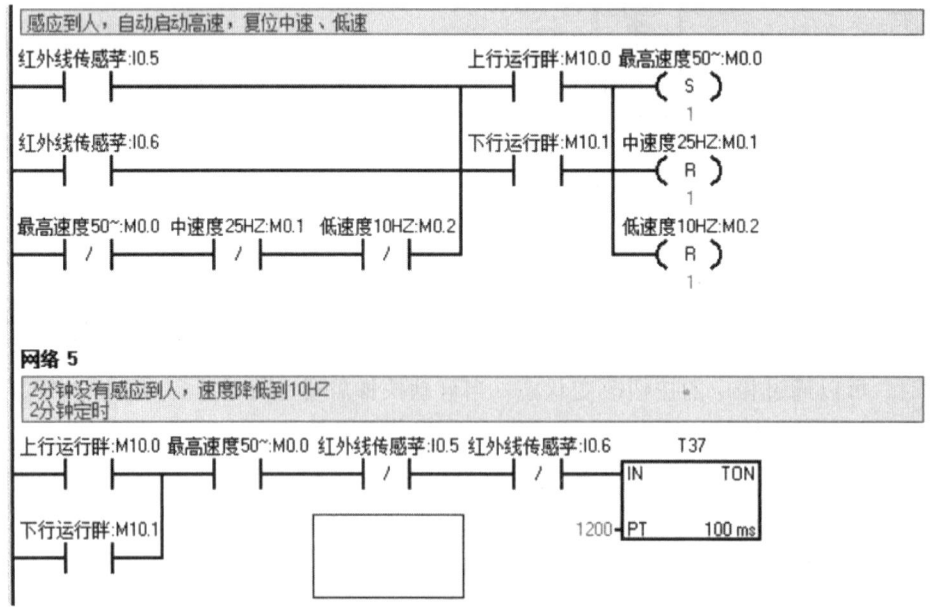

图 10-23 高速运行梯形图

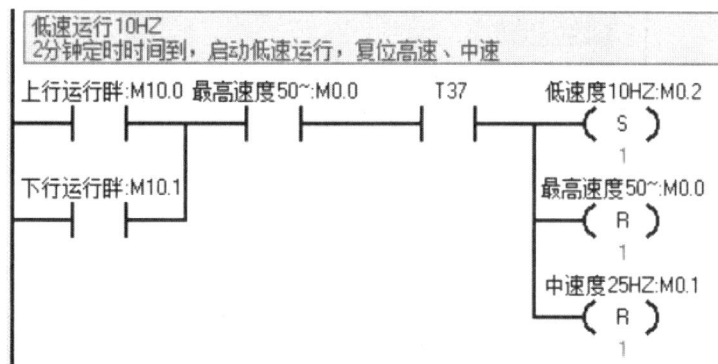

注：图中显示的 HZ 的为频率单位赫兹（Hz）。（下同。）

图 10-24　低速运行梯形图

（4）在检修状态下，为了确保正常运行执行中速运行。当自动扶梯遇到故障时，维修人员会使检修按钮断开，这个时候自动扶梯的下行按钮和自动按钮也应该配合检修按钮，对自动扶梯进行点动控制，知道维修结束，由工作人员做好按钮的复位工作，让自动扶梯自动运行，如图 10-25 所示。

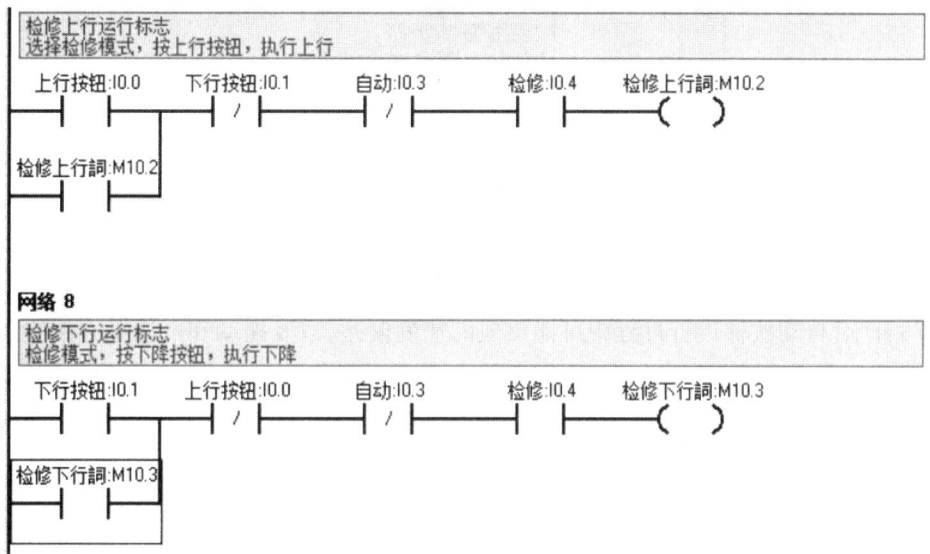

图 10-25　检修状态运行梯形图

（5）考虑到自动扶梯工作时，需要适应不一样的天气环境。设计程序主要考虑了温度和湿度的影响。

对温度而言，由于地铁车站人员的拥挤，导致车站内部环境的闷热，加之自动扶梯长时间运行，自身温度升高，会极大地影响其运行。特别在夏天，这种情况更为严重。设计时首先读取温度值，然后将自动扶梯的实时温度与系统设定的限定温度进行比较，如果大于或者等于限定温度，系统自动报警，如图 10-26 所示。

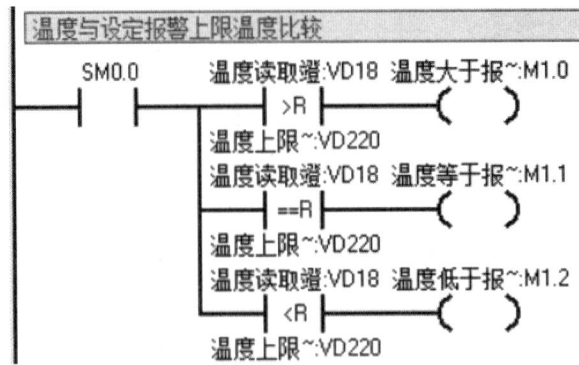

图 10-26 温度过限报警梯形图

对于湿度而言，需要考虑阴雨天可能会遇到的问题。与温度检测一样，首先读取湿度值，然后将自动扶梯的实时湿度与系统设定的限定湿度相比较，大于或者等于限定值，系统会自动报警，如图 10-27 所示。

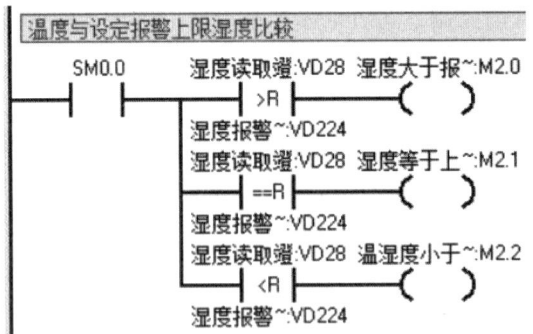

图 10-27 湿度过限报警梯形图

（6）针对自动扶梯运行过程中可能出现的速度偏差，以及振动和电流等方面的问题，本次设计对自动扶梯运行时的电流、速度和振动问题进行了设计。这 3 个值用相同的方法进行检测。首先读取当前值，然后将该值与初始设定的限定值相比较，若大于或等于该限定值，系统会自动报警，如图 10-28 和 10-29 所示。

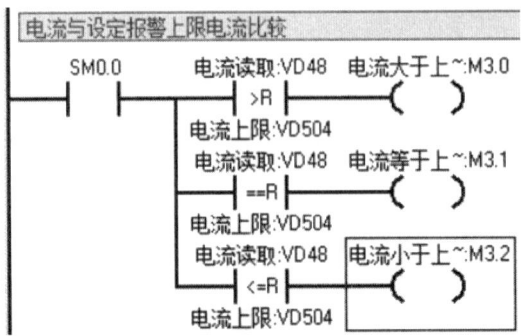

图 10-28 电流过限梯形图

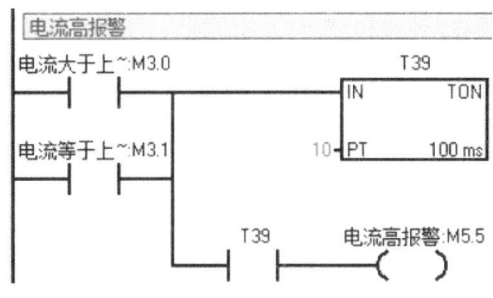

图 10-29 电流过限报警梯形图

图 10-29 为电流与设定报警上限值相比较的梯形图,速度和振动的梯形图与电流的相似。

10.2.5 程序调试与仿真

对编写完的程序进行编译,如果没有错误则进行下一步操作。对梯形图程序进行在线模拟,在需要的点位点击鼠标右键选取"强制 on"按钮,或者"强制 off",看是否能够形成通路。这就是西门子 PLC 的仿真。

1. 下行程序仿真

在正常情况下,按下自动扶梯下行按钮,上行、报警铃、检修按钮同时关闭,输出下行信号,启动自动扶梯下行,如图 10-30 所示。

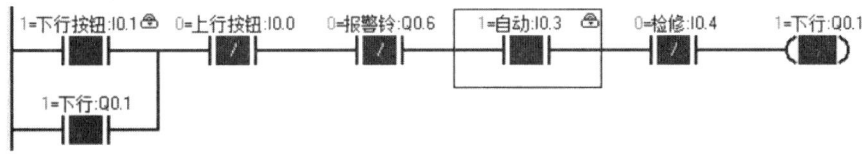

图 10-30 下行程序仿真

2. 高速下行程序仿真

在自动扶梯仍处于下行状态时,当扶梯两侧的红外线传感器感应到人,扶梯自动切换至高速运行,如图 10-31 所示。

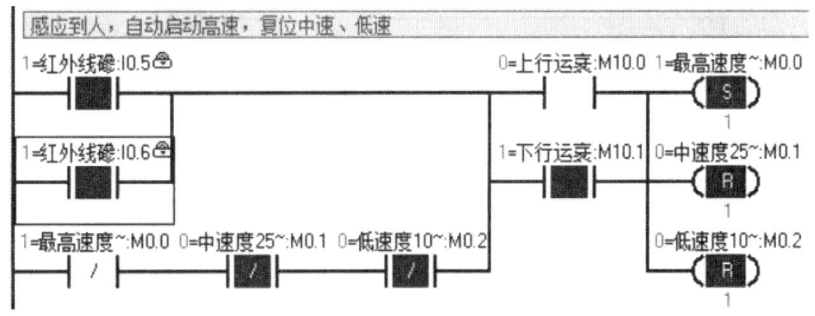

图 10-31 高速下行程序仿真

3. 当自动扶梯两端的红外线传感器没感应到人，定时 2 min 后，下行速度将会调至低速运行，如图 10-32 所示。

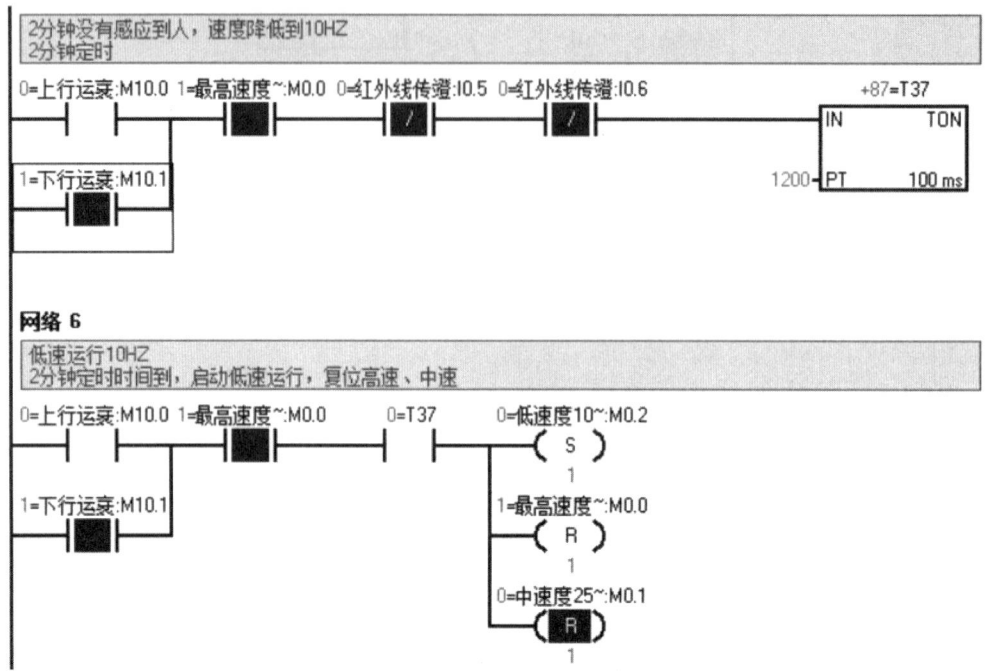

图 10-32　低速下行程序仿真

4. 当程序遇到故障，报警铃启动，自动扶梯将被强制停止，如图 10-33 所示。

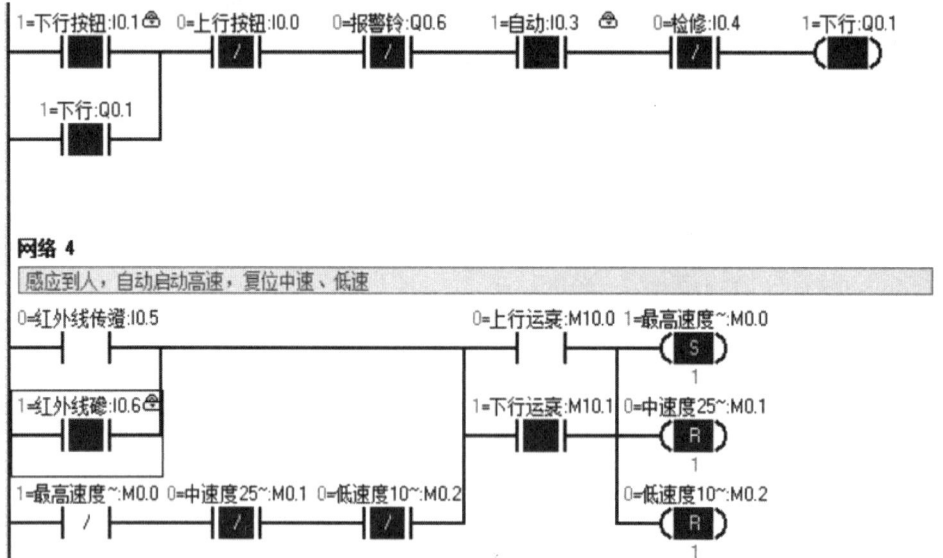

图 10-33　故障停梯程序仿真

5. 在检修自动扶梯过程中，按下检修按钮，自动扶梯立即停梯，如图 10-34 所示。

这时检修人员可以通过自动按钮控制自动扶梯在检修状态下运行,如图 10-35 所示。

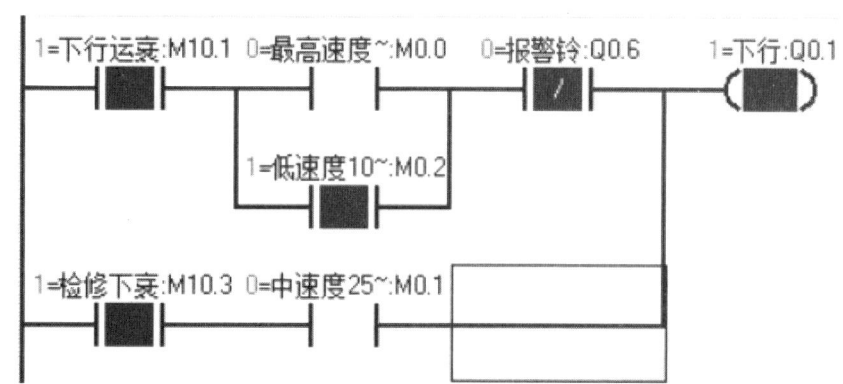

图 10-34　检修停梯程序仿真

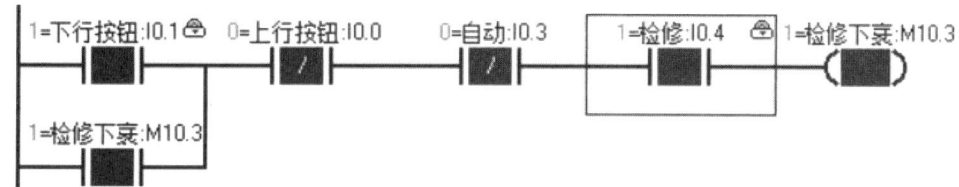

图 10-35　检修下行程序仿真

以上是对自动扶梯控制系统部分程序的仿真过程,蓝色线条和方块代表能流通过,即是通路状态,此时信号得到传递。

10.3　基于 PLC 的地铁屏蔽门控制系统

10.3.1　屏蔽门控制系统整体设计方案

1. 地铁屏蔽门控制系统的结构

地铁屏蔽门由门机结构、门机传动系统、控制系统和电源系统组成。屏蔽门控制系统包括主控机（PSC，包括命令处理模块及状态监视单元）、站台端头控制盒（PSL，即就地控制盘）、门机控制器（DCU，即门控单元）、通信接口及传输介质模块等设备。其中,主控机是控制系统的核心部件,每排屏蔽门都必须配备一套主控机的命令处理模块,每个车站都至少配备一套主控机的状态监视单元。由于每套命令处理模块可以独立工作,因此车站两侧的屏蔽门控制系统之间没有联锁关系,可以单独操作。图 10-36 是地铁屏蔽门控制系统的主要组成结构。

PLC 在地铁设备中的应用

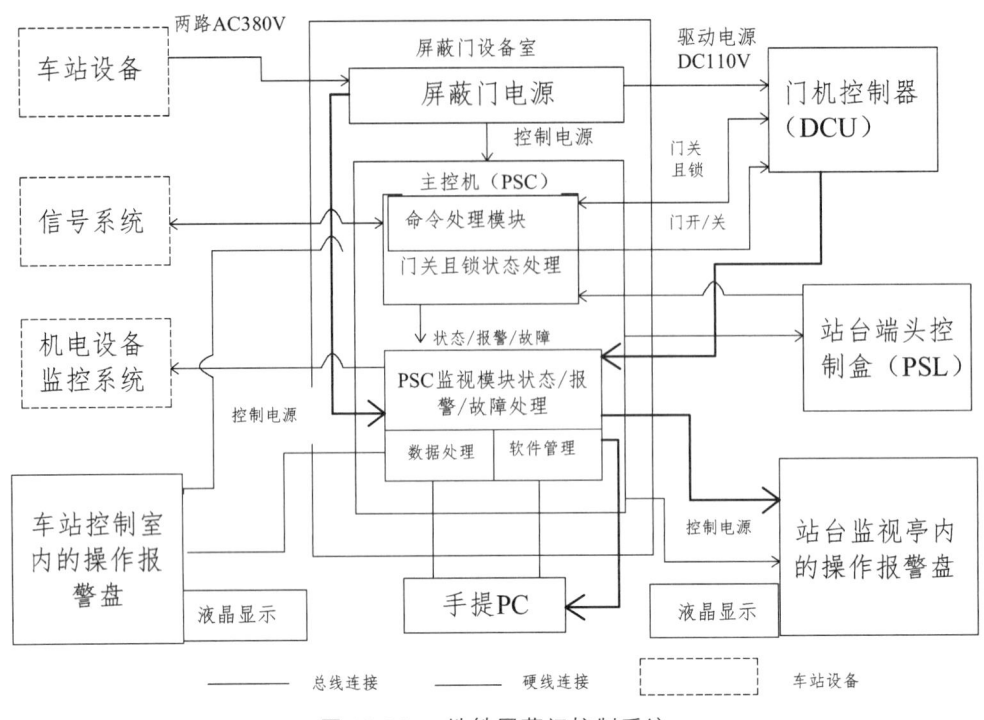

图 10-36　地铁屏蔽门控制系统

中央核心部分是屏蔽门设备室内的主控机,该部分的构成部件有主监视系统、单元控制器、配电回路以及用于连接其他设备的接线端子、接口设备等。以上装置都配备在车站的控制值班室中,用于接收屏蔽门的信号信息,并向屏幕门发送遥控信号。系统要求在每个车站的每侧屏蔽门都必须配备两套就地控制盘(即站台端头控制盒),具体安装在出站口的位置。这套设备可以将控制信号传送给车站控制室,在接到信号信息后核心主控机设备瞬间将开/关门等信号信息发送给门机控制器。

屏蔽门控制系统要求运营线路上的每个车站的每排屏蔽门都必须配备一套门控单元(即门机控制器)。门机控制子系统可以单独完成工作,其作用是处理接收到的来自主控机的各项命令,然后给驱动电机发送命令执行开关门操作。除此之外,该单元还可以监测屏蔽门的运行状态,将屏蔽门的具体工作情况记录下来,用自带的通信工具把屏蔽门的运行工作状况传送给中心系统。

而控制系统具体的工作原理就是通过门机控制器的装置控制 DC/AC 电机,这样电机便可以带动自身机器上的螺母进行连续的直线运动,从而实现屏蔽门的开关门动作。中央主控机会给所有门机控制单元发送不同的信号命令,子单元在接收到各自的命令后各自执行相应的动作。除此之外,门机控制器的设置还可以保证屏蔽门在进行开关门操作时速度调节得当,并在开门到位关门到位后及时停止电机运转。

2. 地铁屏蔽门系统的控制模式

为了确保屏蔽门系统在任何状况下都能正常运行,考虑到系统会出现的各类情况,给屏蔽门系统设置了应对各类情况的三级控制模式,即系统级控制模式、车站级控制模式和手动操作模式。在这三者之中,由于人工手动模式能保证系统在故障时仍能正常使用,因此为最优先的一种操作。除此之外,屏蔽门系统还具备障碍物探测和故障报警功能。

1) 系统级控制

列车进站,在正确的停车范围内停车到位后,正常运行下的信号系统会发送开门操作的信息给屏蔽门系统使其自动打开,当然也可以设置成在列车司机确认停车无误后手动按下开关门按钮来控制活动门的开和关。系统级控制下,屏蔽门的开和关主要通过中央控制盘上的门机控制器来进行操作控制,门控单元可以让站台屏蔽门和列车车门开度配合良好,实现同步的开关门,让车站和列车上的乘客可以及时快速地进行乘降。

列车进入车站,若列车的最终位置被信号系统确认在许可范围内,信号系统会发送一个信号,显示轨道已被列车持续占用。此时,信号系统发出开门信号或者列车驾驶员按下开门按钮,屏蔽门会在信号系统的命令下被打开。具体方式是:开门命令通过屏蔽门系统中的中央控制盘发送给门机控制器,门机控制器接收到该命令就立即进行锁闭解除、打门到位等操作。同一时间,主控机打开安全保护回路,并且不再给信号系统发送"关闭锁"的状态信息。在屏蔽门被打开至到位的过程中,门机控制器顶盒上面的指示灯会闪烁,盒内的蜂鸣器也会发出鸣叫,在操作报警盘、主控机上表示所有屏蔽门已经全部打开的指示灯会变成发亮的状态,而在端头控制盒上表示门已被关闭并且锁闭的指示灯会变成灭掉的状态。在屏蔽门完全开门后,门机控制盒上的显示灯维持常亮的状态。在停车时间满后,列车即将要驶离站台时,信号系统接收到关门命令或者在驾驶员按下屏蔽门关门按钮后,使用主控机给门机控制器发出关门命令。门控器接收到关门命令后,立即进行关门到位、锁闭解除等操作。在所有屏蔽门被闭合且上锁到位后,操作盘上的指示灯会灭掉。同时,主控机将全部屏蔽门被关闭且锁闭到位的状态信息发送给信号系统,同意列车开行。在屏蔽门被关闭至到位的过程中,门机顶盒上的指示灯和开门时一样会闪烁。在门关闭到位后,门机顶盒上的指示灯、操作报警盘、主控机上表示所有屏蔽门已经全部打开的指示灯会变成熄灭状态,主控机和站台终端控制盒操作盘上表示屏蔽门已关并且被锁闭的指示灯点亮。

2) 车站级控制

列车停车点发生错位,或在非列车运营期间进行工程测试的状况会导致系统级控制模式发生故障。而车站控制室内的操作报警盘在进行操作时是不需要使用信号系统的,这时就需要使用该操作盘及时起到代替系统级控制的作用。这是一种半人工操作。操作报警盘上有一个必须解锁的钥匙孔,需要列车司机或站台值班人员用特定的钥匙打开,然后调节屏蔽门开/关旋钮,控制滑动门进行开、关门操作,保证列车正常运营。当车站发生火灾等紧急情况时,操作人员就要把所有的站台屏蔽门在车站控制室的指挥下全部及时打开,以便乘客紧急疏散和排出浓烟。

车站级控制模式除了可以使用上述方法外，还可以用就地控制盘来实现，但前提条件是要先通过操作报警盘将"紧急操作"信号送至主控机，这样才可以实现站台就地控制盘的"紧急操作"功能。因此在紧急工作模式下，可以直接通过就地控制盘、在站台上使用特定的钥匙或者在轨行区的一侧旋转解锁手柄这几种方式来对控制屏蔽门运行。但倘若发生屏蔽门系统关闭后无法将"门关且锁"的信号发送给信号系统的情况，站台工作人员或是列车驾驶员在检查过没有障碍物被屏蔽门夹住，且确保门已经关闭到位锁闭后，就可以使用配套的钥匙把就地控制盘上的旋转开关进行转换，再将该操作盘上的表示解除互相锁闭的开关同样使用特定钥匙打开，信号系统就可以接收到一个可以取代的"门关且锁"信号，列车就会被允许离开站台。

3）手动操作模式

在系统故障时，如系统停电、某扇主动门故障和进行紧急疏散时，系统级模式和车站级模式都无法控制屏蔽门，车站的站务值班员可以在站台侧使用特定的钥匙或者旅客在列车行驶侧打开手动开门按钮。也就是可以使用钥匙和打开单扇滑动门这两种方式将屏蔽门打开。

4）障碍物探测

屏幕门在进行关门操作时倘若检测到障碍物，运动中的门会立即暂停关门且再次反方向开门，而后重复关门操作。活动门连续 n 次（频率可调）关闭和打开循环，倘如障碍物仍不排除，屏蔽门将保持开门到位的状态，蜂鸣器提示，等待车站工作人员或旅客排除障碍物。待到障碍物被解除后，活动门需要人工手动关闭并且固定上锁。

3. 屏蔽门控制系统的设计方案

在现实中运用屏蔽门系统，一般使用电缆线传输各类硬件设备发出和接收的具体信号信息，监测系统通过串口通信网络连接，以满足国际工业网络标准。其设计方案主要包括以下几点：

（1）由于每个地铁车站都有两个运行方向的轨道运行区段，所以在两边都要装上相应的一整排屏蔽门。因此，对应的屏蔽门控制子系统也有两个，且两套屏蔽门控制子系统各自完备独立运行。端头控制盒（PSL）、门机控制器（DCU）、通信介质及通信接口等设施是一套完整的屏蔽门子控制系统必须装配的。

（2）在进行屏蔽门方案设计时，必须执行的设计原则是保证控制功能的模块化，且将并联模型的储备冗余技术贯彻到底。除此之外，软硬件设计的系统安全、稳定性、可维持性、可延伸性，以及施工成本都是必须考虑的因素。

（3）车站的运行控制任务由每个车站的车站控制室完成。车站控制室通过使用中央接口盘将屏蔽门系统的控制运行状态转换为一系列信息数据进行接收显示，并发送给控制中心。车站控制室还负责完成系统信号显示、数据录入、故障警示、信息咨询等工作。

（4）控制中心（OCC）需要将运营线路上所有车站 ATS 分机接收到的屏蔽门状态数

据信息进行统一的收集汇总，并在 ATS 主机服务器上显示每扇屏蔽门的具体运行状态。

结合以上实际运用的屏蔽门控制系统的功能与要求，制作出使用西门子 PLC 技术实现地铁屏蔽门控制系统功能的整体设计方案，如图 10-37 所示。

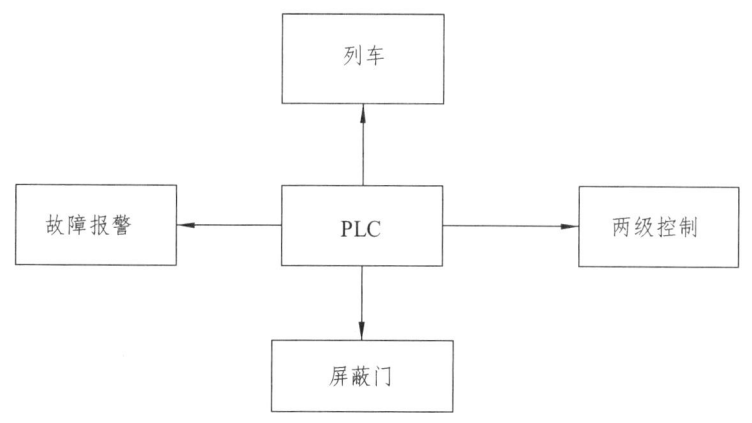

图 10-37 屏蔽门系统整体设计方案

10.3.3 屏蔽门控制系统的设计思路

1. 设计思路

电气控制系统的设计需要充分发挥 PLC 的功能，最大限度地实现控制系统的各项设计要求。在进行接下来的具体系统设计时，一般可以按照以下几个设计步骤来实施：

（1）熟悉设计对象的组成与工作原理，深层次分析设计对象的控制功能。明确被控对象机、电、液三者之间的具体工作配合，并给出最终的控制系统设计要求。

（2）确定 I/O 设备。根据设计对象各项功能的要求，确定该系统功能实现所必备的现场外部输入输出设备。最终的设计要求是通过连接现场硬件设备实现的。具体使用的硬件设备要结合相应的输入输出要求选择适宜的机器部件。

（3）PLC 选型。这一步需要选择 PLC 的机器型号、中央处理器和存储器容量、I/O 设备的类型，以及电源的类型等，通过这些细节的确定最终决定外部 PLC 的型号。

（4）分配 I/O 点数。根据之前确定好的现场硬件设备，将输入输出设备分别对应分配好的具体输入输出点数，并制成 I/O 分配表。

（5）制作控制系统 PLC 软件部分。根据分配好的 I/O 表，结合整个控制系统的程序流程图，在 PLC 编程软件中编写详细的程序。这也是控制系统设计方法中最关键的一个部分。

（6）软件测试。在把编好的软件下载到外部硬件设备之前，最好先对其进行程序的仿真测试，利用仿真软件改正程序中的错误，完善 PLC 程序中的不足，确保可以直接运行现场设备。

（7）联机调试。把制作完成的 PLC 程序写入现场设备之中，进行完整的控制系统联机调试。采取先不装输出设备的方法,对编好的程序按各功能模块的顺序一一监视并进行调试。如果运行都没有问题,则设计成功,将整体设备安装完成后,运行无误表示调试成功。

图 10-38 的设计步骤是 PLC 控制系统最常使用的方式,使用 PLC 技术来控制地铁屏蔽门系统,可以充分满足屏蔽门系统各项功能要求,建设成本和运行成本都大大低于其他技术。除此之外,该技术设备连接简单、编程便捷、实现过程时间极短,并且运行时的可靠性也很高。

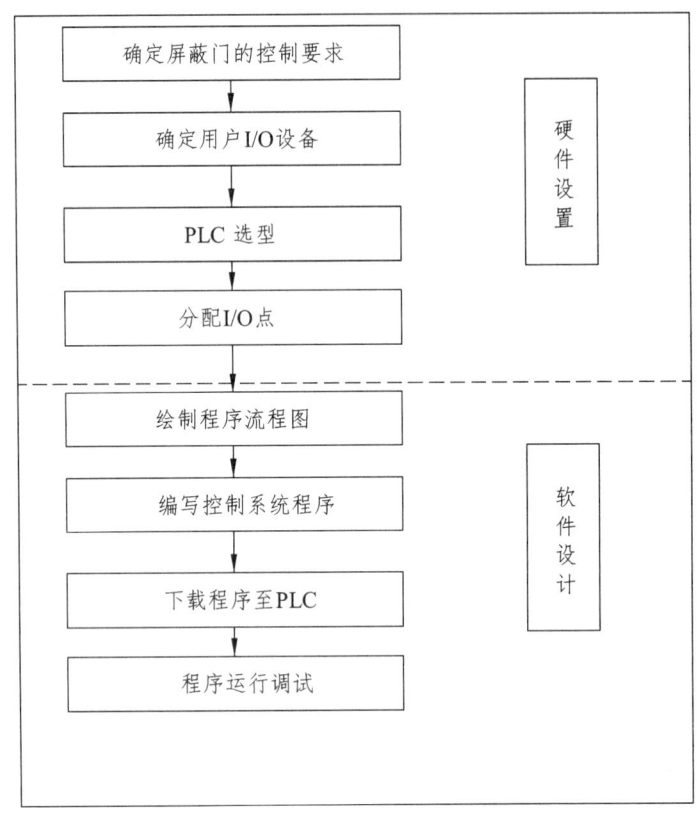

图 10-38　设计方法及步骤

2. 屏蔽门控制系统的设计要求

列车进入车站之后,会在列车自动控制系统的作用下停车让乘客及时乘降。这就需要地铁列车的每扇车门与轨道交通站台屏蔽门位置相匹配。因此,列车必须在固定的规定位置及时停车,并进行相应的开关门操作,在停站时间结束后继续运行离开车站。图 10-39 所示为列车相对于屏蔽门的运动轨迹图。

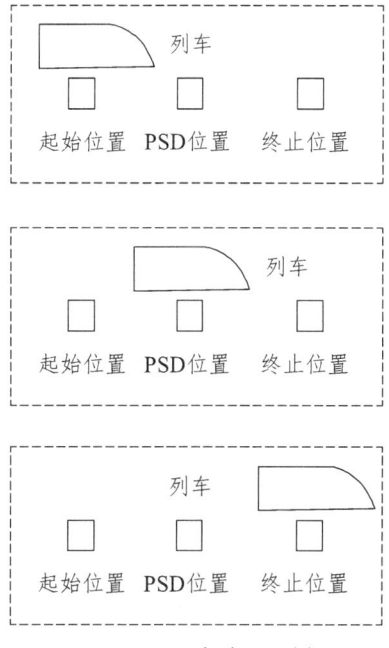

图 10-39 运动过程示例图

3. 屏蔽门控制系统的主要控制步骤

（1）按下启动整套控制系统的总电源开关，控制系统接通电源；调节控制模式选择开关，有两种可选模式，一种是系统级控制模式，另一种是车站级控制模式。选择之后控制系统开始运转。

（2）选择系统级控制模式。

① 进入系统级模式，列车电机正转，列车自动运行开往屏蔽门位置。

② 当列车开到规定的停车点时，运行中的电动机停转，列车停止。此时，屏蔽门自动打开，同一时间鸣叫蜂鸣提示。

③ 在屏蔽门打开过程中，首先匀速开门，然后在要求屏蔽门降速的规定位置处实现调速功能，即进行减速。

④ 待屏蔽门打开到位之后，系统进入 15 s 的倒计时，在这个过程中，屏蔽门持续保持开门状态。定时结束后，屏蔽门自动关门。关门操作与开门操作一样，先匀速后减速，且蜂鸣器鸣叫提醒（一秒鸣叫一次）。

⑤ 倘若在这个过程中，两门之间有物体存在，屏蔽门将再次打开，同样是先匀速后降速，并在打开到位之后保持 5 s 的开门状态，接着再次重复关门操作，由打开到位的状态回到关闭状态，注意在防夹程序执行的过程中蜂鸣器始终发出鸣叫提示。

⑥ 在屏蔽门关闭到位之后保持该状态 3 s，定时结束后列车将自动驶离屏蔽门位置，到达目的地。

⑦ 如果在系统级控制模式中发生系统故障，系统将自动发出故障报警。

（3）选择车站级控制模式。

① 进入车站级控制，则必须在按下列车电机运转开关后，列车才会起动出发。

② 列车开到规定的停车点之后，自动停车。此时需要站台工作人员通过操作就地控制盘来按下屏蔽门开门的开关，进行开门操作，屏蔽门才打开，同时蜂鸣器发出鸣叫提示。

③ 在 15 s 的定时时间满后，系统自动发出关门提示（一秒提示一次），提醒站台工作人员按屏蔽门关门按钮。

④ 按下屏蔽门关闭按钮之后，屏蔽门进行关闭操作，蜂鸣器同时发出鸣叫提示。

⑤ 倘若在关门过程中两门之间检测到有物体存在，则屏蔽门将再次打开，同样先匀速后降速，并在打开到位之后保持 5 s 的开门状态，接着再次重复关门操作，由打开到位的状态回到关闭状态。注意，在防夹程序执行的过程中蜂鸣器会始终发出鸣叫提示。

⑥ 在屏蔽门关闭到位之后保持该状态 3 s，定时结束后列车将自动驶离屏蔽门位置，到达目的地。

⑦ 如果在系统级控制模式中发生系统故障，系统将自动发出故障报警。

（4）在任意模式过程中，都可以通过调节开关及时转换到另一控制模式。

10.3.4 屏蔽门控制系统设计

1. 控制系统硬件设置

1）PLC I/O 硬件设备

（1）开关、按钮。

根据触点的形式，开关可以分为 3 类：常开开关、常闭开关和复合开关。通过对开关接通闭合的操作，可以将操作者的指令要求传给 PLC 设备。

（2）行程开关。

行程开关的作用是将运动至极限端的部件及时安全地停下来。当运动部件运行到行程开关所在之处，运动部件会把开关上面的顶杆压下，导致顶杆上的常闭开关开通，下面的常开开关闭合。待该部件离开，又会再次复位。使用行程开关后可以让控制系统中运转的被控电机按照规定的程序实现自动化停车、电机的正反转或循环反复功能，如此可实现列车的运行停止、屏蔽门的开关门动作或保障电动机的安全运转。本设计中将行程开关安装在屏蔽门打开到位的关键位置上。

（3）传感器。

在行业的各类控制系统中广泛应用到传感器，它可以用来检测物体的位置、颜色、材质、温度。本设计中，防夹设计使用红外线传感器来进行障碍物检测。

（4）三相异步交流电机。

三相异步交流电机可以将电能变换成机械能，该类电动机主要由转子、定子这两大部分组成，两者之间有一个很小的间隙。其工作原理是：将对称的三相绕组即定子绕组接到三相交流电源中，由此产生一个旋转对称的三相交流电流磁场，并以同步转速来不断旋转切割转子部分，得到转矩。不同的电动机转子部分也不尽相同。因此，三相异步电机可以分为绕线型异步电机和笼型异步电机，在屏蔽门系统中，采用笼型三相异步交流电机作为驱动电机。

（5）变频器。

能够通过改变频率来改变速度的设备叫作变频器，它的工作原理是通过改变三相交流异步电动机的供电频率，即调节电动机的同步转速 n_0 来实现速度变化的功能。计算异步电动机 n 的公式如下：

$$n = \frac{60f_1}{p}(1-s) = n_0(1-s) \tag{10-1}$$

式中，n_0 表示同步转速，p 表示电动机的磁极对数。为了实现屏蔽门开关门的调速功能，使用变频器的调速功能来改变异步电机的转动频率，实现调速。

2）PLC 型号的选择

西门子 PLC 的选型原则如下：

（1）估算输入输出的点数。

在估计 I/O 点时，要留下适当的余量。通常系统设计时要在使用的 I/O 点数总和上，再保留 10%~20%的可扩展后备余量，将其作为 I/O 点数最终的估算量。

（2）存储容量的估算。

如今还没有计算存储器的具体公式，大概方法是用 10~15 倍的输入/输出点数，加上 100 倍的模拟 I/O 点数作为最后的结果，最后再保留此数的 25%作为余量。

（3）输出形式的选择。

输出形式有晶体管输出、继电器输出、双向晶闸管输出等。考虑到感性负载的通断频繁，最好选择晶体管输出。

（4）机型的选择。

PLC 按结构可分为两种类型：模块式和整体式。整体式 PLC 的输入输出点数是不能改变的，适用于小型控制系统。模块式 PLC 能够提供多种插入式 I/O 卡槽零件，这样就可以合理地筛选和分配 I/O 点数，实现随意机动的拓展功能，这种类型适用于大型和中型控制系统。

（5）经济性的考虑。

选择 PLC 的具体型号时，还要考虑性能价格比，选择最实用的 PLC。

3）输入输出点数的分配

硬件系统设计的关键在于确定屏蔽门的 I/O 分配。I/O 分配表是编制 PLC 程序和现场布线的重要依据。根据屏蔽门控制系统的要求，列出其 I/O 分配情况，如表 10-3、10-4 所示。

表 10-3 I/O 输入分配表

序号	输入软元件号	输入信号名称
1	I0.0	电源开关
2	I0.1	控制模式选择开关
3	I0.2	屏蔽门电机开门按钮
4	I0.3	屏蔽门电机关门按钮
5	I0.4	红外传感器输入信号
6	I0.5	屏蔽门关闭到位检测开关
7	I0.6	屏蔽门打开到位检测开关
8	I0.7	列车起始位置检测开关
9	I1.0	列车最终位置检测开关
10	I1.1	屏蔽门位置
11	I1.2	屏蔽门降速处检测开关
12	I1.3	屏蔽门系统存在故障
13	I1.4	列车电机正转按钮

表 10-4 I/O 输出分配表

序号	输出软元件号	输出信号名称
1	Q0.0	列车电机正转运行
2	Q0.1	屏蔽门电机正转匀速运行关门
3	Q0.2	屏蔽门电机反转匀速运行开门
4	Q0.3	屏蔽门电机减速运行
5	Q0.4	故障报警输出
6	Q0.5	系统级控制
7	Q0.6	车站级控制
8	Q0.7	关门提示
9	Q1.0	蜂鸣器

2. 屏蔽门控制系统系统软件设计

在屏蔽门控制系统的具体控制要求的指导下，如图 10-40 所示，画出设计该系统的运行流程图。

PLC 编程一般有经验归纳法、逻辑解析法、图解流程法等，本设计将结合逻辑解析法和图解流程法来进行设计。

本设计的程序使用西门子公司的 STEP7 MicroWIN 编程软件来进行编写。根据流程图，程序可以分为电源开关状态部分、车站级控制模式部分和系统级控制模式部分，并

第10章 PLC在地铁车站中的应用实例

在两种运行模式中分别实现屏蔽门的开关和防夹功能。

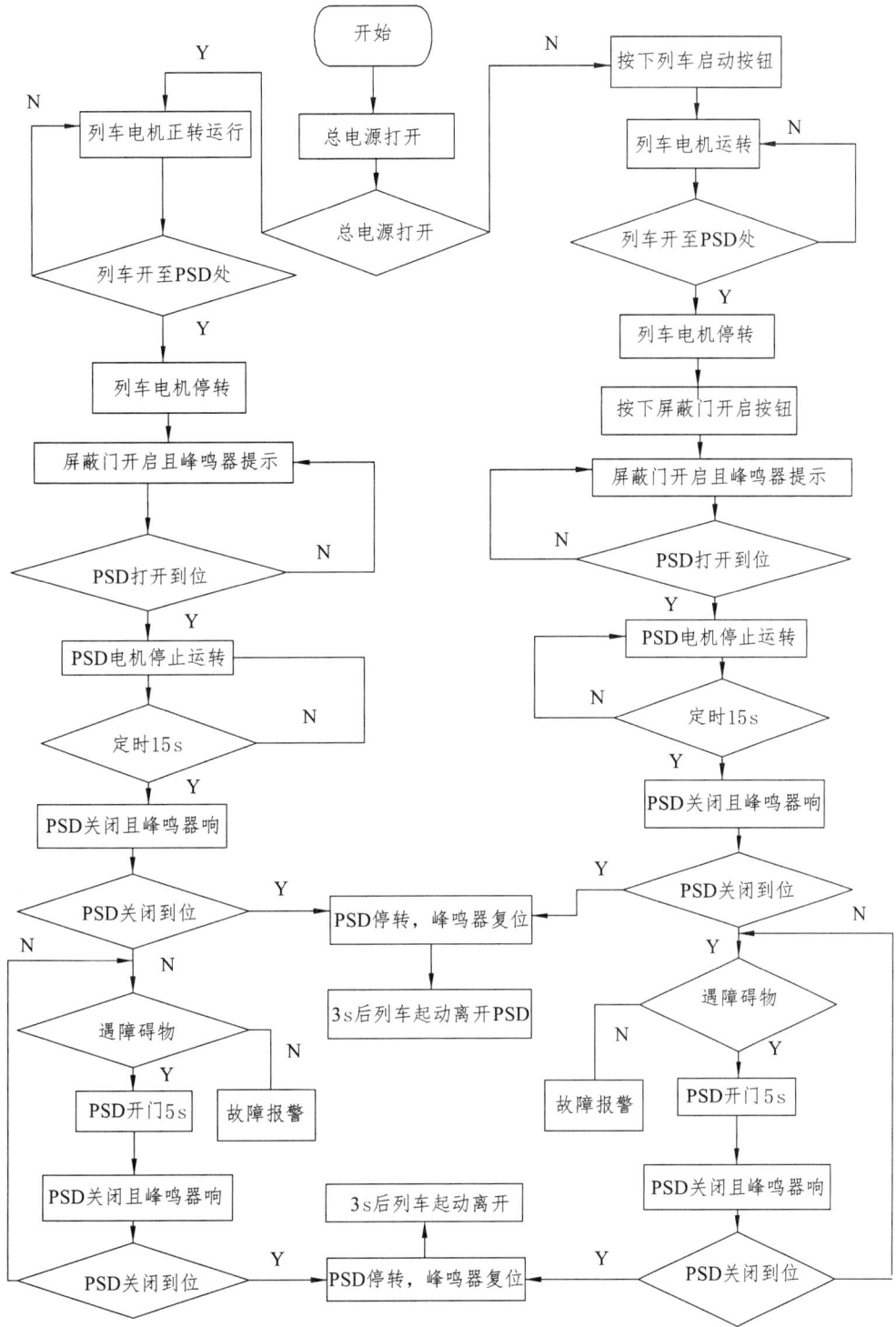

图 10-40　屏蔽门控制系统流程图

1)新建工程

打开 STEP7 MicroWIN 编程软件,创建一个新工程,在"新建工程"对话框中,选择工程类型、CPU 系列、PLC 类型。本设计使用 S7-200 系列的 PLC,且使用简单工程,编程语言是梯形图。设置好以后,就可以在编辑界面上编写梯形图程序了。

2)上电初始化,判断电源开关状态

上电第一个扫描周期置位 S0.0,进入该顺控程序段,在该程序段,复位所有输入和输出。若接通总电源开关 I0.0,则转移到顺控程序段 S1,执行 S1 中的程序命令,如图 10-41 所示。

3)判断系统运行控制模式

若控制模式开关 I0.1 无输入且列车已在起始位置,则执行逻辑块 S0.2 和 S3.1 的命令,即进入系统级控制。若 I0.1 常开闭合且列车已在起始位置则执行逻辑块 S0.2 和 S3.0 的命令,即进入车站级控制,如图 10-42 所示。

4)车站级控制下的屏蔽门控制功能实现

(1)若逻辑块 S0.2 先执行,列车电机正转按钮 I1.4 接通,列车启动,电机正转。程序导向逻辑块 S0.3,如图 10-43 所示。

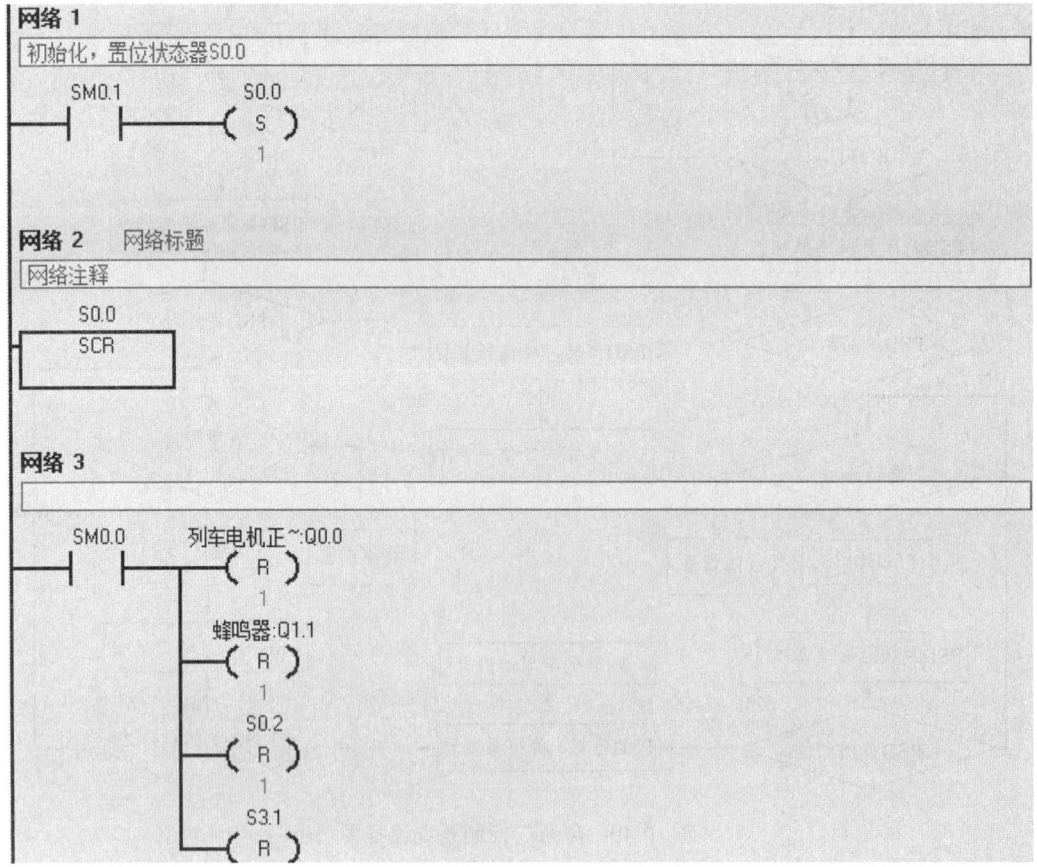

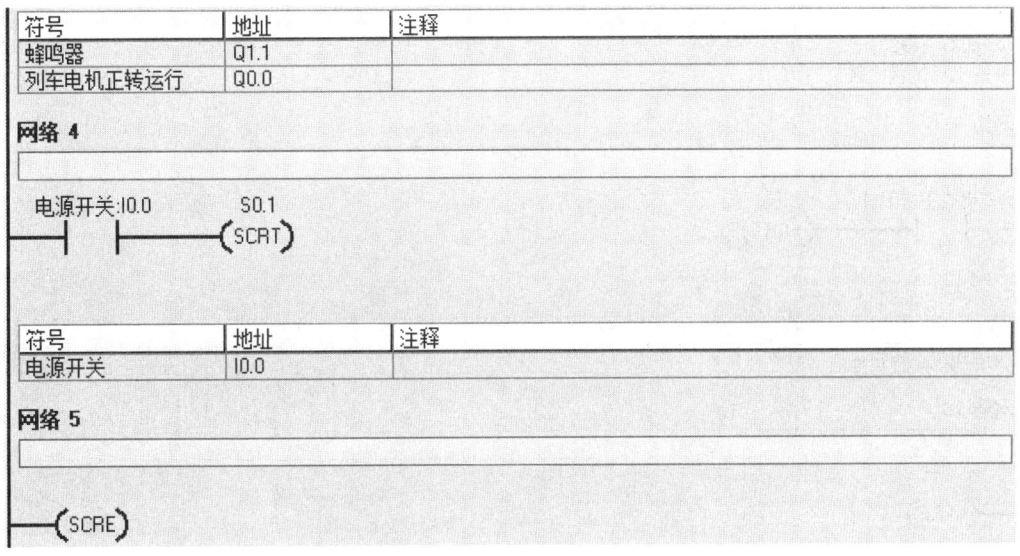

图 10-41　总电源开关的判断

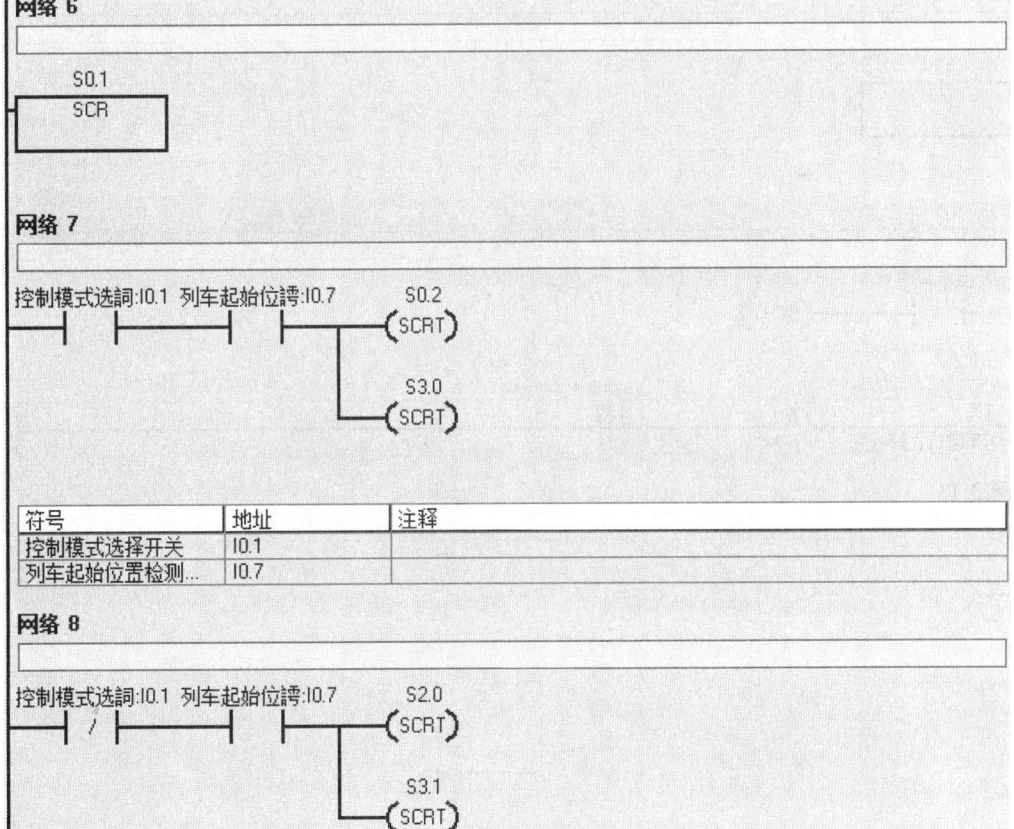

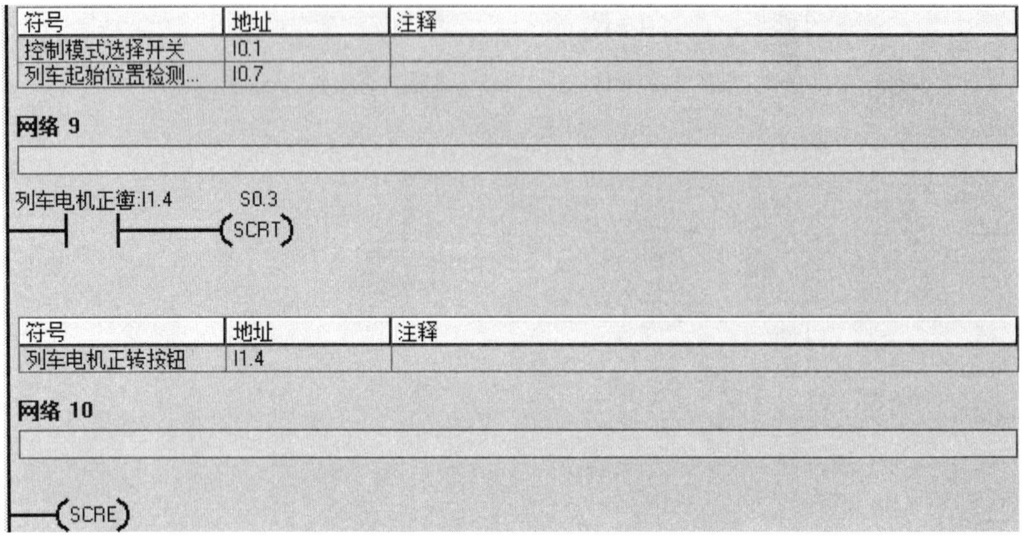

符号	地址	注释
控制模式选择开关	I0.1	
列车起始位置检测...	I0.7	

网络 9

列车电机正转:I1.4 S0.3
―| |――| |――(SCRT)

符号	地址	注释
列车电机正转按钮	I1.4	

网络 10

―(SCRE)

图 10-42 控制模式的判断

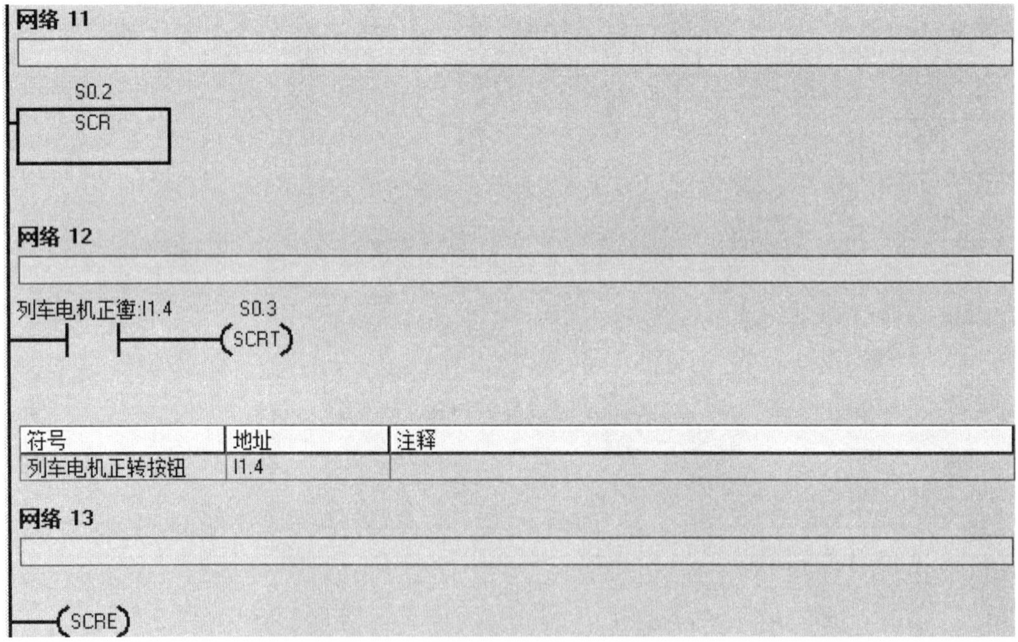

网络 11

S0.2
SCR

网络 12

列车电机正转:I1.4 S0.3
―| |――| |――(SCRT)

符号	地址	注释
列车电机正转按钮	I1.4	

网络 13

―(SCRE)

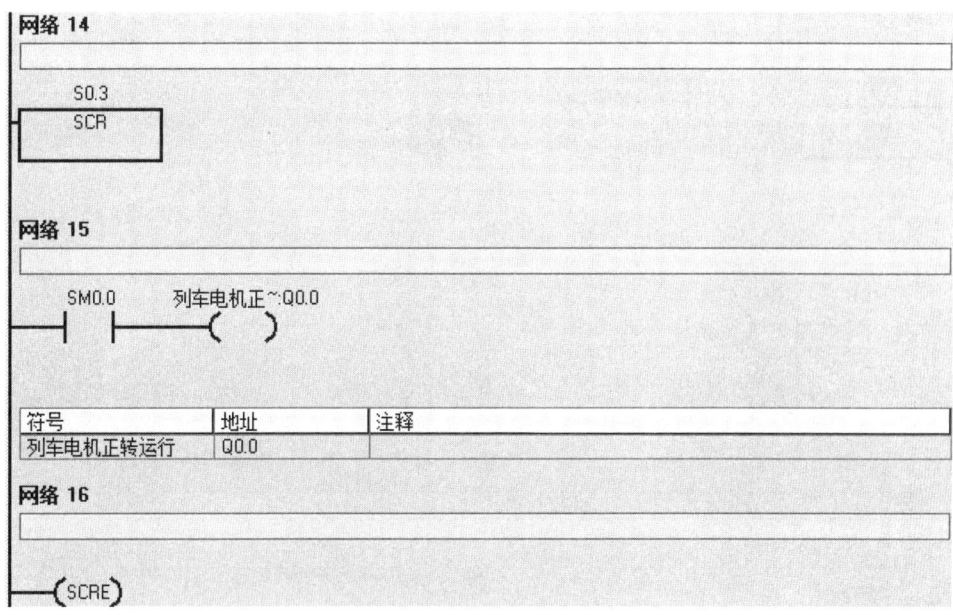

图 10-43 列车启动程序

（2）S0.3 执行，列车到达屏蔽门位置，位置开关 I1.1 闭合，电机不再正转运行 Q0.0，列车停止运行。程序导向步进 S0.4，按下屏蔽门开门按钮 I0.2，继续执行 S0.5，输出 Q0.3，即屏蔽门先匀速打开，蜂鸣器 Q1.1 输出。同时闭合屏蔽门降速点的检测开关 I1.2，输出 Q0.4，屏蔽门开始降速。当屏蔽门开启到达上限的时候，接通打开到位检测开关 I0.6，屏蔽门开门操作结束，如图 10-44 所示。程序接着执行步进 S0.6，用定时器 T37 实现屏蔽门开门时间 15 s 的延时，如图 10-45 所示。定时器计时结束后，执行 S0.7。

PLC 在地铁设备中的应用

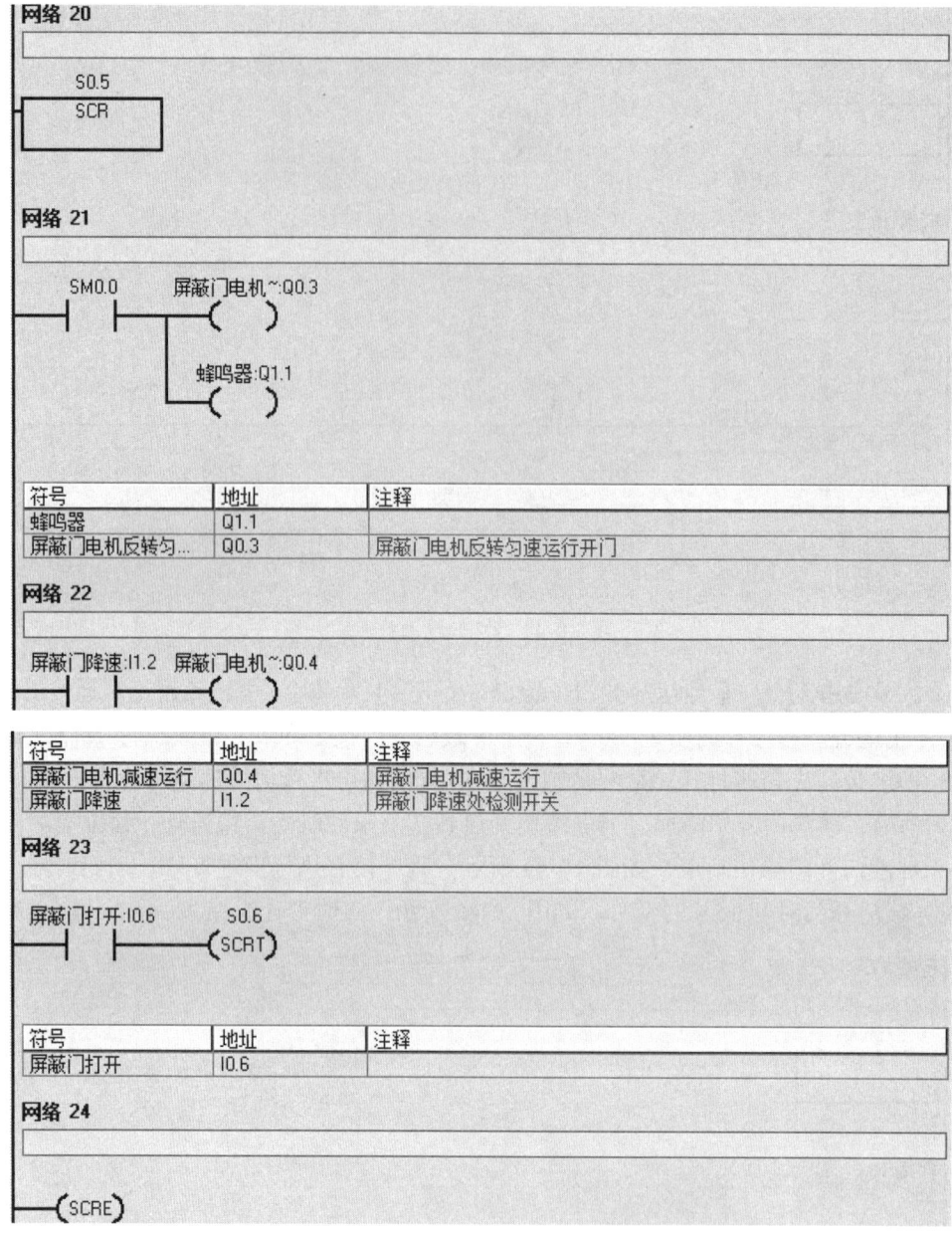

图 10-44　屏蔽门开门

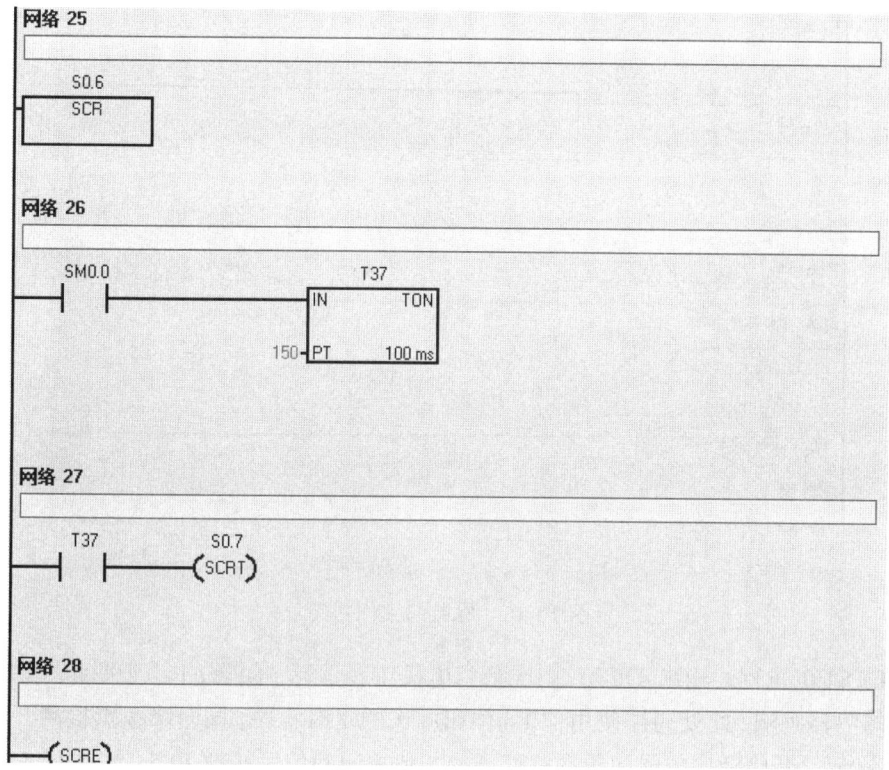

图 10-45　定时 15 s

（3）S0.7 执行，输出关门提示 Q1.0，这里对关门提示使用了 1 s 提示一次的定时程序。接着按下屏蔽门关门按钮 I0.3，执行 S1.0 的关门操作，如图 10-46。

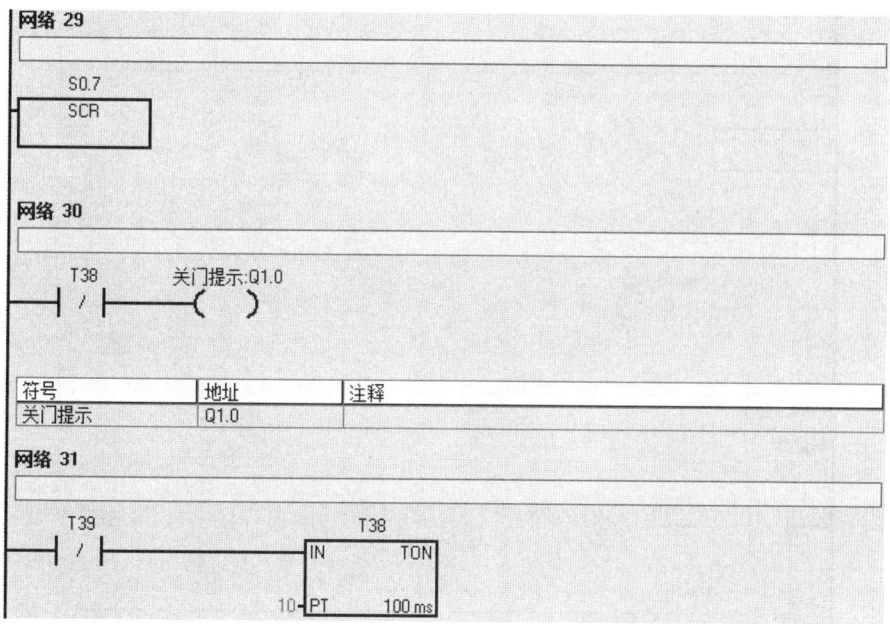

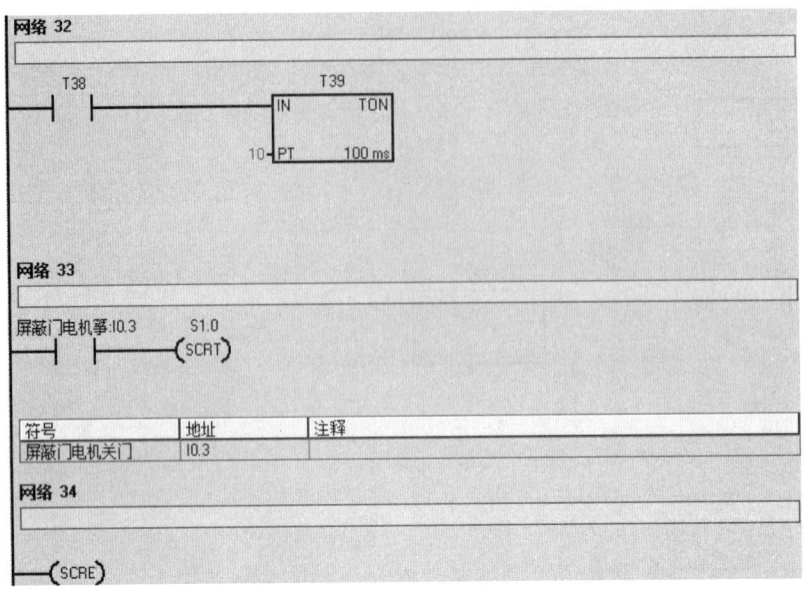

图 10-46 屏蔽门关门提示

（4）S1.0 执行，输出 Q0.2，则屏蔽门电机正转运行，屏蔽门匀速关闭，同时输出 Q1.1，蜂鸣器鸣响，此处同样使用了 1 s 输出一次的定时程序。同时降速点检测开关 I1.2 闭合，屏蔽门开始降速关门。若没有障碍物，则关闭到位后接通 I0.5，并执行 S1.3，关门操作程序结束，如图 10-47 和图 10-48 所示。此时，若红外线传感器检测到输入信号，表示有其他物体在屏蔽门之间，则自动执行防夹程序 S1.1，如图 10-49 所示。屏蔽门电机反转开门，同时蜂鸣器鸣响。在降速点降速开门，并在开启到位后停止运转。执行 S1.2，接通定时器 T42，实现 5 s 的开门延时。计时结束后，自动执行逻辑块 S1.0。

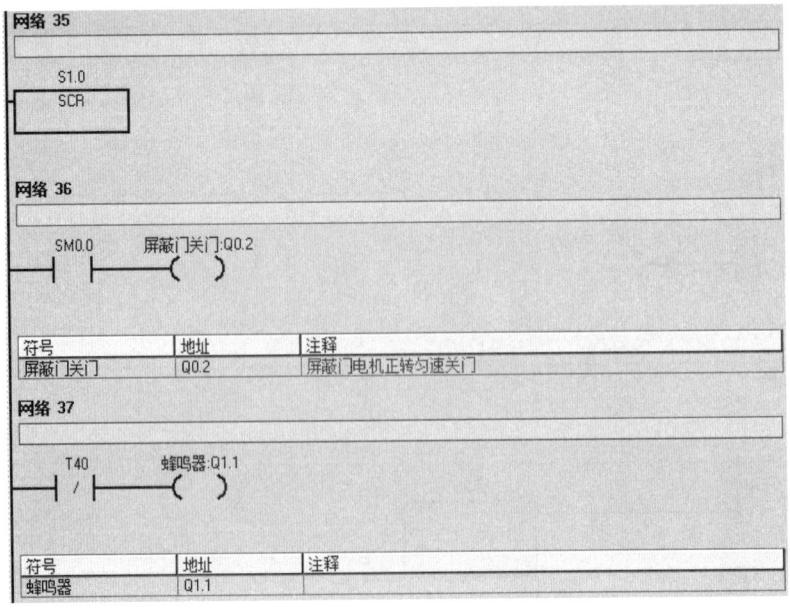

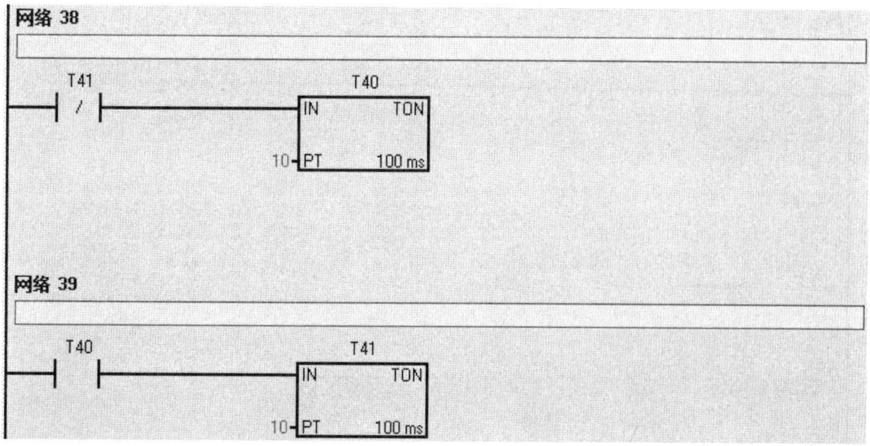

图 10-47 屏蔽门关门且蜂鸣

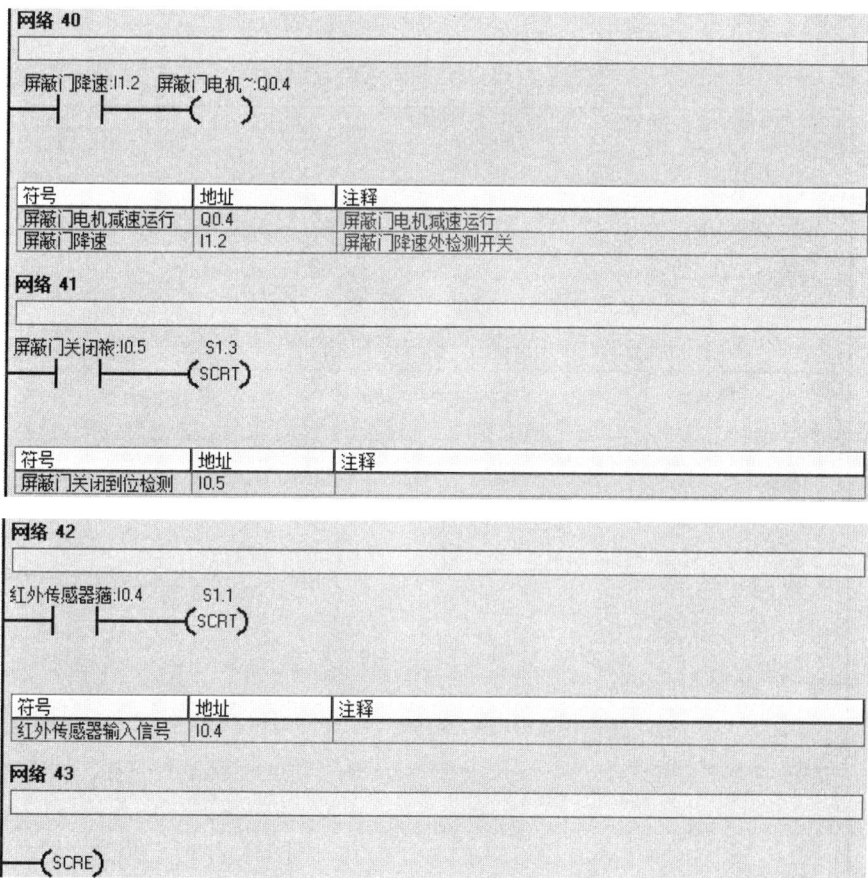

图 10-48 屏蔽门障碍物检测或关门结束

PLC 在地铁设备中的应用

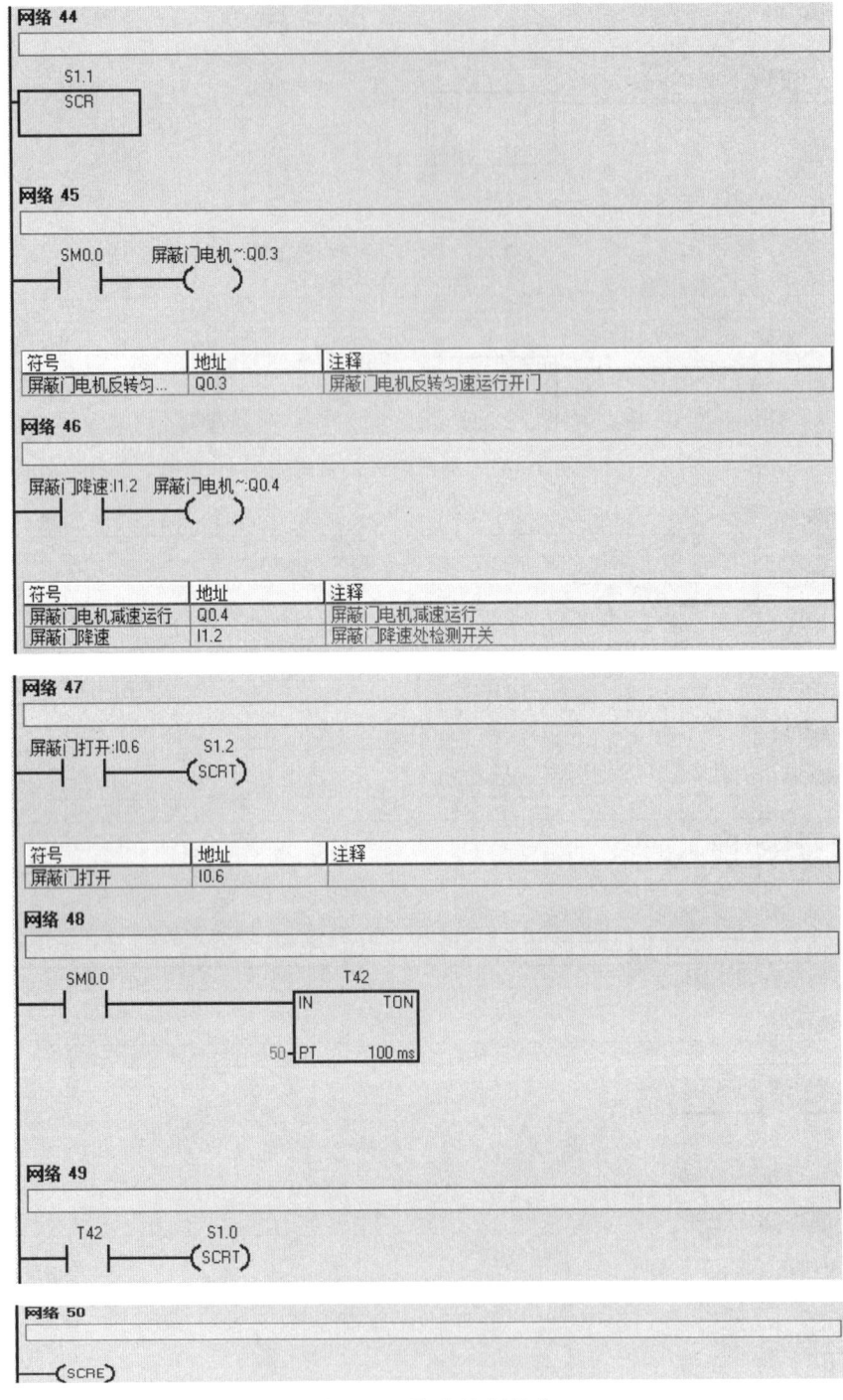

图 10-49　防夹控制程序

（5）S1.3 执行，接通定时器 T43，实现屏蔽门关门后的 3 s 延时等待。计时结束后，接通 Q0.0，列车电机再次正转运行，列车启动出发。列车到达最终位置以后，程序返回执行 S0.0，系统再次初始化，如图 10-50 所示。

第 10 章　PLC 在地铁车站中的应用实例

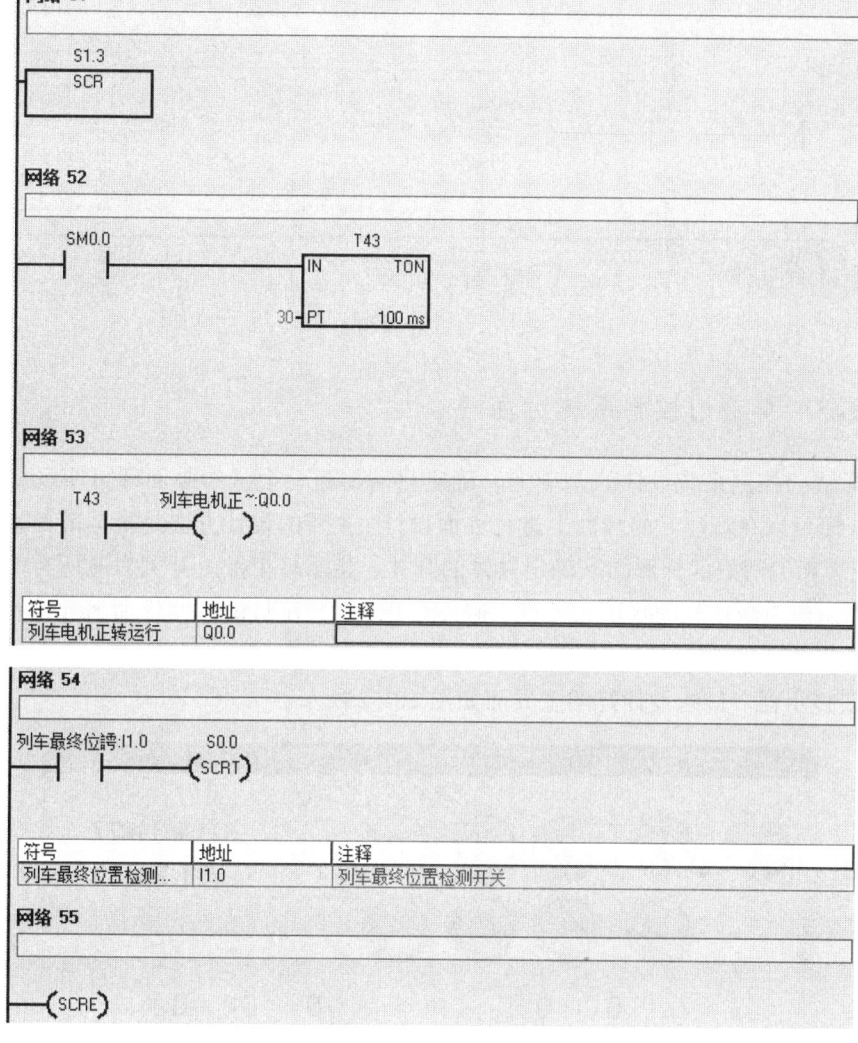

图 10-50　列车离开程序

5）系统级控制下的屏蔽门控制功能实现

系统级的开门操作、关门操作和防夹功能与车站级控制的程序基本相同，唯一不同的是，没有需要车站值班人员手动按下的屏蔽门开门、关门按钮，而是由系统检测到屏蔽门位置以后自动实现屏蔽门开门、关门操作。系统级的控制由逻辑块 S2.0～S2.6 实现。

6）故障报警

当车站级控制出现信号系统故障时，执行逻辑块 S3.0，系统及控制出现信号系统故障时执行逻辑块 S3.1。程序中，出现故障时，I1.3 被接通，输出故障报警 Q0.5，及时给车站工作人员发出报警提示，如图 10-51 所示。

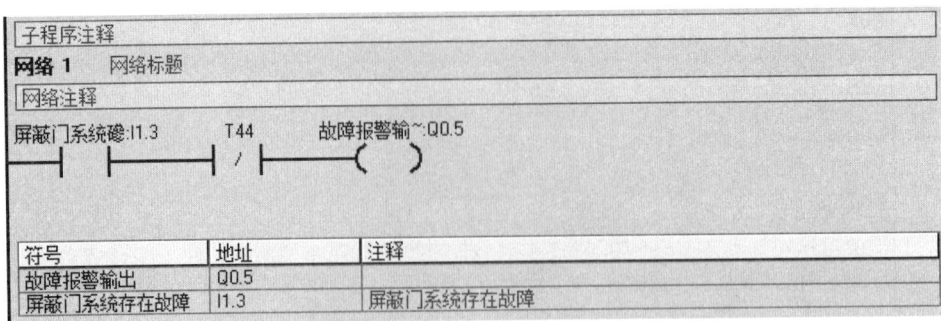

图 10-51　故障报警

10.3.5　屏蔽门控制系统仿真

在屏蔽门控制系统设计的基础上，确定只需新建一个基本画面即可实现触摸屏仿真，接着便可以在新建好的画面上进行界面设计。主要的设计方法是根据前面确定好的 I/O 分配表和编写好的梯形图来确定具体的开关、指示灯个数。开关对应所有的输入软元件，指示灯对应所有的输出软元件。通过对开关、指示灯的软元件命名和设置具体的文本、动作，完成最终的界面设计。除此之外，在需要进行定时的部分，也要使用相对应的数值显示器。最终设计好的主界面如图 10-52 所示。

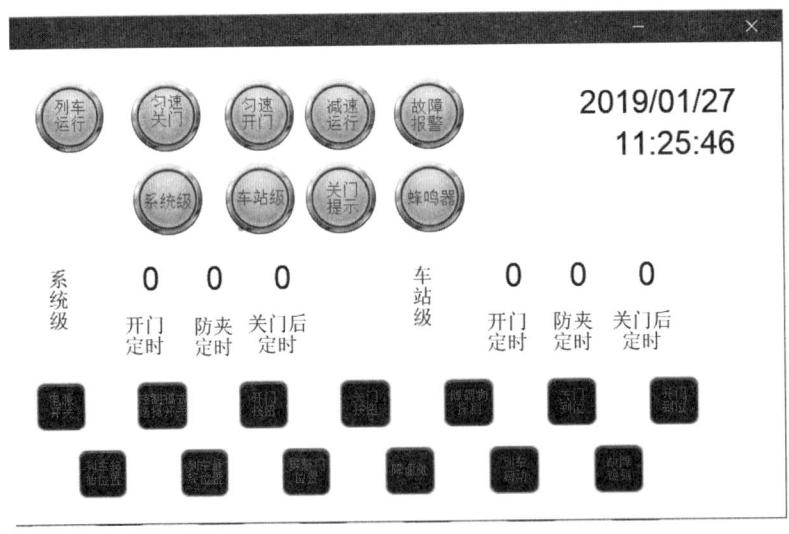

图 10-52　主界面

3. 界面仿真

运行威纶通触摸屏软件 EB8000，并将设计好的界面展示出来。

首先，点击"电源开关"，系统运行。不点击"控制模式选择开关"则进入系统级控制；点击则进入车站级控制。界面如图 10-53 和图 10-54 所示。

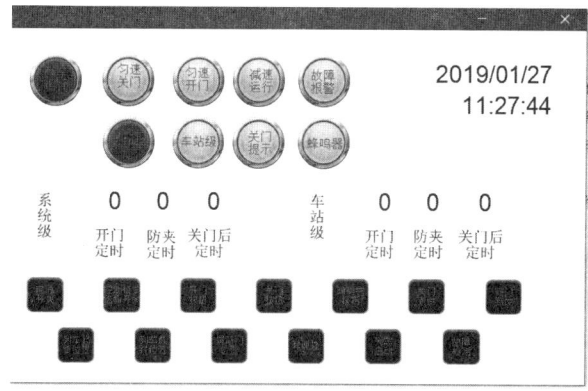

图 10-53　系统级控制

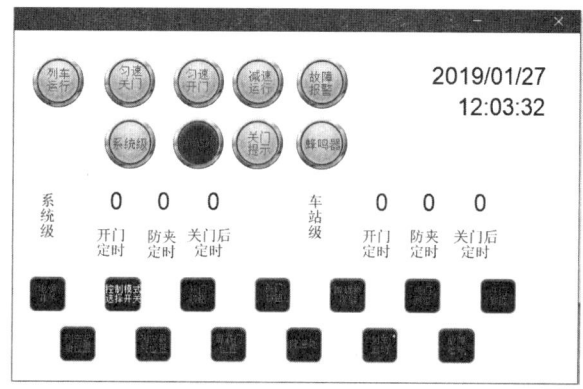

图 10-54　车站级控制

接下来以系统级控制为例,展示具体的界面仿真效果。当列车到达起始位置后,启动系统级模式,列车自动运行。到达屏蔽门位置后,点击"屏蔽门位置"按钮,屏蔽门匀速开门,且蜂鸣器响,开门操作如图 10-55 所示。到达降速点后,点击"降速处"按钮,屏蔽门减速运行,如图 10-56 所示。再点击"开门到位"按钮,系统进入开门定时 15 s,如图 10-57 所示。

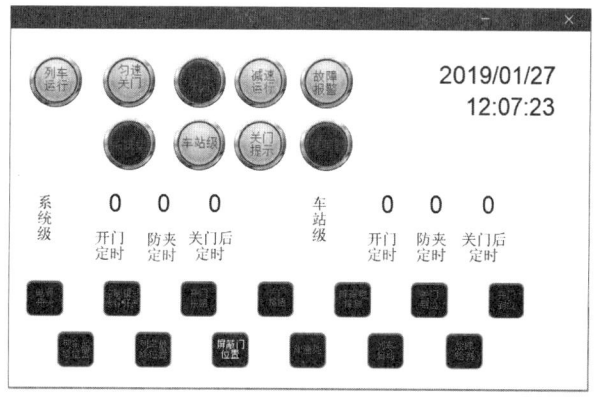

图 10-55　开门操作

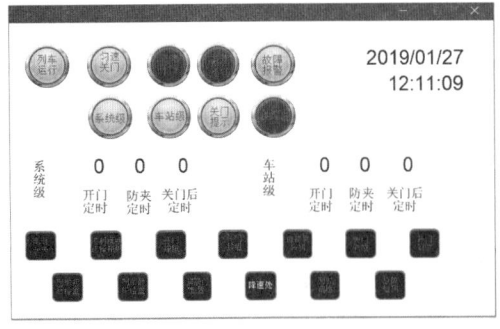

图 10-56 屏蔽门开门调速

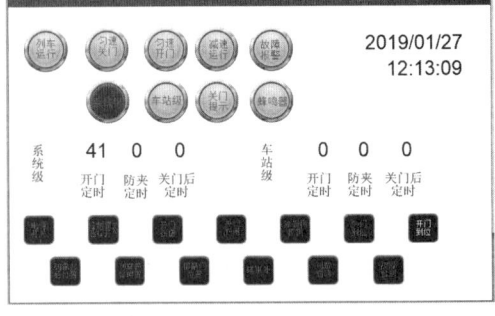

图 10-57 开门定时

15 s 倒计时结束后,屏蔽门自动匀速关门,且蜂鸣器鸣响,关门操作如图 10-58 所示。若点击"障碍物探测"按钮,则屏蔽门再次开门,且开门到位后进入防夹定时 5 s。防夹操作如图 10-59 和图 10-60 所示。定时结束后,系统再次进行关门操作,完成到位后进行关门后 3 s 延时计时,然后列车再次自动运行,界面如图 10-61 所示。

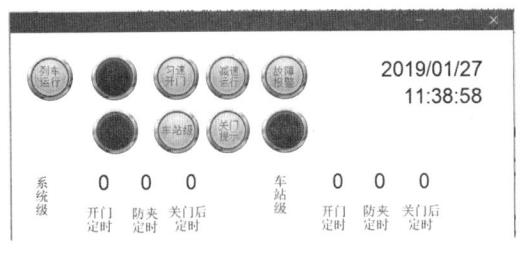

图 10-58 关门操作

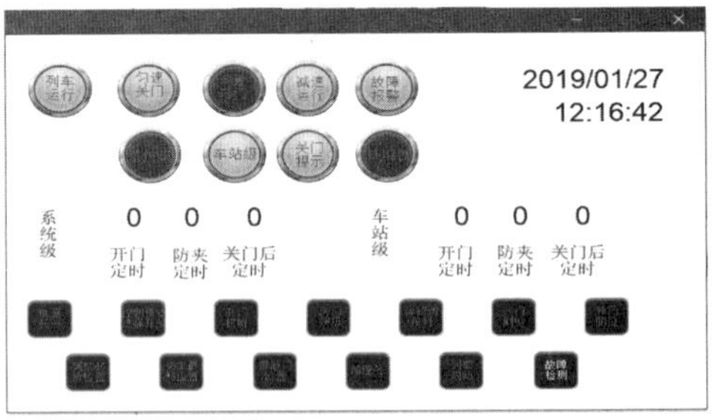

图 10-59 防夹操作屏蔽门开门

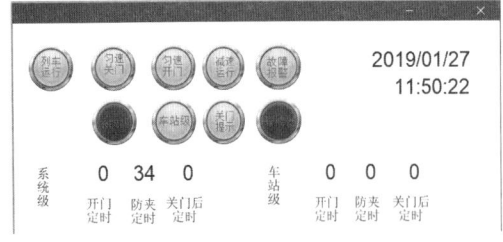

图 10-60 防夹操作定时 5 s

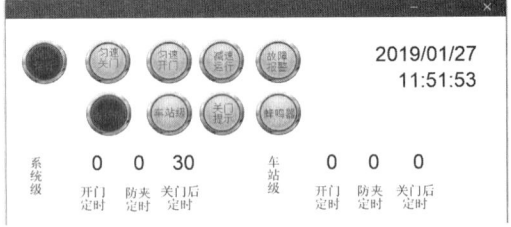

图 10-61 关门后延时

若按下"故障检测"按钮,则故障报警提示灯亮起,如图 10-62 所示。

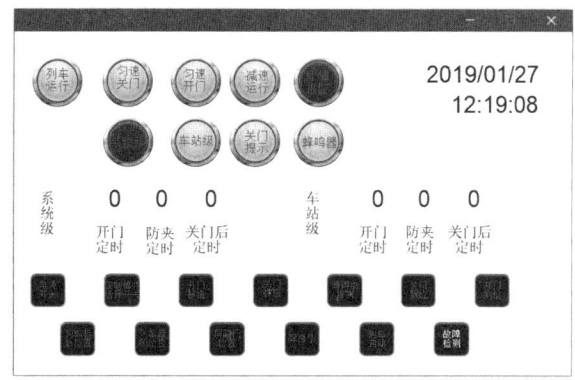

图 10-62 故障报警

10.4 基于 PLC 的地铁智能照明系统

10.4.1 地铁智能照明系统设计原则及控制方法

1. 照明系统的设计原则

车站各个区域的照度主要根据《工业与民用配电手册》《照明设计手册》《建筑照明设计标准》等法律文件中规定的要求，首先制定各个区域在实现智能照明的要求下所对应的照度表；然后根据车站各个区域的面积，模拟计算出每个区域要达到要求的照度所需安装的某一规格的灯具数量，以及灯具的布置方式；最后根据相关的计算公式，模拟分析智能照明前后的用电量，以及乘客对车站的满意度。

地铁车站的配电原则为：

（1）车站的主体照明由位于地铁站两端的低压配电室提供，每个配电室负责半个车站的照明用电。车站的每一层都配有两个照明配电室，每个配电室均配备两个总配电箱，一个作为日常的正常使用，另一个作为紧急情况下的备用电箱。两个配电箱的电源由变电所经过升降电压后直接提供。两个配电箱得到电能后，再输送到车站各个区域的分支配电箱，来提供灯具的照明用电。

（2）车站各区域的照明模式主要分为工作照明模式、节电照明模式、应急照明模式、停运照明模式。节电照明和工作照明根据每个车站该区域的空间布局来合理安排。根据《建筑照明设计标准》的要求，公共建筑设施中，节电照明和工作照明按 1∶3 来进行布置。

（3）车站配电室内的应急照明电源由配有大容量蓄电池的电源柜提供。在正常情况下，变电所两端 0.8 kV 的输电总线通过变压整流器对蓄电池进行日常充电，达到充满状态自动断电。当发生紧急情况时，日常的配电箱不能正常使用时，蓄电池通过逆变器及变压器进行整流放电，为车站提供 380/220 V 的交流电作为应急电源。

（4）与一般的民用建筑或其他的公共场所不同，地铁车站一方面建于地下，自然光无法进行照明，需要使用照明设备照亮，各个区域所需的照明亮度又不同；另一方面，地铁车站一天中人流量在不同时间是不同的，并且差距很大，所以必须实行分时段分区域的智能照明。我国交通部门根据北京、上海等一些轨道交通发展比较成熟的城市，制定了更为人性化、智能化的法律规范，如《地铁设计规范》（GB 50157—2006）、《民用建筑电气设计规范》（GJ 16—2010）、《照明设计手册》《建筑照明设计标准》《工业与民用配电手册》等，但是以上提及的规范手册是参考北京、上海这样的大型城市轨道交通来进行设计的，给出的设计方法及灯具的布局方式对于一般的二、三线城市可能契合度不高。所以，不能根据这些规范具体计算其他城市的地铁车站不同区域的照明亮度，必须进行科学的数据调查，建立在科学数据的基础上得出计算方法。这才是设计智能系统的完美依据。

2. 智能照明控制方法

1）智能照明的背景

表 10-5 所示为某城市地铁车站各个设备耗能所占比例。

表 10-5　某车站耗能比例

负荷级别	设备名称	设备负荷/kW	所占比例/%
一、二级负荷	环控设备	325	47.8
	物业照明	65	2
	应急照明	20	1
	公共区照明	31	12
	区间照明	3	6
	设备房照明	4	4
	泵类	17	2.7
	自动扶梯、电梯	7	12.5
	自动售检票	20	5
	交流屏	40	3
	卷帘门	4	2
	气体灭火	10	2
三级负荷	广告照明	90	60
	清扫	10	10
	区间检修	30	10
	检修	20	20

从表中可知，照明设备所占的比例相当巨大，在一、二级负荷中占据了 25%，在三级负荷中，广告照明占据了 60%。

最初的地铁照明是为乘客和员工提供一个安全的工作和乘车环境，但随着经济的发展，随着智能系统的不断引入，照明系统不仅仅需要实现安全照明，还要为工作人员和乘客提供一个舒适的工作和乘车环境。地铁照明负荷作为车站动力照明负荷的重要组成部分，约占总用电负荷的 25%～30%，每座车站在 400 kW 左右。一年下来，一个城市因地铁照明而耗费的电量是极其巨大的。因此，地铁照明在节能及舒适方面的问题日益得到社会各界的重视。

在轨道交通发展初期，为了节约车站的运营成本，提升照明质量，地铁照明普遍采用 BAS 控制系统对照明灯具进行控制。但 BAS 控制系统单一的时间控制与区域控制模式只能实现最基本的照明，无法实现复杂的照明要求，更无法满足节能环保、维护改造方便、功能多样与控制灵活的要求。所以，智能系统必须达到这些要求，进而有效提高车站照明系统的控制和管理水平，这样不仅能使照明质量有一个质的飞跃，同时节能效果也将十分明显，最终将逐步取代传统的照明系统。

2）实现智能系统的方式

本设计采用基于西门子 S7-200 系列 PLC 的智能照明系统。西门子 S7-200 系列 PLC 因为其体积小、存储容量大、运算速度快等优点，被大量运用于工程实例中。S7-200 系列 PLC CPU224XP 的实物如图 10-63 所示。

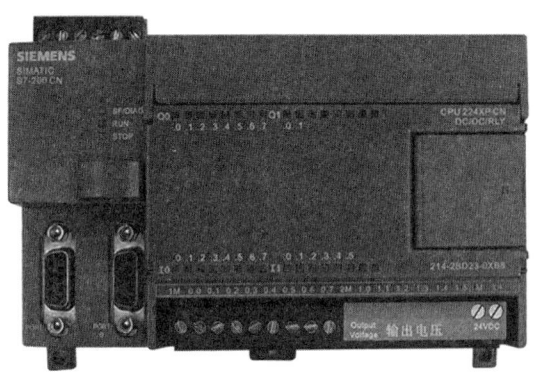

图 10-63　西门子 S7-200 PLC 实物图

西门子 S7-200 系列 PLC 编程软件为 MicroWIN，可以使用梯形图语言进行编程，并能在线监控，它功能强大，非常直观。图 10-64 所示为编程软件的操作界面。

PLC 在地铁设备中的应用

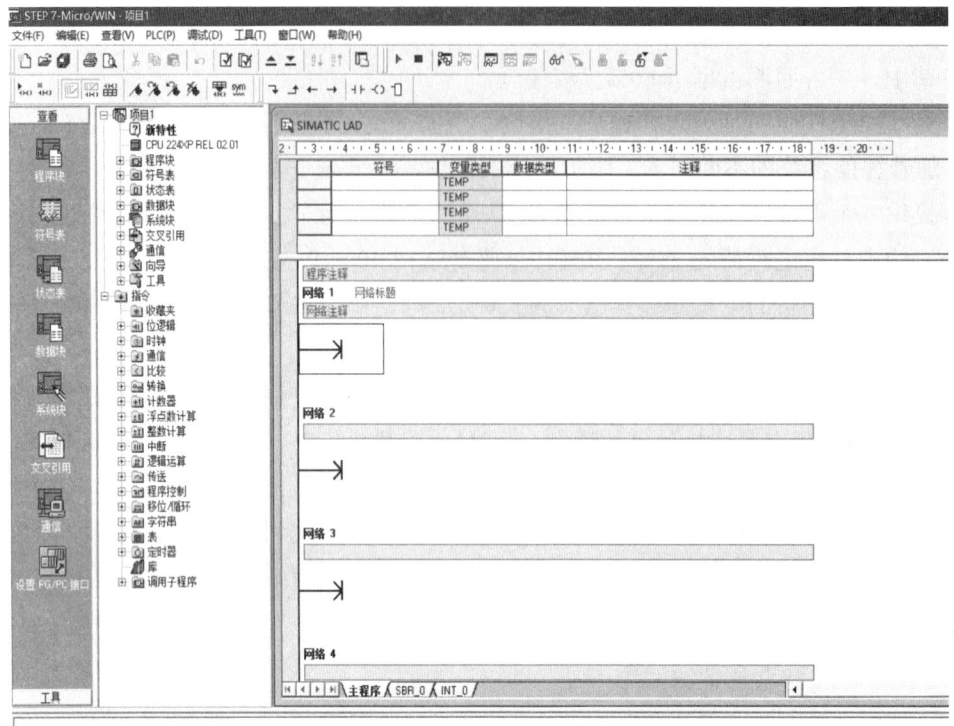

图 10-64 MicroWIN 编程软件的操作界面

3. 车站照明设备布局与控制模式

照明布局主要分为：车站出入口处、车站站台层、车站站厅层、广告照明和应急照明。控制模式分为：全开模式、节电模式、火灾模式、打扫模式、停运模式，以及备用模式。

1) 全站照明设备布局分析

图 10-65 所示为车站内照明设备的布局区域。

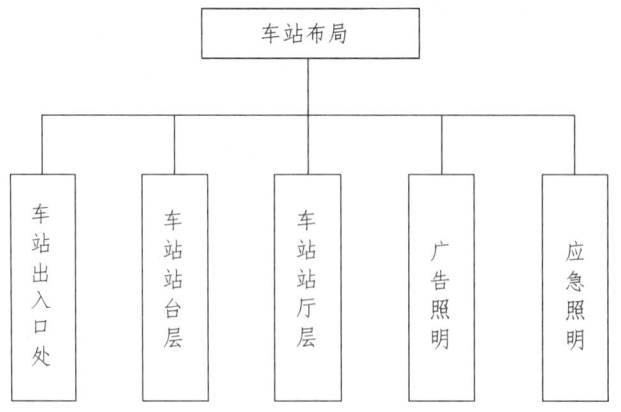

图 10-65 车站照明设备布局区域图

车站出入口处：以上海地铁站为例，在地铁站出入口处安装光线传感器，当白天阳光充足时，光线传感器受到感应将信号反馈至系统终端，终端根据接收到的信号结合车站区域照度分析表自动减弱照明设备的亮度。特别是在上午九点到下午两点之间，自然光的照射基本可以满足车站出入口处所需的照度，所以出入口的照明装置基本上只开启五分之一甚至全部关闭。而在下午两点之后，因为阳光减弱，光线传感器受到感应，将信号传送回终端，终端将自动增强灯具的亮度，特别是在下午五点以后，太阳光线基本消失，出入口处会自动开启全部照明设备，并且将照明强度调至较亮的状态。

车站站台层：站台层是乘客候车及换乘的聚集地，因此是整个地铁站中照明时间最长、照明亮度最复杂的公共区域，此区域对照明设备的使用寿命、发光效率要求极高。还是以上海地铁二号线为例，站台层中安装了智能照明系统，早晚高峰时间段内，站台层的照明设备会全部开启，系统将照度自动调节至 150 Lx，该照度的光线符合人眼的最佳亮度。而在非高峰时间内，站台层中的智能照明装置将自动关闭三分之二的照明设备，并且会将灯具的亮度降低三分之一左右，这样可以有效节省地铁站的照明用电量。根据最近几年上海二号线的耗能分析显示，在使用智能照明系统之后，地铁车站的耗能量比往期减少了近 30%。此外，智能照明还延伸到列车的隧道中，列车进站时列车前方的灯会自动逐渐开启，亮度会随着列车的驶入逐渐变亮，在列车停稳的那一刻达到最大值，大约在 200 Lx 左右。这样既能够方便乘客在足够明亮的状态下完成上下车，也能够产生一定的提示效果，提醒乘客列车到站。在列车驶出车站后，隧道内的照明设备将自动降低 70%的亮度，实现真正的安全节能。

车站站厅层：站厅层主要实现一个过渡的作用，乘客在这购买车票，进行安检、换乘、中转休息或短暂停留。站厅层提供各种导向标识来引导乘客乘车，其对照明亮度的要求更高。以广州地铁站为例，在广州地铁的站厅层中，所有的照明设备一律为 LED 照明灯具，并且在安装后的 10 年内没有进行过任何维护，照明设备的使用周期很长。与上海地铁站台层相同，广州地铁站的站厅层也采用分时段的照明模式，在高峰时段，照明设备全部开启，照度自动调节至 140 Lx，在非高峰期时段，站厅层的中的照明系统仅仅开启三分之一的照明设备。另外，站厅层作为一个指引乘客乘车的功能区，安装了许多智能指示灯，用于提醒乘客方位和导向。这些指示灯按照交接式布局，不仅有效延长了照明时间，还能够让车站中的乘客迅速找到指示方向牌，并根据提示完成列车换乘。

广告照明：在地铁行驶的隧道及站台站厅中，有很多广告牌需要提供灯光照明。这一方面可以让广告公示牌变得更为醒目，另一方面可以适当增加乘客旅途的趣味性。广告照明一般在车站开始运营时开启，在晚上列车停运时关闭。此外，广告照明只需要在开启初期调整到适当的亮度，不需要后续调整，所以不需要智能照明来进行控制。

应急照明：应急照明指在应急模式下需要开启的灯光已经在平时进行指引乘客的一些灯具，在应急模式下，一般不需要开启全部的灯具，这样可能在某种程度上增加事故带来的经济损失，平时的一些指引乘客的灯具只需要保证全天开启即可，同样不需要智能照明控制系统的控制。

4. 车站照明系统的控制模式

车站的照明系统一般由以下几种模式组成：全开模式、节电模式、火灾模式、打扫模式、停运模式，如图10-66所示。

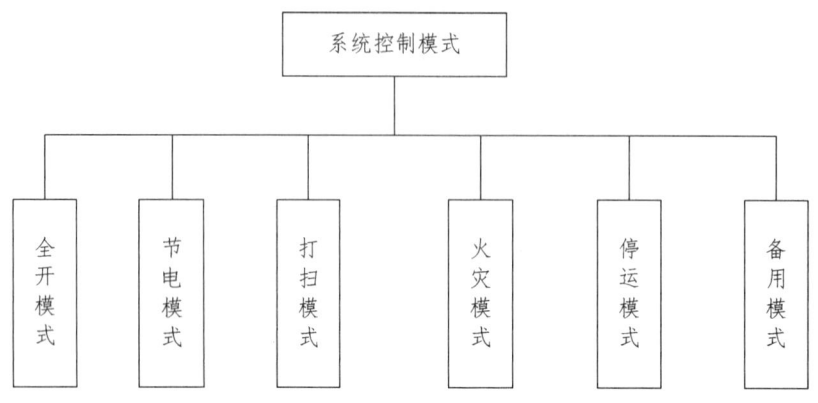

图10-66 照明系统运行模式

全开模式：在早晚高峰期间，人流量较多，车站较为拥挤，并且早晚高峰期间外界亮度也较低，所以此时车站需要加大照明亮度，提高乘客的可见度，增加乘坐舒适度。

节电模式：在早高峰前期、早晚高峰之间，以及晚高峰至停运期间，人流量较少，此时不需要较高的照明亮度，所以只需要开启部分灯具。

火灾模式：当发生火灾时，经系统终端的计算机室确认后，强制断开非消防电源，同时自动启动报警装置、火灾应急照明灯和疏散指示灯，全站进入火灾模式。火灾模式下，智能照明控制系统只能启动消防照明灯具，其他照明设施及其他用电设备均无法启动。火灾模式下，广告照明全部切断，车站工作照明延时切除。该模式在火灾及平时需要演习时开启。此外，平时都应每天打开检查，有任何问题应及时更换。

打扫模式：每天晚上十一点过后，车站停运，清洁工人进行卫生打扫，此时只需要提供部分灯光即可，避免造成浪费。

停运模式：在清洁工人打扫完成之后，进入停运模式，此时可以将大部分灯光关闭，仅留下少部分灯光供巡逻人员进行日常巡查。

10.4.2 地铁智能照明系统照度计算机灯具选型

1. 灯具选型及数量计算

1) 照明灯具的选型

在计算车站各区域照度之前必须了解市面上主流灯具的一些基本参数，这样在设计时，才能运用精确的数据计算出最佳的方案。表10-6所示为主流生产厂家提供的照明灯具特性表。

表 10-6 照明灯具特性表

序号	照明器种类	每盏光源数量	初期输出/Lm	每盏耗电量/W
F1	TL5 荧光灯支架	1×28 W	2400	31
F2	TL5 荧光灯支架	2×28 W	4800	62
F3	荧光筒灯	1×18 W	1900	27
F4	荧光筒灯	2×18 W	3800	54
F5	荧光筒灯	3×26 W	5400	86
F7	TL5 荧光灯支架（防水型）	2×28 W	4800	62
F8	TL5 荧光灯支架	1×14 W	1200	16
F9	TL5 荧光灯支架	1×21 W	1800	23
R1	TL5 荧光灯盘	1×18 W	1900	27
R2	TL5 荧光灯盘	2×18 W	3800	54
R3	TL5 荧光灯盘	1×28 W	2400	62
R4	TL5 荧光灯盘	2×28 W	4800	62

以上给出的 12 种灯具参数，基本涵盖了车站设计时可能需要的灯具类型。F 系列的灯具为支架类的灯具，适合安装在广告照明等区域，其特点是光束集中，功率小；R 系列的灯具属于盘形灯具，适合安装在稍隐蔽的地方，如办公室或其他区域的天花板内，其特点是照明更为均匀，安装在平面内部，显得更为美观。在设计之前，要充分考虑各个房间的装修风格以及需要实现的功能，从实际出发，选取合适的灯具类型。

2）灯具数量的计算

表 10-7 所示为车站各处所需的灯光亮度，从表中可知，由于位置不同，需要实现的功能不同，各个功能区对照明参数的要求也各不相同。

表 10-7 车站各处所需灯光亮度

序号	场所	平均照度/Lx	应急照明/Lx	照明密度功率值/(W/m^2)	参考平面
1	出入口、通道及楼梯	150	10	≤6.5	地面
2	车站站厅层、站台层	150	10	≤6.5	地面
3	售票机、闸机	200	15	≤9	工作面
4	站内楼梯及自动扶梯	200	20	≤9	地面
5	车站屏蔽门处	200	10	≤9	地面
6	车站控制室	300	300	≤11	工作面
7	站长室	200	100	≤9	工作面
8	电控室、配电室	200	200	≤9	工作面

9	各种机房	100	5	≤4	工作面
10	管理用房	100	5	≤4	工作面
11	洗手间	50	—	≤4	地面
12	区间隧道	3	3	—	平面或地面
13	道岔区	10	—	—	轨道平面

车站内各区域所需布置的灯具数量由式（10-1）决定：

$$N = \frac{(L \times W) \times Lux}{UF \times MF \times Lm} \quad (10\text{-}1)$$

式中，N——灯具的数量（个）；

L——房间长度（m）；

W——房间宽度（m）；

Lux——要求照明度（Lx）；

UF——利用系数；

MF——维护系数；

Lm——灯具输出流明（Lx）。

由式（10-1）可以看出，要计算出灯具布置数量（N），则首先需要获得房间的长、宽、要求照度等基本参数，以及灯具的输出流明资料，再计算得出灯具利用系数（UF）、维护系数（MF），因此照明模拟计算模型的设计步骤如下：

（1）填写房间的长度、宽度等数据。

（2）根据房间类型查表得照度要求值。

（3）计算室形指数。

（4）计算利用系数。

（5）计算维护系数。

（6）计算所需照明度。

（7）计算应急照明度。

（8）根据最后得出的结果进行验算。

2. **参数计算**

1）利用系数的计算

利用系数是指接收平面接收或经其他平面相互反射接收的光通量与光源发射的额定光通量之比，它是衡量灯具光强分布、灯具效率、房间表面反射系数与房间几何特征的重要标准。照明计算中利用系数的计算是必不可少的，是本设计中计算车站各个区域安装照明设备数量的重要参数之一。在过去对于灯光的设计中，一般不会计算利用系数，只需要取大概的数值，通常为 0.6～0.7 的某个数值。这种取值方法简单直接，但准确度却远远不够，根据这样的取值方法做出的灯光设计要么照度过高，要么照度过低，很难设计出完美的灯光。此外，利用系数还可以通过查询灯具生产厂家提供的每种灯具自己的光度参数表得到，这种方法能够得到灯具精确的利用系数。但由于地铁车站建设的特殊性，以及人流量的时段性，一味地根据生产厂家提供的利用系数表查询灯具的利用系数无法满足智能照明的要求，主要原因主要有以下几点：

（1）地铁车站建于地下，无法保证房间的规则性，并且由于设备较多，房间数量也多，而厂家提供的系数表太过局限，无法满足所有情况。

（2）查询表只能给出某些特定房间面积的利用系数，若房间面积处于两者之间，或不在查询表所给出的范围内，则无法查询到精准的数据

（3）地铁各个功能区分工明确，有明确的界限隔开，各个区域对于照明的要求不同，不能一概而论，每个区域必须有自己专门的数据，所以不能一味地参考厂家提供的系数表，在某些特定的情况下必须进行专门的计算。

在确定了灯具的型号之后，相关的计算中关于光通量的数据可以通过灯具生产厂家提供的说明书查得。但是某些情况下，利用系数必须通过计算来获得，不能随意取值，否则无法做出准确的计算。同时，利用系数与房间的形状、面积、层高、墙面及天花板对光的反射率密切相关。在建筑设计中，房间的面积及形状用室形指数来表示，其符号为 RI。利用系数与室形指数成正比例关系。在利用系数的计算过程中，因为不同的墙体或者天花板对利用系数有不同的影响，所以必须根据灯具生产厂家提供的资料将不同的墙体对应的反射比分别进行计算，以达到精准的照度设计。以下建立对应的天花板、墙面和地板的反射比，通过不同房间的长、宽数据以及反射比数据，可计算得出各自的室形指数值。表 10-8 为根据 R4 灯具针对不同的天花、墙面反射比值所对应的室形指数表。

$$RI = \frac{L \times W}{H \times (L+W)} \qquad (10\text{-}2)$$

式中，RI——室形指数；

L——房间长度；

W——房间宽度；

H——房间高度。

表 10-8 R4 灯具针对不同的天花板（C）、墙面（W）、地板（F）反射比值所对应的室形指数表

反射比			室形指数								
C	W	F	0.75	1.00	1.25	1.50	2.00	2.50	3.00	4.00	5.00
0.7	0.5	0.2	0.45	0.54	0.58	0.60	0.64	0.67	0.68	0.70	0.72
	0.3		0.34	0.42	0.48	0.53	0.60	0.65	0.69	0.74	0.78
	0.1		0.29	0.37	0.43	0.47	0.55	0.60	0.64	0.70	0.74
0.5	0.5	0.2	0.36	0.43	0.48	0.52	0.58	0.62	0.64	0.68	0.71

			0.30	0.37	0.42	0.47	0.53	0.57	0.60	0.65	0.68
	0.3		0.26	0.33	0.38	0.42	0.48	0.53	0.56	0.61	0.65
	0.1										
0.3	0.5	0.2	0.30	0.37	0.42	0.45	0.49	0.53	0.55	0.58	0.60
	0.3		0.26	0.33	0.37	0.40	0.45	0.49	0.52	0.56	0.58
	0.1		0.23	0.29	0.33	0.37	0.42	0.46	0.49	0.53	0.56
0	0	0	0.17	0.22	0.25	0.28	0.32	0.35	0.37	0.41	0.43

建立灯具的利用系数表，不但能够大幅提高在照明设计中利用系数的取值精度，而且不再需要翻阅厂家提供的灯具说明书，这样一方面大幅度提高了照明设计速度，另一方面也提高了设计中计算的精度。

2）维护系数的计算

由于地铁属于地下运行，客流、列车来往相对密集，特别是在北京、上海这样的大型城市，经过长时间使用的灯具，在公共区和各个设备用房作业面上的照度会逐渐降低。这不仅是由于光源本身输出的光通量减少，更是由于灯具的老化进而引起的透光率下降。同时，虽然有屏蔽门的阻挡，但灰尘等细小的漂浮颗粒仍然存在，这些悬浮颗粒导致了灯具输出的光通量和室内墙体等工作面对光的反射率的降低。

在计算中，维护系数需要考虑的因素主要为以下几点：

（1）在长时间的使用后灯具防尘罩表面积聚的灰尘。

（2）灯具使用的时间导致灯具的发光效率降低。

（3）房间内墙体等作用面上的灰尘对光的反射率的影响。

维护系数 MF 的计算公式如下：

$$MF = LLMF \times LSF \times LMF \times RSMF \tag{10-3}$$

式中，$LLMF$——光源的光通维持率系数；

LSF——光源的使用寿命系数；

LMF——灯具的维护系数；

$RSMF$——房间表面维护系数。

其中，$LLMF$ 是灯具在使用期间的某个特定时间点的光通量与初始光通量之比，随着时间的推移，比值会逐渐减小。LSF 表示在一个时间段内连续工作的灯具数量与灯具总数的比值，在通产的计算中 LSF 取值为 60%。

在《室内工作场所的照明》中有以下条例：设计照明方案时应针对选用的照明设备、空间环境和确定的维护方案计算出总体的维护系数，并且该系数值不能小于 0.7，在其他一些特殊的地下场所，如地下停车场等，由于长期通风不良、空气较脏导致灯具较脏，所以这些场所灯具的维护系数应该适当地调高。结合地铁车站的特殊性以及其自身特点，地铁车站中灯具的维护系数一般不进行计算，均取值 0.8。

3）照度计算

照度的单位为勒克斯（Lux 或 Lx）：其含义指 $1\ m^2$ 的面积上能够接受可见光的光通量，它的取值一般为在工作平面上一段时间内的平均值。在设计其他的建筑物时，设计师一般都会参考《照明设计手册》，该手册中包含了各种常规的建筑物的标准。地铁由于无法采用自然光，所以略显不同。地铁车站对于照度的计算往往是结合《照明设计手册》及《地铁设计标准》两本规范，最终得出地铁车站照度表，如表 10-9 所示。

表 10-9 地铁车站照度标准表

场所	参考平面及其高度	照度/Lx	统一炫光限值（UGRL）	显色指数（Rs）
出入口门厅/楼梯/自动扶手	地面	150		80
通道	地面	150		80
站内楼梯/自动扶梯	地面	150	19	80
售票室/自动售票机	台面	300	19	80
检票处/自动检票口	台面	300		80
站厅（地下）	地面	200	22	80
站台（地下）	地面	150	22	80
办公室	台面	300	19	80
会议室	台面	300	19	80
休息室	0.75 m 水平面	100	19	80
盥洗室、卫生间	地面	100		60
行车/电力/机电/配电等控制室或综控室	台面	350	19	80
变电/机电/通号等设备用房	1.5 m 垂直面	150	22	60
泵房、风机房	地面	100	22	60
冷冻站	地面	150	22	60

该表格作为各种公共区、设备用房的照度标准、统一眩光值标准和显色指数标准。通过表格可知，不同功能区要根据自身需要实现的功能和所处位置进行综合考虑。

此外，地铁在平时是市民的出行交通工具，但是在特殊时刻，地铁站也是人防工程的重点区域。因此在设计车站的照明时，不仅要考虑到为乘客和车站员工提供舒适的照明环境，同时也要为战时或火灾等应急状况设置专门的应急照明模式。同样，与正常的照明设计相同，也要考虑应急状况下的照度，并适当采取部分特殊灯具。

3. 照度计算

1）室形指数的计算

以某城市地铁 6 号线东明路站为例进行计算分析，车站为地下两层岛式站，全长

147.65 m，车站总面积 10 427.79 m²。车站设置 3 个出入口通道。在此选取东明路站站厅层 A 区的某一公共区的照明配电设计为例展开说明。该车站为了保证日常的正常运营，在该区域安装了 20 盏 R4 型 LED 灯，该站厅层公共区的基本资料如下：

长度：L = 15.3 m；

宽度：W = 4.9 m；

照明器安装高度：2.3 m；

相对高度：2.3 − 0.8 = 1.5 m。

房间面积：

$$A = L \times W = 15.3 \times 4.9 = 74.97 \ (m^2) \quad (10\text{-}4)$$

室形指数：

$$RI = \frac{L \times W}{H \times (L \times W)} = \frac{15.3 \times 4.9}{1.5 \times (15.3 + 4.9)} = 2.47 \quad (10\text{-}5)$$

2）灯具盏数的计算

因为常规的地铁车站公共区装修风格均为吊顶的形式，所以为了美观且照明均匀，灯具的类型要采取嵌入式的安装方式，选取 R4 照明灯具。由上述的照明灯具特性表中 R4 照明器资料可得：

照明器种类：TL5 荧光灯盘；

安装方式：嵌入；

灯泡数量：2 × 28 W；

光源输出流明：4800 Lm；

功率：62 W。

由上述照明灯具对应室形指数特性表可查，R4 在室形指数为 2.0 时对应利用系数为 0.64，在室形指数为 2.5 时对应的利用系数为 0.67，由于车站控制房间的室形指数为 2.41，根据取值法可得：

利用系数：UF = 2+（2.5 − 2）×（2.41 − 2）/（2.5 − 2）=0.64。

维护系数根据上文取值 0.8。

东明路站控制数所需照明器的数量公式为：

$$N = (L \times W) \times \frac{Lux}{UF \times MF \times Lm} \quad (10\text{-}6)$$

式中，N——照明器数量；

L——房间长度；

W——房间宽度；

Lux——所需照明度；

UF——利用系数；

MF——维护系数；

Lm——灯具输出流明。所以所需的照明器数量为：

$$N = 15.3 \times 4.9 \times \frac{350}{0.66 \times 0.8 \times 4800} = 10.3 \approx 11$$

相比于传统的照明系统，在灯具数量上节省了 9 盏灯具。此外，智能照明属于分时段开启，所以结合上文，智能照明系统的用电量大约是传统照明系统的一半。

4. 节能计算分析

在地铁站传统的照明设计中，车站每层两端的配电室都设有照明配电箱，配电箱通过安装接触器与 BAS 系统连接以实现控制照明系统的功能。当 BAS 系统被智能系统替代以后，因为智能系统内部属于独立的一部分，所以内部的接线只需要通过总线形式，代替原来的 BAS 系统连接到控制系统的主机。这样将省去很大一部分安装成本。以上海地铁 2 号线东明路站为例，站厅层和站台层每端有 20 个照明回路被智能系统控制，总计有 60 个回路。东明路站一共有 6 个人行出入口，每个出入口的配电箱控制 3 个回路，共计 18 个回路。整个车站总共为 78 个回路。所以，东明路站在采用智能系统后将节省 78 个回路的接触器，以及连接到 BAS 控制室之间的电线。按照市场上通用接触器的单价来计算，每个 40 元，配电室连接到控制室的电线大约为 50 m，市场上电线的价格大约为 4 元/米，那么在使用智能照明后可以节省的金额为：

接触器金额：40 元 × 78 个 = 3 120 元；控制电缆金额：4 × 50 × 78 = 15 600 元。所以东明路站在安装成本上节约了 18 720 元，其中还未包括人工安装费用，以及因为施工可能暂停运营带来的经济损失。结果如表 10-10 所示。

表 10-10 安装智能系统的节约成本

项目	单价	数量	节省费用/元
接触器	40 元/个	78 个	3120
控制电缆	4 元/米	3900 米	15 600
人工、材料	按实际需要计算	按实际需要计算	按实际需要计算

在安装智能系统的实际施工中，因为智能系统相比于传统的照明系统少了很多线路，所以安装时间大约节省 40%，进而可以省下大量的人工费用。此外，在智能系统中，控制面板被安装在控制室中，管理人员只需要在控制室中就可以对车站的所有灯具进行集中管理。而在传统的系统中，则是将接触器单独安装在每个回路中，这样不仅增加了安装时的工作量，也大大增加了后期运营时需要的工作量，增加了很多的线路布局，在某种程度上降低了系统的稳定性。所以相比传统的照明系统，智能系统不仅少了大量的成本费用，而且减少了线路的布局，大大增加了系统的可靠性。在东明路站的设计中，

站台层等公共区中采用 40 W 的 LED 灯具，配电箱中共分出 60 个回路为其供电。根据某城市地铁 1 号线的照明惯例，要求全站公共区的所有灯具 24 小时常亮。某区域在 23：00 至第二天凌晨 1：00 需要亮半数的灯具，凌晨 1：00 至 5：00 是关闭状态，方便工人进行检修，然后 5：00 开始至 23：00 全亮。在引入智能照明后，在 5：00 至 11：00 之间灯具不需要全亮，而且在车站出入口处的所有灯具都会加装亮度传感器，在白天传感器会根据外界的亮度，将光信号转变为电信号传送回控制系统的终端，终端计算机会进行一系列的计算，将出入口处的灯具调整至最合适的亮度，从而达到节能的目的。

智能系统采用的都是 40 W 的节能 LED 灯具。东明路站引入智能照明系统的成本大约在 25 万人民币左右，原始的 BAS 系统的安装成本大约在 8 万元人民币左右，这样在前期的安装成本上智能系统将多出 17 万的费用。根据统计，全站大约有 350 盏 LED 灯具，根据用电量的计算公式可得：在传统模式下车站每天的耗电量为：40 W×18 h×350×40 W×2 h×175 = 266 kW·h。若每千瓦时电按 0.8 元计算，一年 365 天，则车站一年的电费为：266 kW·h×0.8×365 = 77 672 元。此外根据往年的经验，每年需要花费的维护费用大约为电费的 20% 左右，所以一年的维护费用为：77 672×20% = 15 534.4 元。全站一年在照明上花费的总费用为：77 672+15 534.4 = 93 206.4 元。

根据调查研究，安装智能系统后，全站 350 盏灯，平均每盏每天开启 10 h，在安装智能系统后，功率下降 35% 左右，则一年的电费为：77 672×65% = 50 486.8 元。维护费用为：50 486.8×20% = 10 097.36 元。所以在引入智能系统后，全站 1 年在照明上花费的费用为：50 486.8+10 097.36 =60 584.16 元。相比于传统的照明系统来说节约的费用为：93 206.4 - 60 584.16 = 32 622.24 元。具体的费用对比如表 10-11 所示。

表 10-11　1 年传统照明系统与智能系统耗电量及电费对比

	每天耗电量/(kW·h)	1 年的电费/元	维护费用/元	合计/元
传统照明系统	266	77 672	15 534.4	173 206.4
智能照明系统	172.9	50 486.8	10 097.36	310 584.16
节约量	93.1	27 185.2	5437.04	

表 10-12　5 年传统照明系统与智能系统耗电量及电费对比

	每天耗电量/(kW·h)	5 年的电费/元	维护费用/元	合计/元
传统照明系统	266	388 360	77 672	466 032
智能照明系统	172.9	252 434	50 486.8	302 920.8
节约量	93.1	135 926	28 670.2	163 111.2

根据上文得，安装智能系统比传统的照明系统多出 17 万元的安装成本，但是电费每年可以节约 32 000 元左右，所以大约 5 年内可以回收成本，5 年后便开始盈利。

此外，在实际的运营中，因为智能系统可以调节多种模式，这样不仅可以进一步省电，还能将灯光调节至合适的亮度，对乘客来说，心情会更加愉悦，进而给车站带来的经济效益不是具体的数字可以衡量的。同时，采用智能照明，还可以适当地延长灯具的使用寿命，使得安装成本进一步降低。所以对于安装智能系统的车站来说，只要运营得当，5年之内智能系统的安装成本将基本可以收回，而且因为节约了大量的电能，对于全球的环境有深远的影响。

10.4.2 系统仿真及分析

根据车站的要求进行程序编程，然后根据编制出来的程序，利用组态软件根据程序实现的功能进行仿真模拟。分析模拟结果，以此对程序进行验证以及优化。最后，根据优化后的程序编制 PLC 程序的端口分配表，以便日后系统的维护及维修。

1. 系统的设计步骤

图 10-67 所示为智能系统的设计步骤。

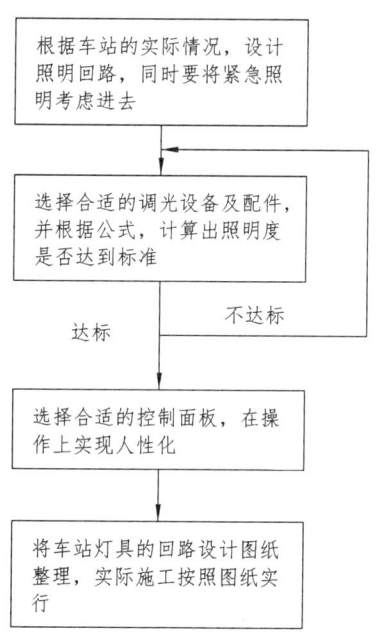

图 10-67　智能系统设计步骤流程图

第一步：根据车站的风格，以及所处的地理位置，因地制宜地设计照明回路。在车站的公共区可以使用高效节能的 LED 灯具，同时，在设计平时的照明回路时也要将应急时刻的照明需求考虑进去。在真正施工之前，一定要在图纸或者计算机中模拟整个车站的照明回路，不可根据书面的设计要求直接进行布线，防止出现返工的现象。

第二步：根据第一步设置的回路选择适合的调光设备。在车站公共区选择 LED 作为发光光源，因为其具有可以迅速调光的特性，这也同时要求设计者在第一步完成布线以后，要根据各个区域的功能不同，选择正确的调光器，然后将调光器代入整个系统，根据相关的公式，模拟计算出各个区域的照度是否达到预定值。

第三步：根据第一步模拟出的回路及第二步调光器的选用，选择出可以配套使用的控制面板及其他控制配件。面板的选择应保证其功能达到设计的要求，而且便于工作人员的使用。

第四步：绘制整个车站的设计图及各种需要采购配件的清单。这不仅包括整个车站的整体布局，也包括车站内各个区间详细的设计及施工过程中需要使用的配件种类和数量。只有根据完整的图纸设计，才能保证智能系统安装的万无一失。

2. 组态系统

EasyBuilder 是一种触摸屏编辑软件，在本设计中用于对 PLC 程序进行仿真模拟和监控，以便直观地看到程序的表达效果，图 10-68 所示为 EasyBuilder 软件的操作界面。

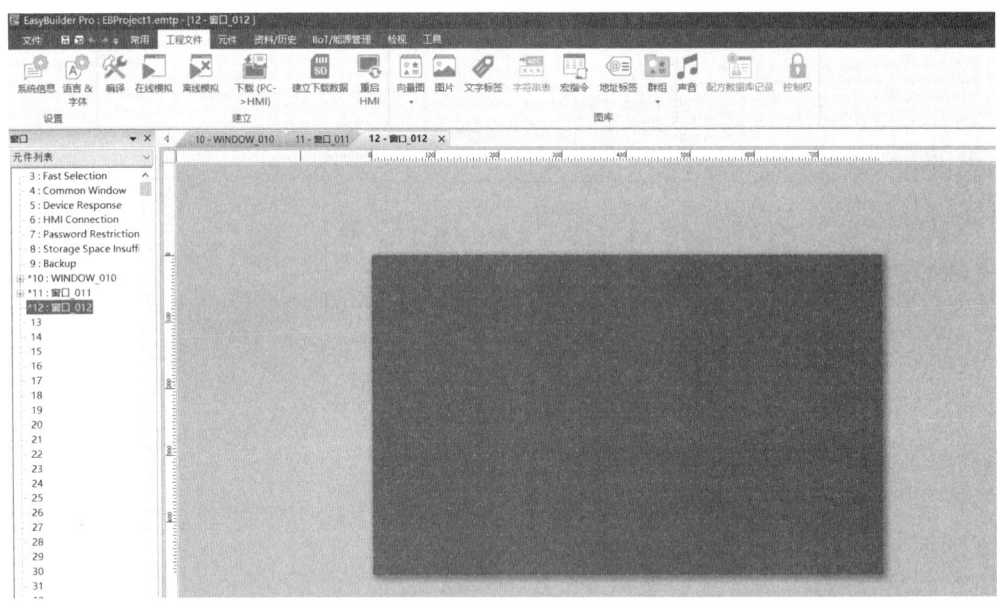

图 10-68 EasyBuilder 组态软件界面

EasyBuilder 软件具有功能齐全，操作简单，可视性好，可维护性强等特点。

3. 系统程序分析

1）PLC 程序端口分配表

PLC 程序端口分配表如表 10-12 所示。

表 10-12　PLC 程序端口分配表

名称（符号）	地址	接通线圈
公共区照明 1	Q0.0	M2.0、M0.1、M0.2、M1.0、M1.4
公共区照明 2	Q0.1	M0.4、M2.0、M1.2
公共区照明 3	Q0.2	M2.0、M0.1、M1.0、M1.4
公共节电照明 1	Q0.3	M2.0、M0.2
公共节电照明 2	Q0.4	M2.0、M0.4、M1.0、M1.4
公共节电照明 3	Q0.5	M2.0
车站出入口照明 1	Q0.6	M2.0、M0.1、M0.2、M1.0、M1.4
车站出入口照明 2	Q0.7	M2.0、M0.4、M1.2
车站出入口照明 3	Q1.0	M2.0、M0.1、M1.0、M1.4
车站出入口节电照明 1	Q1.1	M2.0、M0.2、M1.4
车站出入口节电照明 2	Q1.2	M2.0、M0.4、M1.2
车站出入口节电照明 3	Q1.3	M2.0、M1.4
广告照明 1	Q1.4	M2.0、M0.1、M1.4
广告照明 2	Q1.5	M2.0、M1.2、M1.4
广告照明 3	Q1.6	M2.0、M0.1、M1.4

2）程序说明

（1）手动模式。

手动模式如图 10-69 所示。

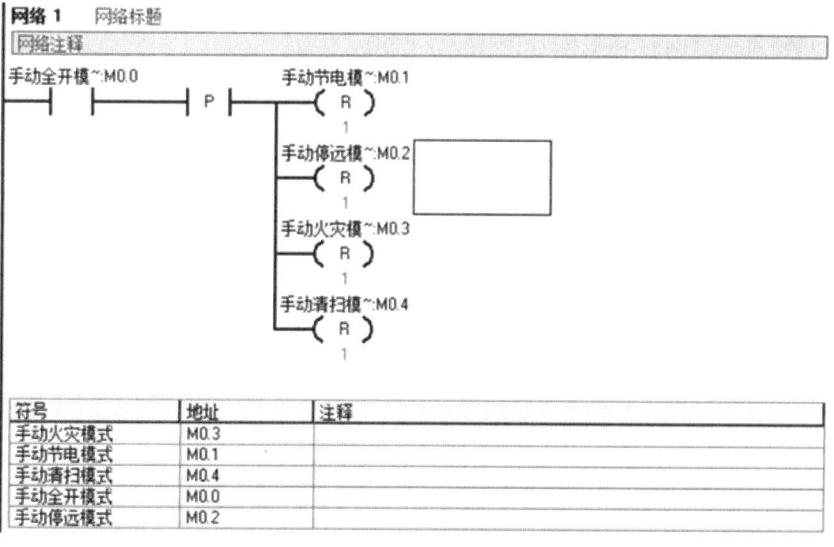

图 10-69　手动模式梯形图

当继电器 M0.0 为 ON 时，则 M0.1、M0.2、M0.3、M0.4 复位，系统进入到手动全开模式，公共区工作照明、公共区节电照明、车站出入口工作照明、车站出入口节电照明以及广告照明全开。具体触摸屏状态显示如图 10-70 所示。

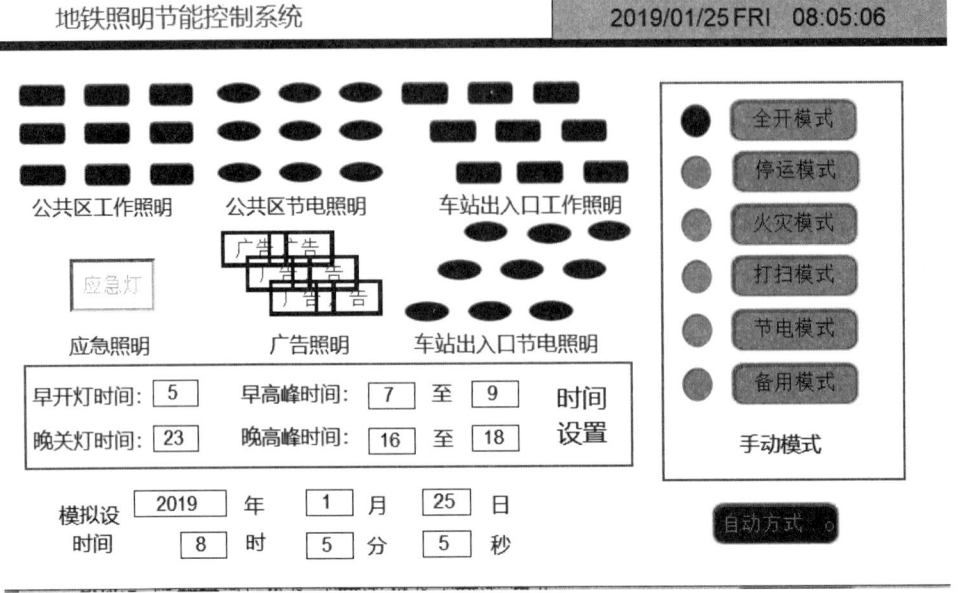

图 10-70 手动模式 MCGS 状态展示

同理，当 M0.1 为 ON 时，进入手动节电模式；当 M0.2 为 ON 时，进入手动停运模式；当 M0.3 为 ON 时，进入手动火灾模式；当 M0.4 为 ON 时，进入手动清扫模式。

（2）自动模式。

早上 5：00 点，当继电器 M0.5 为 ON 时，线圈 M1.0 得电，车站部分灯组开启，全站系统开始进入计时，梯形图如图 10-71 所示。

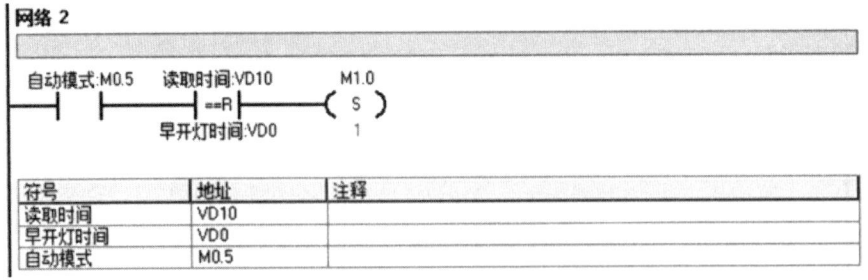

图 10-71 早开灯时间的梯形图

到早上 7：00，系统进入早高峰时段，M1.0 失电，M1.1 得电，梯形图如图 10-72 所示。

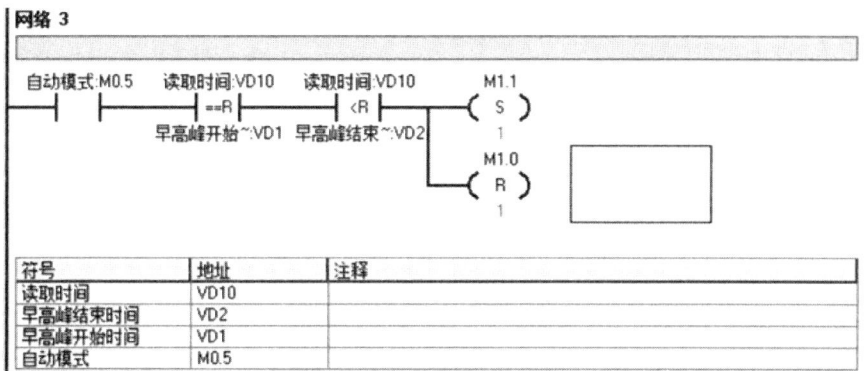

图 10-72 早高峰梯形图

到早上 9：00，早高峰时间结束，M1.2 得电，M1.1 失电。梯形图如图 10-73 所示。

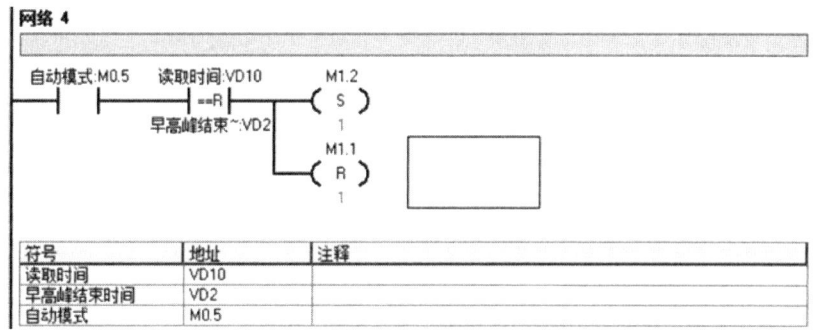

图 10-73 早高峰结束梯形图

到下午 17：00，车站进入晚高峰时段，车站照明系统再次进入全开模式，线圈 M1.3 得电，M1.2 失电，梯形图如图 10-74 所示。

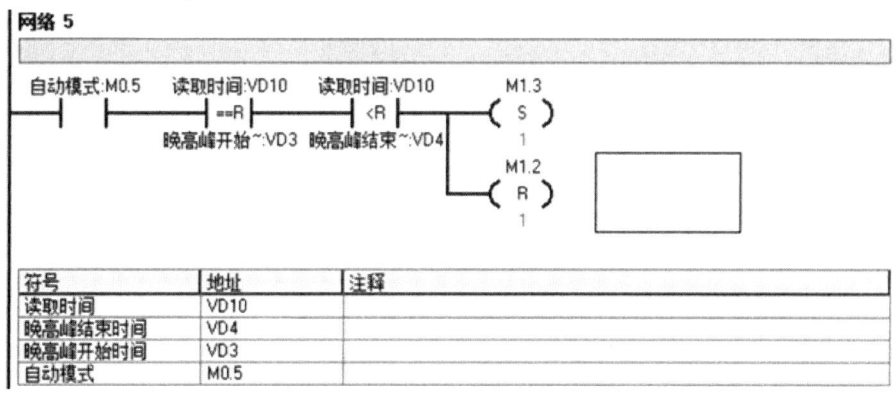

图 10-74 下午 17：00 时梯形图

到晚上 20：00，晚高峰结束，车站进入节能模式，部分灯组关闭，线圈 M1.4 得电，

M1.3 失电，梯形图如图 10-75 所示。

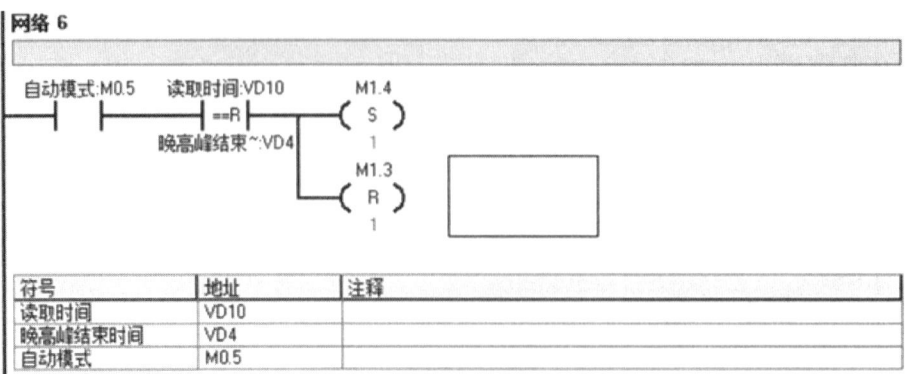

图 10-75 晚高峰结束时梯形图

然后到晚上 23：00，车站进入停运模式，所有灯组关闭，线圈 M1.4 失电，梯形图如图 10-76 所示。

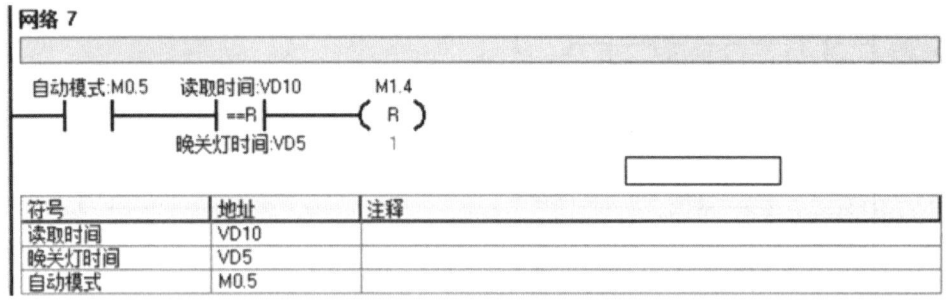

图 10-76 晚上 23：00 梯形图

3）各个时间点所对应的触摸屏状态图

图 10-77 为早上开灯时间，此时车站基本没有乘客，只有部分工作人员，所以此时只需开启部分的灯具。图 10-78 为早高峰开始时间，此时乘客大量聚集，并且此时外界自然光较少，需要将全部灯具开启。图 10-79 为早高峰结束时间，此时相比于早上开灯时刻，仍有部分乘客，所以开启的灯具数量要严格按照计算结果安排。图 10-80 为晚高峰开始时间，车站有大量的乘客，所以要开启全部灯具。图 10-81 为晚高峰结束时间，只有部分灯具开启，供乘客和清洁人员打扫使用。图 10-82 为停运时刻，车站所有灯具全部关闭。

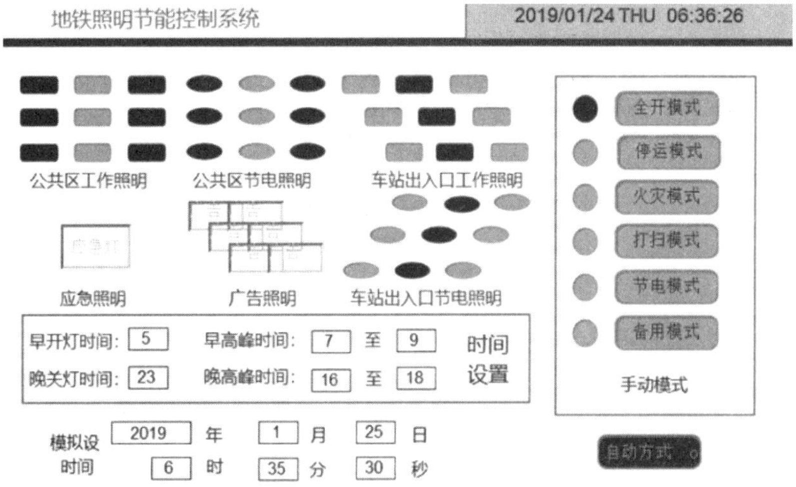

第 10 章　PLC 在地铁车站中的应用实例

图 10-77　早开灯时间状态图

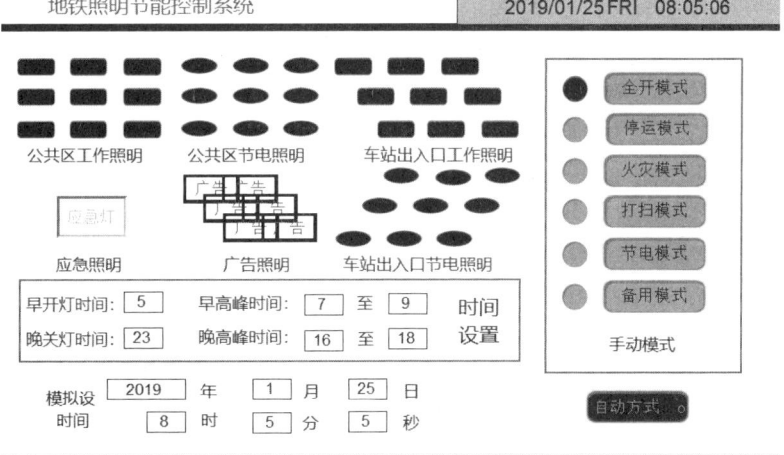

图 10-78　早上 7:00 早高峰时状态图

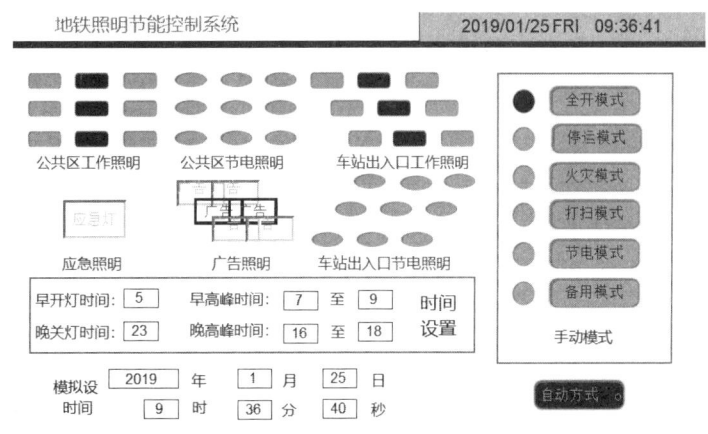

图 10-79　早高峰结束状态图

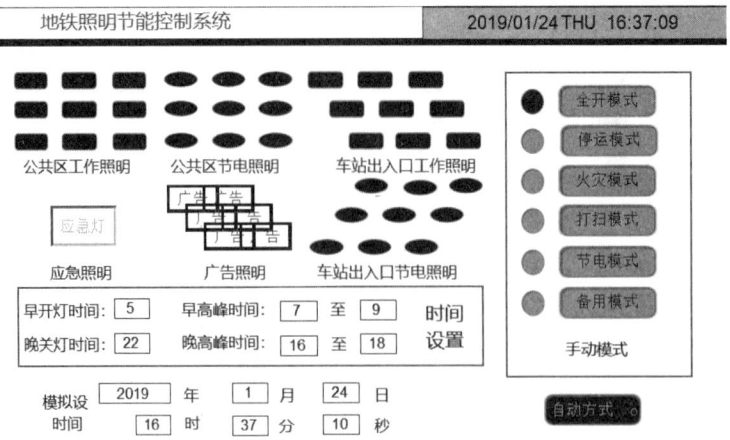

图 10-80　晚高峰时状态图

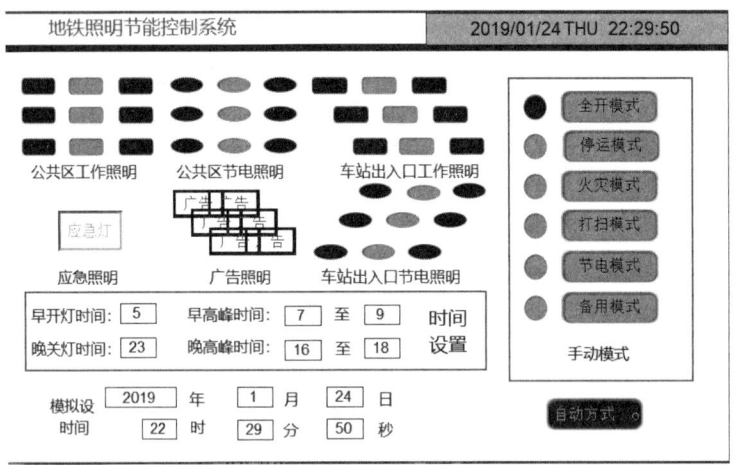

图 10-81　晚高峰结束 MCGS 状态图

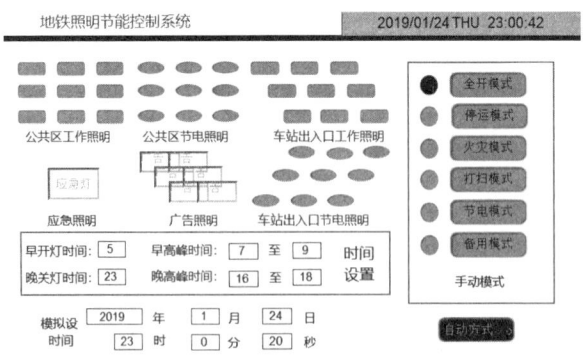

图 10-82　停运模式 MCGS 状态图

10.5 地铁车站简易 PLC 控制实例

10.5.1 地铁车站自动售票机简易 PLC 控制实例

1. 地铁售票机系统方案设计

1）地铁售票机的设计要求

地铁自助售票机系统功能要求：在本控制系统中，自助售票机根据乘客选择的起点站和终点站的不同，出售 4 种不同价格的车票：3 元、4 元、5 元、6 元。自助售票机设有两种投币口，纸币投币口可识别"1 元""5 元""10 元"的纸币；硬币投币口只能识别"1 元"的硬币。退币设有一个出币口，当金额多于所需金额时可以退出"1 元""5元""10 元"3 种币。

其控制原理是：首先由乘客从面板上点击"购票"，线路被激活，此时乘客可以从线路上选择起点站和终点站，车票张数默认为"一张"，如乘客需要，可以通过手动按钮来增加车票张数，当面板上显示"请投币"时，乘客根据"应付金额"的提示进行投币。若在 30 s 内未收到"应付金额"的钱币数，则系统自动回到初始界面。

当投入钱币后，面板上显示出"确认"和"放弃"两个选项，点击"确认"，则输出车票；若点击"放弃"，则停止购票，直接退币。当乘客点击了"确认"，面板上显示"请取票"，乘客根据提示取出车票，若此时还有余额，则面板上显示"继续购票"和"退币"两个选项，若点击"继续购票"，则再次进入购票。

以两条地铁线，每条线 9 个站点为例，地铁线路图如图 10-83 所示。

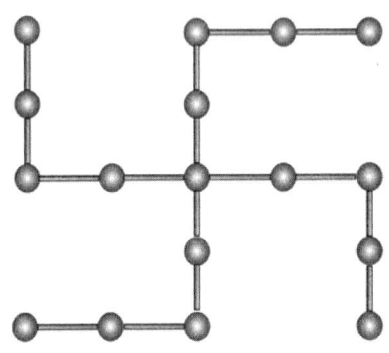

图 10-83 地铁线路图

2）系统方案设计

本设计是一个基于 PLC 的地铁售票控制系统，系统主要核心是利用 PLC 来进行地铁售票整个流程的控制,可以手动或者自动控制。通过 PLC 的输出信号驱动不同的执行机构,在地铁售票系统的工作过程中,应注重以下功能的实现:第一,对目标站点的准确解释;第二,对售卖票数的选择;第三,买票;第四;找零。另外,在地铁售票系统的正常运作过程中,其系统的稳定性应该如何确保?票价的确定与调整又该如何进行?这些问题都应在系统的编程过程中进行确定。

在地铁售票系统中,为避免出现混乱状况,应在整体程序中用输入继电器进行表示。如此一来,便需要输入端口 16 个,输出端口 4 个,还要预留备用端口为以后扩容所用。所选择的硬件是西门子 S7-200PLC CPU226,能够满足设计需求。本设计在整个系统的运行过程中采用上位机进行监控,使用计算机的组态软件来实现。

2. 地铁售票机的系统分析

1)地铁售票机的功能分析

地铁售票机采用 PLC 控制,用上位机组态软件实现监控显示。在功能上,以两条地铁线,每条线 9 个站点为设计对象。使用者可以选择出发站点及目的站点,也可以选择购买车票的数量。可售 4 种不同价格的车票:3 元、4 元、5 元、6 元。自助售票机设有两种投币口,纸币投币口可识别"1 元""5 元""10 元"的纸币;硬币投币口只能识别"1 元"的硬币。退币设有一个出币口,当金额多于所需金额时可以退出"1 元""5 元""10 元"3 种币。其控制原理是:首先由乘客从面板上点击"购票",线路被激活,此时乘客可以从线路上选择起点站和终点站,车票张数默认为"一张",如乘客需要,可以通过手动按钮来增加车票张数,当面板上显示"请投币"时,乘客根据"应付金额"的提示进行投币。若在 30 s 内未收到"应付金额"的钱币数,则系统自动回到初始界面。当投入钱币后,面板上显示"确认"和"放弃"两个选项,点击"确认",则输出车票;若点击"放弃",则停止购票,直接退币。当乘客点击了"确认",面板上显示"请取票",乘客根据提示取出车票,若此时还有余额,则面板上显示"继续购票"和"退币"两个选项,若点击"继续购票",则再次进入购票。

2)地铁售票机的工艺流程图

地铁售票机工艺流程如图 10-84 所示。

3)地铁售票机输入控制信息分析

本次设计采用上位机组态软件进行系统的操作监控,极大地减少了 PLC 输入点的使用量,改为使用组态直接对 PLC 程序中的中间继电器进行赋值。手动调试可以对售票机的功能进行出票手动调试,找零 1 元手动调试,找零 2 元手动调试,找零 3 元手动调试,方便设备的维护或者初期调试。

第 10 章 PLC 在地铁车站中的应用实例

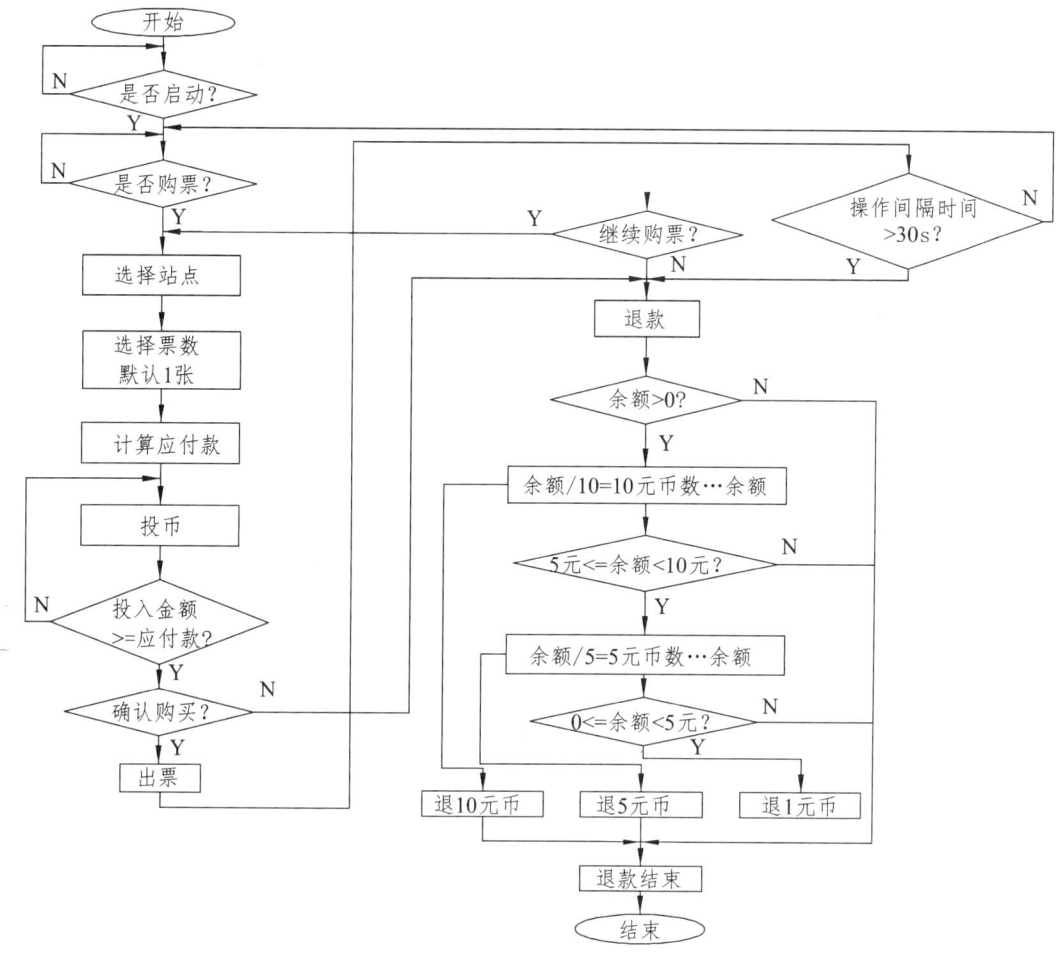

图 10-84 地铁售票机的工艺流程图

在 PLC 方面，输入点主要有系统启动、系统停止、1 元纸币识别、5 元纸币识别、10 元纸币识别、1 元硬币识别、已找零检测、屏幕操作感应传感器、手动模式、自动模式、出票手动调试、找零 1 元手动调试、找零 2 元手动调试、找零 3 元手动调试等，分别占用 X0~X15 中的 14 个输入点。

4）地铁售票机输出控制信息分析

在输出点部分，地铁售票机因为采用了上位机显示监控，因此输入点占用比较少，具体输出点包括出票口出票，退钱 1 元，退钱 5 元，退钱 10 元。

5）PLC 输入输出表的设计

PLC 输入输出分配表的设置如表 10-13 所示。

PLC 在地铁设备中的应用

表 10-13 输入输出分配表

序号	I/O 地址	I/O 地址名称
1	I0.0	系统启动
2	I0.1	系统停止
3	I0.2	1 元纸币识别
4	I0.3	5 元纸币识别
5	I0.4	10 元纸币识别
6	I0.5	1 元硬币识别
7	I0.6	已找零检测
8	I0.7	屏幕操作感应传感器
9	I1.0	手动模式
10	I1.1	自动模式
11	I1.2	出票手动调试
12	I1.3	找零 1 元手动调试
13	I1.4	找零 2 元手动调试
14	I1.5	找零 3 元手动调试
15	Q0.0	出票口出票
16	Q0.1	退钱 1 元
17	Q0.2	退钱 5 元
18	Q0.3	退钱 10 元

6）PLC 的选型

基于 PLC 的地铁售票机控制系统共占用 15 个 PLC 的输入点、5 个 PLC 的输出点，且输入与输出全部采用开关量继电器控制。出于成本考虑，首选国产品牌的 PLC，如台达、信捷、永宏、汇川。但是国产品牌的 PLC 运行不稳定，时间长了容易出故障，虽然其价格比进口的 PLC 要便宜许多，但后期的维护成本更高，且地铁售票机在地铁站属于基建工程，使用要求比普通工业产品更高，长期频繁使用之后很容易出现故障。此外，在地铁售票机使用年限到期后，安装在地铁售票机控制柜内的 PLC 可以拆下来回收利用。

综上所述，本次设计不采用国产品牌的 PLC，而选择国际知名品牌。常用的知名品牌 PLC 有三菱、西门子、欧姆龙、AB、施耐德等。每种 PLC 都有各自擅长的控制领域。西门子 PLC 的程序看起来一目了然，方便简洁，结合对地铁售票机的详细调查与整体分析，本次选用西门子 S7-200 系列 PLC 作为控制器，共需要 15 个输入点，5 个输出点。考虑后期的升级改造，选型时需留有一定的备用点余量，本设计选用共 40 个输入输出点的 PLC。该 PLC 的型号为 S7-200 CPU226，属于继电器晶体管输出型，共有 24 个输入点及16个输出点,在保证余量的同时,完全满足本次设计的需求。

3. 控制系统硬件设计

在地铁售票控制系统中,主接线采用的是220 V电源供电,PLC模块的输出信号端采用24 V供电,在主接线配电装置中采用了断路器、熔断器及紧急按钮。

根据乘客购票时,投入金额的不同,通过PLC控制相对应的控制回路得电,如图10-85所示(主接线回路、电源回路、PLC控制回路)。

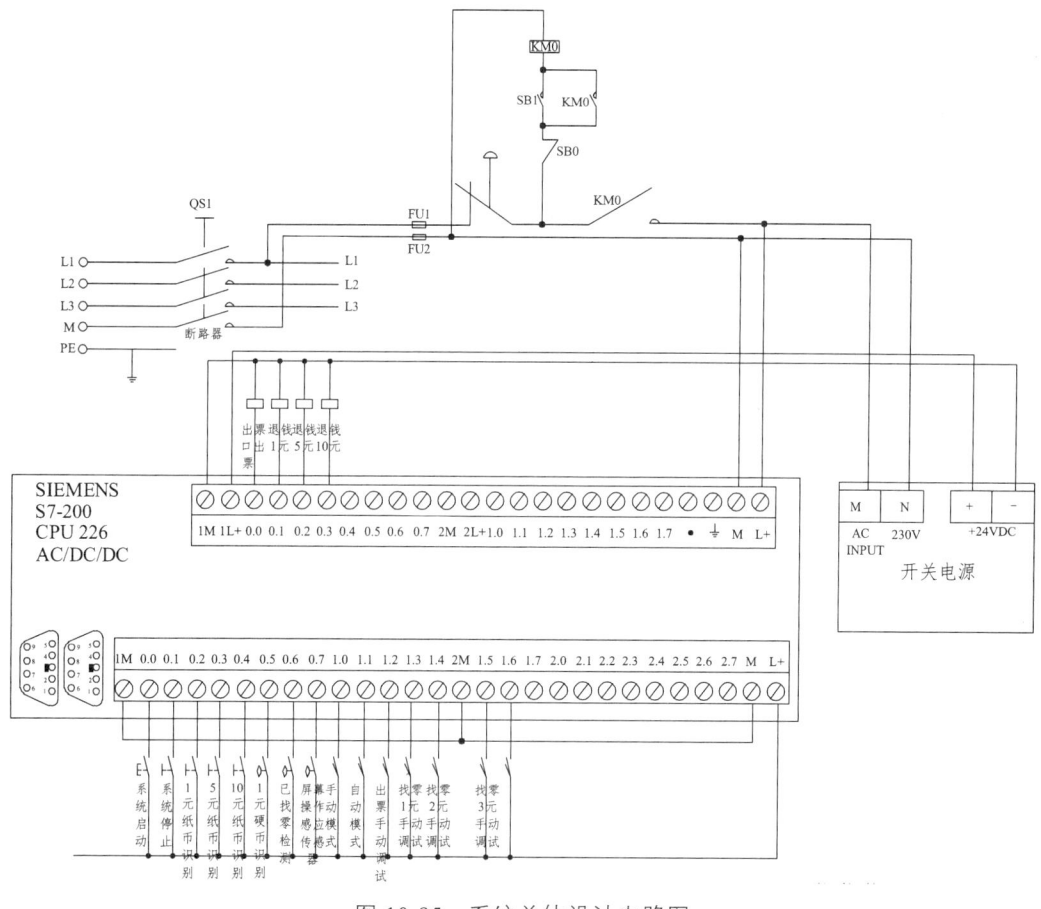

图 10-85 系统总体设计电路图

4. 控制系统软件设计

1)控制流程图设计

本设计的程序采用判断编程法来控制,通过对题目的分析可以列出相应的逻辑控制顺序,然后根据该逻辑控制顺序编写相应的程序。首先,通过一段程序控制开始时进入地铁售票机售票的过程,避免误操作而造成的干扰。设备启动初始化后,当有乘客购票时,系统在确定选择的站点及投入的金额后,进行不同程序。一段程序判断投入的金额多少，另一段根据所到站点判断投入金额是否足够，是则购票成功，否则退出投入的钱币。

2）元件分配表

主要中间元件分配如表 10-14 所示。

表 10-14 中间元件表

序号	软元件地址	软元件地址名称
1	M0.0	系统启动中继
2	M0.1	1号线1站选择
3	M0.2	1号线2站选择
4	M0.3	1号线3站选择
5	M0.4	1号线4站选择
6	M0.5	1号线5站选择
7	M0.6	1号线6站选择
8	M0.7	1号线7站选择
9	M1.0	1号线8站选择
10	M1.1	1号线9站选择
11	M10.0	2号线1站选择
12	M10.1	2号线2站选择
13	M10.2	2号线3站选择
14	M10.3	2号线4站选择
15	M10.4	2号线5站选择
16	M10.5	2号线6站选择
17	M10.6	2号线7站选择
18	M10.7	2号线8站选择
19	M1.2	2号线9站选择
20	M1.3	购票选择
21	M20.0	手动模式中继
22	M20.1	自动模式中继

3）控制程序设计

首先阐述地铁售票机的工作过程，这是本次设计的重点。启动按钮 I0.0 开启后，位存储器 M0.0 置 1，M0.0 信号使系统保持运行。投入 1 元纸币，系统在自动模式下为投币金额寄存器 VD0 加 1。同上，若投入 5 元为 VD4 加 1，若投入 10 元为 VD8 加 1。自动模式下的程序设计如图 10-86 所示。

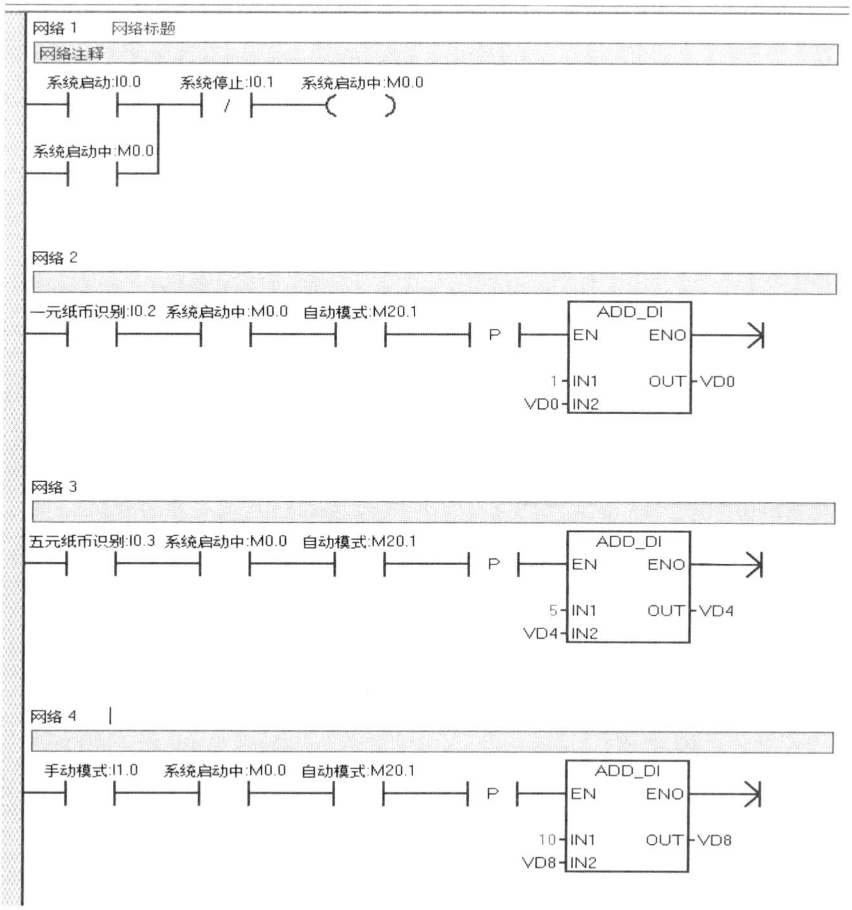

图 10-86 自动模式下的程序设计

在手动模式下，位存储器 M0.0 置 1，选择在 1 号线 1 站购票，将数据传送到站点地址寄存器中，同理，2~9 站购票也是将站点地址传送到寄存器中，如图 10-87 所示。

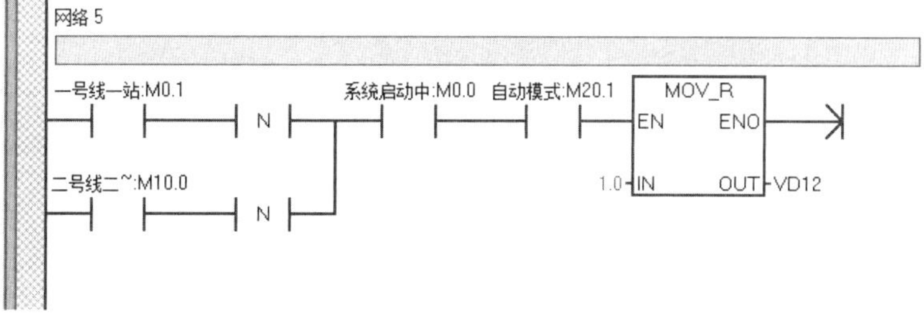

图 10-87 站点地址程序设计

当 M0.0 置 1，同时处于自动模式下时，M20.1 闭合，启动延时继电器，延时 3 s。若选择手动模式，即 I1.0 闭合，中间继电器 M20.0 得电并保持状态；若选择自动模式，则中间继电器 M20.1 得电，并使此状态保持。如图 10-88 所示。

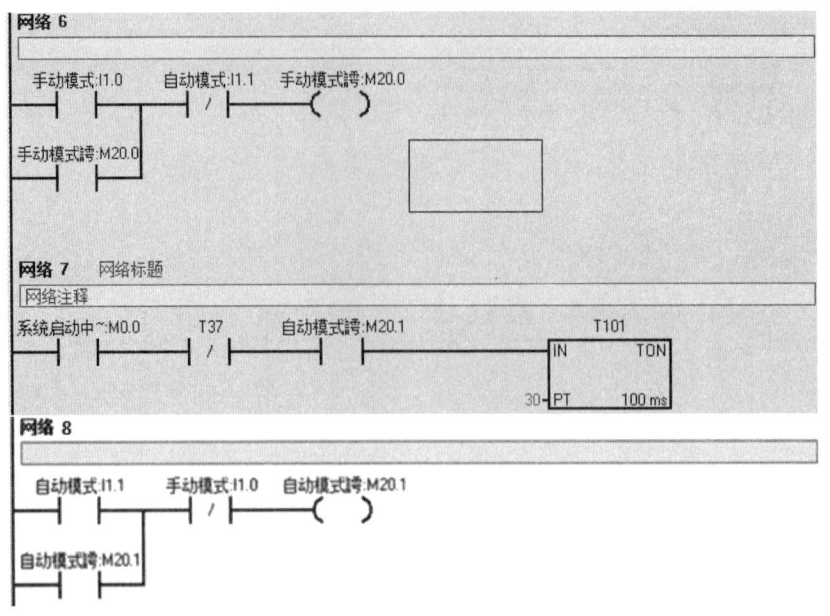

图 10-88 购票程序设计

5. 监控系统软件设计系统综合调试

1）综合调试平台说明

程序模拟调试的基本思想是：以方便的形式模拟产生现场实际状态，为程序的运行创造必要的环境条件。根据产生现场信号的方式不同，模拟调试分为硬件模拟法和软件模拟法两种形式。

（1）硬件模拟法是使用一些硬件设备（如用另一台 PLC 或一些输入器件等）模拟产生现场的信号，并将这些信号以硬接线的方式连到 PLC 系统的输入端，其时效性较强。

（2）软件模拟法是在 PLC 中另外编写一套模拟程序，模拟现场信号，其简单易行，但时效性不易保证。模拟调试过程中，可采用分段调试的方法，并利用编程软件或组态软件的监控功能。

2）软件调试步骤

先是进行程序的仿真调试，观察每个中间元件和继电器是否达到原设计的要求；然后做好动画关联、变量的关联和脚本程序；接着把编好的程序下载到 PLC 中，通过通信软件进行通信。下一步进行联机调试，将通过模拟调试的程序进一步进行在线统调。联机调试过程应循序渐进，让 PLC 先只连接输入设备，再连接输出设备，最后接上实际负

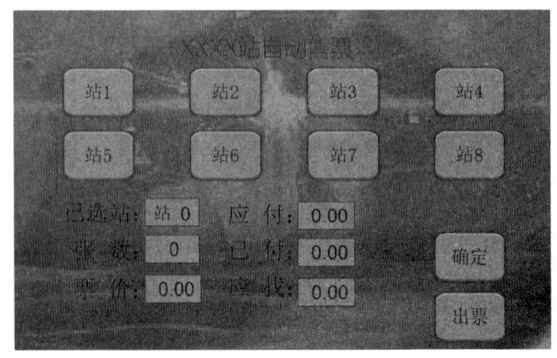

图 10-89 上位机调试界面

载进行调试。如不符合要求,则对硬件和程序做调整。通常只需修改部分程序即可。上位机调试界面如图 10-89 所示。

10.5.2 地铁车站污水处理简易 PLC 控制实例

1. 污水处理方法

城市地铁水的来源包括雨水、集中空调冷凝水、结构渗漏废水、生活污水、消防废水和卫生间的污水,需要对其进行处理排放。因此,应在地铁车站下面选择 3 个污水处理池及一个备用池来收集和处理污水。具体分配如下:

(1) 1 号水池用于处理生活污水。
(2) 2 号水池用于处理结构渗水和消防用水。
(3) 3 号水池用于处理雨水。
(4) 4 号水池作为备用水池,可以收集处理任何污水。

分别在这些污水处理池中设置 3 个传感器,分别用来监控满水位、排水位和低水位,当水位达到满水位,提示报警。

2. 系统控制要求

(1) 在处理不同水的处理池应设置 3 个传感器检测水位线和 1 个报警器,具备能够检测最低水位、排水水位和最高水位的功能,水位达到排水位即启动电动机排水。

(2) 设置一个备用水池,以防止由于污水过多导致前面几个污水处理池超过警戒线而溢出。

(3) 设置 3 台抽水泵实施 8 h 倒班工作制度,同时设置过载和短路保护,以便在没有人看管的情况下能够自动停止带故障运行,避免抽水泵出现故障或者长时间工作导致其损坏。

(4) 除可自动关闭系统外,还应设置手动停止操作,以便出紧急现故障时能够手动停止进行检修。

(5) 设置报警信号,保证系统出现故障的时候能自动报警并实现自动关闭。

3. 处理池故障处理方式

当处理池出现故障时,应对其以予检修,检修时应先关闭系统。检修故障可设置为以下 2 种方式:

(1) 当系统出现故障时,设置停止按钮使系统停止下来。当停止按钮触发最后一次排水信号,所有进水阀门关闭,排水阀门打开,1 号电机和备用电机启动抽水 5 min 后系统自动停止工作,保证水池的污水得到处理。

(2) 当电机发生故障时,若没有人在工作岗位上,系统不可继续执行抽水工作。这时应关闭所有排水阀门,不可关闭进水阀门,否则将导致污水溢出。系统发出报警,报警 10 min 后自动断电。

通过 PLC 的输入输出控制，实现每个排水池的自动排水操作。通过对地铁水来源的分析，我们采用了 4 个处理池和 3 台电动机进行污水处理，每个处理池设置传感器进行满水位、排水位和低水位检测，当水位处于低水位时，低水位指示灯亮，排水阀门关闭，电动机处于停止状态；当水位处于排水位时，排水阀门打开，低水位指示灯熄灭，排水位指示灯亮，1 台电动机启动排水；若此时还有 2 号水池到达排水位，则打开该水池的排水阀门，同时启用 2 台电动机进行排水；若此时还有 3 号水池也到达排水位，则启用第 3 台电动机进行排水；若此时有水池到达满水位，则将多余的水排入 4 号备用水池。

4. PLC I/O 分配

PLC I/O 分配如表 10-15 所示。

表 10-15 I/O 分配表

输入点	功能	输出点	功能
I0.0	池 1 低水位检测	Q0.0	池 1 进水阀门
I0.1	池 1 排水位检测	Q0.1	池 1 排水阀门
I0.2	池 1 满水位检测	Q0.2	池 2 进水阀门
I0.3	池 2 低水位检测	Q0.3	池 2 排水阀门
I0.4	池 2 排水位检测	Q0.4	池 3 进水阀门
I0.5	池 2 满水位检测	Q0.5	池 3 排水阀门
I0.6	池 3 低水位检测	Q0.6	池 4 进水阀门
I0.7	池 3 排水位检测	Q0.7	池 4 排水阀门
I1.0	池 3 满水位检测	Q1.0	池 1 低水位指示
I1.1	池 4 低水位检测	Q1.1	池 1 排水位指示
I1.2	池 4 排水位检测	Q2.0	池 1 满水位指示
I1.3	池 4 满水位检测	Q2.1	池 2 低水位指示
I1.4	1 台电机故障检测	Q2.2	池 2 排水位指示
I1.5	2 台电机故障检测	Q2.3	池 2 满水位指示
I2.0	3 台电机故障检测	Q2.4	池 3 低水位指示
I2.1	启动开关	Q2.5	池 3 排水位指示
I2.2	停止	Q2.6	池 3 满水位指示
		Q2.7	池 4 低水位指示
		Q3.0	池 4 排水位指示
		Q3.1	池 4 满水位指示

续表

输入点	功能	输出点	功能
		Q3.2	第一台电机运行指示
		Q3.3	第二台电机运行指示
		Q3.4	第三台电机运行指示
		Q3.5	第一台电机工作时间指示灯
		Q3.6	第二台电机工作时间指示灯
		Q3.7	第三台电机工作时间指示灯
		Q4.0	第一台电机故障报警指示
		Q4.1	第二台电机故障报警指示
		Q4.2	第三台电机故障报警指示

5. PLC 接线图

根据控制要求，给出硬件接线图，如图 10-90 所示。

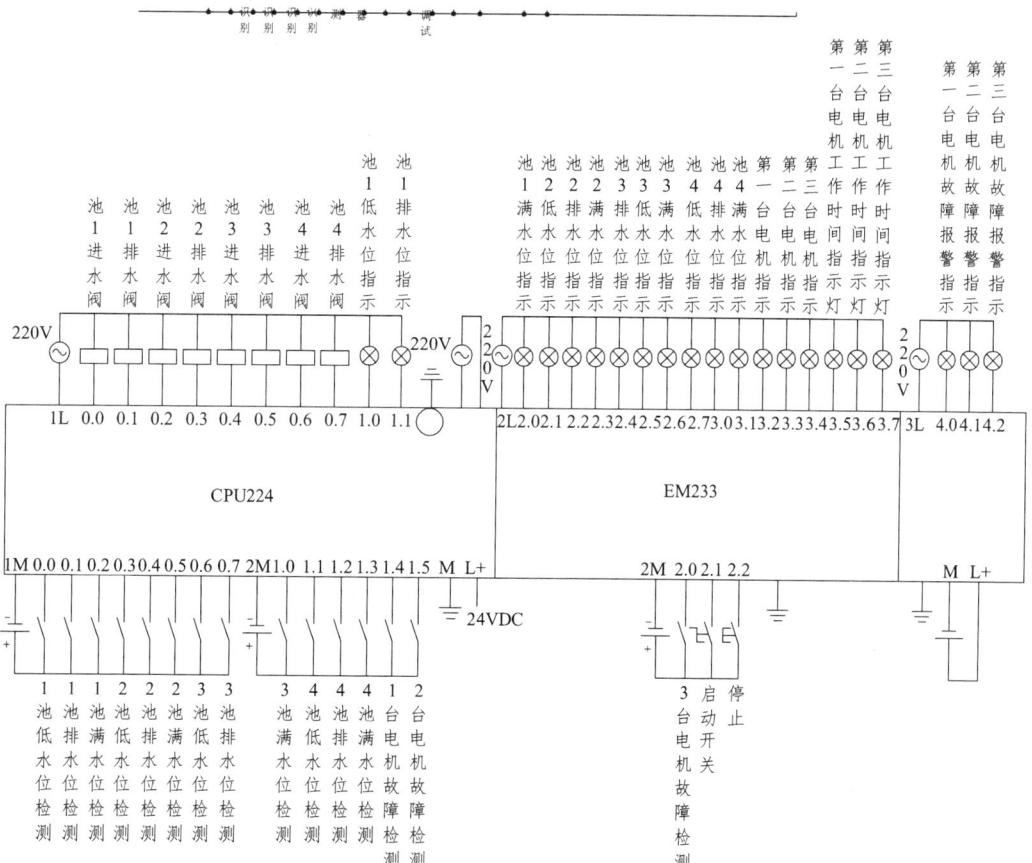

图 10-90 PLC 硬件接线图

6. 语句表程序

Network 1 // Network Title
         // Network Comment

LD	I0.0	//1号水池低水位信号
O	Q1.0	//低水位信号自锁
AN	I0.2	//1号水池水位不满
AN	I0.1	//1号水池没有排水
=	Q1.0	//1号水池低水位信号输出

Network 2 // Network Title
         // Network Comment

LD	I0.1	//1号水池有排水信号
O	Q1.1	//排水信号自锁
AN	I0.0	//1号水池水位不低
AN	I0.2	//1号水池没有满水
=	Q1.1	//1号水池排水信号输出

Network 3 // Network Title
         // Network Comment

LD	I0.2	//1号水池有高水位信号
O	Q2.0	//高水位信号自锁
AN	I0.0	//1号水池水位不低
AN	I0.1	//1号水池没有排水
=	Q2.0	//1号水池高水位信号输出

Network 4 // Network Title
         // Network Comment

LD	Q1.0	//1号水池低水位时
O	Q1.1	//或者1号水池排水时
AN	Q2.0	//1号水池水位不高
=	Q0.0	//打开1号水池进水阀

Network 5 // Network Title
         // Network Comment

LD	Q1.1	//1号水池有排水信号
O	Q2.0	//或者1号水池高水位时
AN	Q1.0	//并且1号水池水位不低

| = | Q0.1 | //打开1号水池排水阀 |

Network 6 // Network Title
// Network Comment

LD	I0.3	//2号水池低水位信号
O	Q2.1	//低水位信号自锁
AN	I0.4	//2号水池水位不满
AN	I0.5	//2号水池没有排水
=	Q2.1	//2号水池低水位信号输出

Network 7 // Network Title
// Network Comment

LD	I0.4	//2号水池有排水信号
O	Q2.2	//排水信号自锁
AN	I0.5	//2号水池水位不低
AN	I0.3	//2号水池没有满水
=	Q2.2	//2号水池排水信号输出

Network 8 // Network Title
// Network Comment

LD	I0.5	//2号水池有高水位信号
O	Q2.3	//高水位信号自锁
AN	I0.4	//2号水池水位不低
AN	I0.3	//2号水池没有排水
=	Q2.3	//2号水池高水位信号输出

Network 9 // Network Title
// Network Comment

LD	Q2.1	//2号水池低水位时
O	Q2.2	//或者2号水池排水时
AN	Q2.3	//并且2号水池水位不低
=	Q0.2	//打开2号水池排水阀

Network 10 // Network Title
// Network Comment

LD	Q2.2	//打开2号水池排水阀
O	Q2.3	//或者2号水池高水位时
AN	Q2.1	//并且2号水池水位不低
=	Q0.3	//打开2号水池排水阀

Network 11   // Network Title
                                        // Network Comment
LD   I0.6   //3 号水池低水位信号
O   Q2.4   //低水位信号自锁
AN   I0.7   //3 号水池水位不满
AN   I1.0   //3 号水池没有排水
=   Q2.4   //3 号水池低水位信号输出
Network 12   // Network Title
                                        // Network Comment
LD   I0.7   //3 号水池有排水信号
O   Q2.5   //排水信号自锁
AN   I0.6   //3 号水池水位不低
AN   I1.0   //3 号水池没有满水
=   Q2.5   //3 号水池排水信号输出
Network 13   // Network Title
                                        // Network Comment
LD   I1.0   //3 号水池有高水位信号
O   Q2.6   //高水位信号自锁
AN   I0.6   //3 号水池水位不低
AN   I0.7   //3 号水池没有排水
=   Q2.6   //3 号水池高水位信号输出
Network 14   // Network Title
                                        // Network Comment
LD   Q2.4   //3 号水池低水位时
O   Q2.5   //或者 3 号水池排水时
AN   Q2.6   //并且 3 号水池水位不低
=   Q0.4   //打开 3 号水池排水阀
Network 15   // Network Title
                                        // Network Comment
LD   Q2.6   //打开 3 号水池排水阀
O   Q2.5   //或者 3 号水池高水位时
AN   Q2.4   //或者 3 号水池高水位时
=   Q0.5   //打开 3 号水池排水阀
Network 16   // Network Title

		// Network Comment
LD	I1.1	//4号水池低水位信号
O	Q2.7	//低水位信号自锁
AN	I1.2	//4号水池水位不满
AN	I1.3	//4号水池没有排水
=	Q2.7	//4号水池低水位信号输出

Network 17　　// Network Title
　　　　　　　// Network Comment

LD	I1.2	//4号水池有排水信号
O	Q3.0	//排水信号自锁
AN	I1.1	//4号水池水位不低
AN	I1.3	//4号水池没有满水
=	Q3.0	//4号水池排水信号输出

Network 18　　// Network Title
　　　　　　　// Network Comment

LD	I1.3	//4号水池有高水位信号
O	Q3.1	//高水位信号自锁
AN	I1.1	//4号水池水位不低
AN	I1.2	//4号水池没有排水
=	Q3.1	//4号水池高水位信号输出

Network 19　　// Network Title
　　　　　　　// Network Comment

LD	Q2.7	//4号水池低水位时
O	Q3.0	//或者4号水池排水时
AN	Q3.1	//并且4号水池水位不低
=	Q0.6	//打开4号水池排水阀

Network 20　　// Network Title
　　　　　　　// Network Comment

LD	Q3.1	//打开4号水池排水阀
O	Q3.0	//或者4号水池高水位时
AN	Q2.7	//或者4号水池高水位时
=	Q0.7	//打开4号水池排水阀

Network 21

LD	I2.1	//按下启动信号

LPS		//推入堆栈
AN	T37	//复位定时器
TON	T37，18000	//定时开始
LD	Q1.1	//1号水池到达排水
O	Q2.2	//2号水池到达不排水
O	Q2.5	//3号水池到达排水
O	Q3.0	//4号水池到达排水
AN	I2.2	//没按下停止
AN	T40	//故障10 min后关闭电机
LDN	Q1.0	//1号水池水位不低
ON	Q2.1	//2号水池水位不低
ON	Q2.4	//3号水池水位不低
ON	Q2.7	//4号水池水位不低
ALD		//与块指令
ALD		//与块指令
=	Q3.2	//启动1号电机，没水时自动关闭电机

Network 22

LD	Q3.2	//1号电机启动后
AN	T38	//自复位信号
TON	T38，18000	//定时30 min

Network 23

LD	T38	//统计1号电机工作时间
LDN	Q3.2	//Q3.2电机停止工作清零
CTU	C0，16	//累计时间为8 h

Network 24

LD	T37	//每隔30 min，计数器计一个数
LD	C1	//计满16个数，复位计数器
CTU	C1，16	//定时8 h后切换电机

Network 25

LD	C1	//第1台电机工作8 h后
LD	Q1.1	//或者1号水池到达排水时
A	Q2.2	//2号水池也到达排水
OLD		//或块指令
LD	Q1.1	//或者1号水池达到排水时

A	Q2.5	//3 号水池也达到排水
OLD		//或块指令
LD	Q1.1	//或者 1 号水池达到排水时
A	Q3.0	//4 号水池也达到排水
OLD		//或块指令
LD	Q2.2	//或者 2 号水池达到排水时
A	Q2.5	//3 号水池也达到排水
OLD		//或块指令
LD	Q2.2	//或者 2 号水池达到排水时
A	Q3.0	//4 号水池也达到排水
OLD		//或块指令
LD	Q2.5	//3 号水池也达到排水时
A	Q3.0	//4 号水池也达到排水
OLD		//或块指令
AN	I2.2	//系统没有停止
AN	T41	//故障 10 min 后，关闭电机
LDN	Q1.0	//1 号水池水位不低
AN	Q2.1	//2 号水池水位不低
AN	Q2.4	//3 号水池水位不低
LDN	Q1.0	//或者 1 号水池水位不低
AN	Q2.1	//2 号水池水位不低
AN	Q2.7	//4 号水池水位不低
OLD		//或块指令
LDN	Q1.0	//或者 1 号水池水位不低
AN	Q2.4	//3 号水池水位不低
AN	Q2.7	//4 号水池水位不低
OLD		//或块指令
ALD		//与块指令
=	Q3.3	//启动 2 号电机,当有 3 个水池处于低水位时，关闭电动机

Network 26

LD	C1	//1 号电机工作 8 h 后
AN	T39	//自复位信号
TON	T39, 18000	//定时 30 min

Network 27
LD	T39	//每隔 30 min，计数器计一个数
LDN	Q3.4	//Q3.4 电机停止工作清零
CTU	C2，16	//累计时间为 8 h

Network 28
LD	C2	//2 号电机工作满 8 h 后
LD	Q1.1	//1 号电机达到排水位
A	Q2.2	//2 号电机达到排水位
A	Q2.5	//3 号电机达到排水位
OLD		//或块指令
LD	Q1.1	//1 号电机达到排水位
A	Q2.2	//2 号电机达到排水位
A	Q3.0	//4 号电机达到排水位
OLD		//或块指令
LD	Q2.2	//2 号电机达到排水位
A	Q2.5	//3 号电机达到排水位
A	Q3.0	//4 号电机达到排水位
OLD		//或块指令
AN	I2.2	//系统没有停止
AN	T42	//故障 10 min 后，关闭电机
LDN	Q1.0	//1 号水池水位不低
AN	Q2.1	//且 2 号水池水位不低
LDN	Q1.0	//1 号水池水位不低
AN	Q2.4	//且 3 号水池水位不低
OLD		//或块指令
LDN	Q1.0	//1 号水池水位不低
AN	Q2.7	//且 4 号水池水位不低
OLD		//或块指令
LDN	Q2.1	//2 号水池水位不低
AN	Q2.4	//且 3 号水池水位不低
OLD		//或块指令
LDN	Q2.1	//2 号水池水位不低
AN	Q2.7	//且 4 号水池水位不低
OLD		//或块指令

```
ALD                             //与块指令
=      Q3.4                     //启动 3 号电机
Network 29
LD     I1.4                     //1 号故障信号
=      Q4.0                     //第 1 台电机故障报警指示
TON    T40，600                 //启动定时，10 min
Network 30
LD     I1.5                     //2 号故障信号
=      Q4.1                     //第 2 台电机故障报警指示
TON    T41，600                 //启动定时，10 min
Network 31
LD     I2.0                     //3 号故障信号
=      Q4.2                     //第 3 台电机故障报警指示
TON    T42，600                 //启动定时，10 min
```

10.5.3 地铁运行显示简易 PLC 控制实例

1. 地铁运行显示控制要求

对地铁某一线路运行显示系统采用 14 个指示灯进行模拟显示，每两个站之间用 4 个小灯进行连接，指示灯的显示如图 10-91 所示。

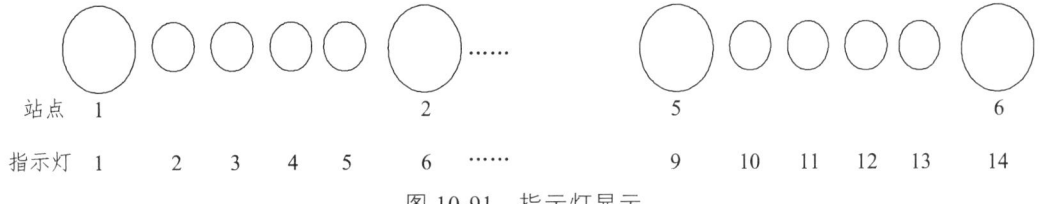

图 10-91 指示灯显示

2. 各站之间的控制要求

（1）按下总启动按钮 I0.0，"站点 1"指示灯闪亮，有声响提示并显示为红色，两站之间的 4 个小灯依次从左向右闪烁循环往复，提示下一站到达"站点 2"；到达"站点 2"时，"站点 2"指示灯及两站之间各个小灯均显示为红色并有声响提示，以此类推。

（2）反向行驶时，指示灯从右向左依次点亮，步骤同上。

（3）在地铁运行发生故障时，进行故障报警（I0.3），所有指示灯同时闪烁并发出报警声提醒乘客。

（4）按下停止按钮 I0.1，地铁运行显示系统停止显示。

3. 站与站之间运行的控制方法

采用固定时间的定时控制方法。

4. PLC I/O 分配

从控制要求上可以看出，需要 4 个输入，分别作为启动按钮、停止按钮、运行方向控制按钮和故障按钮。

输出由 14 个指示灯、到站扬声器及故障蜂鸣器组成。I/O 分配如表 10-16 所示。

表 10-16 I/O 分配表

地址	装置	注释
I0.0	启动按钮	程序启动
I0.1	停止按钮	程序停止
I0.2	运行方向按钮	灯的闪亮方向
I0.3	故障按钮	用按钮假设系统发生故障
Q0.0	扬声器	提醒乘客上下车
Q0.1	灯 1	站 1
Q0.2	灯 2	小灯 1
Q0.3	灯 3	小灯 2
Q0.4	灯 4	小灯 3
Q0.5	灯 5	小灯 4
Q0.6	灯 6	站 2
Q1.0	蜂鸣器	提醒乘客上下车
Q1.1	灯 8	站 5
Q1.2	灯 9	小灯 1
Q1.3	灯 10	小灯 2
Q1.4	灯 11	小灯 3
Q1.5	灯 12	小灯 4
Q1.6	灯 13	站 6
Q1.7	灯 14	报警

5. PLC 硬件接线图

PLC 硬件接线图如图 10-92 所示。

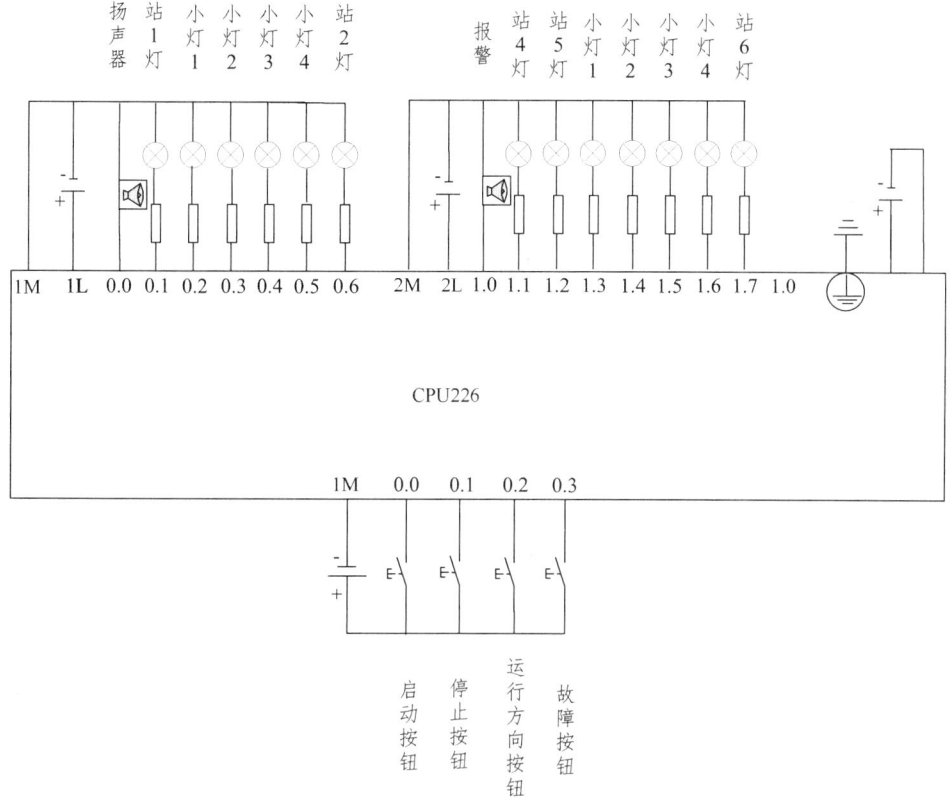

图 10-92 PLC 硬件接线图

6. 语句表控制程序

```
Network 1              // Network Title
LD      I0.0           //按启动按钮
O       M10.0          //M10.0 的自锁
AN      I0.1           //停止按钮
=       M10.0          //自锁信号输出

Network 2
LD      M10.0          //按下启动按钮后
AN      I0.2           //车辆正向行驶
TON     T37, 100       //定时 10 s

Network 3
LD      M10.0          //启动后
AN      I0.2           //车辆正向行驶
A       SM0.5          //每隔 0.5 s
AN      T37            //10 s 内，站指示灯闪烁
O       T37            //超过 10 s，该站指示灯一直亮
```

```
LD      M5.0                    //发生故障
A       SM0.5                   //站指示灯也会隔 0.5 s 闪烁
OLD                             //或块
=       Q0.1                    //指示灯输出
Network 4
LD      M10.0                   //启动后
AN      T37                     //10 s 内
TON     T38，10                 //定时报站扬声器
Network 5
LD      M10.0                   //启动后
AN      T37                     //未到 10 s
AN      T38                     //未到 1 s
LD      T37                     //或者到达 10 s
AN      T41                     //但未到 11 s
OLD                             //或块
O       M10.2                   //到达站点 2，启动扬声器
O       M30.0                   //反向行驶时
=       Q0.0                    //扬声器报站
Network 6
LD      M10.0                   //启动后
AN      I0.2                    //正向行驶
TON     T41，110                //定时 11 s
Network 7
LD      T40                     //到达站点 2
TON     T42，10                 //启动定时器
AN      T42                     //T42 延时 1 s 后断开
=       M10.2                   //输出到达站点 2 信号
Network 8
LD      I0.1                    //按下停止按钮
R       M20.0，16               //复位移位寄存器 MB20
Network 9
LD      T39                     //每隔 0.1 s
EU                              //取上升沿
SHRB    M20.4，M20.0，+16       //应用移位寄存器指令
Network 10
LD      T37                     //T37 时间到
EU                              //取上升沿
```

```
    =     M10.1              //建立脉冲
Network 11
    LD    M10.0              //启动后
    A     M10.1              //并且到达 10 s
    S     M20.0，1           //置位 M20.0
Network 12
    LD    M10.1              //到达 10 s
    AN    M10.0              //但未启动时
    R     M20.0，1           //复位 M20.0
Network 13
    LDN   T39                //灯流速复位
    TON   T39，1             //建立灯流速脉冲
Network 14
    LD    M20.0              //启动 10 s 后，两站之间第 1 小灯以一定间隔闪烁
    O     T40                //或者启动 25 s 后，长亮
    =     Q0.2               //输出第 1 个指示灯
Network 15
    LD    M20.1              //启动 10 s 后，两站之间第 2 小灯以一定间隔闪烁
    O     T40                //或者启动 25 s 后，长亮
    =     Q0.3               //输出第 2 个指示灯
Network 16
    LD    M20.2              //启动 10 s 后，两站之间第 3 小灯以一定间隔闪烁
    O     T40                //或者启动 25 s 后，长亮
    =     Q0.4               //输出第 3 个指示灯
Network 17
    LD    M20.3              //启动 10 s 后，两站之间第 4 小灯以一定间隔闪烁
    O     T40                //或者启动 25 s 后，长亮
    =     Q0.5               //输出第 4 个指示灯
Network 18
    LD    T37                //1 站运行后
    TON   T40，150           //设定两站运行时间 15 s
Network 19
    LD    T40                //到达 2 站
    O     M5.0               //或者发生故障
    A     SM0.5              //每隔 0.5 s
    =     Q0.6               //2 站灯闪烁
Network 20
```

```
LD      I0.2              //列车反向运行
A       M10.0             //系统已经启动
TON     T46，100          //定时 10 s

Network 21
LD      I0.2              //列车反向运行
A       M10.0             //系统已经启动
A       SM0.5             //采用秒脉冲
AN      T46               //10 s 内，站指示灯闪烁
O       T46               //超过 10 s，该站指示灯一直亮
LD      M5.0              //如果发生故障
A       SM0.5             //站指示灯也会隔 0.5 s 闪烁
OLD                       //或块指令
=       Q1.6              //输出指示灯

Network 22
LD      M10.0             //系统已经启动
AN      T46               //未达到 10 s 时
TON     T47，10           //启动定时 1 s

Network 23
LD      M10.0             //系统启动后
AN      T46               //未达到 10 s 时
AN      T47               //也未达到 1 s 时
LD      T46               //或者到达 10 s 后
AN      T50               //但未到 11 s
OLD                       //或块指令
O       M11.2             //到达下一站点，启动扬声器
=       M30.0             //输出扬声器辅助继电器 M3.0

Network 24
LD      M10.0             //系统启动后
A       I0.2              //列车反向运行
TON     T50，110          //启动定时器定时 11 s

Network 25
LD      T49               //到达时间后
TON     T51，10           //启动定时器
AN      T51               //T51 延时 1 s 后断开
=       M11.2             //输出到达下一站点信号

Network 26
LD      T48               //每隔 0.1 s
```

EU		//取上升沿
SHRB	M21.4，M21.0，+16	//应用移位寄存器指令

Network 27
LD	T46	//定时时间 10 s 到
EU		//取上升沿
=	M11.1	//建立脉冲

Network 28
LD	M10.0	//系统启动后
A	M11.1	//并且到达 10 s
S	M21.0，1	//置位 M21.0

Network 29
LD	M11.1	//若达到 10 s
AN	M10.0	//但系统未运行
R	M21.0，1	//复位 M21.0

Network 30
LDN	T48	//灯流速复位信号
A	I0.2	//列车反向运行
TON	T48，1	//建立灯流速脉冲

Network 31
LD	M21.0	//启动 10 s 后，两站之间第 1 小灯以一定间隔闪烁
O	T49	//或者启动 25 s 后，长亮
=	Q1.5	//输出第一个指示灯

Network 32
LD	M21.1	//启动 10 s 后，两站之间第 2 小灯以一定间隔闪烁
O	T49	//或者启动 25 s 后，长亮
=	Q1.4	//输出第 2 个指示灯

Network 33
LD	M21.2	//启动 10 s 后，两站之间第 3 小灯以一定间隔闪烁
O	T49	//或者启动 25 s 后，长亮
=	Q1.3	//输出第 3 个指示灯

Network 34
LD	M21.3	//启动 10 s 后，两站之间第 4 小灯以一定间隔闪烁
O	T49	//或者启动 25 s 后，长亮
=	Q1.2	//输出第 4 个指示灯

Network 35
LD	T46	//列车开启后
A	I0.2	//列车反向运行

```
        TON    T49，150           //建立两站运行时间
Network 36
        LD     T49                //到达下一站
        O      M5.0               //或者故障时
        A      SM0.5              //采用秒脉冲
        =      Q1.1               //下一站指示灯闪烁
Network 37
        LD     I0.3               //若系统故障
        O      M5.0               //自锁故障信号
        A      M10.0              //系统运行过程中
        =      M5.0               //输出故障信号
Network 38
        LD     M5.0               //系统发生故障后
        =      Q1.7               //输出系统故障蜂鸣器
```

10.5.4 地铁车站自动售票机简易 PLC 控制实例

1. 自动售票机功能

自动售票机是车站硬件设备重要的组成部分,主要的功能就是实现无人自动售票。设计一个地铁模拟售票装置,完成以下功能。

(1) 选择目的地铁站:假设共有 5 站,每一站价格为 2 元。按两下选站按钮表示选择第 2 站,可以自动计算票价。

(2) 显示购票价格:按下选站按钮后,有 5 s 的时间来按下选票按钮,选票数根据按下按钮数计算。

(3) 显示所投钱数:模拟投入口有 1 元按钮、5 元按钮,按下后数码管会显示已投入金额。

(4) 出票找零:按下确定按钮后,若所投金额等于需投金额,出票灯亮;大于所需金额,出票灯亮,且找零灯闪亮,闪亮次数为找零金额。

(5) 出错处理:在第(4)步中,若所投金额小于需投金额,出错灯亮。

(6) 出错操作:可以继续投币买票,也可以取消购票。

(7) 取消操作:可返回重新买票。

2. PLC I/O 分配

根据控制要求,模拟系统能进行选站、票数选择、确认购票和取消购票等操作,同时可以投入 1 元纸币和 5 元纸币,因此共有 6 个输入端子;输出部分要求有一个段码显示,同时还要具备出票、找零和出错的显示,共有 10 个输出。选择 S7-200 系列的 CPU226 能满足要求。I/O 分配如表 10-17 所示。

表 10-17　I/O 分配表

输入点	功能	输出点	功能
I0.0	选站按钮	Q0.0	段码显示
I0.1	选票数按钮	Q0.1	段码显示
I0.2	投币 1 元按钮	Q0.2	段码显示
I0.3	投币 5 元按钮	Q0.3	段码显示
I0.4	确定买票按钮	Q0.4	段码显示
I0.5	取消操作按钮	Q0.5	段码显示
		Q0.6	段码显示
		Q1.0	出票灯
		Q1.1	找零灯
		Q1.2	出错灯

3. PLC 硬件接线图

根据 I/O 分配表，给出硬件接线图，如图 10-93 所示。

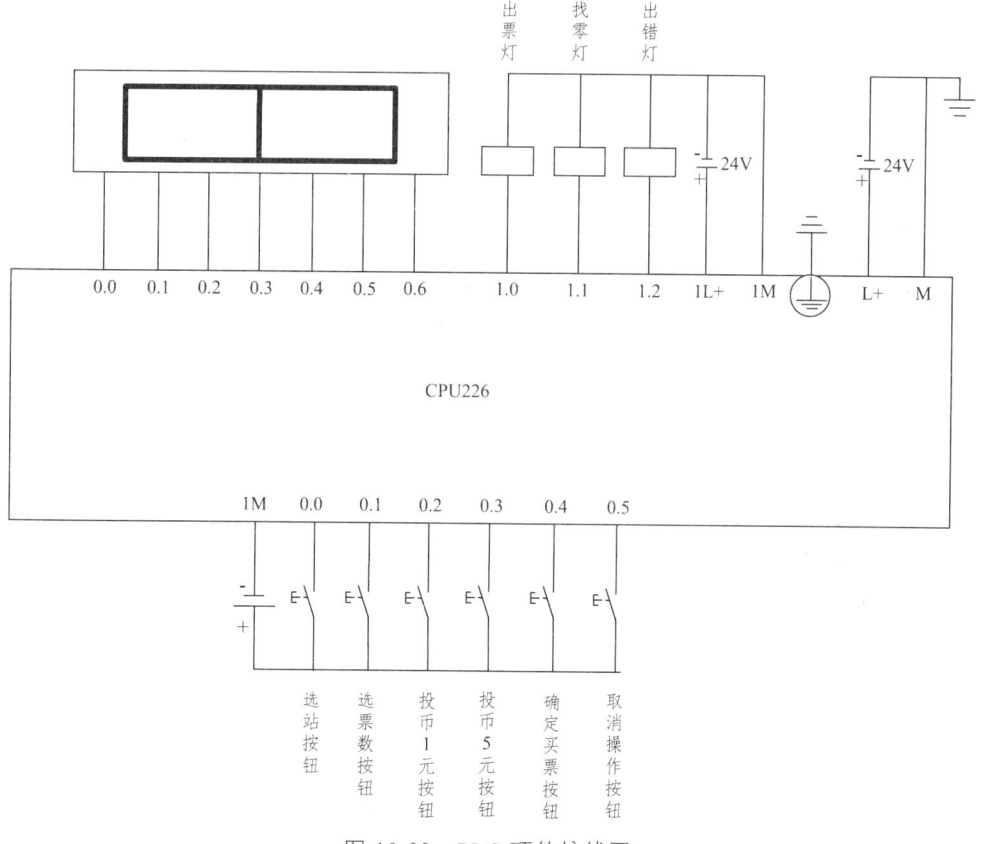

图 10-93　PLC 硬件接线图

4. 控制流程图

根据控制要求，给出程序流程图，如图 10-94 所示。

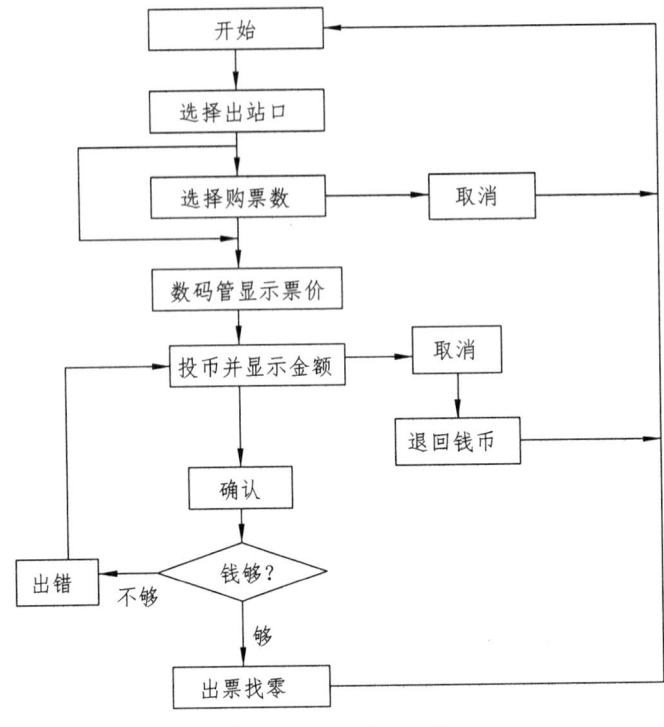

图 10-94 程序流程图

5. 语句表程序

Network 1   // NETWORK TITLE（single line）
   LD   SM0.1   //初始化脉冲
   OI   I0.0   //没有按下选站按钮
   EU   //取上升沿
   MOVW 2，VW0   //给票价存储器 VW0 赋一张票价

Network 2
   LD   I0.5   //取消买票时
   EU   //取上升沿
   SEG   0，QB0   //售票机显示 0

Network 3
   LD   I0.0   //按下选站按钮时
   LPS   //逻辑入栈
   ED   //取选站按钮下降沿
   +I   2，VW0   //每按一下选站按钮，票价加 2 元

```
        LPP                     //逻辑出栈
        ED                      //再取选站按钮下降沿
        TON    T41，60          //设定 6 s 延时
Network 4
        LD     I0.1             //如按下选票按钮
        A      T41              //在设定的 6 s 内选择票数
        EU                      //取上升沿
        *I     2，VW0           //票价为到达站数与票数的乘积
Network 5
        LD     T41              //6 s 后
        TON    T42，50          //在延时 5 s
Network 6
        LD     T42              //到达时间后
        EU                      //取上升沿
        SEG    VB1，QB0         //售票机显示购票金额
Network 7
        LD     SM0.1            //在程序初始时
        O      I0.0             //或者在选站时
        EU                      //取上升沿
        MOVW   0，VW2           //为投币存储器 VW2 赋值 0
Network 8
        LDI    I0.2             //当投入 1 元时
        EU
        INCW   VW2              //投币存储器加 1
Network 9
        LDI    I0.3             //当投入 5 元时
        EU
        +I     5，VW2           //投币存储器加 5
Network 10
        LD     I0.2             //投入 1 元
        O      I0.3             //或者投入 5 元后
        ED
        SEG    VB3，QB0         //售票机显示总投入金额
Network 11
        LDN    I0.4             //确定购票后
        A      Q1.0             //且出票灯亮
        TON    T44，10          //开始延时 1 s
```

Network 12
LD   I0.4   //确认购票
O   Q1.0   //出票灯自锁信号
AW>=   VW2，VW0   //投币金额大于等于购票金额
AN   T44   //未到延时时间
=   Q1.0   //出票指示灯亮 1 s

Network 13
LD   I0.4   //确认购票
O   Q2.0   //出错指示灯自锁
AN   I0.5   //此时并没有取消购票
AN   I1.0   //选站结束
AW<   VW2，VW0   //投币金额小于购票金额时
=   Q2.0   //出错指示灯亮

Network 14
LDI   I0.4   //已确认买票
AW>=   VW2，VW0   //投币金额大于等于购票金额
EU   //取上升沿
MOVW   VW2，VW4   //先将投币存储值传给 VW4
-I   VW0，VW4   //减法操作，算出找钱金额

Network 15
LDI   I0.4   //已确认买票
AW=   VW2，VW0   //投币金额等于购票金额
EU   //取上升沿
SEG   0，QB0   //售票机显示找钱金额为 0

Network 16
LDI   I0.4   //已确认买票
AW<   VW2，VW0   //投币金额小于购票金额
EU   //取上升沿
MOVB   VB3，VB5   //将投币金额传送给找钱存储器

Network 17
LDI   I0.5   //若取消操作
AW<>   VW2，0   //且已经投币
EU   //取上升沿
MOVB   VB3，VB5   //将投币金额传送给找钱存储器

Network 18
LD   I0.5   //在取消购票
AW<>   VW2，0   //且已经投币

LD	I0.4	//或者确定买票
AW>=	VW2，VW0	//且投币金额大于等于购票金额
OLD		//或块操作
LDB=	VB5，0	//或者投币金额正好等于购票金额
EU		//取上升沿
OLD		//或块操作
LD	I0.4	//或者确认买票
AW<	VW2，VW0	//但是投币金额小于购票金额
OLD		//或块操作
SEG	VB5，QB0	//以上每种情况，都显示找钱金额

Network 19

LD	I0.4	//确认购票
AW>=	VW2，VW0	//投币金额大于等于购票金额
O	M0.5	//自锁 M0.5
LD	I0.5	//在取消购票时
LDW<>	VW2，0	//已经投币
OW<	VW2，VW0	//或者投币不够时
ALD		
OLD		
AB>	VB5，0	//且找钱存储器的值大于 0
LPS		
AN	T38	//定时器每隔 0.5 s 复位
TON	T37，5	//定时 0.5 s
LPP		
=	M0.5	//接通 M0.5

Network 20

LD	T37	//定时时间到
LPS		//保存 T37
TON	T38，5	//启动 T38 定时，定时时间 0.5 s
ED		//取下降沿
DECB	VB5	//找钱存储器自减 1
LPP		
=	Q1.1	//找钱指示灯亮 0.5 s，灭 0.5 s

附 录

附录 A S7-200 PLC 实验指导书

实验一 S7-200 PLC 编程软件使用实验

一、实验目的

（1）熟悉 STEP7-Micro/WIN32 编程软件。
（2）上机编制简单的梯形图程序。
（3）初步掌握编程软件的使用方法和调试程序的方法。

二、实验内容

（1）熟悉编程软件的菜单、工具条、指令输入和程序调试。
（2）参照典型电路程序设计的内容，编写一段简单程序。
（3）将程序写入 PLC，检查无误后运行该程序，并观察运行结果。

三、预习要求

阅读实验指导书，根据要求设计一段简单程序，并写出调试步骤。

四、实验报告要求

整理出运行调试后的梯形图程序，写出该程序的调试步骤和观察结果。

实验二 抢答器控制

一、实验目的

（1）熟悉 S7-200 系列 PLC 的逻辑指令。
（2）编制简单的梯形图程序。
（3）进一步掌握编程软件的使用方法和调试程序的方法。

二、实验内容

（1）简单的抢答显示程序的调试。
参加智力竞赛的 A、B、C 3 人的桌上各有一只抢答按钮，分别为 SB1、SB2 和 SB3，用 3 盏灯 HL1、HL2 和 HL3 显示他们的抢答信号。当主持人接通抢答允许开关 SW 后抢答开始，最先按下按钮的抢答者对应的灯亮，与此同时，应禁止另外两个抢答者的灯亮，指示灯在主持人断开开关 SW 后熄灭。与各外部输入、输出元件对应的 PLC 输入、输出端子号如表 A-1 所示。

表 A-1 输入、输出地址分配表

输入装置	端子号	输出装置	端子号
按钮 SB1	I0.0	灯 HL1	Q0.0
按钮 SB2	I0.1	灯 HL2	Q0.1
按钮 SB3	I0.2	灯 HL3	Q0.2
开关 SW	I0.3	—	—

将程序写入 PLC，检查无误后运行该程序。调试程序时应该逐项检查以下要求是否满足：

- SW 没有接通时，各按钮是否能使对应的灯亮。
- SW 接通时，按某一个按钮是否能使对应的灯亮。
- 某一盏灯亮后，另外两个抢答者的灯是否还能被点亮。
- 断开开关 SW，是否能使已亮的灯熄灭。

如果某一项要求没有达到，应检查和修改程序，直到完全满足要求为止。

（2）复杂的抢答显示程序的设计。

抢答者分为 3 组：儿童组 2 人（分开坐），控制按钮 SB11 和 SB12，其中任何一个按钮被按下，灯 HL1 都亮；学生组 1 人，用按钮 SB2 控制灯 HL2；教授组 2 人（分开坐），只有当他们同时按下按钮 SB31 和 SB32 时灯 HL3 才亮。主持人按下复位按钮 SB4，亮的灯熄灭。主持人接通开关 SW 后，在 10 s 内如果参赛者按下按钮，电磁开关接通，使彩球摇动；SW 断开后停止摇动。与输入、输出对应的元器件地址如表 A-2 所示。

表 A-2 输入、输出地址分配表

输入装置	元件号	输出装置	元件号
按钮 SB11	I0.0	灯 HL1	Q0.0
按钮 SB12	I0.1	灯 HL2	Q0.1
按钮 SB2	I0.2	灯 HL3	Q0.2
按钮 SB31	I0.3	电磁开关	Q0.3
按钮 SB32	I0.4	—	—
按钮 SB4	I0.5	—	—
开关 SW	I0.6	—	—

三、预习要求

阅读实验指导书，根据要求设计出抢答程序的梯形图和语句表程序，并写出调试步骤。

四、实验报告要求

整理出运行调试后的抢答显示梯形图程序，写出该程序的调试步骤和观察结果。

实验三 人行道按钮控制交通灯程序设计

一、实验目的

（1）进一步熟悉 PLC 的指令系统，重点是功能图的编程、定时器和计数器的应用。
（2）熟悉时序控制程序的设计和调试方法。

二、实验内容

（1）只考虑横道线交通灯的控制程序。

某人行横道设有红、绿两盏信号灯，一般是红灯亮，路边设有按钮 SB1，行人横穿街道时需按一下按钮。4 s 后红灯灭，绿灯亮，过 5 s 后，绿灯闪烁 4 次（0.5 s 亮、0.5 s 灭），然后红灯又亮，时序如图 A-1 所示。

从按下按钮到下一次红灯亮之前，这一段时间内按钮不起作用。根据时序要求设计出红灯、绿灯的控制电路。将设计的程序写入 PLC，检查无误后运行程序。用 I0.0 对应的开关模拟按钮的操作，用 Q0.0 和 Q0.1 分别代替红灯和绿灯的变化情况，观察 Q0.0 和 Q0.1 的变化，发现问题后及时修改程序。

（2）实际的交通信号灯控制程序。

交通信号灯示意图如图 A-2 所示。按下按钮 SB1 或 SB2，交通灯将按图 A-3 所示的顺序变化，在按下启动按钮至公路交通灯由红变绿这段时间内，再按按钮将不起作用。

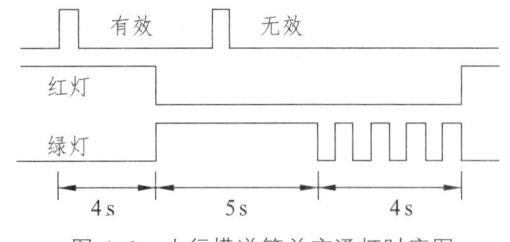

图 A-1 人行横道简单交通灯时序图

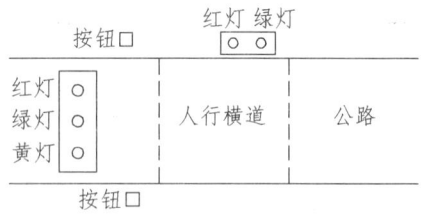

图 A-2 人行横道交通灯示意图

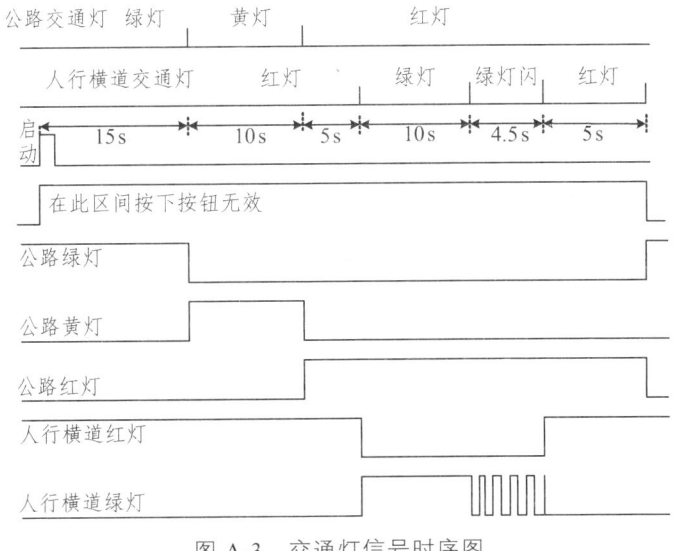

图 A-3 交通灯信号时序图

三、预习要求

阅读本实验的指导书,编写符合图 A-2 和图 A-3 要求的梯形图和语句表程序。在梯形图上加上简单的注释。

四、实验报告要求

整理出调试好的控制交通信号灯的梯形图程序和语句表程序,并写出调试结果。

实验四 水位控制

一、实验目的

(1)熟悉 PLC 的功能指令。
(2)熟悉对模拟量的采样方法。
(3)熟悉对模拟量处理的常用方法。

二、实验内容

用水泵通过一调节阀给水池供水,水池中用液位变送器测量水池水位(变送器输出 4~20 mA 电流信号,表示水池中水位的深度)。

(1)对液位变送器(AIW0)的输出进行采样,要求采样周期为一个扫描周期,多次采样后求得平均值,折算为水池液位。设定一个水池水位,应用 PID 指令控制调节阀,保证水池水位保持在设定值。

(2)应用定时中断方法,设定采样周期为 100 ms,多次采样后求得平均值,折算为水池液位。

三、预习要求

阅读本实验的指导书，编写符合实验内容（1）（2）项要求的梯形图和语句表程序，并在梯形图上加上必要的注释。

四、实验报告要求

整理出调试好的模拟量采集和模拟量输出控制的梯形图程序和语句表程序。

参考文献

[1] 崔继仁. 电气控制与 PLC 应用技术[M]. 北京：中国电力出版社，2017.
[2] 崔继仁. 电气控制与 PLC 应用[M]. 北京：中国建材工业出版社，2016.
[3] 姜建芳. 西门子 S7-200 PLC 工程应用技术教程[M]. 北京：机械工业出版社，2013.
[4] 廖常初. 西门子人机界面（触摸屏）组态与应用技术[M]. 北京：机械工业出版社，2012.
[5] 刘凤春，王林，周晓丹. 西门子人机界面（触摸屏）组态与应用技术[M]. 北京：机械工业出版社，2012.
[6] 王永华. 现代电气控制及 PLC 应用技术[M]. 北京：北京航空航天大学出版社，2003.
[7] 韩战涛. 西门子 S7-200 PLC 编程与工程实例详解[M]. 北京：电子工业出版社，2013.
[8] 李江全. 西门子 PLC 通信与控制应用编程实例[M]. 北京：中国电力出版社，2011.
[9] 张万忠，刘明芹. 电气控制与 PLC 应用技术[M]. 北京:化学工业出版社,2012.